PRISMA PHYSIK 2

Nordrhein-Westfalen

Marion Barmeier
Joachim Boldt
Heinz Joachim Ciprina
Margitta Heide
Klaus Hell
Günter Herzig
Michael Maiworm
Anke Méndez
Silva Wallaschek

Ernst Klett Verlag
Stuttgart · Leipzig

2. Auflage 2 8 7 6 | 18

Autorinnen und Autoren: Marion Barmeier, Joachim Boldt, Heinz Joachim Ciprina, Margitta Heide, Klaus Hell, Günter Herzig, Michael Maiworm, Anke Méndez, Silva Wallaschek
Unter Mitarbeit von: Uwe Pietrzyk

Redaktion: Christian Blanke
Herstellung: Corinna Härtel

Layoutkonzeption und Gestaltung: Matthias Balonier, Infografik, Lützelbach
Umschlaggestaltung: KOMA AMOK®, Kunstbüro für Gestaltung, Stuttgart
Illustrationen: Matthias Balonier, Lützelbach; Joachim Hormann, Stuttgart; Jeanne Kloepfer, Lindenfels; Angelika Kramer, Stuttgart; Karin Mall, Berlin; Alfred Marzell, Schwäbisch Gmünd; Tom Menzel, Rohlsdorf; Gerhart Römer, Ihringen
Reproduktion: Meyle + Müller, Medien-Management, Pforzheim
Druck: Firmengruppe APPL, aprinta druck, Wemding

Printed in Germany
ISBN: 978-3-12-068790-0

9 783120 687900

Optische Instrumente und die Erforschung des Weltalls

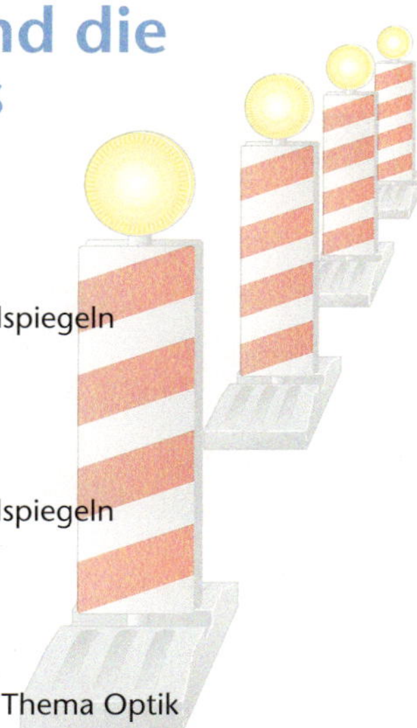

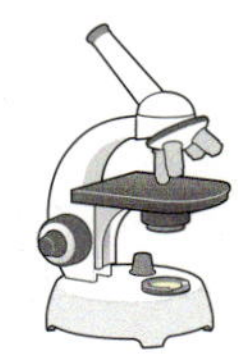

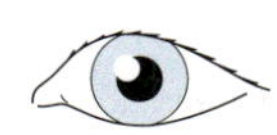

Elektrizität

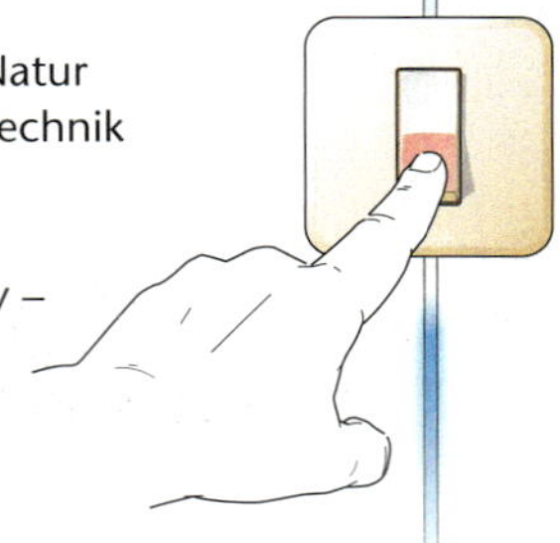

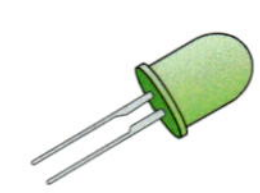

Kräfte und Maschinen

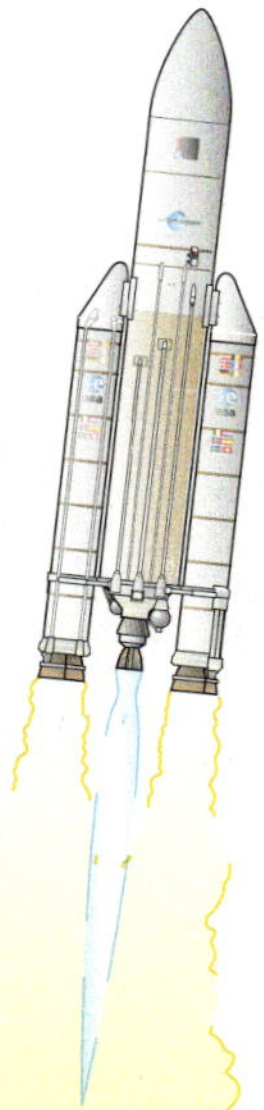

138 Kräfte und Maschinen

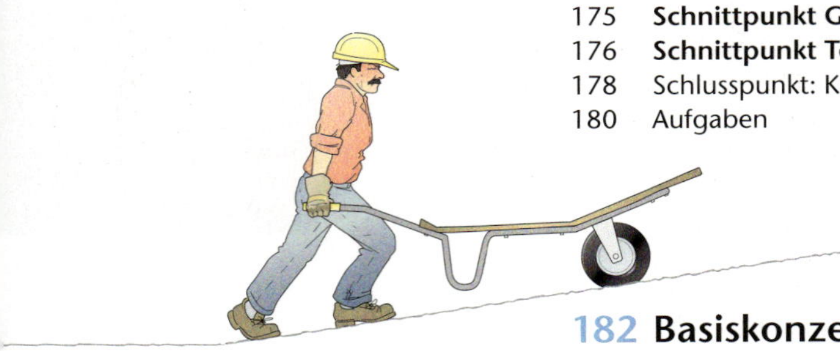

182 Basiskonzepte

190 Anhang

Optische Instrumente

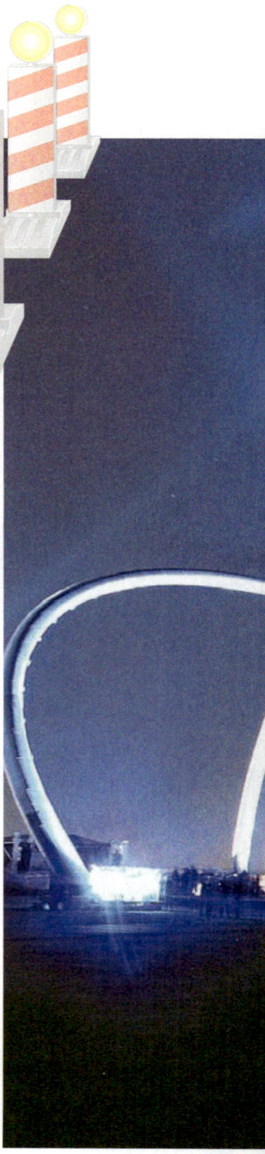

Um Neues zu entdecken, reichen unsere Sinnesorgane oft nicht aus. Mit optischen Instrumenten erweitern wir unseren Horizont.

Unser Blick schweift mit Fernrohr und Teleskop in ferne Welten, mit einem Mikroskop entdecken wir die Geheimnisse des Mikrokosmos. Ob es ein Stern am Nachthimmel oder ein winzig kleines Lebewesen ist, du möchtest alles besser, genauer oder vergrößert sehen.
Wir erkennen die Welt besser. Was wir sehen, können wir im Bild festhalten.

Online-Link
068790-0100

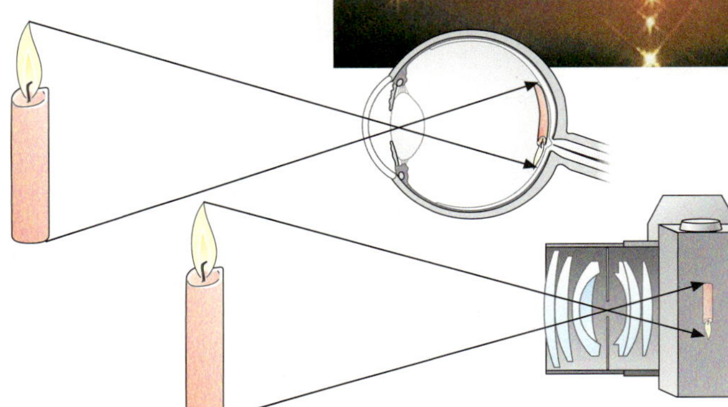

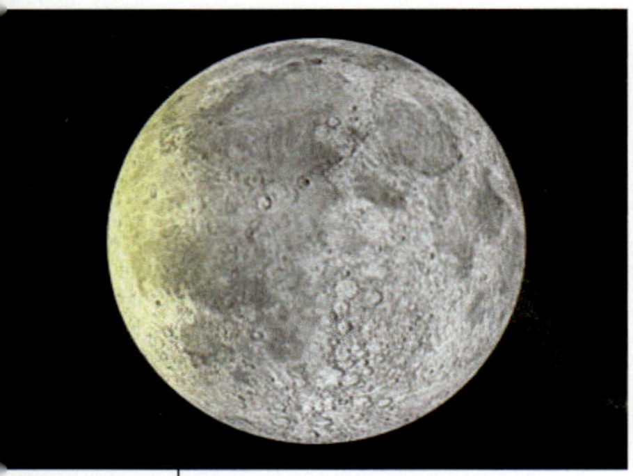

1 Die Sonnenstrahlen beleuchten den Mond

2 geradlinige Ausbreitung des Lichts

3 Wasserspiegelung

Licht können wir auf seinem Weg durch den Raum nicht sehen. Wir erkennen es erst, wenn es auf einen Gegenstand trifft und die Lichtstrahlen in unsere Augen reflektiert werden. Du siehst im Bild 1 den Mond, wie er von der Sonne angestrahlt wird. Dagegen ist das vom Sonnenlicht durchstrahlte Weltall dunkel.

Licht ist sehr schnell
An dunstigen Tagen kannst du beobachten, wie das Sonnenlicht als Lichtbündel zwischen den Bäumen hindurch scheint (▷ B 2). Kleinste Wassertröpfchen lenken das Licht in deine Augen ab. Dadurch kannst du seinen Weg verfolgen. Du siehst, dass es sich geradlinig ausbreitet. Mit Hilfe von Lichtstrahlen kannst du die Lichtausbreitung vereinfacht darstellen. Licht breitet sich sehr schnell aus. Von der Sonne zur Erde braucht ein Lichtstrahl nur 7,5 min. Sonne und Erde sind rund 150 000 000 km voneinander entfernt. Mit diesen Angaben kannst du die Lichtgeschwindigkeit von etwa 300 000 km/s errechnen.

▶ Licht breitet sich geradlinig in alle Richtungen aus. Lichtbündel, die von einer Lichtquelle ausgehen, können durch Lichtstrahlen vereinfacht dargestellt werden. Die Lichtgeschwindigkeit beträgt etwa 300 000 km/s.

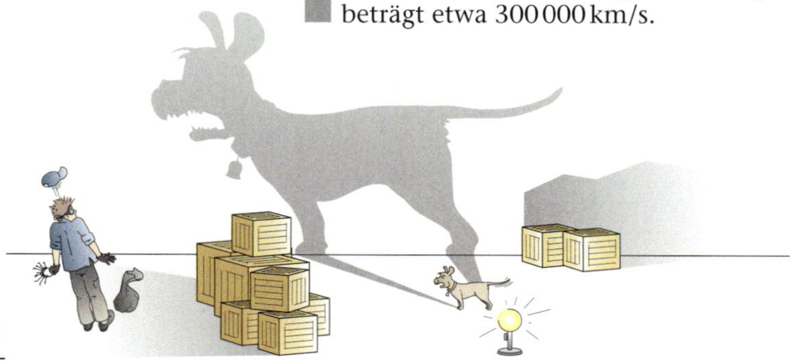

Licht und Schatten
Wann immer du dich in einem Lichtkegel bewegst, wirst du von einem Schatten begleitet. Er entsteht immer auf der lichtabgewandten Seite undurchsichtiger Körper. In diesen Schattenraum gelangt auf direktem Weg kein Licht von der Lichtquelle. Kommt das Licht von einer punktförmigen Lichtquelle, ist der Schatten scharf begrenzt. Auch daran erkennst du, dass sich das Licht geradlinig ausbreitet.

Licht wird reflektiert und absorbiert
Dunkle und weit entfernte Gegenstände siehst du schlechter als Gegenstände, die hell sind und sich in deiner Nähe befinden. Dunkle, matte und aufgeraute Oberflächen absorbieren dagegen viel Licht. Ein weißes Blatt Papier siehst du sehr gut, weil von ihm viel Licht reflektiert wird, das in deine Augen gelangt. Auch andere Gegenstände mit glatten, glänzenden Flächen reflektieren Licht besonders gut.

Bei einem Ausflug ins winterliche Hochgebirge schützt du deine Augen mit einer dunklen Sonnenbrille. Die von den Schneekristallen reflektierten Sonnenstrahlen würden dich sonst blenden. Lichtreflexionen kannst du auch an Gewässern beobachten (▷ B 3) und bei den verschiedensten Spiegeln nutzen.

▶ Wir können Gegenstände nur wahrnehmen, wenn sie Licht reflektieren oder selbst abstrahlen. Trifft Licht auf die Oberfläche eines Körpers, wird es absorbiert oder reflektiert. Helle und glatte Flächen reflektieren das Licht, dunkle absorbieren es besser.

Das Reflexionsgesetz
Licht, das auf einen Spiegel fällt, wird reflektiert. Die Reflexion folgt dabei be-

stimmten Gesetzmäßigkeiten: In dem Winkel, in dem das Licht auftrifft, wird es auch wieder reflektiert. Dabei spielt es keine Rolle, von welcher Seite das Licht kommt, du kannst den Lichtweg auch umkehren. Außerdem liegen einfallender Strahl, Lot und reflektierter Strahl in einer Ebene.

Diese Gesetzmäßigkeiten gelten allgemein für die Reflexion an ebenen Flächen und sind im Reflexionsgesetz zusammengefasst. Es wurde vereinbart, jeweils die Winkel zwischen dem Lichtstrahl und der Senkrechten zur Spiegelfläche (dem Lot) anzugeben.

Den Winkel zwischen einfallendem Strahl und Lot bezeichnet man als Einfallswinkel. Der Winkel zwischen reflektiertem Strahl und Lot heißt Reflexionswinkel. Damit lautet das Reflexionsgesetz:

Bei der Reflexion eines Lichtstrahls am ebenen Spiegel sind Einfallswinkel und Reflexionswinkel gleich groß. Einfallender Strahl, Lot und reflektierter Strahl liegen in einer Ebene. Der Weg des Lichts ist umkehrbar.

Wie ein Spiegelbild entsteht

Wenn sich ein kleines Kind zum ersten Mal in einen Spiegel sieht, glaubt es, ein anderes Kind vor sich zu haben. Dieses zweite Kind scheint sich hinter dem Spiegel zu befinden. Du weißt, dass dort niemand ist – der Spiegel täuscht uns.

Bild 5 zeigt, wie ein Spiegelbild bei einem ebenen Spiegel entsteht: Lichtstrahlen, die von der Kerze ausgehen, werden am Spiegel reflektiert. Wenn sie in unsere Augen fallen, werden wir über den tatsächlichen Ursprung des Lichtes getäuscht. Die Lichtstrahlen scheinen von einer Kerze zu kommen, die hinter dem Spiegel steht. Beim Versuchsaufbau im Bild 4 siehst du daher scheinbar eine Kerze unter Wasser brennen.
Was wir sehen, ist das scheinbare oder virtuelle Bild der Kerze. Was im Bild 5 am Beispiel zweier Lichtstrahlen dargestellt wird, gilt auch für alle anderen.

Spiegel erzeugen scheinbare Bilder. Man bezeichnet sie auch als virtuelle Bilder. Am ebenen Spiegel erscheinen sie aufrecht und seitenvertauscht mit dem gleichen Abstand vom Spiegel.

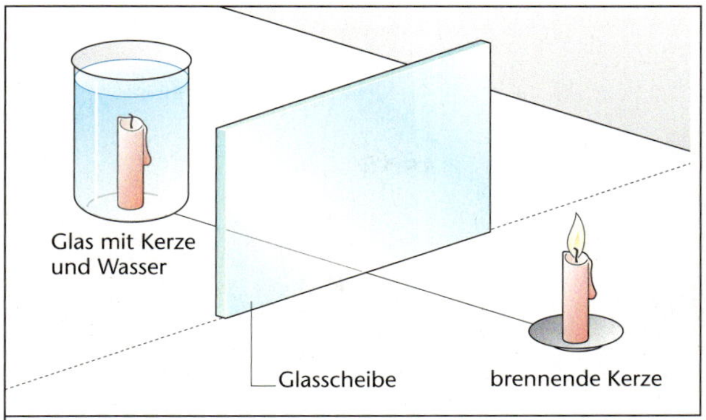

4 Brennt die Kerze unter Wasser?

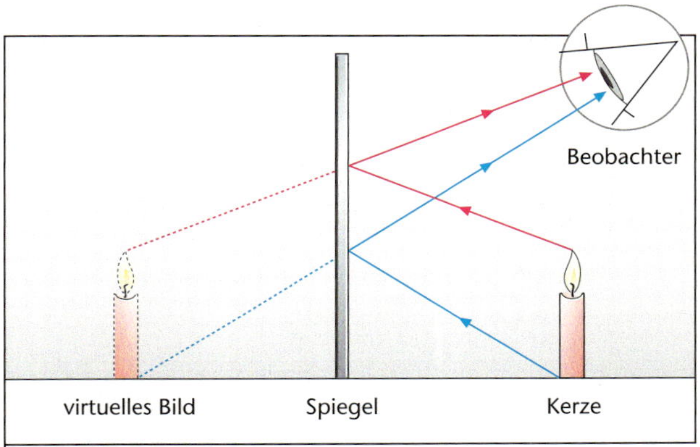

5 Wie ein Spiegelbild entsteht

Nach außen gewölbter Spiegel werden Wölbspiegel genannt. Bei ihnen siehst du alles verkleinert.
Nach innen gewölbte Spiegel heißen Hohlspiegel. Bei ihnen siehst du ein vergrößertes Spiegelbild.

Aufgaben

1 Erkläre, warum du nicht über deinen Schatten springen kannst.

2 Mit einer starken Lichtquelle (Laser) haben Wissenschaftler 1969 Lichtblitze zum Mond gesandt. Von Spiegeln, die Astronauten dort aufgestellt hatten, wurde das Licht wieder zur Erde reflektiert. Die Lichtblitze kamen nach 2,52 s wieder zurück. Berechne, welche Entfernung Erde – Mond mit diesem Versuch ermittelt wurde.

3 Max behauptet, er könne „um die Ecke" schauen. Erläutere, wie er das meint.

4 Beschreibe, was du bei der Beleuchtung deines Aquariums tun kannst, damit mehr Licht ins Wasser fällt.

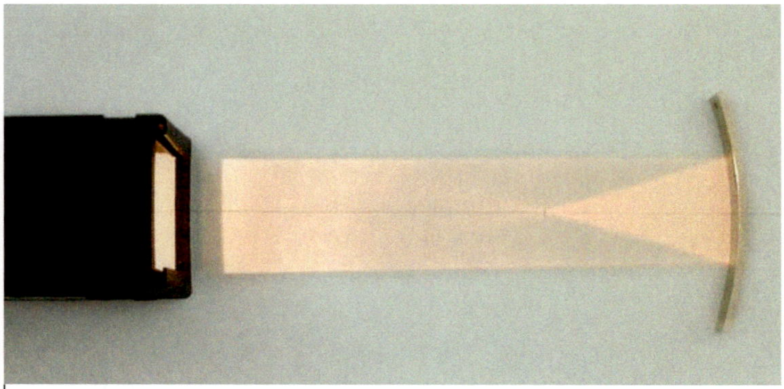

1 Strahlenverlauf am Hohlspiegel

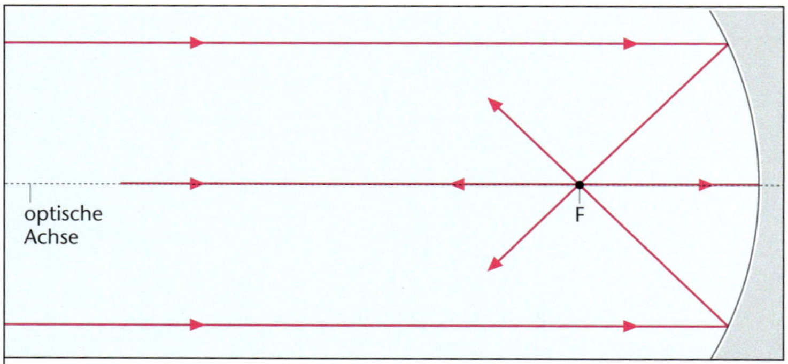

2 Strahlenverlauf mit Lichtbündel

Versuch

1 Untersuche den Strahlenverlauf an einem Hohlspiegel. Du benötigst folgende Materialien:
1 Stromquelle, 1 Optikleuchte mit Dreispaltblende, Verbindungsleiter, 1 Hohlspiegel, Zeichenkarton und Stifte
a) Zeichne mit Rotstift eine Gerade, die als optische Achse dient.
b) Richte die Optikleuchte so ein, dass ein paralleles Lichtbündel entsteht und sich die optische Achse anschließend genau in der Mitte dieses Lichtbündels befindet.
c) Lege den Hohlspiegel entsprechend Bild 2 auf den Zeichenkarton.
d) Setze die Dreispaltblende ein. Was beobachtest du bei diesen dünnen Lichtbündeln (Lichtstrahlen)?

3 Lichtreflexion bei einer Kaffeetasse

Strahlenverlauf am Hohlspiegel
Versuch 1 zeigt wie ein Hohlspiegel Licht reflektiert. Alle Lichtstrahlen eines Lichtbündels, die parallel zur optischen Achse auf einen Hohlspiegel fallen, verlaufen nach ihrer Reflexion durch einen Punkt, den Brennpunkt F (▷ B 1). Je stärker ein Hohlspiegel gekrümmt ist, um so näher liegt der Brennpunkt am Spiegel.

Stellst du eine Tasse mit Milchkaffee in schräg einfallendes Sonnenlicht, werden Lichtstrahlen vom Rand der Tasse wie bei einem Hohlspiegel reflektiert. Allerdings siehst du keinen eindeutigen Brennpunkt (▷ B 3).

Parabolspiegel
Um zu erreichen, dass alle Strahlen den Brennpunkt schneiden, benutzt man Parabolspiegel. Der Querschnitt dieser Spiegel hat die Form einer Parabel (▷ B 4).

Alle Strahlen eines Lichtbündels, die parallel zur optischen Achse auf einen solchen Spiegel fallen, werden durch den Brennpunkt reflektiert (▷ B 4).
Umgekehrt entsteht ein paralleles Lichtbündel, wenn sich im Brennpunkt eines solchen Spiegels eine Lichtquelle befindet (▷ B 5).

In Taschenlampen oder den Scheinwerfern eines Autos werden Parabolspiegel verwendet. Parabolspiegel werden auch in Spiegelteleskopen verwendet.

4 Strahlenverlauf an Parabolspiegel

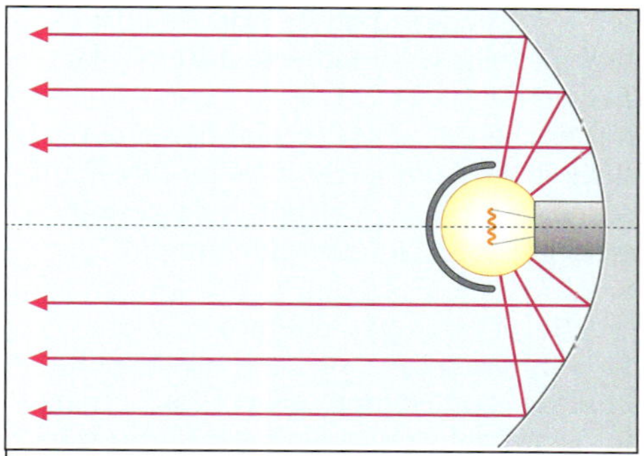

5 Scheinwerfer mit parallelem Licht

Technik: Anwendungen von Hohlspiegeln

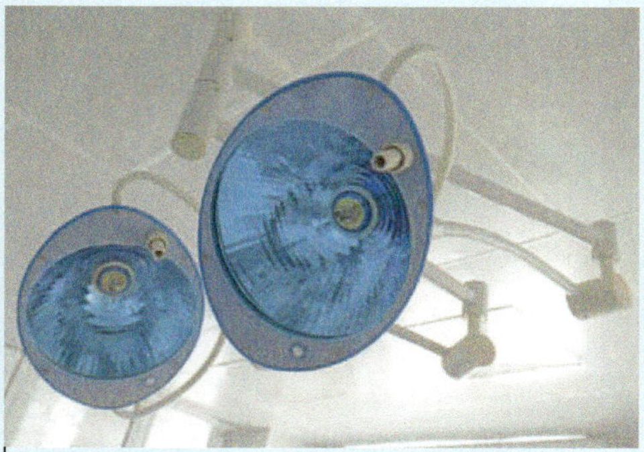

1 Bei Halogenlampen wird als Reflektor ein Parabolspiegel benutzt.

Hohlspiegel in Scheinwerfern

Bei den Experimenten zur Erarbeitung des Reflexionsgesetzes hast du erkannt, dass der Lichtweg umkehrbar ist. Das ist auch am Hohlspiegel so. Bringst du in seinen Brennpunkt eine Lichtquelle, werden die Lichtstrahlen als paralleles Lichtbündel reflektiert. Auf der Bühne eines Theaters oder bei Musikveranstaltungen werden die Schauspieler und Akteure so ins „rechte Licht gerückt".

2 Taschenlampe mit Reflektor

Halogenlampen (▷ B 1) und Fahrradscheinwerfer besitzen Parabolspiegel als Reflektoren und erzeugen auch wie eine Taschenlampe (▷ B 2) helle Lichtbündel. Manchmal bewegt sich auch der Hohlspiegel um die Lichtquelle. Solche „Rundumleuchten" kennst du als Blaulicht oder Warnleuchte bei Feuerwehren und Schwerlastfahrzeugen.

Solarkraftwerke

Ein Traum kann bald Wirklichkeit werden. In den Wüstenregionen der Länder des Sonnengürtels in Nordafrika können in

3 Sonnenkraftwerk in der kalifornischen Mojave-Wüste

naher Zukunft Solarkraftwerke verschiedener Art große Mengen elektrischer Energie erzeugen, der dann in die stromhungrigen Länder Europas exportiert werden kann. [Energie, S. 182]

In der kalifornischen Mojave-Wüste (▷ B 3) und in Spanien gibt es bereits erste Anlagen. Über Spiegel bündeln die Kraftwerke Sonnenlicht, erhitzen Spezialöl und wandeln dessen Wärme in Wasserdampf für den Antrieb von Turbinen um.
In Bild 4 ist der Teil eines Parabolrinnenkraftwerkes in der Nähe von Las Vegas zu sehen. Dort sind große Spiegel als Reflektoren zu einer Parabolrinne geformt. Sie sind beweglich und werden ständig nach dem Stand der Sonne ausgerichtet. Das ist notwendig, weil sich die Position der Sonne im Laufe eines Tages ändert.
In einer solchen Parabolrinne wird das Sonnenlicht auf ein mit Öl gefülltes Rohr gerichtet, das sich in der Brennweite des Spiegels befindet. Dieses Öl wird auf 400 Grad Celsius erhitzt und durch Wärmetauscher gepumpt, um Dampf für Turbinen zu erzeugen, die wiederum Generatoren antreiben und Wechselstrom erzeugen.

4 Parabolspiegel in Form einer Rinne bei einem Sonnenkraftwerk

Versuche

1 Betrachte dein Spiegelbild
a) in einem ebenen Spiegel,
b) in der Innenfläche eines glänzenden Löffels,
c) in der Außenfläche einer Rosenkugel.
Beschreibe die Spiegelbilder.
Welche Unterschiede stellst du fest?

2 Betrachte dich in einem Kosmetikspiegel. Nähere dich dem Spiegel und entferne dich wieder. Beschreibe, was du dabei beobachtest.

3 Nimm einen größeren Bogen Pappe, auf den du Aluminium-Haushaltfolie glatt aufziehst. Wölbe die Pappe nun vorsichtig etwas nach außen oder innen. Halte die Pappe dabei so, dass die Wölbung waagerecht verläuft und dann so, dass sie senkrecht verläuft. Beschreibe, wie sich jeweils dein Spiegelbild ändert.

4 Betrachte dich im Rückspiegel eines Autos. Vergleiche dein Spiegelbild mit denen aus den Versuchen 1 bis 3.

2 Lithografie von M.C. ESCHER

Zerrbilder
Am ebenen Spiegel hast du festgestellt, dass dein Bild aufrecht und ebenso groß wie du selbst ist. Im Versuch 3 entstehen Zerrbilder: du siehst lang und dünn oder gut genährt aus. In einem Spiegelkabinett findest du solche Spiegel, die keine ebenen Flächen haben. Deshalb können gestauchte, gestreckte, größere und kleinere Bilder entstehen (▷ B 3).

Wölbspiegel
Betrachtest du dein Bild in einer Rosenkugel oder Weihnachtskugel, siehst du dich etwas verzerrt, genauso wie sich der niederländische Künstler MAURITS CORNELIS ESCHER dargestellt hat (▷ B 2).
Eine solche Kugel ist ein nach außen gewölbter Spiegel (Konvexspiegel). Sie erzeugt aufrechte, verkleinerte und virtuelle Bilder der Gegenstände. Der Strahlenverlauf in Bild 3 zeigt dir, wie das Bild entsteht. Man denkt sich den Brennpunkt F hinter der Spiegelfläche. Ein Parallelstrahl wird so reflektiert, als ob er von diesem Brennpunkt kommt. Ein Strahl, der bei seiner Verlängerung durch den Mittelpunkt M in der Kugel führen würde, wird in sich selbst reflektiert. Deine Augen sehen deshalb die Strahlen scheinbar vom Bild hinter der spiegelnden Fläche kommen.

Ein Wölbspiegel erzeugt aufrechte, verkleinerte und virtuelle Bilder der Gegenstände.

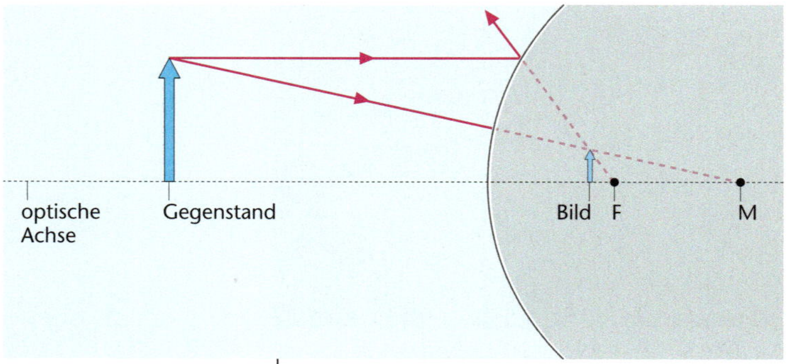

1 Bildentstehung am Wölbspiegel

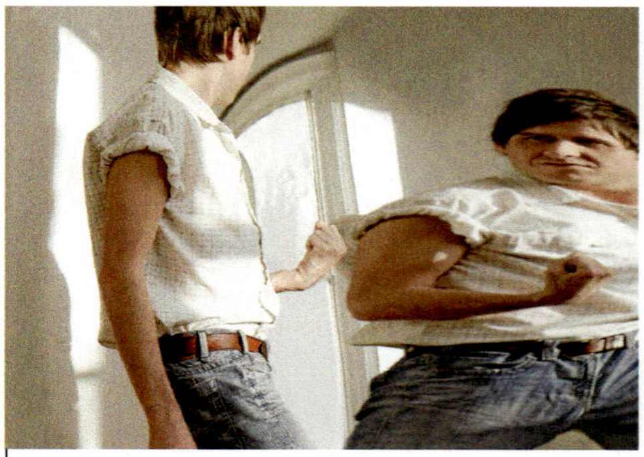

3 Zerrbilder im Spiegelkabinett

Konkav oder Konvex
Hohlspiegel reflektieren auf ihrer Innenseite einfallendes Licht. Ein solcher Spiegel heißt auch Konkavspiegel. Du hast ihn im Versuch 1b kennengelernt. Sicher hast du bemerkt, dass sich dein Spiegelbild verändert oder sogar auf den Kopf gestellt hat, je nach dem, wie nahe du den Löffel vor dein Gesicht gehalten hast. Genau wegen dieser Eigenschaften werden sie eingesetzt. Konkavspiegel können auch das Bild vergrößern und werden beim Rasieren und Schminken verwendet (▷ B 5). Welche Art von Bildern entsteht, hängt bei ihnen davon ab, wie stark die Wölbung ist und wie weit die Gegenstände von ihnen entfernt sind (▷ B 7, ▷ B 8). Die Konvexspiegel verkleinern das Bild, fangen aber eine größere Zahl von Strahlen ein. Ein Autospiegel z. B. verschafft dem Fahrer einen guten Überblick über das, was hinter ihm vor sich geht (▷ B 6).

Bildentstehung am Hohlspiegel
Um die Bildentstehung beim Hohlspiegel Zu verstehen, brauchen wir nur die Parallelstrahlen und Brennpunktstrahlen zu betrachten (▷ B 4). Parallel zur optischen Achse einfallende Strahlen heißen Parallelstrahlen (a). Sie werden durch den Brennpunkt reflektiert. Lichtstrahlen, die durch den Brennpunkt auf den Spiegel treffen, heißen Brennpunktstrahlen (b). Sie werden parallel zur optischen Achse reflektiert. Lichtstrahlen, die die durch den Krümmungsmittelpunkt und damit senkrecht auf den Spiegel fallen, heißen Mittelpunktstrahlen (c). Sie werden in sich selbst reflektiert (▷ B 4).

▶ An Hohlspiegeln können aufrechte virtuelle Bilder oder umgekehrte reelle Bilder entstehen, je nachdem, wie weit die Gegenstände vom Hohlspiegel entfernt sind und wie stark er gekrümmt ist.

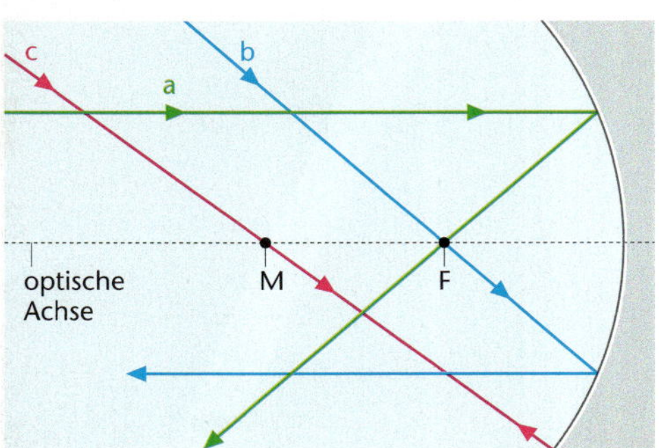

4 Strahlen am Hohlspiegel

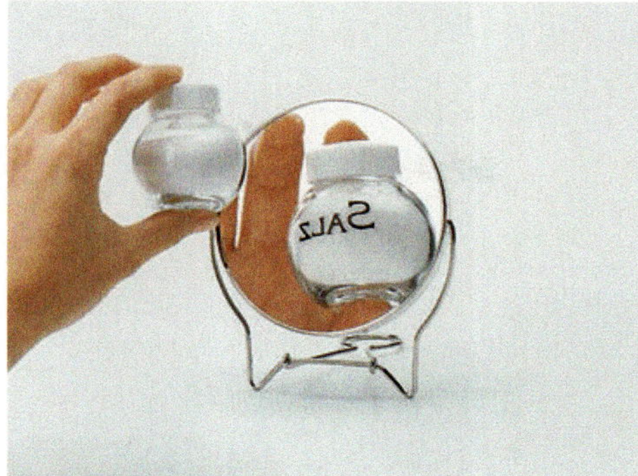

5 Ein Schminkspiegel vergrößert

6 Blick in den Rückspiegel eines Autos

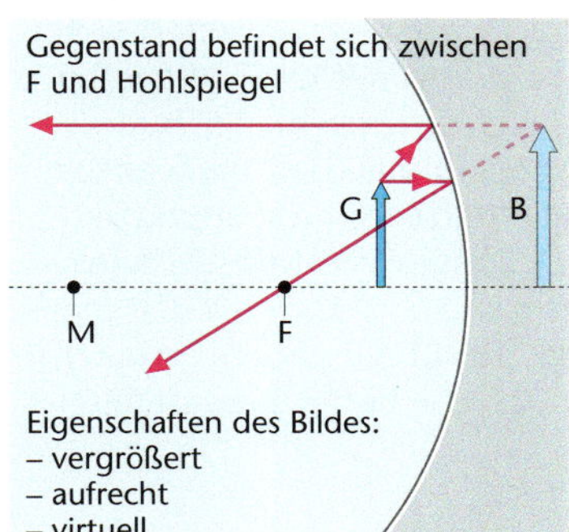

7 Virtuelles Bild am Hohlspiegel

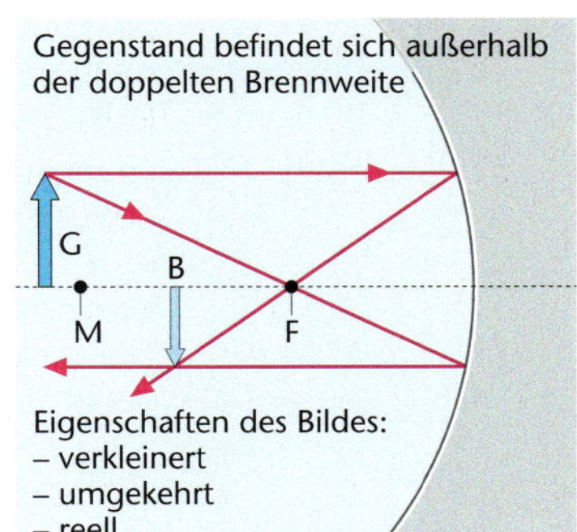

8 Reelles Bild am Hohlspiegel

Aufgaben

1 Begründe, weshalb Hohlspiegel zur Beobachtung deiner Umwelt ungeeignet sind.

2 Suche weitere Beispiele für Hohl- und Wölbspiegel.

3 Informiere dich über M. C. Escher. Erstelle ein Plakat.

2 Der Knick im Trinkhalm – nur eine Täuschung?

1 Schützenfisch

Vom Knick in der Optik
Licht kann viele Stoffe durchdringen: Luft, Glas, Wasser usw. Dabei verlaufen die Lichtstrahlen in jedem Stoff geradlinig. Wie lässt sich nun der Knick erklären, den du an einem Trinkhalm im Wasserglas (▷ B2) beobachten kannst?
In diesem Fall musst du berücksichtigen, dass sich das Licht nicht nur in einem Stoff ausbreitet, sondern vom Wasser in die Luft übertritt. Beim Übergang von einem Stoff in einen anderen scheinen die Lichtstrahlen geknickt zu werden.

Der Übergang von Luft in Glas
Fällt ein schmales Lichtbündel (Lichtstrahl) senkrecht auf eine Glasoberfläche, verläuft es im Glas geradlinig weiter. Es ändert seine Richtung nicht. Trifft es dagegen schräg auf das Glas, wird es aus der ursprünglichen Richtung abgelenkt (▷ B 4). Man sagt, das Lichtbündel wird gebrochen.
Der Lichtstrahl in Bild 4 verläuft zunächst geradlinig durch die Luft, bis er an der Oberfläche des Glaskörpers in das Glas eintritt. An der Glasoberfläche wird der Lichtstrahl so gebrochen, dass er im Glas näher am Lot verläuft.
Der Winkel zwischen dem einfallenden Lichtstrahl und dem Lot (Einfallswinkel α) ist also größer als der Winkel zwischen dem gebrochenen Lichtstrahl und dem Lot (Brechungswinkel β).
Beim genauen Hinschauen siehst du aber auch, dass ein geringer Teil des Lichts an der Grenzfläche Luft – Glas reflektiert wird.

Lichtstrahlen werden beim Übergang von Luft in Glas oder Wasser zum Lot hin Gebrochen. Senkrecht einfallende Strahlen werden nicht gebrochen. Jede Brechung ist mit einer Reflexion verbunden.

Der Übergang von Glas in Luft
Lichtbrechung beobachtest du auch, wenn das Licht aus einem Stoff wie Wasser oder Glas wieder in Luft übertritt.
In Bild 3 verläuft der Lichtstrahl zunächst weiter durch den Glaskörper. An der ebenen Glasfläche tritt er in die Luft über.
Du erkennst, dass der Lichtstrahl nach der Brechung weiter vom Lot entfernt verläuft. An der Grenzfläche wurde aber auch hier noch ein kleiner Teil des Lichtes reflektiert.

Tritt Licht von Glas oder Wasser in Luft über, werden die Lichtstrahlen vom Lot weg gebrochen.

Durchdringt der Lichtstrahl eine dicke Glasscheibe, wird er also parallel verschoben.

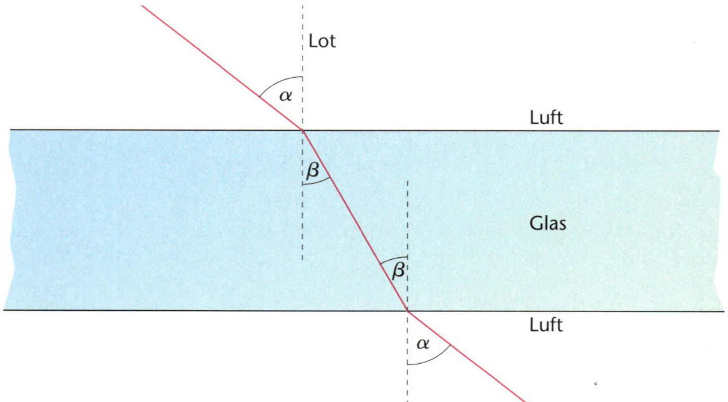

3 Lichtbrechung an einer Glasplatte

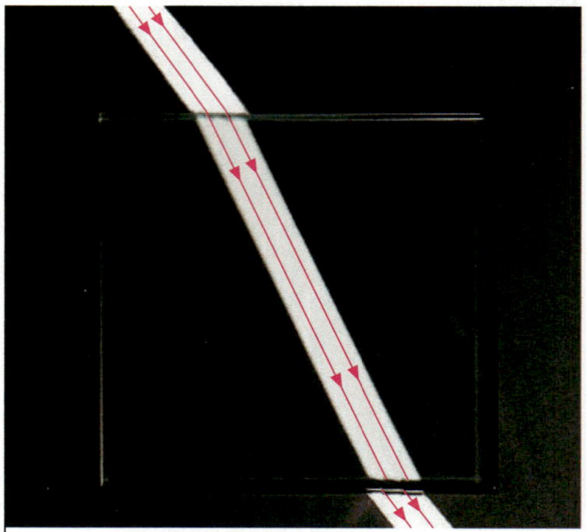

4 Lichtbrechung an Grenzflächen

1 Lichtleitung durch eine Glasfaser

2 Lichtleitung durch eine Glasfaser

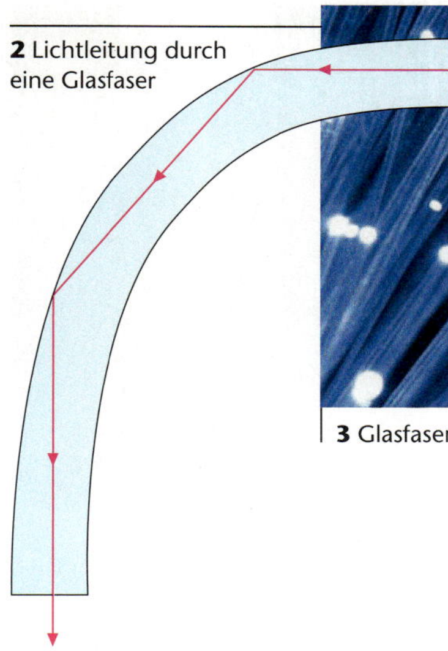

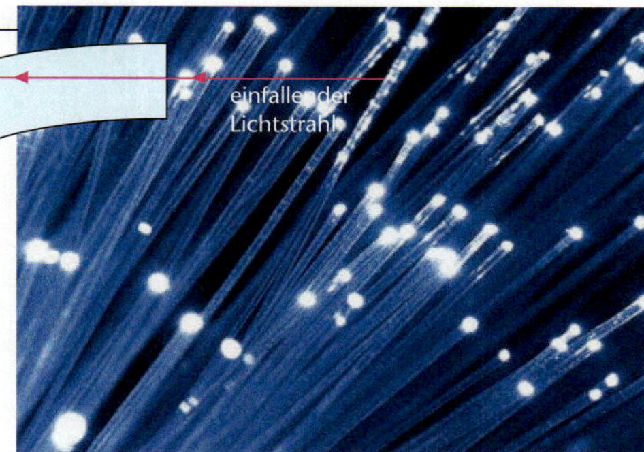

3 Glasfasern

Brechung oder Reflexion?
Du beobachtest beim Übergang eines Lichtstrahls von Glas oder Wasser in Luft, dass er seine Richtung ändert. Er wird vom Lot weg gebrochen. Aber ist das immer so?

Man kann mit einem Versuch feststellen, dass an der Grenzfläche Glas bzw., Wasser und Luft nicht immer eine Brechung erfolgt. Überschreitet der Einfallswinkel einen bestimmten Wert, der von den Stoffen abhängt, wird der Lichtstrahl vollständig reflektiert. Diese Erscheinung heißt **Totalreflexion**.

▶ Überschreitet der Einfallswinkel an der Grenzfläche von Glas oder Wasser zu Luft einen Grenzwert, wird das Licht vollständig reflektiert.

Der gefangene Lichtstrahl
Anwendung findet die Totalreflexion bei der Weiterleitung von Licht durch Glasfasern. Aus Bündeln solcher Fasern werden Lichtleiterkabel für die Medizin oder zur Datenübertragung hergestellt. Die durchsichtigen, sehr biegsamen Fasern haben einen Durchmesser von nur 0,006 mm. Ein Bündel mit einem Durchmesser von 1 mm besteht aus etwa 27 000 Fasern.

In den einzelnen Fasern wird das Licht durch Totalreflexion „gefangen" gehalten: Da sie sehr schräg auf die Grenzfläche treffen, werden die Lichtstrahlen nicht gebrochen, sondern immer in die Faser zurück reflektiert (▷ B 2). Erst am Ende der Faser kann das Licht wieder austreten.

Weitere Anwendungen der Totalreflexion
Endoskope (▷ B 4) ersparen Patienten oft aufwändige Operationen. Beispielsweise kann ein fingerdicker Schlauch, der mehrere Glasfaserbündel enthält, durch die Speiseröhre in den Magen eingeführt werden. Durch eines dieser Bündel wird Licht in den Magen geleitet. Die Bilder aus dem Körperinneren werden durch ein zweites Glasfaserbündel zu einer Videokamera übertragen.

Mithilfe dieser Technik kann der Arzt den Magen untersuchen und operieren, ohne ihn zu öffnen.

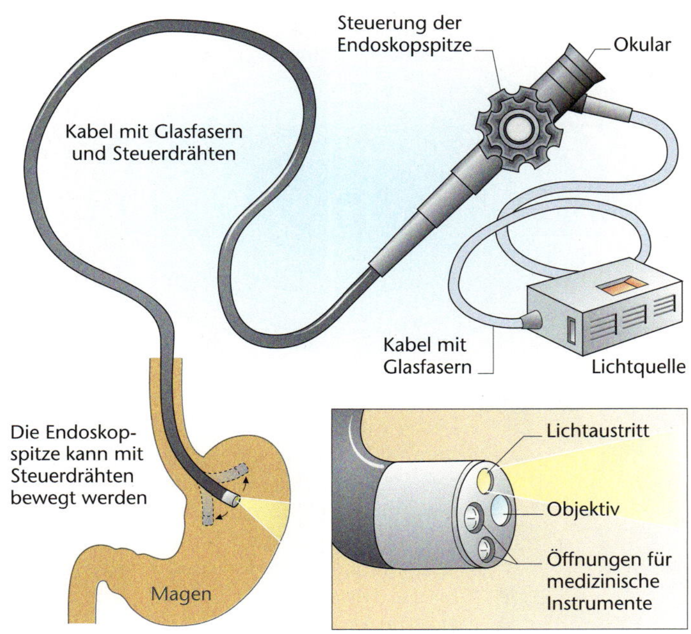

4 Endoskop

1 Verschiedene Glaslinsen

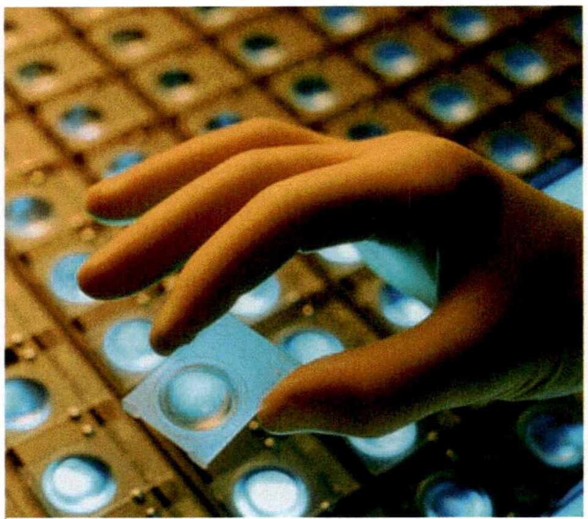

3 Kontaktlinsenproduktion

4 Eine Schusterkugel

2 Linsen

Linsen aus Glas und Kunsstoff

Du hast bestimmt schon versucht, mit einer Lupe kleine Gegenstände zu vergrößern. In Bild 2 sind Linsen abgebildet. Das Glas einer Lupe hat eine ähnliche Form wie diese Hülsenfrüchte. Daher werden solche Körper aus Glas (▷ B 1) oder Kunststoff (▷ B 3) auch als Linsen bezeichnet.

Ein Brennglas

Dass die Sonne Licht- und Wärmestrahlen aussendet, weiß jeder. Mit einer größeren Lupe kannst du im Sonnenlicht Papier entzünden. Du sammelst alle Licht- und Wärmestrahlen, die durch die Linse fallen, in einem Punkt, dem Brennpunkt. Den musst du auf dem Papier hinter der Linse finden. Aber Vorsicht, sehr schnell entsteht ein Brand! [Wechselwirkung, S. 180]

Geschichtliches

Von den Griechen und Römern wurden in der Antike wassergefüllte Glaskugeln als Brenngläser verwendet.
Vermutlich kamen sie gegen Ende des 13. Jahrhunderts auch nach Mitteleuropa. In einem Museum hast du vielleicht schon einmal eine solche Kugel gesehen. Man bezeichnet sie als Schusterkugel. Sie galten als „Scheinwerfer des Mittelalters“ und halfen, die Lichtverhältnisse am Arbeitsplatz zu verbessern (▷ B 4).

Solche Kugeln wurden bis ins 19. Jahrhundert zur Bündelung des Lichts verwendet. Vor Fenstern oder Öllampen aufgehängt, bündelten sie das Licht an den Arbeitsplätzen von Schneidern und Schustern bei ihren Feinarbeiten.

Schnittpunkt

Technik: Linsenherstellung

1 Brille

Den Rohstoff für Glas bildet Quarzsand. Unter Zusatz von Soda wird Quarz schon bei 600 °C weich. Die Ägypter stellten bereits 3000 v. Chr. durchscheinendes Glas her. Im 14./15. Jahrhundert lernte man bei höheren Temperaturen durchsichtiges Glas herzustellen. Hieraus fertigte man die ersten Brillengläser.
Heute werden Glaslinsen aus Glas hoher Reinheit hergestellt.

Aus einem solchen Glasblock werden zunächst Linsenrohlinge herausgeschnitten. Diese kittet man auf Tragekörper, schleift und poliert sie unter einer Schleifglocke, bis sie die endgültige Form erreicht haben.

Linsen aus Kunststoff werden durch Spritzgießverfahren hergestellt oder in entsprechenden Formen gepresst und poliert. Sie sind billiger, leichter und bruchsicher, aber auch kratzempfindlicher.

Versuch

1 Bestimme die Brennweite einer Sammellinse.
a) Baue einen Versuch entsprechend Bild 6 auf. Verwende eine Dreispaltblende. Stelle die Optikleuchte so ein, dass parallele Lichtstrahlen entstehen.
b) Miss die Entfernung von der Linsenebene zum Brennpunkt. Wie groß ist die Brennweite deiner Linse?
c) Ersetze die Sammellinse durch eine Zerstreuungslinse.
d) Beschreibe den Strahlenverlauf an dieser Linse.

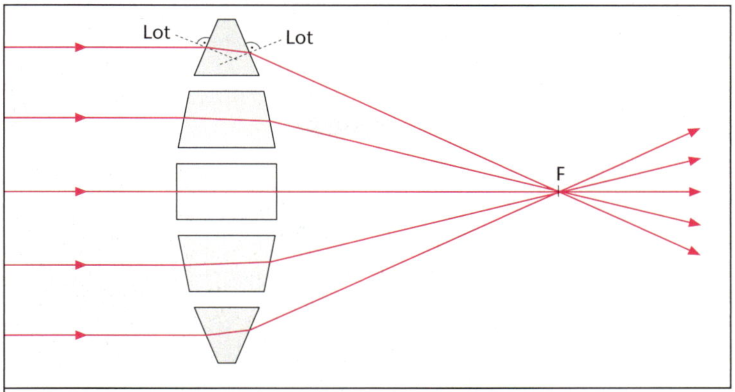

5 Modell für eine Sammellinse

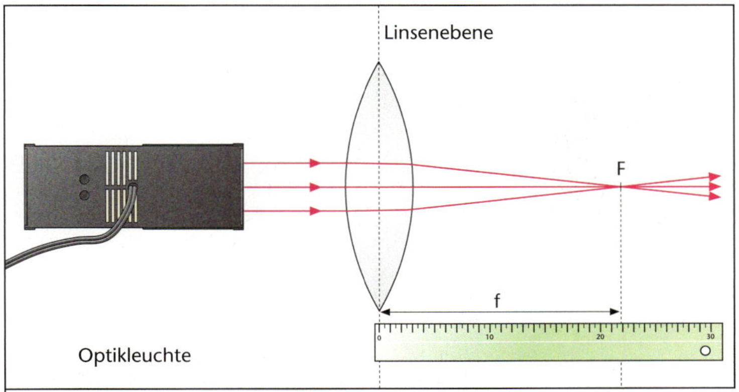

6 Versuch zur Bestimmung der Brennweite

Sammellinsen
Du kannst dir eine Sammellinse aus trapezförmigen Glaskörpern zusammengesetzt denken (▷B5). Jeder der parallelen Lichtstrahlen in Bild 5 wird beim Ein- und Austritt an den Grenzflächen des Glaskörpers gebrochen. Beim Übergang von Luft in Glas erfolgt die Brechung zum Lot hin, beim Übergang von Glas in Luft vom Lot weg. Zur Linsenmitte hin ist die Brechung geringer. Am Rand der Linse treffen die Lichtstrahlen unter einem großen Einfallswinkel auf die Linse. Deshalb ist die Brechung hier stärker als in der Linsenmitte. Alle Lichtstrahlen durchlaufen auf der anderen Seite der Linse einen Punkt, den **Brennpunkt F** (▷B8). Solche Linsen heißen Sammellinsen.

▶ Sammellinsen sind in der Mitte dicker als am Rand. Parallel zur optischen Achse einfallende Lichtstrahlen werden in einem Brennpunkt gesammelt.

Mit einem Versuch entsprechend Bild 6 kannst du den Brennpunkt F einer Linse bestimmen. Je nach Krümmung der Linse liegt er näher an der Linse oder weiter entfernt. Ist ihre Krümmung stärker, erfolgt auch eine stärkere Brechung. Solche Linsen sind in der Mitte viel dicker als am Rand. Bei diesen Linsen ergibt sich eine kürzere Brennweite. Ihr Brennpunkt liegt dichter an der Linse.

▶ Der Abstand von der Linsenebene zum Brennpunkt wird als Brennweite f bezeichnet.

Zerstreuungslinsen
Neben Sammellinsen gibt es Linsen, die in der Mitte dünner sind als am Rand.

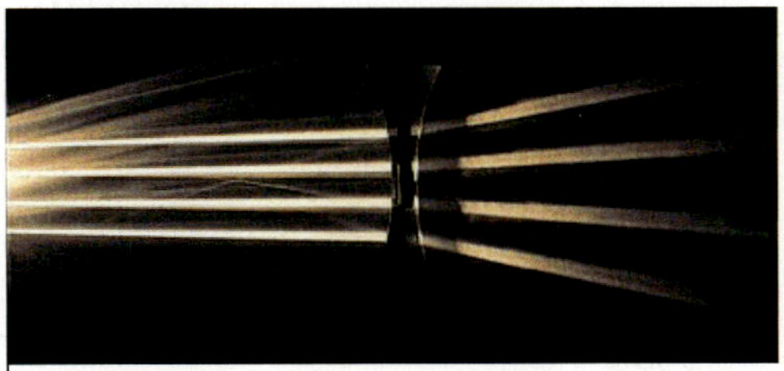
7 Strahlenverlauf an der Zerstreuungslinse

Wenn du parallele Lichtstrahlen auf eine solche Linse fallen lässt, dann laufen die Lichtstrahlen hinter der Linse auseinander (▷B9). Sie heißen deshalb **Zerstreuungslinsen**.

Aufgaben

1 Erkläre, warum Regentropfen auf den Blättern von Pflanzen zu Verbrennungen führen können.

2 Begründe, weshalb achtlos weggeworfene Flaschen oder Glasscherben die Brandgefahr im Wald erhöhen können.

Sammellinsen erzeugen Bilder

Sie sind in Fotoapparaten enthalten und weder Fernrohr noch Mikroskop kommen ohne sie aus: Sammellinsen findest du in allen optischen Geräten.

Mit einer Sammellinse kannst du ein Fenster auf einem Blatt Papier abbilden (▷ B 1). Das Bild des Fensters kann unterschiedlich groß und unterschiedlich hell sein. Zwei Gemeinsamkeiten besitzen jedoch alle Bilder: Sie sind seitenverkehrt und stehen auf dem Kopf.

Eine Sammellinse erzeugt Bilder, die seitenverkehrt sind und auf dem Kopf stehen.

1 Zu Versuch 2

Hauptstrahlen

Eine Sammellinse erzeugt von einem Gegenstand ein deutliches Bild. Von jedem Punkt des Gegenstands gehen Lichtstrahlen aus, die hinter der Linse wieder in einem Punkt zusammentreffen.
Willst du das Bild konstruieren, kannst du unmöglich alle Lichtstrahlen zeichnen.

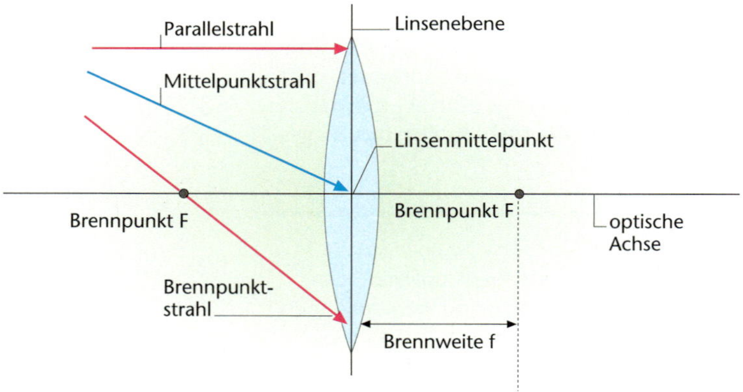

2 Hauptstrahlen bei einer Sammellinse

Deshalb wählt man drei besondere Lichtstrahlen aus, die man als **Hauptstrahlen** bezeichnet (▷ B 2).

- Ein **Parallelstrahl** verläuft parallel zur optischen Achse.
- Ein **Brennpunktstrahl** verläuft durch den Brennpunkt vor der Linse.
- Ein **Mittelpunktstrahl** verläuft durch den Mittelpunkt der Linse.

Für die Konstruktion des Bildes genügt es, nur die Hauptstrahlen zu verwenden, die von den Begrenzungspunkten des Gegenstands ausgehen. Noch einfacher wird es, wenn sich der Fußpunkt des Gegenstandes auf der optischen Achse befindet. Dann kommst du mit nur drei Strahlen aus.

Beim Durchgang durch die Sammellinse werden die Hauptstrahlen gebrochen (▷ V 1; B 3). Durch die Brechung an der Sammellinse werden
- Parallelstrahlen zu Brennpunktstrahlen und
- Brennpunktstrahlen zu Parallelstrahlen.
- Mittelpunktstrahlen behalten ihre Richtung bei.

Konstruktion von Bildern

Um ein scharfes Bild von einem Gegenstand zu erhalten, muss der Schirm in einer bestimmten Entfernung von der Sammellinse aufgestellt werden (▷ V 3). Mithilfe der Hauptstrahlen kannst du diese Entfernung ermitteln.
Zeichne zunächst eine Sammellinse und die optische Achse (▷ B 3). Markiere links und rechts der Linse den Brennpunkt. Sein Abstand von der Linsenmitte ist gleich der Brennweite. Zeichne vor dem Brennpunkt einen Gegenstand, z. B. eine Kerze, ein.

Beim Durchgang durch die Linse werden die Lichtstrahlen sowohl an der Grenzfläche Luft/Glas als auch an der Grenzfläche Glas/Luft gebrochen. Der Einfachheit halber wird nur eine Brechung an der Linsenebene eingezeichnet.

Trage in deine Zeichnung nun die Hauptstrahlen ein, die von der Spitze der Kerzenflamme ausgehen. Beachte: Der Parallelstrahl läuft hinter der Linse durch den Brennpunkt. Der Brennpunktstrahl wird zu einem Parallelstrahl und der Mittelpunktstrahl behält seine Richtung bei.
Hinter der Linse schneiden sich die Hauptstrahlen wieder in einem Punkt, den man

Bildpunkt nennt. An dieser Stelle wird die Spitze der Kerzenflamme deutlich abgebildet.
Die anderen Punkte der Kerze erzeugen ebenfalls Bildpunkte. Alle Bildpunkte zusammen ergeben ein vollständiges Bild des Gegenstandes.

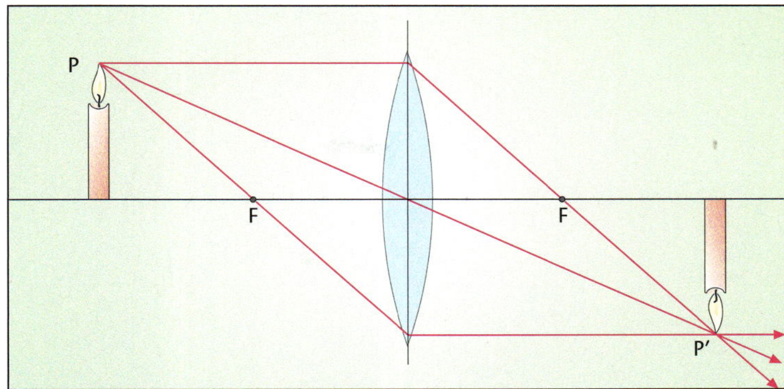

3 Konstruktion des Bildes mit den drei Hauptstrahlen

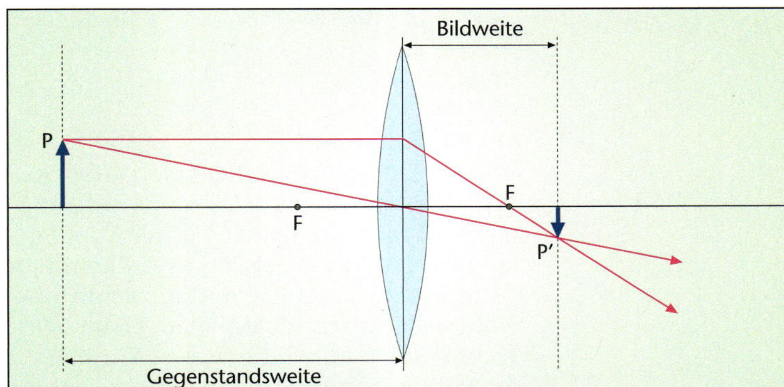

4 Konstruktion eines verkleinerten Bildes

Große und kleine Bilder

Von einem Gegenstand lassen sich unterschiedlich große Bilder erzeugen (▷ B 4). Stelle die Kerze einmal weiter entfernt von der Sammellinse auf und rücke den Schirm so weit an die Linse, bis wieder ein scharfes Bild entsteht. Die Größe des Bildes hat sich verändert.

Je größer die Entfernung zwischen dem Gegenstand und der Sammellinse ist, desto kleiner ist das Bild.

Dies nutzt man beim Fotografieren. Die Bilder der fotografierten Gegenstände müssen auf einem Kleinbildfilm oder einem Chip Platz finden. Das ist nur möglich, wenn die Gegenstände weit von der Linse des Fotoapparates entfernt sind.

Was passiert, wenn man den Gegenstand immer näher zur Linse verschiebt? Zunächst wird das Bild größer. Ab einem gewissen Abstand kannst du kein deutliches Bild mehr auffangen. Dann befindet sich der Gegenstand zu nah an der Sammellinse. Nur, wenn sich der Gegenstand außerhalb der Brennweite der Sammellinse befindet, entsteht auf dem Schirm ein deutliches Bild.

Versuche

1 Zeichne auf ein weißes Blatt Papier eine Gerade, die die optische Achse darstellt (▷ B 2). Senkrecht zu dieser Geraden bringst du die Sammellinse an. Markiere wie in Bild 2 links und rechts von der Linse ihren Brennpunkt auf der optischen Achse. Erzeuge nun mit einer Optikleuchte einen Strahl, der sich parallel zur optischen Achse ausbreitet.
Wie verläuft er hinter der Linse weiter? Wiederhole den Versuch mit einem Strahl, der durch den Mittelpunkt der Linse geht, und einem Strahl, der durch den Brennpunkt verläuft. Zeichne den Verlauf der Strahlen auf dem Papier ein.

2 a) Stelle dich mit einer Sammellinse und einem Blatt Papier an ein Fenster. Versuche, mithilfe der Sammellinse ein Bild des Fensters auf dem Papier zu erzeugen (▷ B 1). Beschreibe das Bild.
b) Verwende für denselben Versuch anschließend eine Sammellinse mit einer anderen Brennweite.
Beschreibe, wie sich das Bild auf dem Schirm verändert.

3 Entzünde eine Kerze und stelle sie vor eine Sammellinse. Stelle hinter der Linse einen Schirm auf und verschiebe ihn so lange, bis darauf ein deutliches Bild der Kerze zu sehen ist.
Vergrößere und verkleinere die Entfernung zwischen der Kerze und der Linse. Wohin musst du den Schirm jeweils verschieben, damit du ein deutliches Bild erhältst? Beschreibe, wie sich dabei das Bild verändert.
Schiebe nun die Kerze sehr nah an die Linse. Kannst du jetzt noch ein Bild erkennen?

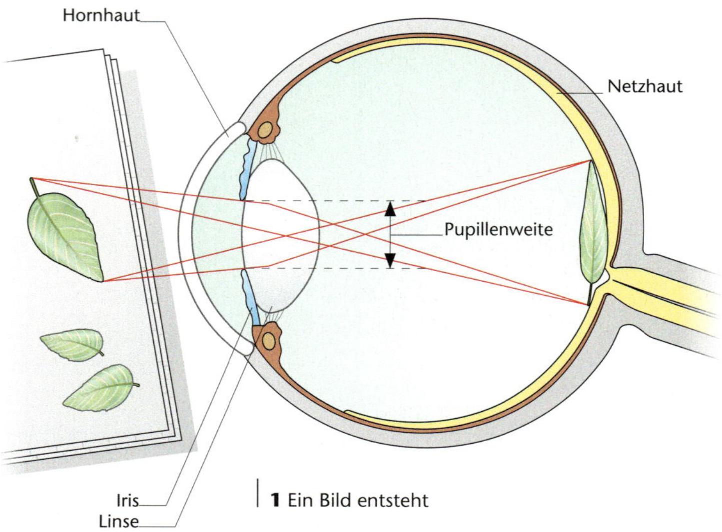

1 Ein Bild entsteht

Ein Bild entsteht
Vor uns auf dem Tisch liegt ein Laubblatt. Wir sehen es nur deshalb, weil Licht auf das Blatt fällt und dann in unser Auge gelangt. Würden wir den Raum vollkommen verdunkeln, sähen wir absolut nichts, obwohl das Blatt an seinem Platz bleibt. Die Lichtstrahlen fallen durch die Hornhaut, die Pupille und die Linse ins Innere des Auges. Die Iris regelt den Lichteinfall: Bei großer Helligkeit verkleinert sich die Pupille, so werden die empfindlichen Sinneszellen vor zu starkem Licht geschützt.

Die Sehschärfe wird eingestellt
Beim Nahsehen wird der Ziliarmuskel angespannt, die Linsenbänder lockern sich und die Linse kann sich krümmen. Siehst du in die Ferne, entspannt sich der Ziliarmuskel und die Linsenbänder spannen die Linse an. Man nennt diese Anpassung des Auges an die verschiedenen Entfernungen Akkomodation (▷ B 2).

2 Akkomodation

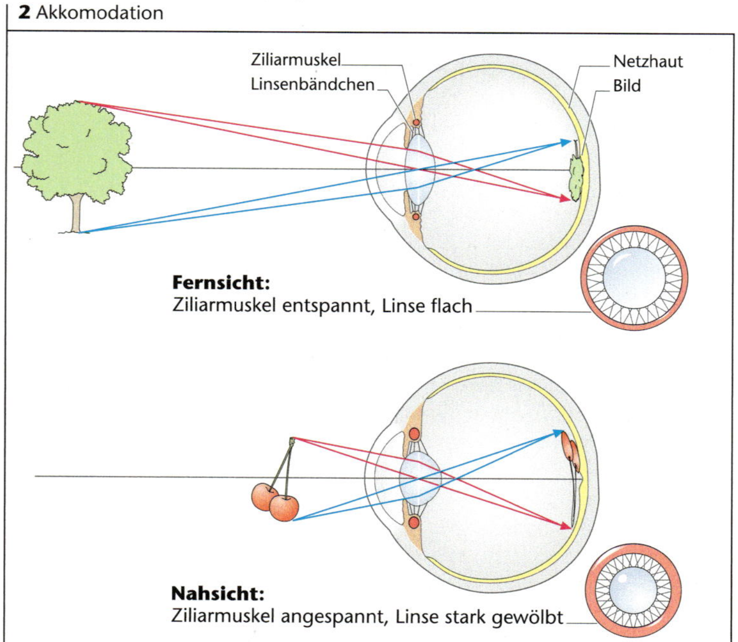

Arbeitsteilung in der Netzhaut
In der Netzhaut befinden sich zwei unterschiedliche Typen von Sehzellen: die **Stäbchen** und die **Zapfen**.
Die längeren und schlankeren Stäbchen sind zwar sehr lichtempfindlich, können aber nur hell-dunkel unterscheiden. Die kürzeren und dickeren Zapfen sind für das Sehen von Farben zuständig.

Unser Auge hat unvostellbar viele Sehzellen auf der Netzhaut. Auf einem Quadratmillimeter befinden sich ungefähr 140 000 Sehzellen, die meisten sind Stäbchen. Die Zapfen sind ungleichmäßig auf der Netzhaut verteilt. Es gibt drei unterschiedliche Zapfentypen. Sie reagieren bei Helligkeit entweder auf blauviolettes, grünes oder rotgelbes Licht. Auf dem **Gelben Fleck** befinden sich nur Zapfen.

In einem komplizierten Vorgang lösen lichtempfindliche Farbstoffe in den Sehzellen elektrische Impulse aus. Diese werden über die Sehnerven vom linken bzw. rechten Auge zum Gehirn geleitet. Die Impulse werden dann in der so genannten Sehrinde verarbeitet.

Am **Blinden Fleck** verlässt der Sehnerv durch die Netzhaut das Auge. Hier gibt es keine Sehzellen und man ist an dieser Stelle blind. Da man aber mit zwei Augen schaut, korrigiert sich der Fehler wieder.

Durch die Linse wird ein scharfes Bild auf die Netzhaut übertragen.Stäbchen und Zapfen nehmen die Lichtsinnesreize auf und leiten sie über die Nerven als Impulse zum Gehirn.

Aufgaben

1 Erkläre das Sprichwort „Nachts sind alle Katzen grau".

2 Eulen und Katzen haben auffallend große Augen. Erkläre.
Versuche, daraus eine allgemeine Regel abzuleiten.

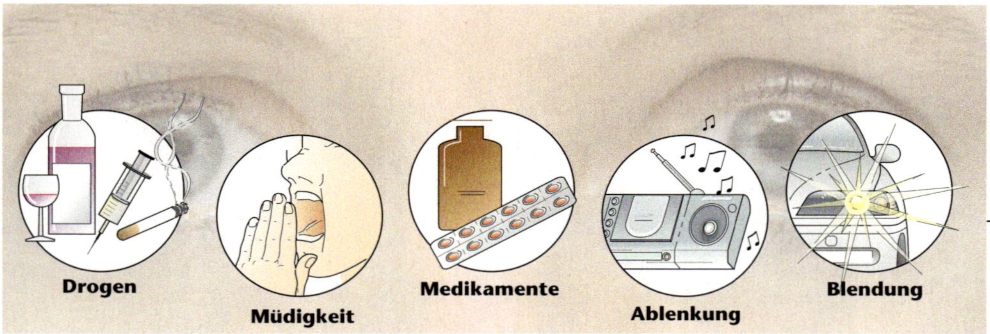

1 Faktoren, die die Sehfähigkeit beeinflussen

Wer braucht eine Brille?
Eine Sehschwäche wird meist mit einer Brille oder Kontaktlinsen korrigiert. Ursache für eine Sehschwäche können altersbedingte Veränderungen, Krankheit und Geburtsfehler sein. Mehr als die Hälfte der Erwachsenen benötigen Sehhilfen, die ein Augenoptiker anpasst.
Es gibt aber auch andere Faktoren, die sich einschränkend auf das Sehvermögen auswirken und nicht durch eine Brille behoben werden können (▷ B 1). Ursachen und Erkrankungen stellt der Facharzt für Augenheilkunde fest.

Weitsichtigkeit
Wer Fernes scharf und Nahes unscharf sieht, ist weitsichtig. Bei manchen Menschen ist der Augapfel zu kurz. Ein scharfes Bild würde erst hinter der Netzhaut entstehen (▷ B 2).
Bei vielen älteren Menschen ist aber auch die Linse nicht mehr so elastisch. Sie können nur noch weit entfernte Gegenstände scharf sehen. Du brauchst dich also nicht zu wundern, wenn dein Großvater die Zeitung mit lang ausgestreckten Armen liest. Wenn sich die Augenlinse mit den Ziliarmuskeln nicht mehr an unterschiedliche Sichtweiten anpassen kann, helfen zusätzliche Linsen. Zur Korrektur der Weitsichtigkeit werden Sammellinsen benutzt.

Aufgaben

1 Erstelle eine Computerpräsentation zu Aufbau und Funktionsweise des Auges.

2 Was passiert im Auge, wenn du in die Ferne oder in die Nähe schaust?

3 Was kannst du tun, damit du lange Zeit gut sehen kannst?

4 Wie kann Kurzsichtigkeit bzw. Weitsichtigkeit korrigiert werden?

Kurzsichtigkeit
Wer Fernes unscharf und Nahes scharf sieht, ist kurzsichtig. In diesem Fall ist der Augapfel zu lang. Die Linse des Auges kann sich nicht so verändern, wie es nötig wäre, um auf der Netzhaut ein scharfes Bild zu erzeugen (▷ B 3).
Zur Korrektur der Kurzsichtigkeit werden Zerstreuungslinsen verwendet. Vom Augenarzt oder Optiker bekommst du eine Brille ganz genau an deine Augen angepasst. Es können aber auch Kontaktlinsen sein, die direkt auf die Hornhaut aufgesetzt werden (▷ B 3).

Du solltest deine Augen regelmäßig überprüfen lassen, weil Augenfehler im Laufe der Zeit oft unbemerkt größer werden.

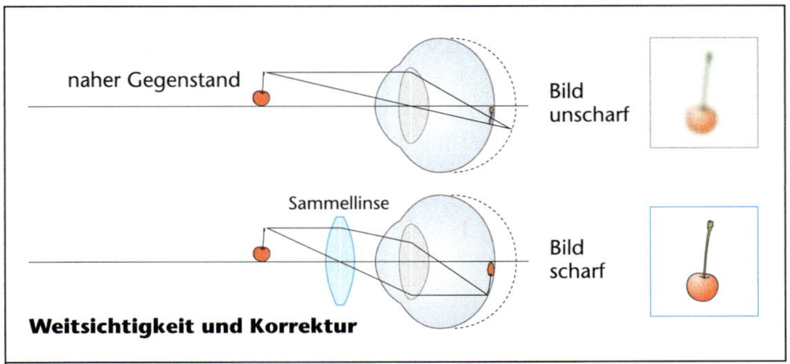

2 Der Augapfel ist etwas zu kurz.

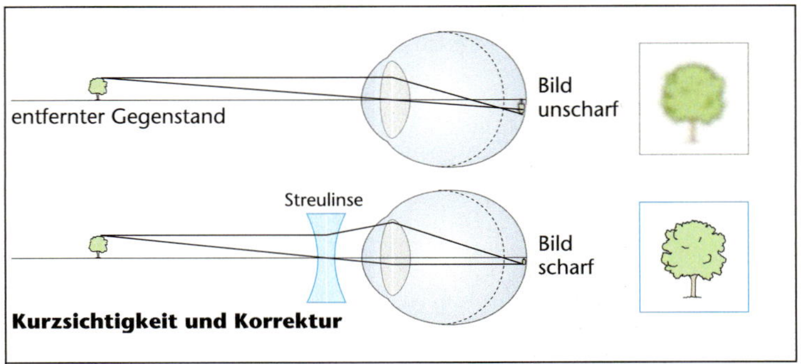

3 Anpassen von Kontaktlinsen

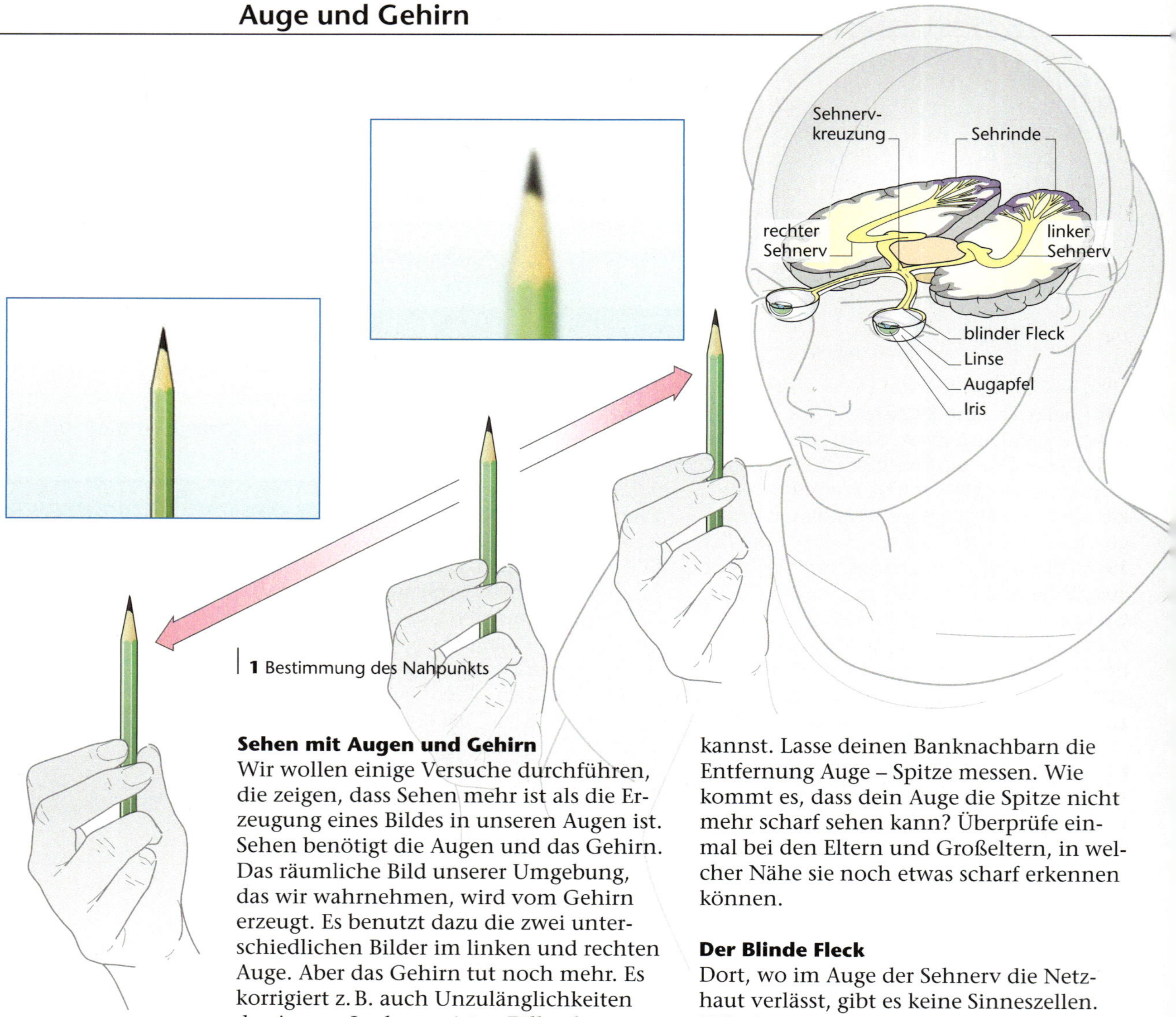

1 Bestimmung des Nahpunkts

Sehen mit Augen und Gehirn
Wir wollen einige Versuche durchführen, die zeigen, dass Sehen mehr ist als die Erzeugung eines Bildes in unseren Augen ist. Sehen benötigt die Augen und das Gehirn. Das räumliche Bild unserer Umgebung, das wir wahrnehmen, wird vom Gehirn erzeugt. Es benutzt dazu die zwei unterschiedlichen Bilder im linken und rechten Auge. Aber das Gehirn tut noch mehr. Es korrigiert z. B. auch Unzulänglichkeiten der Augen. In den meisten Fällen bemerken wir das nicht. Aber es gibt Versuche, bei denen es gelingt, diese Unzulänglichkeiten der Augen erfahrbar zu machen.

Wo liegt dein Nahpunkt?
Schließe ein Auge und betrachte mit dem anderen einen Stift, den du mit ausgestrecktem Arm hältst (▷ B 1). Nähere den Stift langsam dem geöffneten Auge bis du seine Spitze nicht mehr scharf sehen kannst. Lasse deinen Banknachbarn die Entfernung Auge – Spitze messen. Wie kommt es, dass dein Auge die Spitze nicht mehr scharf sehen kann? Überprüfe einmal bei den Eltern und Großeltern, in welcher Nähe sie noch etwas scharf erkennen können.

Der Blinde Fleck
Dort, wo im Auge der Sehnerv die Netzhaut verlässt, gibt es keine Sinneszellen. Fällt das von einem Körper ausgehende Licht nur auf diese Stelle, dann ist der Körper für uns nicht sichtbar. Die Stelle wird deshalb als **Blinder Fleck** bezeichnet.

Betrachte Bild 2. Halte dabei dein Buch in Augenhöhe mit dem ausgestreckten Arm. Decke mit der rechten Hand das rechte Auge ab. Schaue mit dem linken Auge auf die Henne, während du langsam das Buch dem Auge näherst. Was beobachtest du?

2 Gibt es Rettung?

Das Loch in der Hand
Rolle einen Bogen Papier zu einem Rohr und halte es wie in Bild 3 vor dein Gesicht. Blicke mit dem rechten Auge durch das Rohr, mit dem linken auf den Rand. In jedem deiner Augen entsteht ein Bild, das dein Gehirn zu einem einzigen zusammensetzt. Als Folge unterliegst du einer Täuschung und siehst ein Loch in der Hand.

3 Ein Loch in der Hand?

Verwirrende Bilder
Unser Gehirn empfängt die Signale der Sinnesorgane und wertet sie aus. Neue Sinneseindrücke werden mit früheren verglichen. Fehlt ein Sinneseindruck, kann er vom Gehirn durch frühere Erfahrungen ergänzt werden. Außerdem werden bekannte Sinneseindrücke schneller wahrgenommen. Betrachte Bild 4. Am 25. Juli 1976 fotografierte die Raumsonde Viking 1 aus 1873 km Höhe die Marsoberfläche. Gibt es also doch Marsmenschen? Die zufällig entdeckte Struktur der Marsoberfläche beeinflusst unser Gehirn so sehr, dass wir den Eindruck haben, einen Kopf zu sehen.

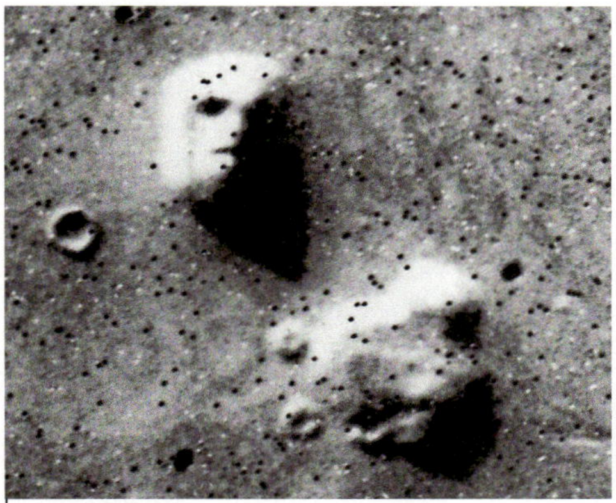

4 Menschen auf dem Mars?

Dinge gibt's, die gibt's gar nicht
Du weißt aus Erfahrung, dass Gegenstände wie eine Kiste eine räumliche Ausdehnung besitzen. Deshalb versucht das Gehirn auch gedruckte Bilder solcher Gegenstände räumlich wahrzunehmen. Geschickte Zeichner nutzen das aus, um „unmögliche" Gegenstände auf dem Papier zu konstruieren. Würde es dir gelingen, die Gegenstände in Bild 5 nachzubauen?

Das Zusammenwirken von Augen und Gehirn ermöglicht das Sehen.

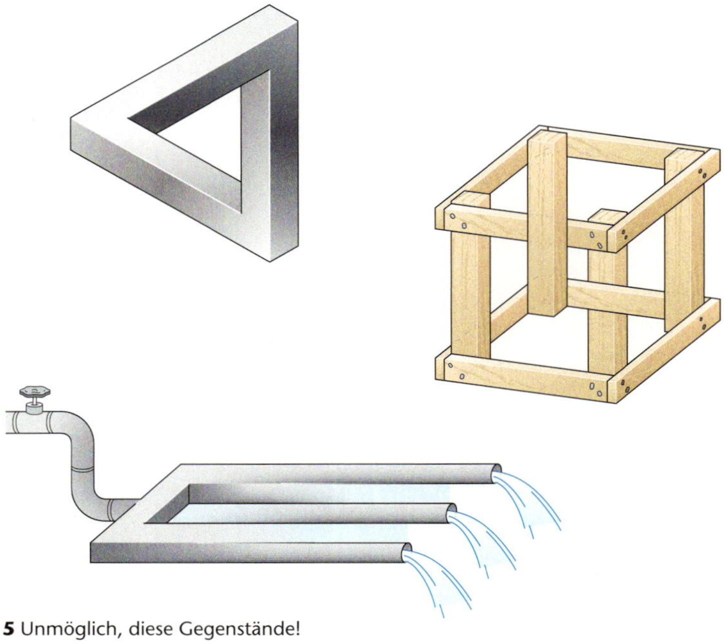

5 Unmöglich, diese Gegenstände!

Aufgaben

1 Suche im Internet weitere Beispiele für optische Täuschungen.

2 Erkläre, warum es schwierig ist, Wasser aus einem Glas in eine Flasche zu füllen, wenn ein Auge geschlossen ist.

3 Marssonden haben weitere „Hinterlassenschaften" der „Marsmenschen" fotografiert. Recherchiere.

4 Halte den Daumen der ausgestreckten Hand nach oben. Schließe jetzt abwechselnd das rechte und das linke Auge. Begründe, wie der „Daumensprung" vor dem Hintergrund zustande kommt.

Berufsvorbereitung: Optische Berufe

In deiner Umwelt begegnen dir überall Anwendungen der Optik. Viele Menschen sind auf den Gebrauch optischer Geräte angewiesen. Etwa jeder zweite Erwachsene trägt eine Brille oder Kontaktlinsen. Sie wollen besser sehen, kleine Dinge genauer erkennen. So nutzen Uhrmacher und Feinmechaniker Lupen bei ihrer Arbeit. In Laboratorien werden mit Mikroskopen Bakterien und Krankheitserreger „unter die Lupe" genommen, Astronomen wiederum untersuchen mit Teleskopen und Fernrohren ferne Welten, wollen dem Urknall auf die Spur kommen. Reporter halten mit Fotoapparaten und Kameras Bilder des Weltgeschehens fest. Die Daten werden über Glasfasern weltweit an Nachrichtenagenuren übertragen. Dabei wirken die Optik, Elektronik, Halbleiter- und Computertechnik zusammen.

Willst du einen Beruf auf diesem Gebiet erlernen, sind neben guten schulischen Leistungen insbesondere Genauigkeit, Feinarbeit, ein gutes Auge und geschickte Hände erforderlich.

Berufe mit Durchblick

Feinoptiker/innen fertigen für Fernrohre, Mikroskope, Projektoren, medizinische Geräte, Satelitten oder Raumsonden Gläser, Linsen und Prismen an. Dazu verarbeiten sie Gläser, Kunststoffe und Metall, stellen Rohlinge her, die sie schleifen, polieren und präzise bearbeiten. Dabei wird bis in den Millionstelmillimeter-Bereich Genauigkeit verlangt.
Feinoptiker stellen Linsen her. Sie zentrieren Linsen, d.h. sie richten diese nach der optischen Achse aus. Ihre Oberfläche wird bearbeitet, beschichtet und vergütet. Einzelne Linsen werden zu optischen Systemen verbunden (▷B 2). Obwohl für den Großteil der Arbeitsschritte elektronisch gesteuerte Maschinen eingesetzt werden (▷B 4), ist von einem Feinoptiker viel Handarbeit gefragt.

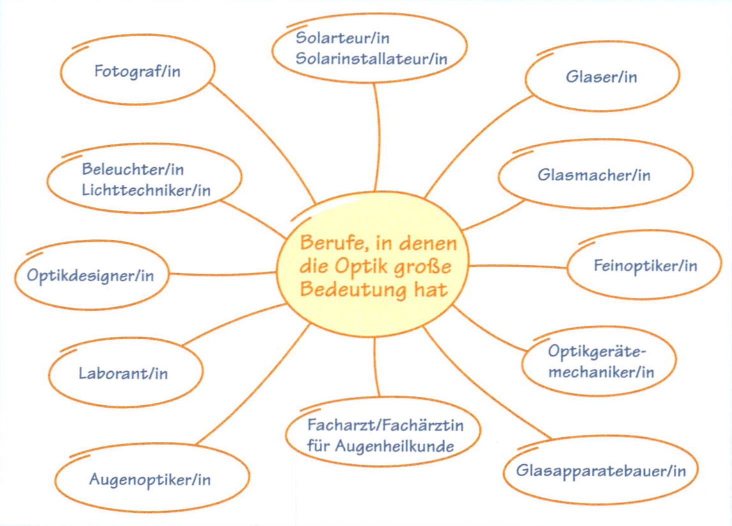

1 Auswahl einiger Berufe

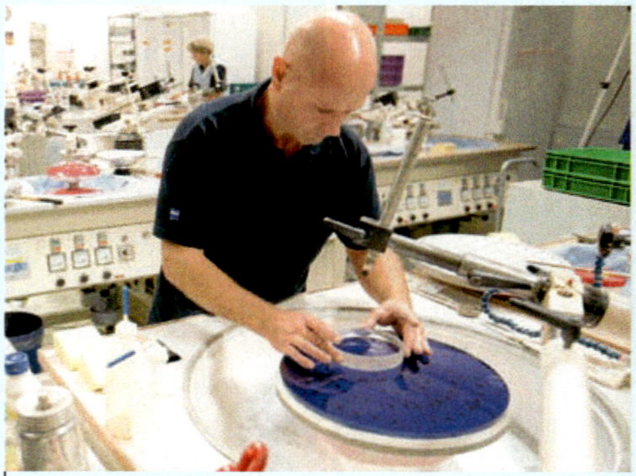

2 Feinoptiker/in

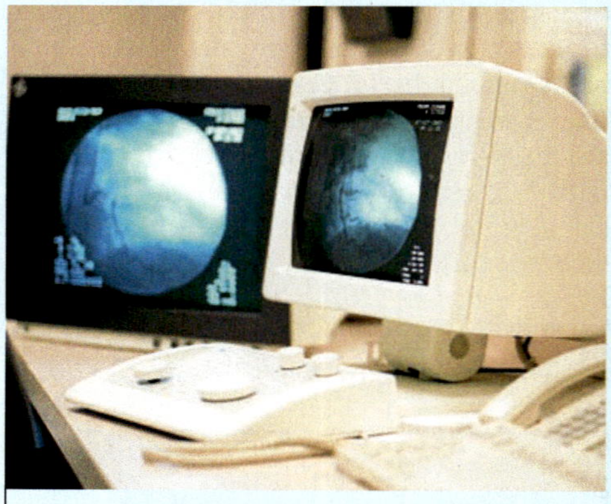

3 Kontrolle optischer Gläser nach dem Feinschliff

4 Programmieren einer Maschine

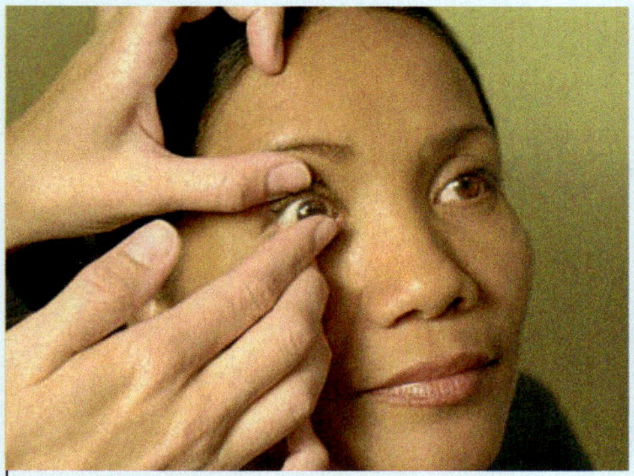

5 Anpassen von Kontaktlinsen

Um Augenfehler und Fehlsichtigkeit festzustellen, führen **Augenoptiker/innen** mit Spezialgeräten Sehtests durch, z. B. für die Anmeldung zur Führerscheinprüfung. Sie führen handwerkliche Arbeiten durch, bearbeiten insbesondere Brillengläser, stellen Sehhilfen her und passen diese ihren Kunden individuell an (▷ B 5).

Ein Kunde benötigt eine Lesebrille, ein anderer kommt vom Augenarzt – er braucht eine neue Brille mit anderer Sehstärke. Nach vorgegebenen Werten werden passende Gläser vom Optiker ausgewählt und nach ihrem Mittelpunkt ausgerichtet (zentriert). Er schleift diese Gläser an Maschinen äußerst genau und setzt sie in die Fassung ein. Die fertige Brille passt er seinen Kunden an, berät sie typ- und stilgerecht (▷ B 6).

Er gibt Pflegehinweise und verkauft neben Brillen oft auch andere optische Geräte. Medizinische Leistungen werden durch Augenoptiker nicht erbracht.

Ursachen für Sehfehler werden vom Augenarzt, einem/r **Facharzt/Fachärztin für Augenheilkunde** untersucht.

6 Beratung beim Kauf einer Sonnenbrille

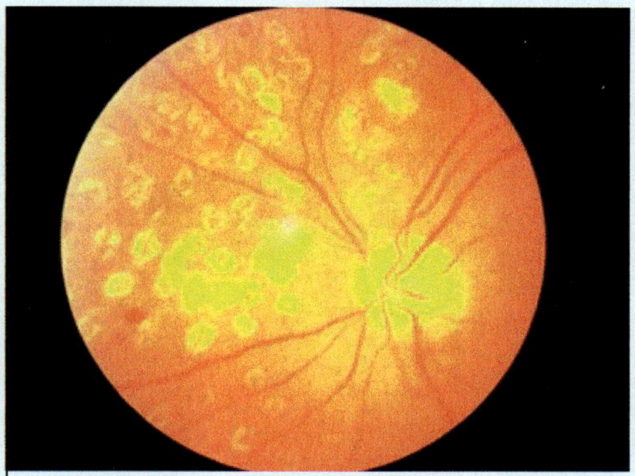

7 Aufnahme eines Bildes vom Augenhintergrund

Dem Arzt stehen dabei modernste optische Geräte zur Verfügung, z. B. ein Stereomikroskop, mit dem die Netzhaut betrachtet und fotografiert werden kann (▷ B 7).

Er bestimmt den Augeninnendruck, um den „grünen Star“ – die zweithäufigste Erblindungsursache – zu diagnostizieren, bestimmt exakt die Fehlsichtigkeit, damit der Patient beim Optiker die geeignete Brille erhalten kann.
Er behandelt den „grauen Star“ (Trübung der Augenlinse), korrigiert Fehlstellungen der Augen und behandelt Bindehaut- und Augenlidentzündungen. Um eine Farbenfehlsichtigkeit zu erkennen, nutzt er spezielle Farbtafeln. Etwa 5 % aller Menschen sind farbenblind.

Dieser Fehler beruht auf einem Mangel an Sehzellen. Diese Menschen können zwar Farben unterscheiden, oft tritt aber eine Rot-Grün-Schwäche auf.
Rot und Grün können dann nicht unterschieden werden. Wer Schwierigkeiten hat, die in Bild 8 dargestellten Zahlen zu erkennen, sollte einen Augenarzt aufsuchen.

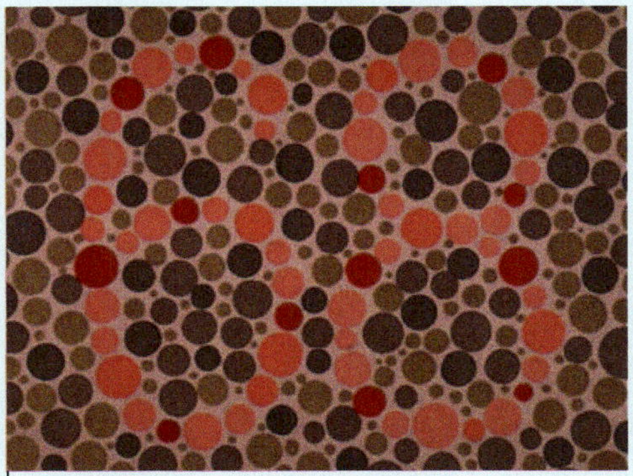

8 Farbtafel zur Untersuchung des Farbsehvermögens

1 Verschiedene Kameratypen

Aufbau und Funktion einer Kamera

Du kannst den Aufbau einer fotografischen Kamera mit einem Auge vergleichen.
Das Objektiv der Kamera ist ein Linsensystem. Es entspricht der Linse im Auge und erzeugt auf einem Film genauso wie auf der Netzhaut des Auges ein reelles, auf dem Kopf stehendes und seitenverkehrtes Bild.
Heute haben Digitalkameras als Sensor anstelle eines Films ein lichtempfindliches Halbleiterbauelement, einen Chip (▷ B 3). Dieser speichert die Lage, Farbe und Helligkeit der Bildpunkte.
Eine Blende, vergleichbar mit der Pupille im Auge, regelt die Menge des einfallenden Lichts.
Mit einem Verschluss kannst du die Zeitdauer einstellen, wie lange der Sensor belichtet werden soll. Schnell bewegte Objekte müssen kurzzeitig belichtet werden, damit du scharfe Bilder erhältst. Dafür öffnest du eine größere Blende.
Heute verfügen die meisten Kameras über ein elektronisches Steuersystem, mit dem Blende, Verschlusszeit und Entfernung automatisch richtig eingestellt werden.
Hat dein Fotoapparat auch ein Zoomobjektiv, mit dem du die Brennweite veränderst, kannst du weit entfernte Dinge groß in Szene setzen.
Auf dem Sichtschirm (Monitor) siehst du genau das Bild, das gespeichert wird.

Bewegte Bilder

Viele Fotoapparate haben heute auch eine Videofunktion. Damit kannst du Filmsequenzen aufnehmen. Pro Sekunde werden dann mehr als 16 Bilder aufgenommen. Bei der Wiedergabe kann das menschliche Auge die Einzelbilder nicht mehr in der Abfolge unterscheiden. Du siehst eine zusammenhängende Bildfolge als Bewegungsablauf.

3 Ein Sensor, nicht größer als ein Fingernagel

Aufgaben

1 Decke die Linse deines Fotoapparates zur Hälfte ab. Beschreibe, wie sich das Bild, das du aufnimmst, ändert.

2 Vergleiche die Bildentstehung im Fotoapparat mit der im Auge.

2 Auge und Fotokamera

Schnittpunkt

Geschichte: Kameras früher und heute

Aus der Geschichte der Fotografie
Die schon im 13. Jh. zur Beobachtung von Sonnenfinsternissen benutzte „Camera obscura" ist der Vorläufer aller Fotoapparate. Mit einer solchen Kamera (▷ B 1) stellte LEONARDO DA VINCI (1452–1519) Landschaften naturgetreu dar.

1 Camera obscura

Im 16 Jh. setzte man Sammellinsen ein, um die bis dahin noch unscharfen Bilder zu verbessern.
1824 konnte JOSEPH NICEPHORE NIÉPCE (1765–1833) diese Bilder erstmals dauerhaft festhalten. Er verwendete eine mit lichtempfindlichen Chemikalien beschichtete Metallplatte. Es dauerte etwa 8 Stunden, bis ein ziemlich verschwommenes Bild entstanden war (▷ B 2).
LOUIS JAQUES DAGUERRE verbesserte das Verfahren weiter.
Erst 1879 gelang es WILLIAM FOX TALBOT, von einer Fotoplatte beliebig viele Bilder zu entwickeln. Nach seinem Prinzip werden noch heute Fotografien hergestellt. Bis in die Mitte des vergangenen Jahrhunderts nutzten viele Fotografen Plattenkameras. Es waren tragbare Kästen als

2 Das erste Foto der Welt

3 Eine Plattenkamera

Vorläufer heutiger Kameras, schwer und unhandlich. Dabei wurden oft mit Magnesiumpulver kleine Explosionen verursacht, um mit Blitzlicht fotografieren zu können. Die Belichtungszeit der Platten konnte so drastisch verkürzt werden.

4 Die erste Kleinbildkamera aus dem Jahre 1925

Seit Ende des 19. Jh. machte die Fotografie große Fortschritte. 1887 wurde der Zelluloidfilm erfunden, Linsensysteme z. B. von Zeiss machten noch bessere Fotos in kürzeren Belichtungszeiten möglich. Die Optischen Werke ERNST LEITZ bauten 1925 die erste Kleinbildkamera. Die „Leica" (Leitz Camera) war eine Sucherkamera, die mit einem Objektiv der Brennweite 50 mm jahrelang Standard blieb.

Heute nutzt fast jeder eine Digitalkamera mit einem lichtempfindlichen Chip. Das Bild wird in digitalisierter Form auf einer Speicherkarte abgelegt. Von einer solchen Kamera kannst du die Bilder auf deinen Computer laden, beliebig bearbeiten und mit einem Drucker ausdrucken. Selbst mit den meisten Handys kannst du heute fotografieren und die Bilder sofort per E-Mail an Freunde in der ganzen Welt senden.

Hättest du gedacht, dass das Prinzip der Fotografie schon vor etwa 2400 Jahren entdeckt wurde?

Optische Geräte
Oft hast du Mühe, sehr weit entfernte Gegenstände genau zu sehen. Manchmal fällt es dir auch schwer, winzige Kleinigkeiten zu erkennen. Optische Geräte, wie Lupe, Mikroskop oder Fernrohr können da helfen. Sie unterstützen unsere Augen beim Betrachten kleiner oder sehr weit entfernter Dinge.
Optische Geräte können aber auch Bilder erzeugen, wie Kameras und Tageslichtprojektoren und Beamer.

Ein wichtiges Hilfsmittel – der Tageslichtprojektor
Vieles, was im Unterricht an Bildern oder sonstigen Informationen gebraucht wird, würde zu viel Zeit benötigen, wenn es an der Tafel gezeichnet werden müsste. Schneller geht es mit einem Tageslichtprojektor, mit dem Folien etwa 100fach vergrößert an die Wand projiziert werden können. Seine Funktionsweise beruht auf den Gesetzmäßigkeiten der Optik, die du bis jetzt kennen gelernt hast.

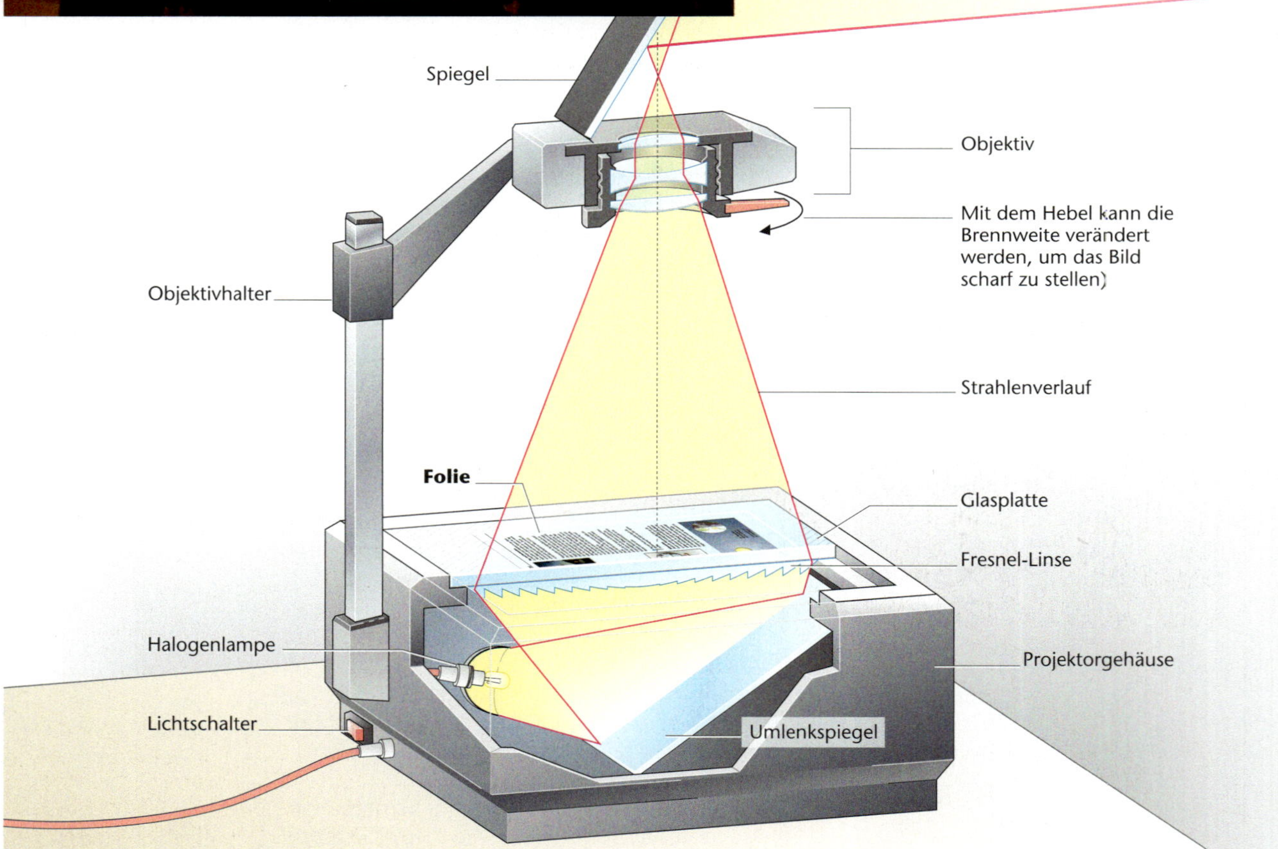

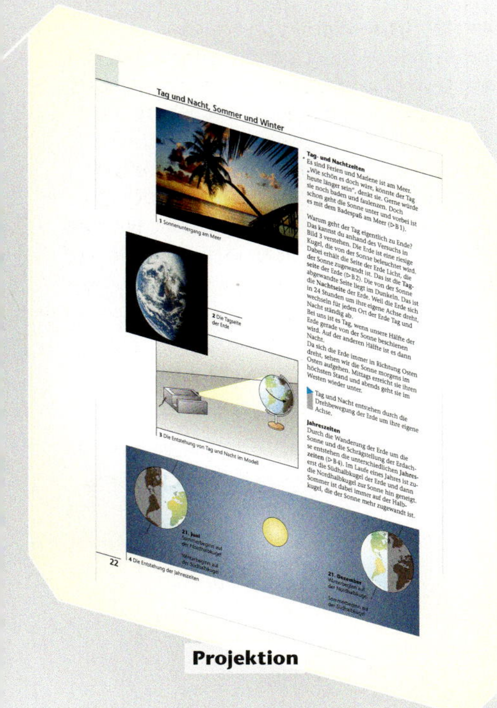

Bilder „an die Wand werfen"
Das Klassenzimmer muss nicht verdunkelt werden, wenn ein Tageslichtprojektor, auch Overhead-Projektor genannt, verwendet wird. Er besitzt eine sehr lichtstarke Halogenlampe und kann deshalb auch bei Tageslicht eingesetzt werden. Damit die gesamte Folie gut durchleuchtet wird, müsste eine sehr große und dicke Sammellinse (Kondensor) verwendet werden. Das Gerät würde damit aber unhandlich und schwer. Eingebaut ist deshalb eine flache Linse aus Kunststoff mit der gleichen Wirkung, eine Fresnel-Linse.

Fresnel-Linsen
Ende des 18. Jahrhunderts hatte der Franzose AUGUSTIN JEAN FRESNEL die geniale Idee, für den Betrieb von Leuchttürmen anstelle der teuren und schweren Sammellinsen eine „Zonenlinse" zu verwenden. Er ließ alles überflüssige Material weg, das nichts mit den optischen Eigenschaften einer Linse zu tun hatte. Er wusste, dass die Wirkung einer Linse vorwiegend durch die Glassorte und die Krümmung der Linsenoberfläche bestimmt wurde. Wie konnte man aber eine Linse bauen, die dünn ist und trotzdem die Eigenschaften einer dicken Sammellinse besaß?
Du kannst sie dir als eine Sammellinse vorstellen, deren gekrümmte Außenfläche in Kreisringe unterteilt ineinandergeschoben wurde (▷ B 1). In einem Tageslichtprojektor wird sie unter einer schützenden Glasscheibe eingebaut. Im nebenstehenden Schnittbild des Projektors ist der Strahlenverlauf skizziert.

1 Fresnel-Linse

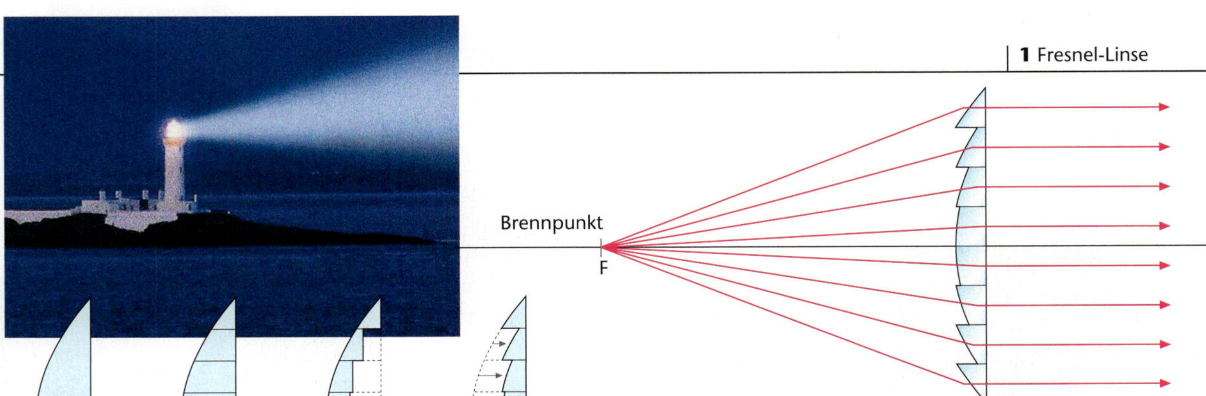

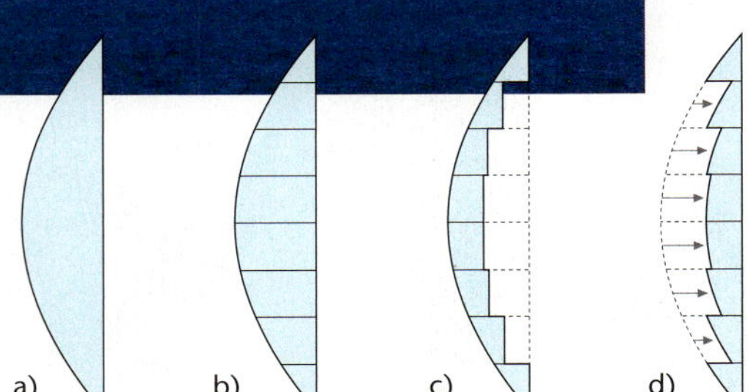

Neben der Glassorte bestimmt vor allem die gekrümmte Oberfläche die Wirkung einer Linse. Lässt man alle Glasanteile weg, die keine Krümmung besitzen, wird die Linse leichter ohne dass sich ihre Brechkraft ändert. Dies ist von Vorteil, wenn sehr große Linsen benötigt werden (z. B. in Schreibprojektoren oder auf Leuchttürmen).

Kino – ein sinnliches Erlebnis

Was für ein unvergesslicher Film!

Du weißt sicherlich noch, welchen Film du zuletzt im Kino gesehen hast. Kannst du dich noch an die Filmmusik erinnern?

- Frage deine Eltern und Großeltern, ob sie sich noch an ihren ersten Kinobesuch erinnern. Erkundige dich, weshalb sie sich an bestimmte Filme besonders gut erinnern können.

Spannend, komisch, gruselig

Filmregisseure und Kameramänner kennen viele Tricks, um bestimmte Gefühle beim Zuschauer auszulösen. Überlege, welche Wirkung folgende Szenen auf dich haben könnten.

- Langsam tastet sich eine Frau mit einer brennenden Kerze die dunkle Treppe hinauf. Mit jedem Schritt wird die Filmmusik schriller und lauter.

- Die Szene ist dunkel und undeutlich. Im Hintergrund ist jedoch eine Tür erkennbar. Langsam und beinahe geräuschlos öffnet sie sich.

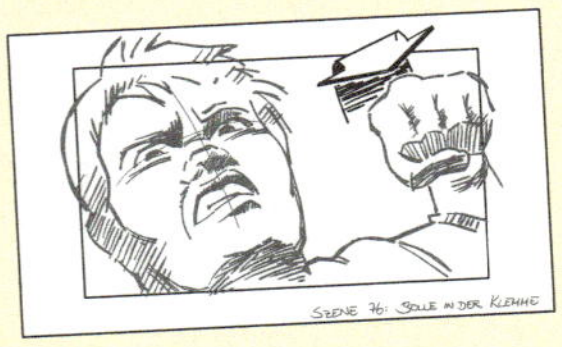

- Das Gesicht eines Mannes drängt sich ganz groß ins Bild. Man sieht ihn von unten, während er mit einem Ruck seine Hand erhebt.
- Wie würdest du als Kameramann einen Schüler filmen, der große Angst vor einem Lehrer hat?
- Wie sollte die Musik zu einer Szene sein, in der jemand sehr glücklich ist?

Filmmusik – Filmgeräusche

Ohne Musik und Geräusche wäre ein Film langweilig. Das wussten schon die Leute, die vor 100 Jahren Stummfilme gedreht haben.

- Erkundige dich einmal, was damals im Kino gemacht wurde, um den Film interessanter zu machen.

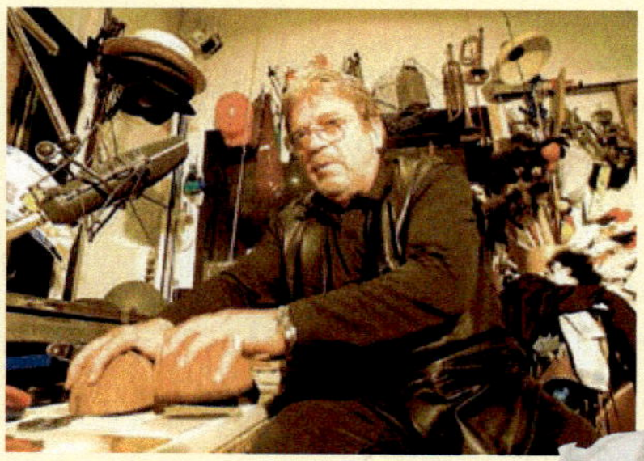

- Als die ersten Filme mit Ton entstanden, waren viele Zuschauer im Kino enttäuscht. Einige der früher umjubelten Stummfilmstars hatten im Tonfilm keine Chance mehr. Kannst du dir erklären, warum?
- Auch heute noch gibt es den Beruf des Geräuschemachers beim Film. Warum ist das trotz der modernen Aufnahmetechnik noch nötig?
- Versucht einmal, bestimmte Geräusche mit einfachen Hilfsmitteln nachzumachen. Führt sie euren Klassenkameraden vor und lasst sie raten, um welches Geräusch es sich handelt. Ihr könnt die Geräusche auch aufzeichnen und sie dann vorspielen.

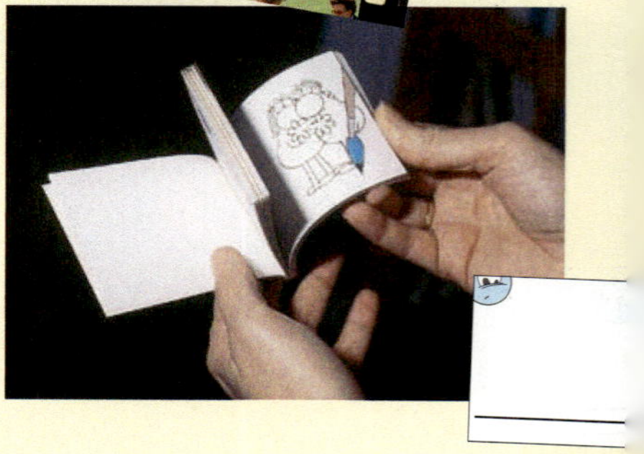

Mitten im Geschehen

Stelle dir folgende Szene im Kino vor: in einem Western läuft eine riesige, stampfende Büffelherde von rechts nach links über die Leinwand. Sie wird von johlenden Indianern auf ihren Pferden verfolgt, die du schon hörst, bevor sie rechts auf der Leinwand auftauchen.

● Selbst mit geschlossenen Augen könntest du im Kino wahrnehmen, aus welcher Richtung Büffel und Indianer ankommen und wohin sie verschwinden. Wie gelingt das?

● Inzwischen ist es sogar möglich zu hören, ob das Filmgeräusch in einer Szene von vorne, hinten, links, rechts, oben oder unten kommt. Finde heraus, wie das möglich wird.

Geruchskino

Wenn du im Kino sitzt, kannst du vielleicht auch Gerüche wahrnehmen: frisches Popcorn, Pfefferminzbonbons, die jemand lutscht, das Parfum oder Rasierwasser eines anderen Zuschauers, kalter Rauch aus der Kleidung eines Rauchers usw.

● Kannst du dir vorstellen, dass es einmal Geruchsfilme im Kino geben könnte? Beschreibe, wie das funktionieren könnte und welche Wirkungen es möglicherweise hätte.

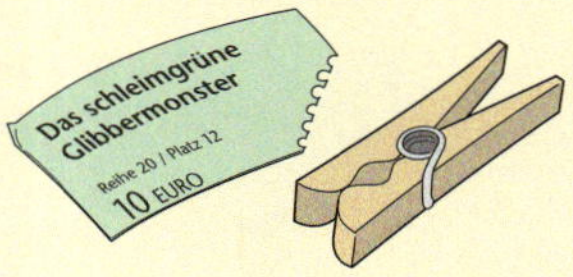

Wie die Bilder laufen lernen

Ein Film besteht aus vielen einzelnen Bildern, die schnell hintereinander auf einer Leinwand abgebildet werden. Im Kino werden 24 Bilder pro Sekunde gezeigt. Zwischendurch ist die Leinwand immer kurz dunkel. Diese dunkle Leinwand nehmen wir aber nicht wahr, wir sehen nur eine Bewegung.

● Fertige dir ein Daumenkino an. Benutze dazu einen kleinen Block. Zeichne auf den Rand des ersten Blatts ein Strichmännchen, das steht. Auf dem zweiten Blatt hebt es ein Bein an, auf dem dritten streckt es das Bein nach vorne und setzt es auf Blatt vier ab – das Männchen hat einen Schritt gemacht. Nun hebt es das andere Bein usw.

Tipp: Wenn du fest genug aufdrückst, drückt sich der letzte Umriss jeweils auf das nächste Blatt durch und du kannst dort weiter zeichnen.
Wenn du den Block durch die Finger laufen lässt, läuft dein Männchen los.

● Erkundige dich, wie ein Kinofilm–projektor funktioniert.

● Du sitzt vorne im Kino, der Film läuft bereits und 10 Reihen hinter dir steht jemand auf. Stört dich das? Erkläre.

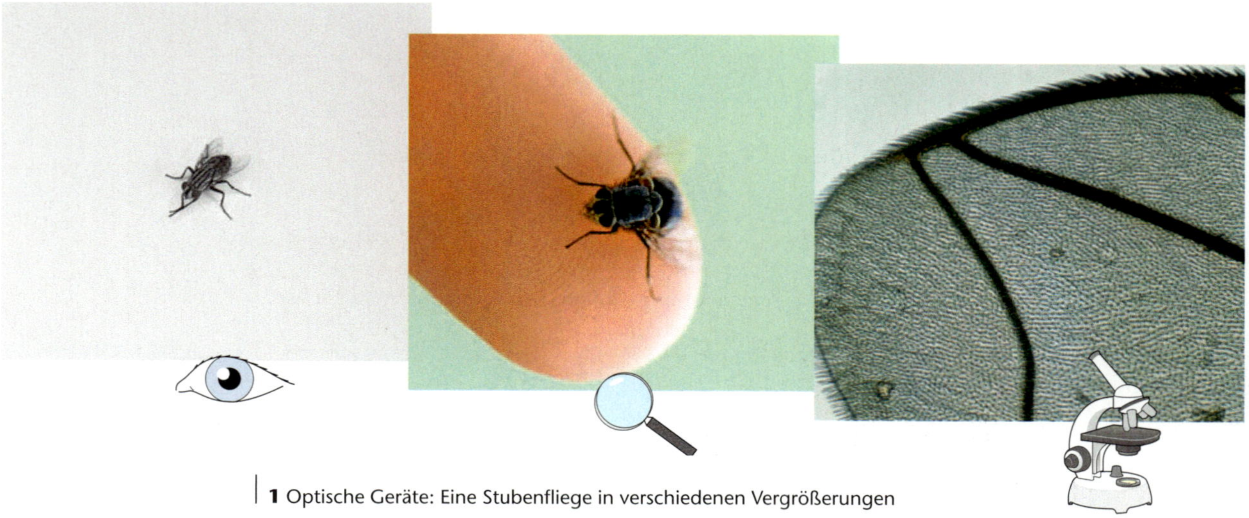

1 Optische Geräte: Eine Stubenfliege in verschiedenen Vergrößerungen

Die Vergrößerung des Sehwinkels
Willst du einen Gegenstand möglichst genau betrachten, bringst du ihn näher an deine Augen. Dadurch entsteht auf der Netzhaut ein größeres Bild von ihm und du kannst mehr Einzelheiten erkennen. Die Bildgröße auf der Netzhaut wird durch den **Sehwinkel** bestimmt, unter dem man den Gegenstand sieht (▷ B 2).

Je größer der Sehwinkel, desto größer wird das Bild auf der Netzhaut.

Der Sehwinkel kann nicht beliebig vergrößert werden, denn das Annähern an die Augen geht nur bis zum Nahpunkt, dann wird das Bild unscharf. Um den Sehwinkel weiter zu vergrößern, brauchst du ein optisches Gerät: die Lupe. Du kannst sie als „Vergrößerungsglas“ benutzen.

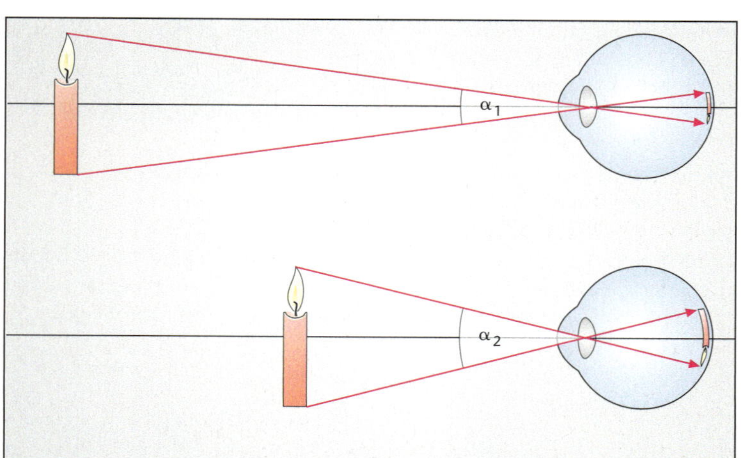

2 Vergrößerung des Sehwinkels

Die Lupe
Eine Lupe ist eine Sammellinse mit kleiner Brennweite. Die maximale Vergrößerung des Sehwinkels wird erreicht, wenn ein Gegenstand ungefähr im Abstand der Brennweite betrachtet wird.
Bild 4 zeigt am Beispiel einer Briefmarke, dass dabei ein vergrößertes Bild auf der Netzhaut entsteht.

In Bild 4 ist noch eine weitere Beobachtung dargestellt. Beim Betrachten der Briefmarke durch die Lupe sieht man eine vergrößerte Briefmarke, in einem Abstand der größer ist als die Brennweite. Man spricht von einem virtuellen (scheinbaren) Bild, denn dieses Bild kann nicht auf einem Schirm aufgefangen werden. Es entsteht durch das Zusammenspiel unserer Augen mit dem Gehirn.

Virtuelle Bilder konstruieren
Um zu verstehen, wie ein virtuelles Bild entsteht, ist es hilfreich, ein solches Bild zu konstruieren (▷ B 5).
Voraussetzung für ein virtuelles Bildes ist, dass sich der Gegenstand zwischen Linse und Brennpunkt befindet.

Zur Vereinfachung setzt du den Fußpunkt des Gegenstandes auf die optische Achse, dann brauchst du zur Konstruktion nur einen Parallelstrahl und den Mittelpunktstrahl. Das virtuelle Bild entsteht dort, wo sich die gedachten rückwärtigen Verlängerungen der gebrochenen Strahlen schneiden. Das Bild ist größer als der Gegenstand, aufrecht und seitenrichtig. Vereinfacht kann man sagen, dass die

Ursache für das virtuelle Bild in einem „Vorurteil“ des Gehirns begründet ist. Das „Vorurteil“ lautet: „Licht breitet sich nur geradlinig aus“. Wegen dieser Annahme werden die Lichtstrahlen in Gedanken rückwärtig verlängert bis sie sich schneiden. Der scheinbare Schnittpunkt ist für das Gehirn der Ursprung des Lichts. Auf diese Weise siehst du den Gegenstand vergrößert, an einer Stelle, wo er sich nicht befindet.

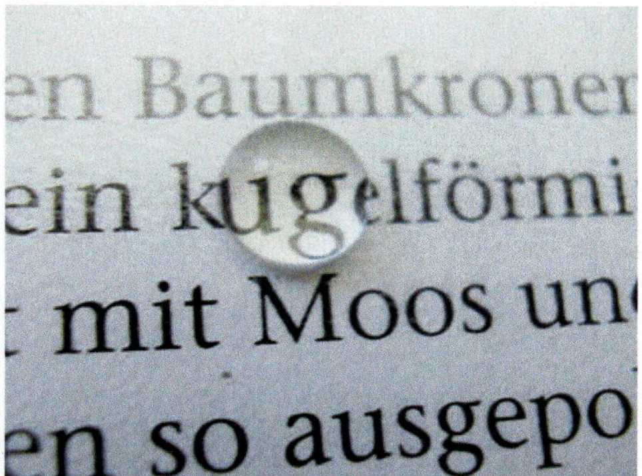

3 Ein Wassertropfen wirkt wie eine Lupe.

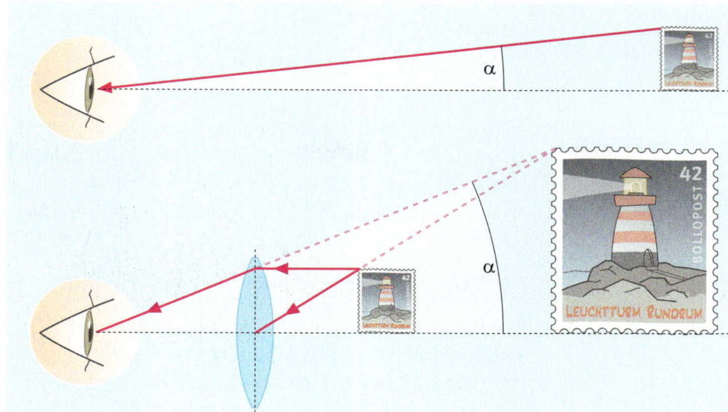

4 Sehwinkel α mit Lupe

Aufgaben

1 Beschreibe, unter welchen Voraussetzungen virtuelle und reelle Bilder entstehen.

2 Durch eine Lupe mit 10facher Vergrößerung betrachtest du einen Winkel von 7,5°. Welche Größe hat er jetzt?

3 Erkläre, warum sich eine Sammellinse gut als Lupe eignet.

Versuche

1 Betrachte eine Briefmarke durch eine Sammellinse. Untersuche, wie weit entfernt du die Linse halten musst, um ein scharfes Bild zu erhalten.

2 Untersuche mit einer Lupe die Struktur eines Bildes in der Tageszeitung.

3 Betrachte mit einer Lupe die Buchstaben eines Tintenstrahldruckers und eines Laserdruckers. Beschreibe die Unterschiede.

4 Betrachte ein Blatt Millimeterpapier durch eine Lupe. Schätze die Vergrößerung der Lupe ab.

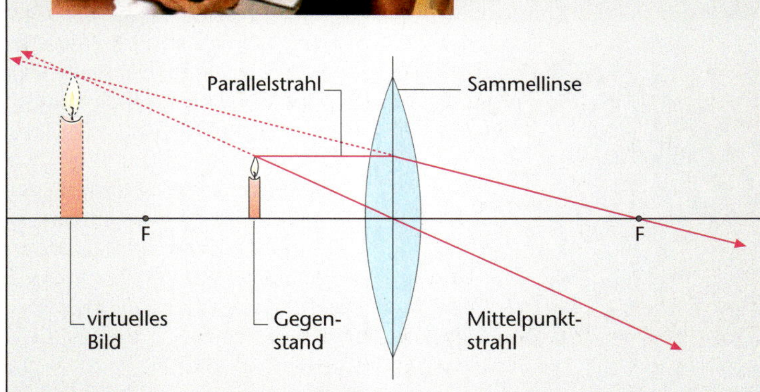

5 Konstruktion des virtuellen Bildes

6 Wie stark vergrößert die Lupe?

Blicke in den Mikrokosmos

Es gibt eine Welt, die für unsere Augen allein nicht sichtbar ist. Mit einer Lupe, einem Binokular oder mit einem Mikroskop kannst du eine Entdeckungsreise in die geheimnisvolle Welt der kleinen Dinge antreten.

Wie funktionieren diese Geräte? Wie bedient man ein Mikroskop? Welche Dinge lassen sich mit dem Mikroskop untersuchen?

Viele Entdeckungen warten auf dich. Mache dich auf zu einer Reise in die Welt des Kleinen.

Bilder auf Papier
Bilder begegnen dir auf Werbeplakaten, in Büchern und Zeitschriften. Du selbst schreibst mit dem Kugelschreiber oder zeichnest mit dem Bleistift. Meist betrachtest du diese Bilder aus größerer Entfernung. Was erkennst du, wenn du sie aus der Nähe ansiehst? Und was unterscheidet gedruckte von gemalten Bildern?

- Betrachte die Spitzen deiner Bleistifte und Filzstifte mit der Lupe oder dem Mikroskop. Wodurch unterscheiden sie sich?

- Untersuche die Spitze des Kugelschreibers. Kannst du erklären, woher der Kugelschreiber seinen Namen hat?

- Spitze einen Bleistift an und betrachte die Spitze mit der Lupe. Schreibe einige Sätze mit dem Bleistift und sieh dir die Spitze erneut an.

- Untersuche die Bilder auf dieser Doppelseite mit dem Binokular. Wie entstehen hier die verschiedenen Farben? Untersuche auch andere gedruckte Bilder in diesem Buch und in Zeitschriften. Stellst du Gemeinsamkeiten fest?

Fernseher- und Computerbilder
Hast du dir schon einmal das Bild eures Fernsehers oder Computermonitors aus der Nähe angesehen? Du wirst feststellen, dass diese Bilder ganz anders als die Bilder in Zeitschriften aufgebaut sind.

- Erzeuge mithilfe eines Malprogramms rote, grüne, blaue, gelbe und weiße Flächen auf dem Computermonitor. Untersuch diese Flächen mit der Lupe. Betrachte auch das Bild eines Fernsehers mit der Lupe.

- Wie werden auf dem Monitor und dem Fernsehschirm farbige Flächen erzeugt?

Kristalle ganz groß

Manche Stoffe in der Küche sehen sich zum Verwechseln ähnlich. Salz und Zucker, Mehl und Backpulver – häufig verrät dir nur die Verpackung, um welche Substanz es sich handelt.
Kann man gleich aussehende Stoffe unterscheiden, wenn man sie mit der Lupe betrachtet?

- Streue etwas Kochsalz, Zucker, Backpulver, Mehl, Brausepulver und Tütensuppe auf eine schwarze Pappe und betrachte die Stoffe mit dem Binokular. In welchen Proben findest du nur gleiche Kristalle?

- Findest du auch in Stoffgemischen Kristalle?

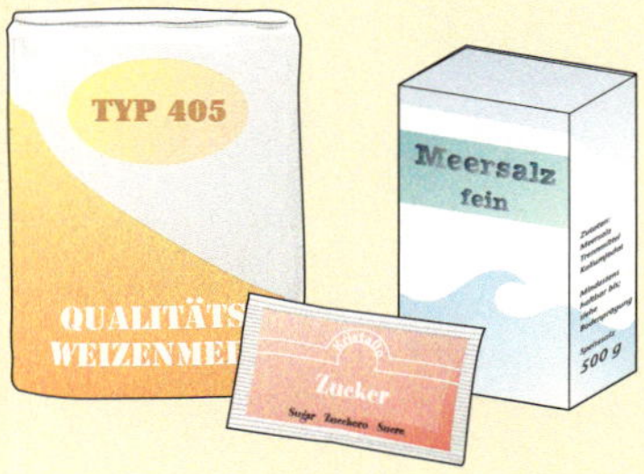

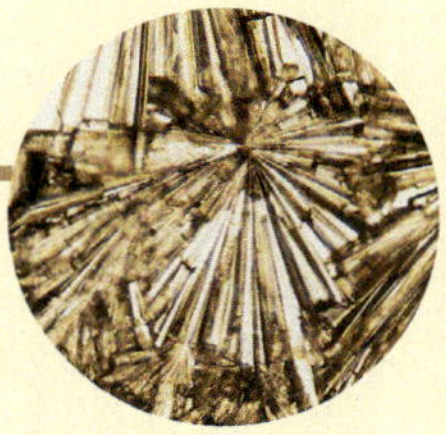

Kristalle herstellen

Du kannst mit einfachen Mitteln selbst Kristalle züchten. Mit dem Binokular oder dem Mikroskop sehen deine kleinen Kristalle plötzlich ganz anders aus!

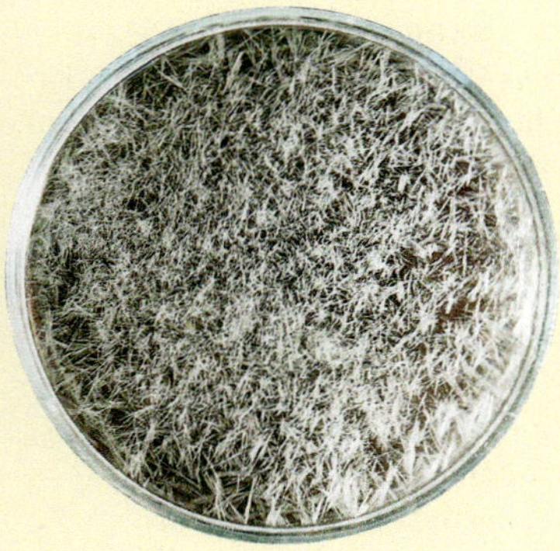

- Gib Wasser in eine Petrischale. Gib einen Teelöffel Kochsalz dazu. Stelle die Petrischale auf einen Heizkörper. Was kannst du nach ein paar Tagen beobachten?

- Untersuche Salzkristalle mit dem Binokular oder dem Mikroskop.

- Gib einen Teelöffel Alaun in eine Petrischale mit Wasser. Stelle die Petrischale auf einen Heizkörper und warte ein paar Tage. Was beobachtest du? Vergleiche die Kristelle mit Kochsalzkristallen.

Wir beobachten das Wachstum der Kristalle

Kristalle können sich so schnell bilden, dass du ihr Wachstum beobachten kannst. Mit einer Lupe siehst das sehr eindrucksvoll aus.

- Gib unter ständigem Rühren so lange Salpeter in erwämtes Wasser, bis sich der Rückstand am Boden nicht mehr auflöst.
Gib etwas von der Flüssigkeit in eine Kristallisierschale. Was beobachtest du mit einer Lupe?

- Frage deine Chemielehrerin oder Chemielehrer nach weiteren interessanten Versuchen mit Kristallen.

- Erkundige dich in deiner Schul- oder Stadtbibliothek nach Büchern über Kristalle.

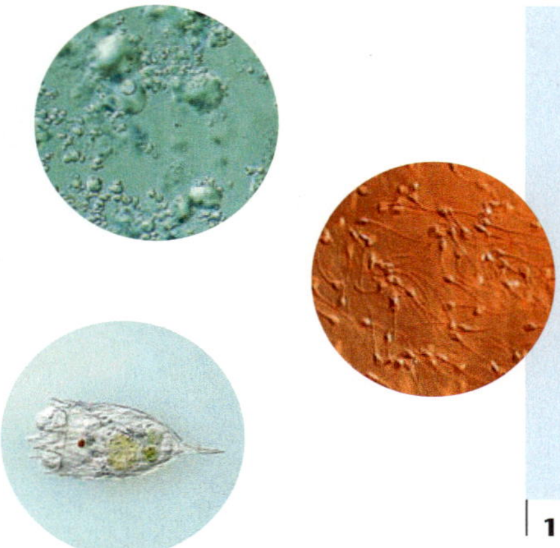

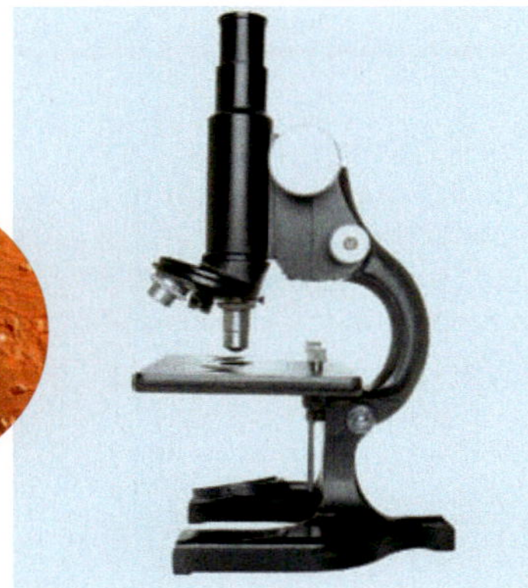

1 Mikroskop

Die ersten Mikroskope

Der Holländer ANTONI VAN LEEUWENHOEK (1632–1723) baute eines der ersten Mikroskope. Es hatte noch sehr viel Ähnlichkeit mit einer Lupe und bestand aus nur einer winzigen Sammellinse von 1,5 mm Durchmesser mit einer Brennweite von 0,9 mm. Sie erreichte eine bis zu 270-fache Vergrößerung. Damit entdeckte er u. a. Bakterien, Schimmelpilze, rote Blutzellen und Spermien. Der Engländer ROBERT HOOKE (1635–1703) entwickelte ein Mikroskop, das zwei Linsen enthielt.

Eine Sammellinse, das Objektiv, befindet sich direkt über dem zu betrachtenden Gegenstand, eine zweite unmittelbar vor dem Auge. Durch diese zweite Linse, das Okular, betrachtet man das vom Objektiv erzeugte „Zwischenbild“ wie durch eine Lupe. Auf der Netzhaut des Auges entsteht so ein vergrößertes und gegenüber dem „normalen“ Sehvorgang umgekehrtes Bild (▷ B 3). Vergrößert das Objektiv 100-fach und das Okular 5-fach, dann vergrößert das Mikroskop insgesamt 500-fach.

2 Ein Modell-Mikroskop

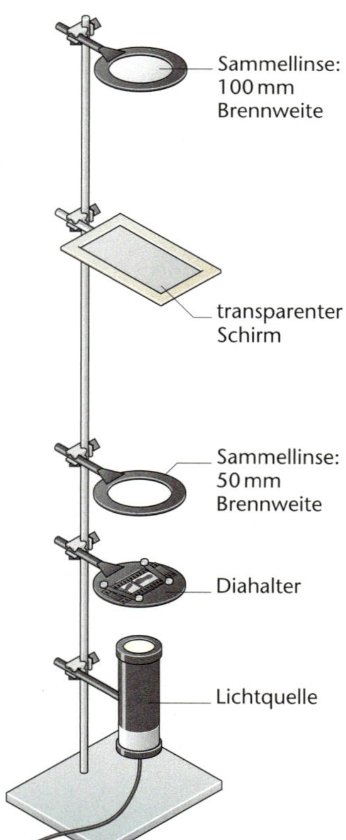

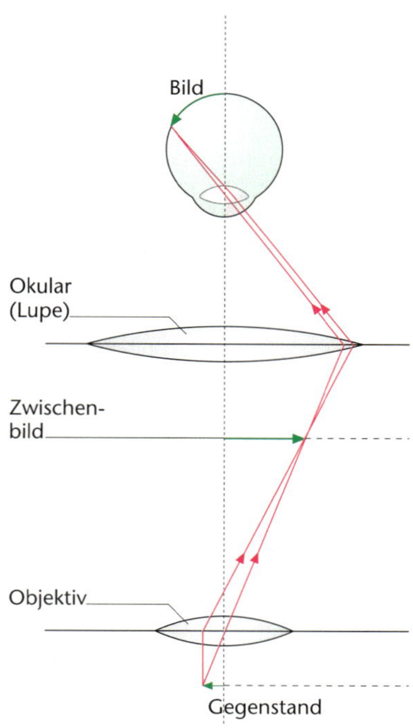

3 Strahlengang im Mikroskop

Was moderne Mikroskope leisten

CARL ZEISS (1816–1888), ERNST ABBE (1840–1905) und OTTO SCHOTT (1851–1935) erreichten durch Berechnungen der Linsen und den Einsatz spezieller Glassorten weitere Fortschritte im Bau von Mikroskopen. Moderne Mikroskope erreichen bis zu 1400-fache Vergrößerungen. Allerdings muss das Objekt sehr gut be- oder durchleuchtet werden, denn bei diesen Vergrößerungen gelangt durch das Mikroskop nur noch wenig Licht in unser Auge.

Ein Elektronenmikroskop kann Gegenstände bis zu 10 000 000-fach vergrößert abbilden. Dazu verwendet man kein Licht und keine Glaslinsen, sondern Elektronenstrahlen und „magnetische“ Linsen.

Versuch

1 Baue entsprechend Bild 2 aus Einzelteilen ein Mikroskop auf.
a) Durchleuchte ein Dia oder ein Präparat von unten mit einer Optikleuchte.
b) Erzeuge mit einer Sammellinse (Brennweite 50 mm) auf einem Bildschirm darüber ein Zwischenbild.
c) Verwende als Okular eine Sammellinse mit der Brennweite 100 mm und betrachte das Zwischenbild.
d) Entferne den transparenten Schirm.
e) Versuche die Schärfe mit Okular bzw. Objektiv einzustellen. Womit geht es besser?

Aufgaben

1 Weshalb kannst du mit deinem selbst gebauten Mikroskop nur kleine Vergrößerungen erreichen?

2 In welchen Berufen sind Mikroskope unentbehrlich?

3 Gestalte ein Poster über Leben und Werk von A. V. LEEUWENHOEK und ROBERT KOCH.

Umgang mit dem Mikroskop

Wenn du erfolgreich mit dem Mikroskop arbeiten willst, musst du nach bestimmten Regeln vorgehen. Arbeite stets in der folgenden Reihenfolge.

1 Einstellung des Mikroskops

Material
Mikroskop, Objektträger, auf Folie kopierte Buchstaben, Deckgläschen

Versuchsanleitung
a) Mache das Mikroskop betriebsbereit, indem du die Blende nur halb öffnest. Schalte das Licht ein oder richte den Spiegel so aus, dass das Licht durch den Objekttisch scheint. Drehe das Objektiv mit der kleinsten Vergrößerung senkrecht nach unten.
b) Lege den Folienbuchstaben auf den Objektträger und decke ihn mit dem Deckgläschen ab.

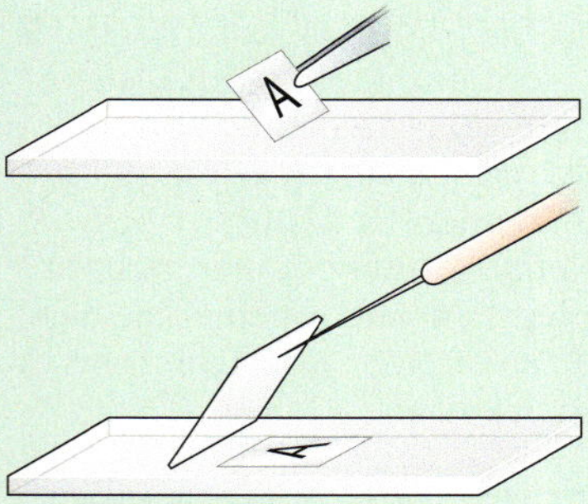

1 Folienbuchstaben auflegen

c) Bringe den Objektträger in die Mitte der Objekttischöffnung und klammere ihn fest.
d) Bringe das Objektiv durch Drehen am Grobtrieb möglichst nah an das Deckgläschen.
Achtung: Kontrolliere dabei den Abstand des Objektivs zum Objekttisch.
e) Sieh durch das Okular. Bewege den Objekttisch so weit nach unten, bis das Bild scharf erscheint. Regle mit dem Feintrieb nach.
f) Reguliere die Helligkeit mit der Blende. Beschreibe den Bildausschnitt.

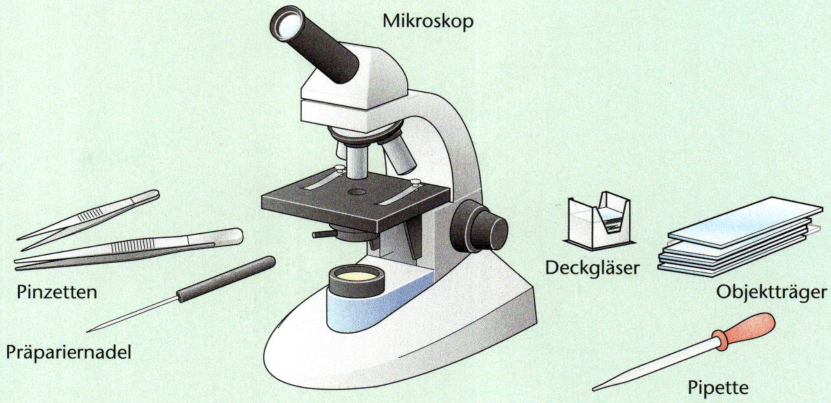

2 Materialien

g) Wechsle in die nächste Vergrößerung. Sieh durch das Okular und beschreibe die Veränderung. Wähle am Objektivrevolver das Objektiv mit der mittleren Vergrößerung. Stelle das Bild scharf. Korrigiere vorsichtig die Stellung des Präparates in der Mitte der Objekttischöffnung.

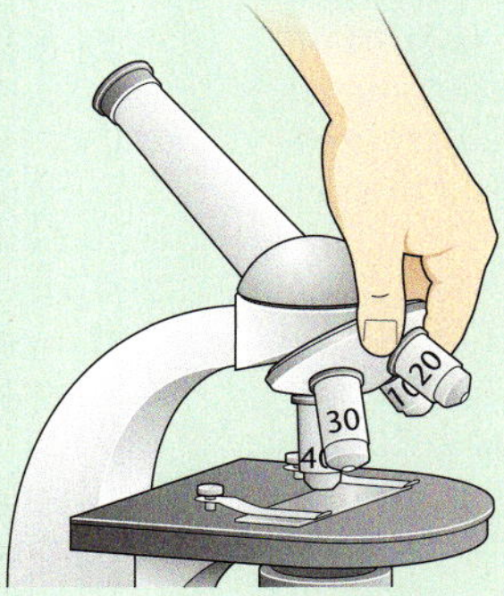

3 Wahl des Objektivs

Was kannst du beobachten, wenn du das Objekt leicht verschiebst?
h) Bewege den Objekttisch nach unten. Wiederhole den Vorgang mit dem Objektiv mit der größten Vergrößerung.

Aufgabe
Vergleiche deine Ergebnisse bei den einzelnen Vergrößerungen. Erkläre, warum es sinnvoll ist, mit der kleinsten Vergrößerung zu beginnen.

Du hast alles nach Anleitung gemacht, kannst aber trotzdem nichts erkennen. Am Anfang fischt man beim Mikroskopieren schon ein bisschen im Trüben. Mit Geduld und einigen Tipps wirst du aber doch zum Ziel kommen.

Mögliche Fehlerquellen
1. Der Folienbuchstabe liegt nicht genau unter dem Objektiv. Überprüfe nochmals seine Position.

2. Du hast nach der Einstellung des Spiegels das Mikroskop bewegt und damit den Lichtweg verändert. Richte den Spiegel neu ein und verschiebe das Mikroskop nun nicht mehr.

3. Der Objektivrevolver ist nicht eingerastet. Das Objektiv hat sich im Gewinde gelockert.

4. Du drehst zu schnell am Grobtrieb. Versuche es noch einmal ganz langsam und vorsichtig. Wenn du dann einen Schatten erkennst, kannst du das Bild mit dem Feintrieb scharf stellen.

3 Historisches Fernrohr

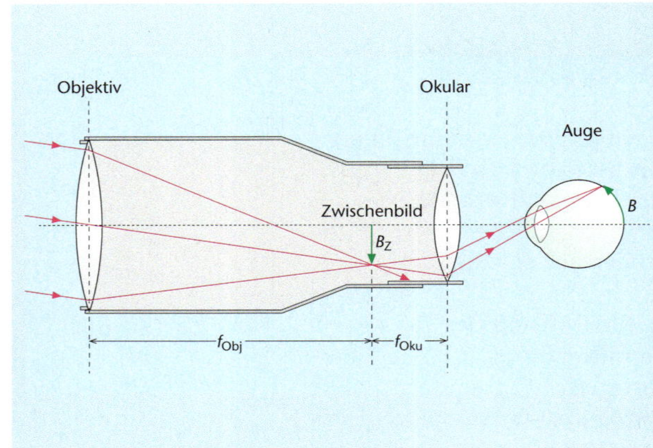

4 Strahlengang beim Fernrohr

Wenn du sehr kleine Dinge untersuchen willst, betrachtest du sie durch eine Lupe oder ein Mikroskop. Möchtest du dagegen etwas weit Entferntes betrachten, ist ein Fernrohr hilfreich.
[System, S. 186]

Das Fernrohr
Wenn du einen Gegenstand durch ein **Fernrohr** betrachtest, scheint er näher an dich heranzurücken. Wie das Mikroskop enthält auch das Fernrohr Linsen aus Glas. Sie verändern den Weg der Lichtstrahlen so, dass wir ein vergrößertes Bild des Gegenstands sehen.

Das einfachste Fernrohr besteht aus zwei Sammellinsen. Die vordere Linse ist das Objektiv. Es erzeugt ein umgekehrtes Bild des Gegenstands. Das Bild wird durch die zweite Linse wie durch eine Lupe vergrößert. Diese zweite Linse ist das Okular des Fernrohrs. Der Astronom JOHANNES KEPLER (1571 – 1630) hat mit einem solchen Fernrohr das Weltall erkundet. Man nennt es auch keplersches oder astronomisches Fernrohr.

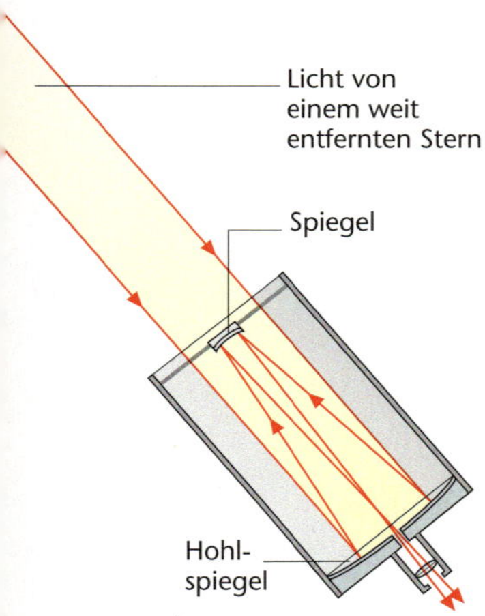

1 Spiegelteleskop

Das Spiegelteleskop
Um einen Blick ins Weltall zu werfen, reicht das beschriebene Fernrohr, das auch **Linsenteleskop** genannt wird, nicht aus.

Wenn man das schwache Licht weit entfernter Sterne einfangen möchte, benötigt man ein Objektiv mit großem Durchmesser. Linsen aus Glas können allerdings nur mit einem maximalen Durchmesser von etwa 120 cm gefertigt werden.

Daher verwendet man anstelle von Glaslinsen einen Spiegel (▷B 1). Er bündelt das einfallende Licht und lenkt es ins Okular um. Der größte, aus einem Stück bestehende Spiegel, der in einem Teleskop im Einsatz ist, hat einen Durchmesser von 6 m. Bei anderen Großteleskopen besteht der Hauptspiegel aus mehreren einzelnen Spiegelteilen, so erreicht man Durchmesser von bis zu 11 m.

Aufgabe

1 Erstelle einen Steckbrief zu dem Astronomen JOHANNES KEPLER.

2 Von einer Sternwarte aus kann man den Sternenhimmel betrachten.

5 Blick durch das Spiegelteleskop einer Sternwarte

Bau eines Fernrohrs

Eine Lupe hast du schon kennen gelernt. Mit ihr kannst du kleine Gegenstände vergrößert betrachten.

Lupen enthalten Linsen, die das Licht bündeln. Je stärker die Wölbung der Linse ist, desto stärker werden die Lichtstrahlen gebrochen. Die Lichtstrahlen treffen sich dann in geringerem Abstand hinter der Linse (▷ B 1). Der Punkt, in dem sich die Lichtstrahlen treffen, heißt Brennpunkt, sein Abstand zur Linsenmitte ist die Brennweite der Linse.

Wenn du nun zwei solcher Sammellinsen mit unterschiedlicher Brennweite im richtigen Abstand zueinander an einer Papprӧhre befestigst, erhältst du ein einfaches Fernrohr.

Material
2 Papprӧhren (jeweils von einer Rolle Küchen- und Toilettenpapier), Malkasten, dicker Pinsel, Schere, Klebstreifen, Knetmasse, 2 Linsen (Brennweiten 5 cm und 20 cm)

Bauanleitung
a) Kürze die lange Papprӧhre auf etwa 22 cm. Schneide die kurze Röhre der Länge nach auf.
b) Male beide Röhren innen schwarz aus.
c) Rolle die kurze Röhre etwas zusammen, sodass sie in die lange Röhre gesteckt werden kann. Klebe die kurze Röhre zusammen, wenn sie den richtigen Durchmesser hat (▷ B 2).
d) Befestige an einem Ende der langen Röhre mit Knetmasse die flache Linse mit der größeren Brennweite. Befestige am Ende der kurzen Röhre die Linse mit der kleineren Brennweite. Notiere auf der Papprӧhre jeweils die Brennweite der Linse.
e) Stecke die kürzere Papprӧhre mit dem offenen Ende voraus in die längere Röhre (▷ B 2).

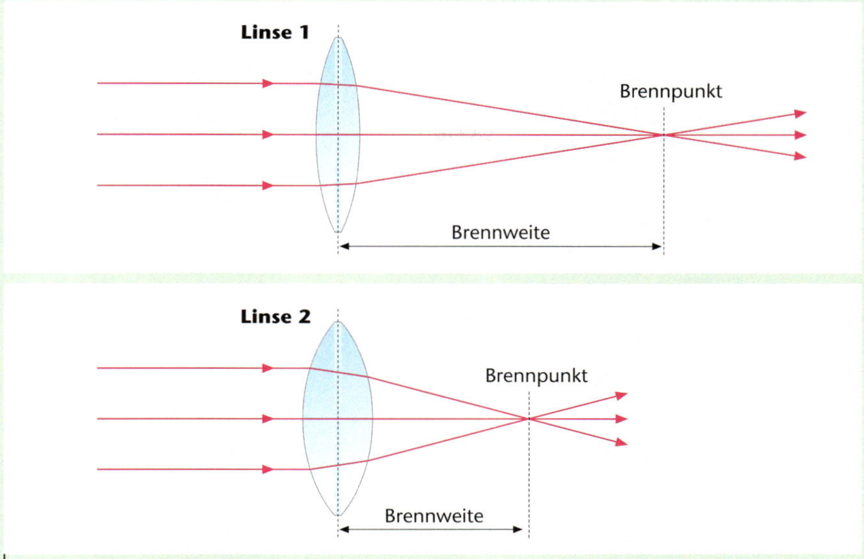

1 Linsen mit verschiedenen Brennweiten

Achtung: Du darfst **nie** mit bloßen Augen und erst recht nicht mit dem Fernrohr in die Sonne schauen! Schwerste Augenschäden wären die Folge!

So verwendest du dein Fernrohr
Nun ist dein einfaches Fernrohr fertig. Die Papprӧhre mit der Linse kleinerer Brennweite ist das Okular. Dort schaust du hinein. Die andere Röhre ist das Objektiv.

Während du hindurchsiehst, musst du die Röhren so lange gegeneinander verschieben, bis ein scharfes Bild zu sehen ist.

Dein Fernrohr hat allerdings einen kleinen „Schönheitsfehler". Das Bild, das du siehst, steht auf dem Kopf. Das ist bei allen astronomischen Fernrohren so. Wenn du allerdings den Mond oder den Sternenhimmel betrachtest, spielt das keine Rolle.

Wie stark vergrößert dein Fernrohr?
Der Vergrößerungsfaktor deines Fernrohrs lässt sich berechnen.

Dazu dividiert man die Brennweite der Objektivlinse durch die Brennweite der Okularlinse.

Für dein Fernrohr bedeutet das:
20 cm : 5 cm = 4
Dein selbstgebautes Fernrohr vergrößert also vierfach.

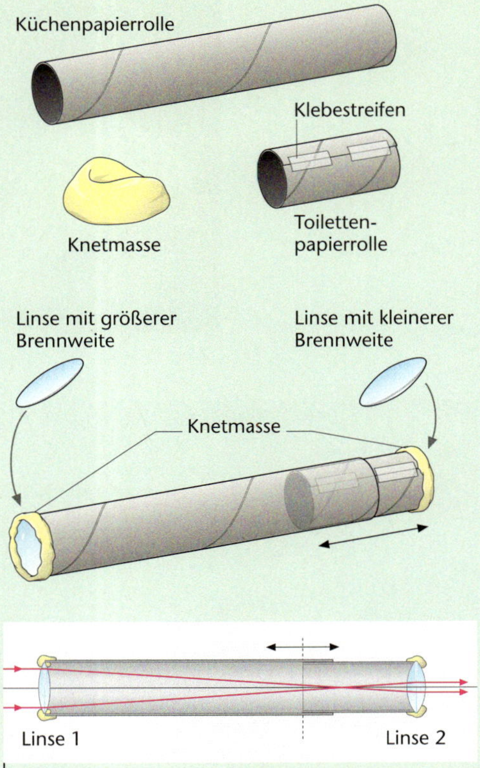

2 Ein selbstgebautes Fernrohr

1 Die Farben eines Regenbogens

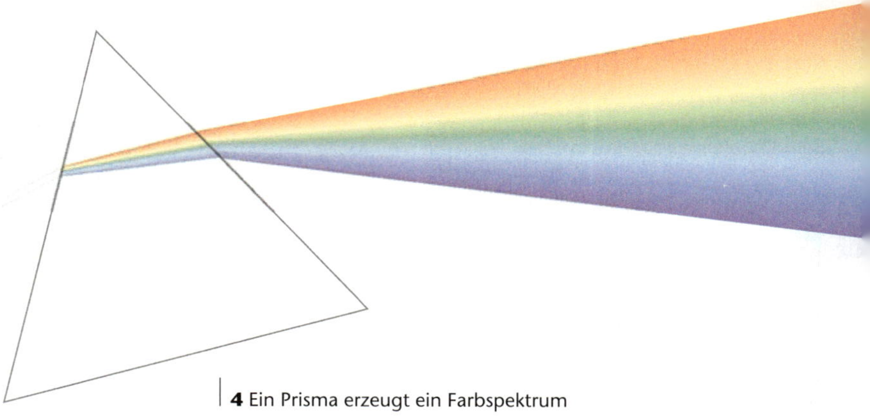

4 Ein Prisma erzeugt ein Farbspektrum

Regenbögen
Nach einem Regenschauer im Sommer erscheint häufig ein prächtiger Regenbogen am Himmel (▷ B 1). Du kannst die verschiedensten Farben beobachten, obwohl die Sonne, die die einzige Lichtquelle am Himmel ist, nur weißes Licht aussendet. Woher kommen die Farben des Regenbogens?

2 Ein Prisma

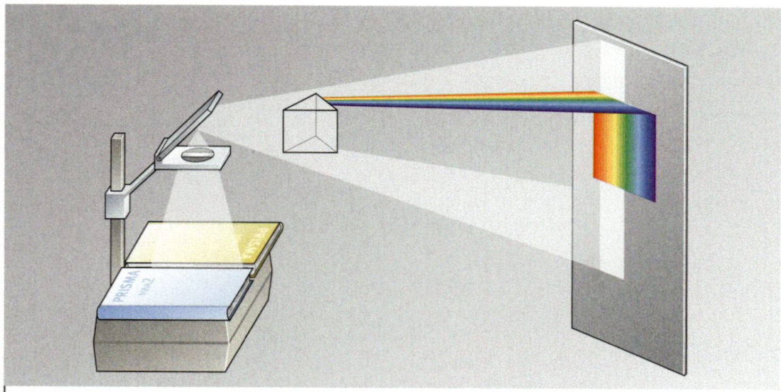

3 Ein Prisma zerlegt das weiße Licht der Glühlampe.

Licht wird zerlegt
Das weiße Sonnenlicht wird im Wasser der Regentropfen gebrochen. Du kannst diesen Effekt nachmachen, indem du das Licht der Sonne auf einen Spiegel fallen lässt, der sich unter Wasser befindet (▷ V 1). Auch bei diesem Versuch entstehen die Farben des Regenbogens. Sind die verschiedenen Farben bereits im weißen Licht enthalten?
Um diese Frage zu beantworten kannst du das Licht einer Glühlampe durch ein Prisma fallen lassen (▷ V 2a). Ein Prisma (griechisch: das Zerschnittene) ist ein Körper, der aus zueinander geneigten Flächen besteht (▷ B 2).

Durchläuft das weiße Licht ein Prisma, erscheinen auf dem Schirm die Farben Rot, Orange, Gelb, Grün, Blau und Violett (▷ B 4). Diese Farben werden Spektralfarben genannt. Sie sind nebeneinander angeordnet, man spricht auch von einem Farbspektrum.

▶ Ein Prisma zerlegt weißes Licht in seine Spektralfarben. Die Anordnung der Farben nennt man Farbspektrum.

Neben den sechs genannten Spektralfarben kann man im Spektrum viele weitere Farben erkennen. Die Farben des Spektrums gehen fließend ineinander über, die Aufteilung in nur sechs Spektralfarben ist deshalb nicht vollständig.

Fällt Licht einer einzelnen Spektralfarbe (z. B. grünes Licht) auf ein Prisma, erscheint auf dem Schirm die gleiche Farbe (▷ B 5). Reine Spektralfarben werden durch das Prisma nicht verändert.

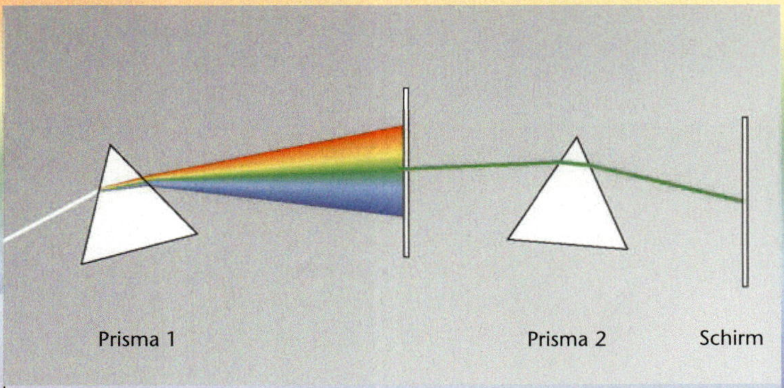

5 Versuch 2b

Spektralfarben lassen sich nicht weiter aufspalten.

Was geschieht in einem Prisma?
Beim Durchgang durch ein Prisma wird das Licht zweimal gebrochen: Einmal beim Eintritt in das Glas und ein zweites Mal beim Übergang von Glas in Luft (▷ B 4). Im Gegensatz zu einer Glasscheibe, bei der die beiden Grenzflächen parallel zueinander verlaufen, wird das Licht im Prisma zweimal in dieselbe Richtung gebrochen.
Rotes Licht wird am geringsten gebrochen. Es wird nur wenig aus seiner ursprünglichen Richtung abgelenkt und erscheint deshalb am oberen Ende des Spektrums. Violettes Licht wird am stärksten gebrochen. Es erscheint am unteren Ende des Spektrums.

Die Spektralfarben werden unterschiedlich stark gebrochen. Deshalb kann ein Prisma die verschiedenen Farbanteile des weißen Lichts trennen.

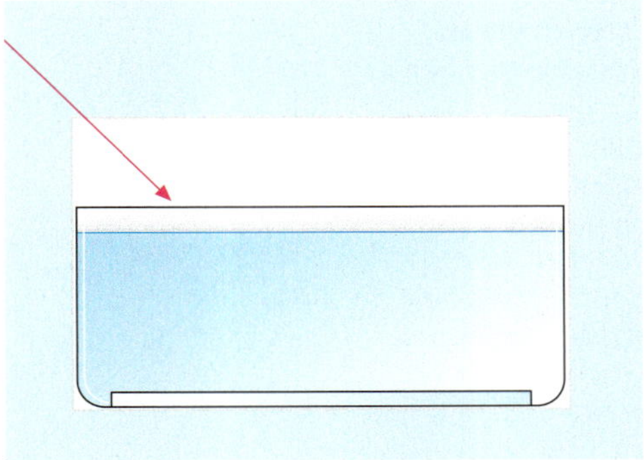

6 Versuch 1

7 Auch geschliffene Gläser erzeugen Farbspiele.

Versuche

1 Lege einen Spiegel auf den Boden eines Gefäßes. Fülle Wasser in das Gefäß und stelle es in das Sonnenlicht. Halte weißes Papier hinter das Wassergefäß (▷ B 6). Beschreibe deine Beobachtungen.

2 a) Erzeuge mithilfe einer Spaltblende und einer Sammellinse ein schmales Lichtbündel. Bringe ein Prisma in das Lichtbündel und stelle dahinter einen Schirm auf (▷ B 3). Notiere, welche Farben entstehen und in welcher Reihenfolge sie auftreten.

b) Filtere mit einer Strichblende eine der entstandenen Farben heraus. Lasse das farbige Lichtbündel auf ein zweites Prisma fallen (▷ B 5).
Was kannst du beobachten?

Aufgaben

1 Beschreibe, wie ein Prisma weißes Licht in die verschiedenen Farben trennt.

2 Was verstehst du unter einem „Farbspektrum"?

3 Besteht weißes Licht tatsächlich nur aus den sechs Spektralfarben? Begründe deine Antwort.

Schnittpunkt

Natur: Wie entsteht ein Regenbogen?

1 Ein Regenbogen „Marke Eigenbau"

Regenbogen selbst gemacht

Ein Regenbogen ist mit seinen klaren, leuchtenden Farben ein ganz besonderes Naturschauspiel.
An einem sonnigen Tag kannst du selbst einen Regenbogen erzeugen. Setze auf einen Gartenschlauch eine feine Düse. Wenn du die Sonne im Rücken hast, kannst du vor dir im versprühten Wasser einen kleinen Regenbogen erkennen (▷B 1). Ein Beobachter, der neben dir steht, sieht ebenfalls genau vor sich einen Regenbogen. Jeder Beobachter sieht seinen eigenen Regenbogen, der jeweils an einer anderen Stelle zu liegen scheint.

Woher kommen die Regenbogenfarben?

Einen Regenbogen kannst du nur sehen, wenn es kräftig regnet und gleichzeitig die Sonne auf die Regentropfen scheint. Betrachte die Vorgänge in einem Tropfen genauer (▷B 2). Weißes Licht, das in einen Tropfen eintritt, wird wie bei einem Prisma gebrochen und dabei in die Spektralfarben zerlegt. An der Rückseite des Tropfens tritt ein Teil des Lichtes aus, ein Teil wird zurück in den Tropfen reflektiert. Der reflektierte Anteil tritt vorne aus dem Tropfen aus und wird dort erneut gebrochen und weiter aufgefächert.
Aus dem ursprünglich weißen Sonnenlicht entsteht ein Lichtbündel, das die Farben des Spektrums enthält. Die austretenden farbigen Lichtbündel erscheinen gegenüber dem einfallenden weißen Sonnenlicht unter Winkeln zwischen 40° (blaues Licht) und 42° (rotes Licht).

Warum ist der Regenbogen rund?

Wie die Form des Regenbogens zustande kommt, soll am Beispiel des roten Lichts erklärt werden: Jeder Wassertropfen lenkt das Sonnenlicht so ab, dass das rote Licht den Tropfen unter einem Winkel von 42° verlässt. Unter dem selben Winkel, bezogen auf die Verbindungslinie zwischen Beobachter und Sonne, sieht der Beobachter diese Lichtstrahlen (▷B 3). Da wir die roten Lichtstrahlen aller Tropfen sehen können, die mit der Verbindungslinie Sonne-Beobachter einen Winkel von 42° einschließen, erscheint uns der Regenbogen rund. Denn diese Tropfen bilden einen Kreis, dessen Mittelpunkt M auf der verlängerten Verbindungslinie liegt.

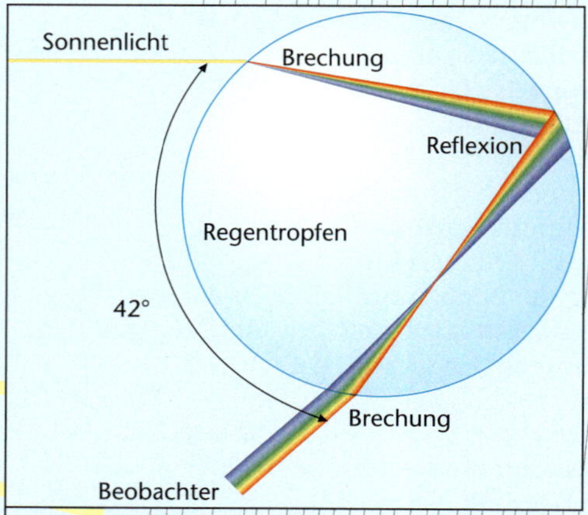

2 Strahlenverlauf im Regentropfen

Aufgaben

1 Was passiert in einem Regentropfen, wenn weißes Sonnenlicht auf ihn fällt?

2 Warum ist der Regenbogen rund?

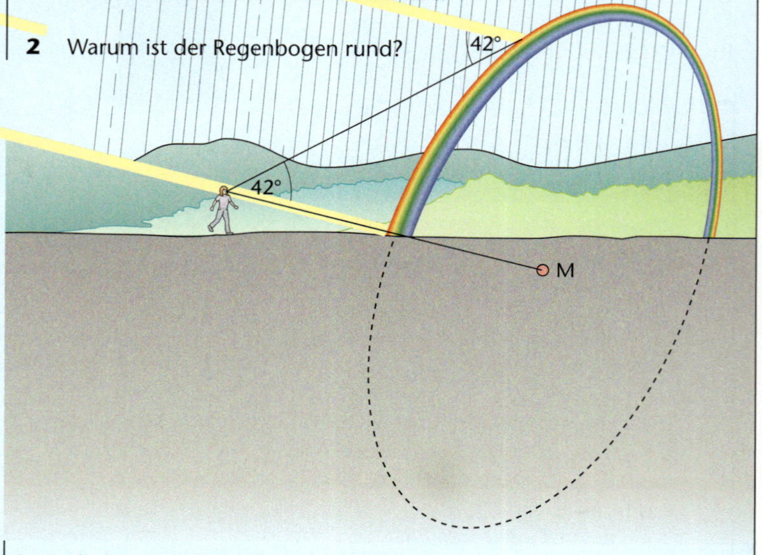

3 Wie die Form des Regenbogens entsteht.

1 Rote, grüne und blaue Pixel erzeugen ein farbiges Bild.

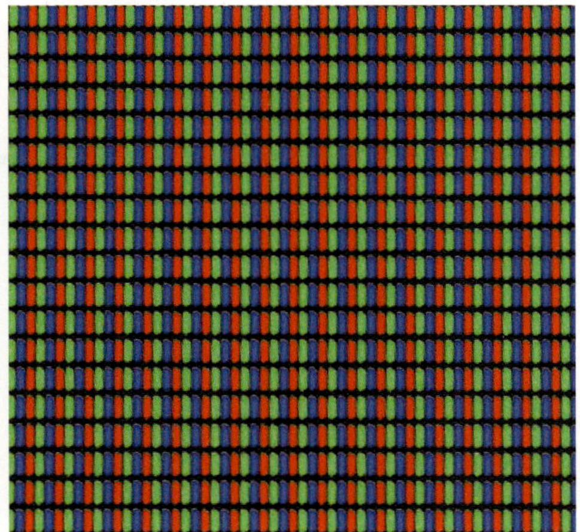

2 Vergrößerte Pixel eines Farbbildschirms

Farben, aus Licht gemischt
Schauspieler stehen auf der Bühne eines Theaters. Sie werden gleichzeitig von roten und grünen Scheinwerfern beleuchtet (▷ B 1). In der Mitte überlagert sich das Licht der Scheinwerfer, dieser Bereich erscheint gelb. Kann man durch das Mischen von rotem und grünem Licht eine neue Farbe erzeugen?
In Versuch 1a lässt du das Licht einer roten, einer grünen und einer blauen Lichtquelle so auf einen Schirm fallen, dass sich die Lichtflecken zum Teil überschneiden. Dort erscheinen neue Farben:

Rot + Grün → Gelb

Rot + Blau → Purpur (Magenta)

Grün + Blau → Türkis (Cyan)

Rot + Grün + Blau → Weiß

Versuch

1 a) Setze vor drei Experimentierleuchten eine rote, eine grüne und eine blaue Glasscheibe. Richte die Experimentierleuchten so aus, dass sich ihre Lichtkegel auf einem Schirm teilweise überlagern (▷ B 3). Mische auf diese Weise alle Lichter miteinander. Welche Mischfarben erkennst du?
b) Verändere die Helligkeit der einzelnen Lichtquellen, indem du andere Spannungen an die Leuchten anlegst. Wiederhole Versuch 1a mit den unterschiedlich hellen Lichtquellen. Wie ändern sich die Mischfarben?

Der Bereich, in dem sich alle drei Lichtflecken überlagern, erscheint weiß (▷ B 3).

Überlagert man verschiedenfarbiges Licht, entstehen neue Farbeindrücke. Man spricht von **Farbaddition**.

Die neuen Farben aus der Farbaddition nennt man Mischfarben. Sie lassen sich durch ein Prisma wieder in ihre Spektralfarben zerlegen.

Neue Farben entstehen nicht nur durch das Mischen verschiedener Spektralfarben. Verändert man zusätzlich die Helligkeit der farbigen Lichtquellen (▷ V 1b), erhält man unterschiedlichste Abstufungen der Mischfarben.

Dieser Effekt wird bei Farbbildschirmen verwendet. Aus Pixeln in den Grundfarben Rot, Grün und Gelb entstehen hier durch Farbaddition sehr viele Farbeindrücke (▷ B 2).

3 Das Licht verschiedenfarbiger Lichtquellen wird überlagert.

Experimente mit Farbfiltern
Im Kunstunterricht hast du sicherlich schon die Farben deines Farbkastens miteinander vermischt. Dabei bekommst du überraschenderweise andere Mischfarben als beim Mischen von farbigem Licht. Einige Experimente mit Farbfiltern können dir diese Erscheinung erklären.

Wie jeder farbige Körper absorbiert auch ein Farbfilter bestimmte Farben des Spektrums. Die anderen Farben werden nicht reflektiert, sondern vom Filter durchgelassen (▷V 1). Beispiele siehst du in den Bildern 1 bis 3.

Legst du einen Gelbfilter und einen Blau-Grün-Filter übereinander, absorbiert jeder Filter einen bestimmten Teil des weißen Lichtes (▷V 2). Der Gelbfilter absorbiert Blau und Violett (▷B 1); ein Blau-Grünfilter absorbiert Rot, Orange und Gelb (▷B 2). Das Grün wird von keinem Filter absorbiert, nur diese Farbe wird von beiden Filtern durchgelassen (▷B 3). Zwei Filter lassen also nur die Farben durch, die von keinem Filter absorbiert werden.

Das Gleiche geschieht beim Mischen der Farben aus dem Farbkasten. Jeder Farbstoff entfernt („subtrahiert") bestimmte Farben aus dem Spektrum. Es bleibt nur die Farbe übrig, die von keinem Farbstoff absorbiert wird. In dieser Farbe erscheint uns die Farbmischung.

▶ Beim Mischen von Farbstoffen entfernt jeder Farbstoff einen Teil der Farben aus dem Spektrum. Dies nennt man Farbsubtraktion.

Gibt man alle Farben des Farbkastens zusammen, absorbieren diese Farbstoffe alle Farben des Spektrums. Dann haben wir den Eindruck von „Schwarz".

Versuche

1 Halte verschiedene Farbfilter vor eine Lichtquelle und zerlege das so entstandene farbige Licht durch ein Prisma. Beschreibe, welche Spektralfarben der Filter durchlässt, und welche er absorbiert.

2 Lege auf einen Tageslichtschreiber verschiedene Farbfilter oder farbige Folien so übereinander, dass sie sich teilweise überdecken. Nenne die Farben an den Schnittstellen.

3 Erzeuge mithilfe einer hellen, weißen Lichtquelle und eines Prismas ein Farbspektrum. Halte in die untere Hälfte des Spektrums verschiedene farbige Gegenstände (z. B. rotes, grünes oder blaues Papier). Die obere Hälfte des Spektrums fällt auf einen weißen Schirm. Beschreibe die Unterschiede.

Farbige Bilder
Die Farbsubtraktion benutzt man beim Drucken farbiger Bilder. Beim Buchdruck wird das Bild in viele einzelne Punkte zerlegt. Das Punktbild wird dreimal übereinander gedruckt: Einmal aus gelben Punkten, einmal aus blau-grünen Punkten („cyan") und einmal aus rot-violetten Punkten („magenta"). Dabei überdecken sich die verschiedenfarbigen Punkte teilweise. An diesen Stellen entstehen durch Farbsubtraktion die neuen Mischfarben.

Warum sehen wir Gegenstände farbig?
Bei Tag beleuchtet die Sonne alle Gegenstände mit weißem Licht. Trotzdem erscheint uns die Kirschen rot, das Gras grün und die Zitronen gelb. Wie kommt es zu den Farben der Körper?

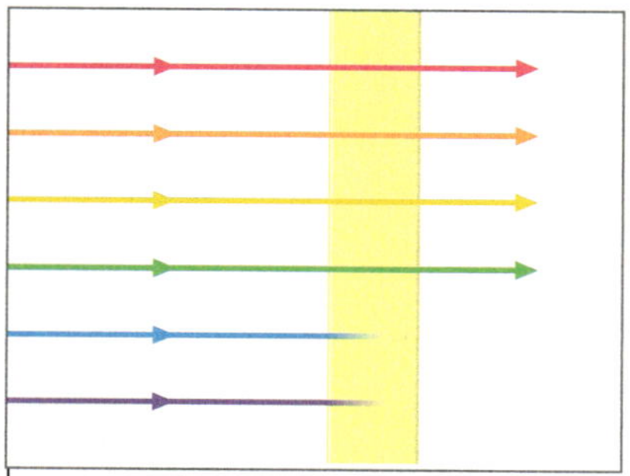

1 Der Gelbfilter lässt Rot, Orange, Gelb und Grün durch

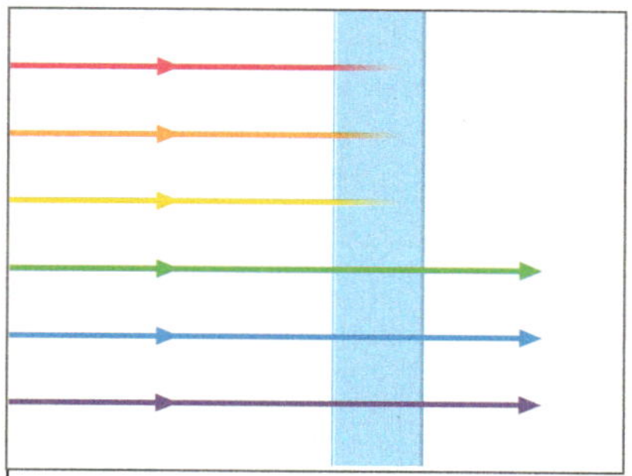

2 Der Blau-Grünfilter lässt Grün, Blau und Violett durch

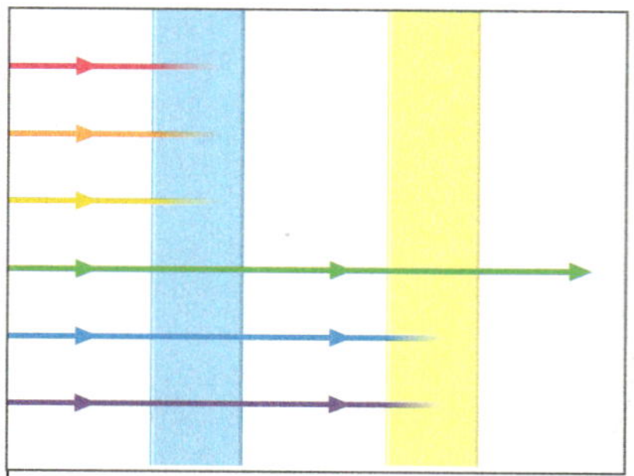

3 Der Blau-Grün- und der Gelbfilter lassen nur Grün durch

Halte verschiedene farbige Gegenstände in ein Spektrum mit allen Spektralfarben (▷V3). Du erkennst, dass die farbigen Gegenstände nur einen Teil der Spektralfarben reflektieren. Ein roter Körper z. B. wirft nur das Rot (und evtl. orange und gelb) zurück. Er verschluckt (absorbiert) die restlichen Farben (▷B4).

Farbige Körper reflektieren nur einen Teil der Spektralfarben.

Die meisten farbigen Körper reflektieren nicht nur eine Spektralfarbe.

Ein grüner Körper wirft neben dem Grün häufig auch Gelb und Blau zurück (▷B5). Die Mischfarbe aller reflektierten Farben ergibt die Farbe, in der wir den Körper sehen.

Die Farbe eines Körpers ist die Mischfarbe aller reflektierten Farben. Man nennt sie Körperfarbe.

Weiße Körper reflektieren alle Farben (▷B6), schwarze Körper absorbieren alle Farben des Spektrums.

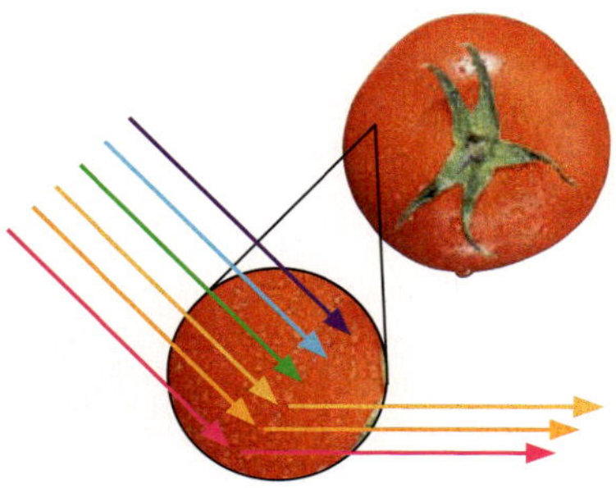

4 Ein roter Körper reflektiert Rot, Gelb und Orange.

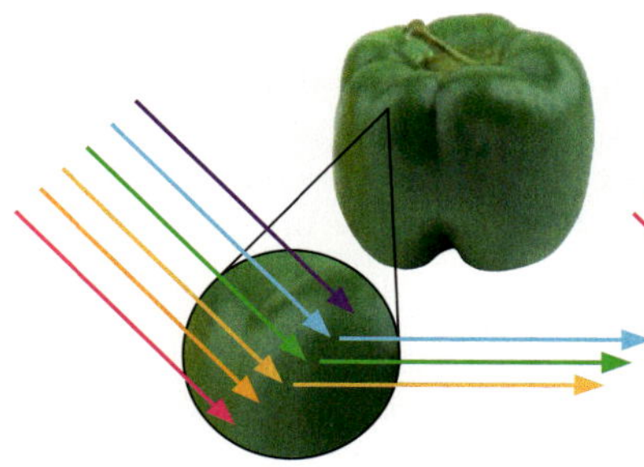

5 Ein grüner Körper reflektiert Gelb, Grün und Blau.

6 Ein weißer Körper reflektiert alle Farben des Spektrums.

Werkstatt

Farben, bunt gemischt

1 Der Farbenkreisel

Material

Holzspieß, weiße Pappe, Filzstifte oder Farbkasten mit den Farben Violett, Dunkelblau, Hellblau, Grün, Gelb, Orange und Rot, Geo-Dreieck, Bleistift, Zirkel, Klebstoff

1 Die Bereiche werden ausgemalt.

Versuchsanleitung

Schneide aus der Pappe eine Scheibe mit einem Durchmesser von ca. 8 cm aus. Teile den Kreis in sieben Bereiche ein, wobei jeder Bereich einen Winkel von ca. 52° einschließt (▷B1).
Male die Bereiche anschließend mit den verschiedenen Farben aus.

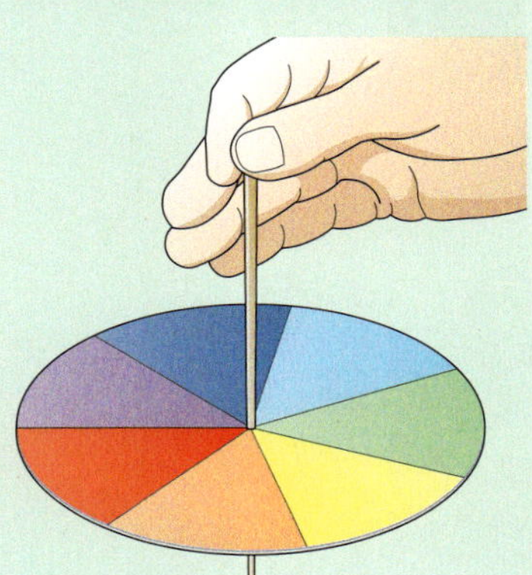

2 Der fertige Farbenkreisel

Stecke den Holzspieß durch die Mitte der Scheibe und klebe ihn fest (▷B2). Drehe die Scheibe mit der Hand an und beleuchte sie mit weißem Licht.

Aufgaben

1. Beschreibe, was du beobachtest, wenn du den Kreisel langsam drehst. Was passiert, wenn du den Kreisel möglichst schnell drehst?

2. Stelle einen zweiten Kreisel her, male nun aber nicht alle Bereiche aus. Versetze die Scheibe wiederum in Drehung – erst langsam, dann schnell. Notiere deine Beobachtungen.

3. Versuche, eine Erklärung für deine unterschiedlichen Beobachtungen zu finden. Recherchiere dazu im Internet oder schlage in einem Lexikon nach.

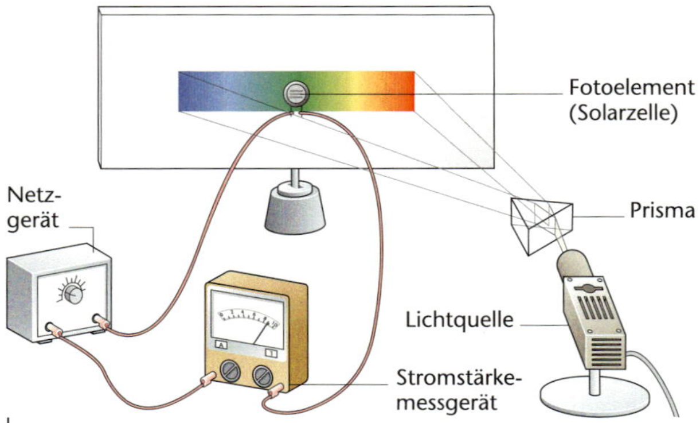

1 Nachweis von infraroter Strahlung mit der Solarzelle

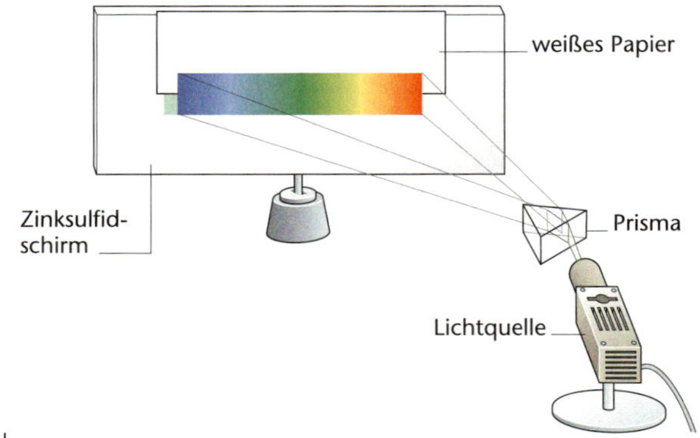

2 Nachweis von ultravioletter Strahlung mit dem Zinksulfidschirm

Unsere Augen erkennen die Farben des Spektrums. Auch eine Solarzelle reagiert darauf: Hält man ein solches Bauteil in ein Spektrum, ändert sich seine elektrische Leitfähigkeit. Dies lässt sich mithilfe eines Stromstärkemessgeräts zeigen (▷ V 1a).

Infrarotes Licht

Bringt man die Solarzelle in den scheinbar unbeleuchteten Bereich neben dem Rot, schlägt das Messgerät ebenfalls aus (▷ V 1b). Es registriert auch dort eine Strahlung, die für das menschliche Auge nicht sichtbar ist. An den roten Bereich des Spektrums schließt sich das **infrarote Licht an**. Dieses infrarote oder auch IR-Licht können wir nur über unseren Temperatursinn wahrnehmen, nämlich als Wärmestrahlung. Alle warmen Gegenstände geben infrarote Strahlung ab. Im Gegensatz zum Menschen besitzen manche Schlangenarten Nervenzellen, die diese Strahlung registrieren (▷ B 3; B 4).

Ultraviolettes Licht

Betrachte das andere Ende des sichtbaren Spektralbereichs. Auf einem weißen Blatt Papier ist neben dem Violett nichts zu erkennen. Ein Zinksulfidschirm leuchtet an dieser Stelle allerdings auf. Er weist die **ultraviolette Strahlung** nach. Ultraviolette oder kurz UV-Strahlung können wir mit keinem unserer Sinnesorgane wahrnehmen. Allerdings hat auch sie ihre Wirkungen. Intensive UV-Strahlung kann Farbstoffe ausbleichen und außerdem die Zellen von Lebewesen schädigen.

Das Spektrum des Lichts umfasst neben der sichtbaren Strahlung noch die infrarote und die ultraviolette Strahlung.

3 Klapperschlange

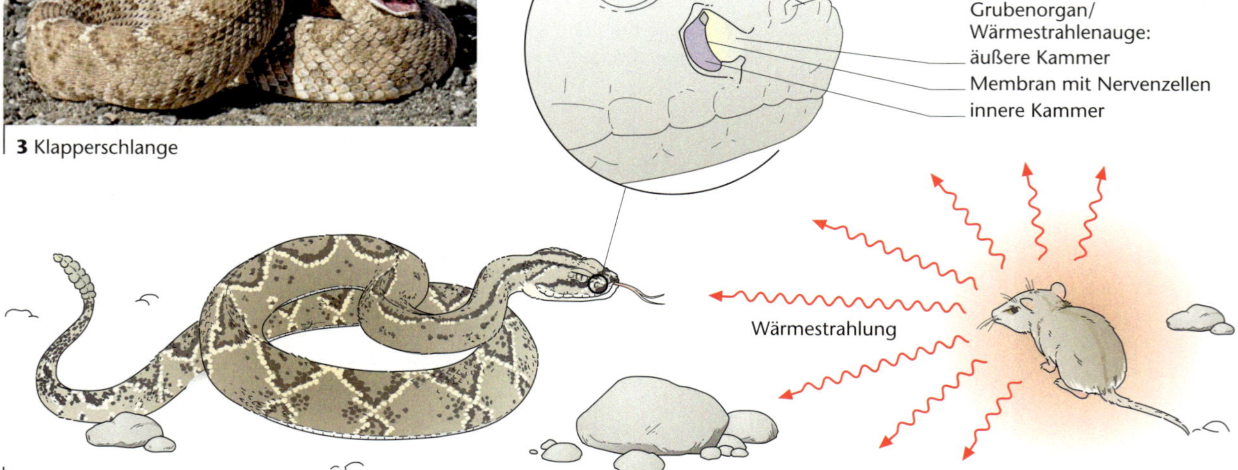

4 Wärmesensor der Klapperschlange

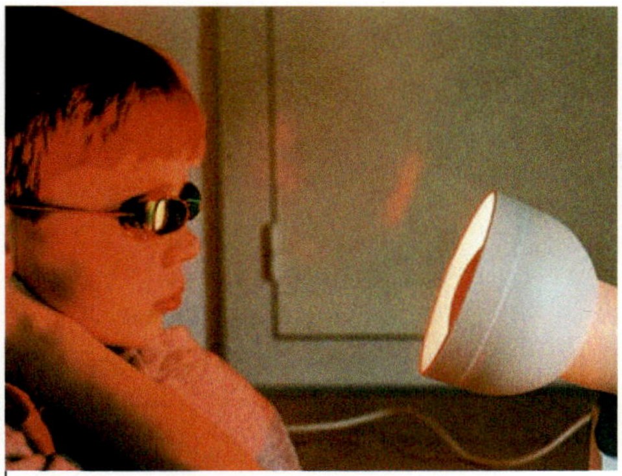

5 Wärmestrahlung einer Infrarotlampe

6 Die Wärmebildkamera zeigt an, wo Wärmestrahlung abgegeben wird.

Die Wirkungen der IR-Strahlung

In der Medizin setzt man die heilende Wirkung des infraroten Lichts ein. Die Strahlung einer Infrarotlampe (▷ B 5) dringt in die Haut ein und erwärmt auch tiefer liegende Gewebeschichten. Der Körper reagiert darauf mit einer Erweiterung der Blutgefäße, die Blutzirkulation wird verstärkt und der gesamte Stoffwechsel angeregt. Infrarotlampen setzt man zur Behandlung von Muskelverspannungen und Rheuma sowie bei chronischen Entzündungen ein.

Die Wirkungen der UV-Strahlung

Der Bereich der Ultraviolettstrahlung wird in drei Klassen unterteilt: Der Bereich der **UV-A**-Strahlung schließt sich direkt an das Violett an. Es folgen die Bereiche der **UV-B-** und **UV-C-Strahlung**. Die Energie der Strahlung nimmt in dieser Reihenfolge zu. Unser Körper benötigt UV-Strahlung: Richtig dosiert führt sie zum Aufbau des lebensnotwendigen Vitamin D. Eine zu starke Bestrahlung mit UV-Licht ist jedoch schädlich. Sind die Augen diesem Licht zu lange ungeschützt ausgesetzt, kann es zur **Schneeblindheit** kommen, einer schmerzhaften Verletzung der Hornhaut.

Die bräunende Wirkung der UV-Strahlung ist dir sicherlich bekannt. Zu diesem Zweck werden in Solarien Lampen eingebaut, die einen hohen UV-A-Anteil erzeugen. Die Zellen der Haut werden vor allem durch zu starke Einwirkung von UV-B- und UV-C-Strahlung geschädigt. Ein Sonnenbrand und eine vorzeitige Alterung der Haut sind die Folge. Außerdem kann der gefährliche **Hautkrebs** ausgelöst werden. Bei einem Aufenthalt in der Sonne muss die Haut deshalb durch lichtundurchlässige Kleidung oder durch ein Sonnenschutzmittel mit ausreichend hohem Lichtschutzfaktor geschützt werden.

Versuche

1 a) Schließe ein Fotoelement (eine Solarzelle) an eine Spannungsquelle und an ein Stromstärkemessgerät an. Decke das Fotoelement zunächst ab und halte es anschließend in das Licht einer hellen Lampe.
Beschreibe, was du am Stromstärkemessgerät beobachtest.
b) Lasse weißes Licht durch ein Prisma fallen und erzeuge ein Farbspektrum (▷ B 1). Halte das Fotoelement in den Bereich neben dem Rot. Beobachte dabei die Anzeige des Stromstärkemessgeräts.

2 Lasse das Spektrum auf einen Zinksulfid-Schirm fallen. Decke dann die obere Hälfte des Schirms mit einem weißen Blatt Papier ab, sodass das Spektrum auf beide Materialien fällt (▷ B 2). Beschreibe die Unterschiede.

7 UV-Licht wird zur Desinfektion von Trinkwasser …

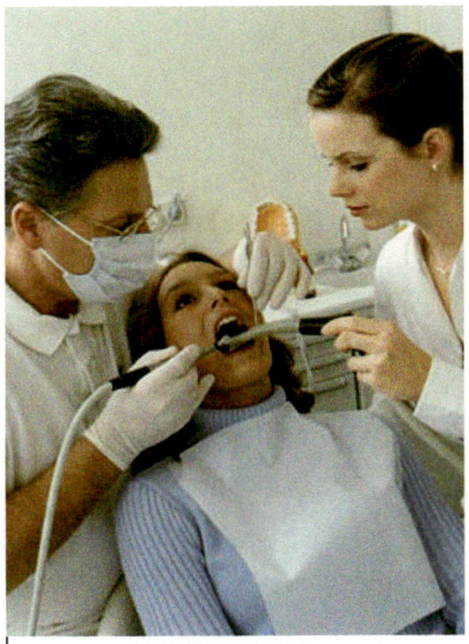

8 … und zur Aushärtung von Kunststofffüllungen eingesetzt.

Schlusspunkt

Optische Instrumente

Optische Instrumente
Optische Geräte wie Brille, Lupe, Mikroskop und Fernrohr benötigen Spiegel und Linsen, um durch Reflexion und Brechung Bilder zu erzeugen.

Reflexion
Bei der Reflexion gilt das Reflexionsgesetz: Einfallswinkel α und Reflexionswinkel β sind gleich groß ($\alpha = \beta$).
Einfallender Strahl, Einfallslot und reflektierter Strahl liegen in einer Ebene.
Der Lichtweg ist umkehrbar.

Brechung
Beim Übergang des Lichts von einem Stoff in einen anderen ändert es seine Ausbreitungsrichtung. Dieser Vorgang heißt Brechung. Beim Übergang von Luft in Glas oder Wasser ist der Einfallswinkel größer als der Brechungswinkel. Beim Übergang von Glas oder Wasser in Luft ist der Einfallswinkel kleiner als der Brechungswinkel. Ab einem bestimmten Einfallwinkel wird das Licht total Reflektiert. Jede Brechung ist mit einer Reflexion verbunden.

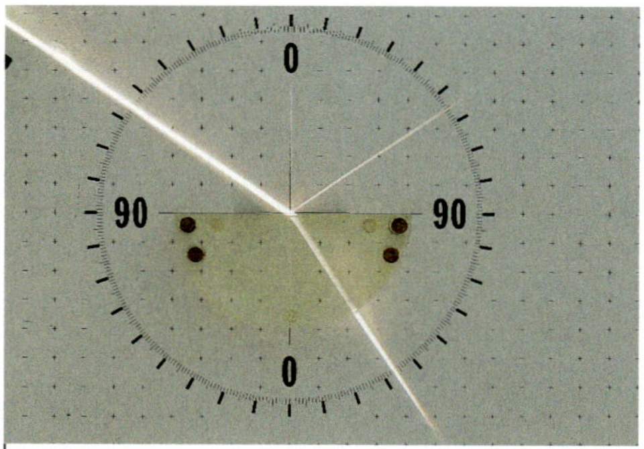

1 Brechung

Bildkonstruktionen
Bilder können mit Hilfe ausgewählter Lichtstrahlen an Spiegeln und Linsen konstruiert werden.

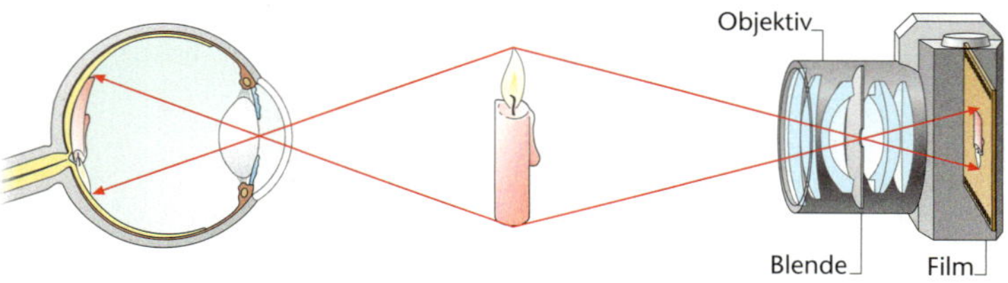

2 Auge und Kamera sind vergleichbar

Aus einem Brennpunktstrahl wird ein Parallelstrahl.
Aus einem Parallelstrahl wird ein Brennpunktstrahl.
Ein Mittelpunktstrahl behält seine Richtung bei.

Bilder am ebenen Spiegel
Spiegelbilder entstehen, wenn Licht mithilfe eines Spiegels in unsere Augen gelangt.
Gegenstand und Bild sind gleich groß und liegen bezogen auf die Spiegelebene symmetrisch zueinander.

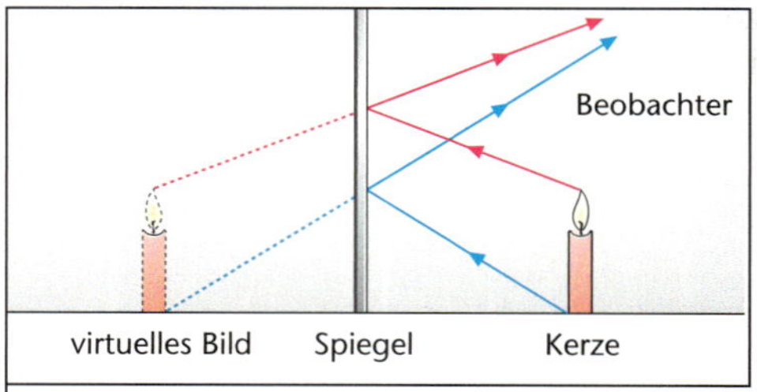

3 Gegenstand und Bild beim ebenen Spiegel

Hohlspiegel
Parallel zur optischen Achse einfallendes Licht wird von einem Hohlspiegel durch den Brennpunkt reflektiert. Ein Hohlspiegel erzeugt ein vergrößertes Spiegelbild.

Sammellinsen
Aus einem Brennpunktstrahl wird ein Parallelstrahl. Aus einem Parallelstrahl wird ein Brennpunktstrahl. Ein Mittelpunktstrahl behält seine Richtung bei.

Bildentstehung mit Sammellinsen
Mit Sammellinsen können Bilder erzeugt werden.
Befindet sich ein Gegenstand außerhalb der einfachen Brennweite, entstehen reelle Bilder. Sie sind auf dem Kopf stehend und seitenvertauscht, kleiner oder größer. Gegenstand und Bild befinden sich auf verschiedenen Seiten der Linse.

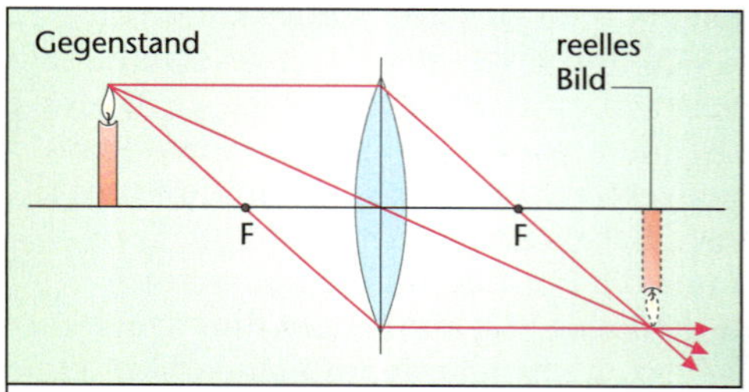

4 Bildentstehung bei der Sammellinse

Befindet sich ein Gegenstand innerhalb der einfachen Brennweite, entsteht ein virtuelles Bild. Es ist aufrecht, seitenrichtig und vergrößert.

Das Bild bei einer Lupe
Wird eine Sammellinse als Lupe benutzt, befindet sich der Gegenstand innerhalb der einfachen Brennweite.Es entsteht ein virtuelles Bild. Es ist aufrecht, seitenrichtig und vergrößert.

Das Mikroskop
Beim Mikroskop wird vom Objektiv ein vergrößertes reelles Zwischenbild erzeugt, das durch ein Okular wie durch eine Lupe noch einmal vergrößert wird.

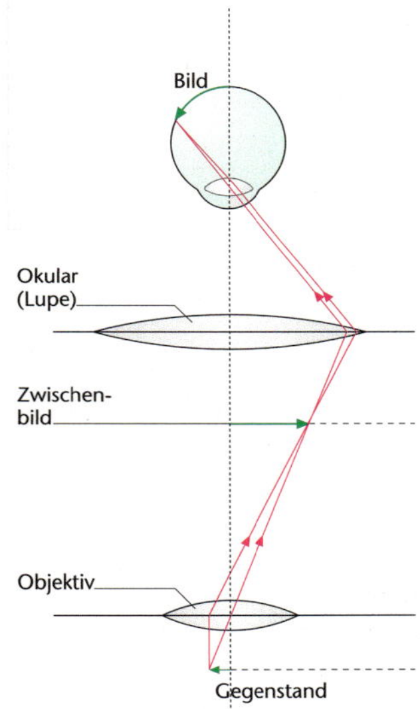

5 Strahlengang eines Mikroskops

Das Fernrohr
Mit Fernrohren werden entfernte Gegenstände vergrößert abgebildet. Das galileische Fernrohr eignet sich für Erdbeobachtungen, das astronomische Fernrohr für Himmelsbeobachtungen.
Mit optischen Geräten wird immer eine Vergrößerung des Sehwinkels erreicht.

Die Zerlegung des weißen Lichtes
Trifft weißes Licht auf ein Prisma, kann es zweimal gebrochen werden. Dadurch wird es zu einem Farbspektrum aufgefächert. Im Spektrum sind die Spektralfarben Rot, Orange, Gelb, Grün, Blau und Violett enthalten.

Infrarot und Ultraviolett
Das Spektrum ist beim Rot bzw. beim Violett nicht zu Ende. An den roten Bereich schließt sich die infrarote Strahlung (IR) an, an den violetten Bereich schließt sich die ultraviolette Strahlung (UV) an. Beide Strahlungen kann man nicht sehen. Infrarot kann als Wärmestrahlung wahrgenommen werden. Ultraviolett kann man nur an den Wirkungen erkennen.

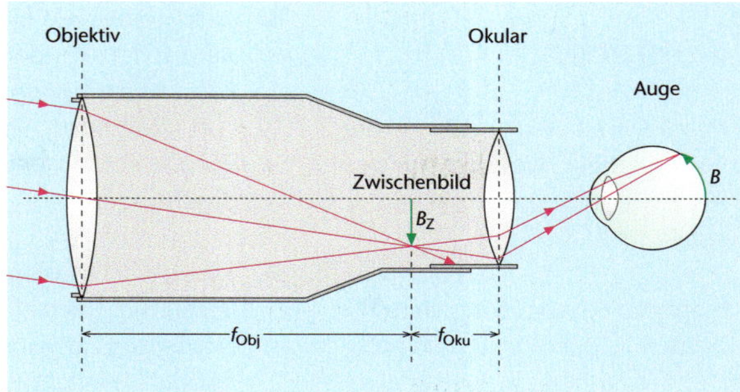

6 Strahlenverlauf eines astronomischen Fernrohrs

Farbaddition
Fügt man verschiedene farbige Lichter zusammen, entstehen neue Farbeindrücke. Durch das Mischen von rotem, grünem und blauem Licht lassen sich für uns unendlich viele Farbeindrücke erzielen. Anwendungen: LCD- und LED-Farbbildschirme.

Farbsubtraktion
Beim Mischen von Farbstoffen entfernt jeder Farbstoff einen Teil der Farben aus dem Spektrum. Man spricht von der Farbsubtraktion. Anwendung: Farbdruck und Computerdrucker

Körperfarben
Farbige Körper reflektieren nur einen Teil der Spektralfarben. Die Farbe eines Körpers ist die Mischfarbe aller reflektierten Farben. Weiße Körper reflektieren alle Farben, schwarze Körper absorbieren alle Farben des Spektrums.

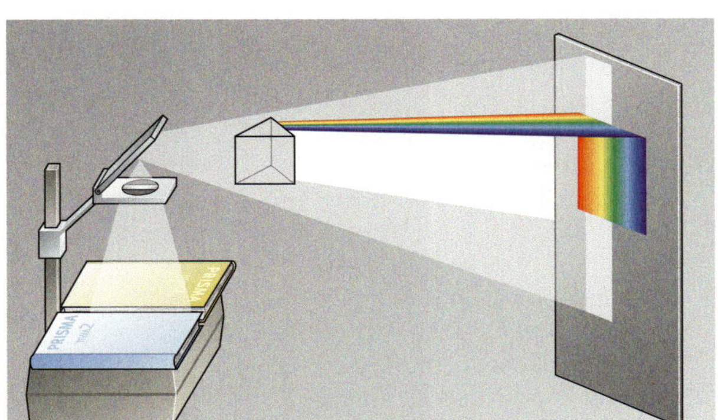

7 Ein Prisma zerlegt das weiße Licht

Aufgaben

1 Beschreibe verschiedene Arten von Spiegeln. Nenne für jede Art zwei Anwendungsbeispiele.

2 Nenne die Bedeutung der Zahlen in der Skizze (▷ B 1)?

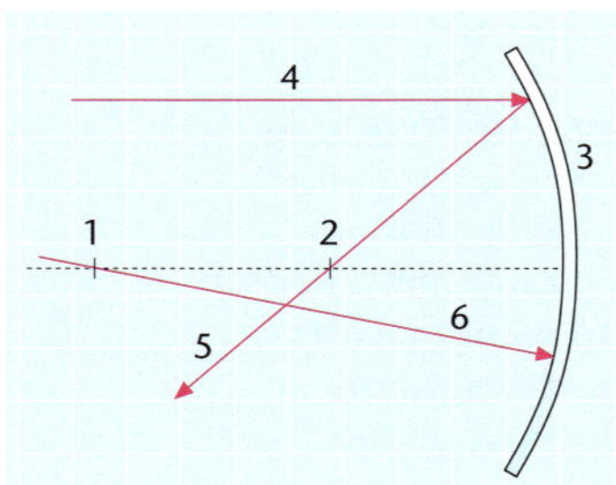

1 Zu Aufgabe 2

3 Beschreibe, was in Bild 2 falsch eingezeichnet wurde.

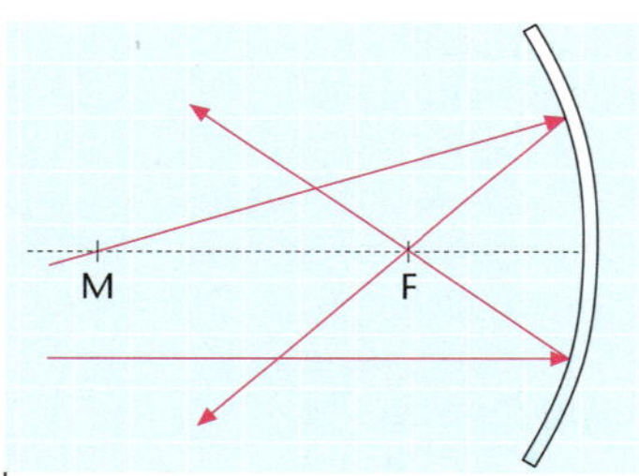

2 Zu Aufgabe 3

4 Große Hohlspiegel kann man als „Sonnenofen" verwenden. Erläutere, wie der Spiegel im Sonnenlicht aufgestellt werden muss.

5 Begründe, weshalb Wölbspiegel in Supermärkten, Straßeneinmündungen und als Rückspiegel verwendet werden können.

6 Weise experimentell nach, dass an Hohlspiegeln der Lichtweg umkehrbar ist.

7 Fülle eine leere runde Klarglasflasche vollständig mit Wasser und verschließe sie wieder. Lege sie auf ein Blatt Zeitungspapier. Beschreibe, wie die Schrift nun aussieht.

8 Beschreibe, wie Lichtstrahlen gebrochen werden, die von Luft in Glas bzw. von Glas in Luft übertreten. Unter welcher Voraussetzung erfolgt keine Brechung?

9 Aysun und Marlene sollen die Brechung eines einfarbigen Lichtstrahls an einem Glasprisma darstellen. Aysun zeichnet Strahl 1 und Marlene Strahl 2 (▷ B 3). Welcher Strahlenverlauf ist der richtige?

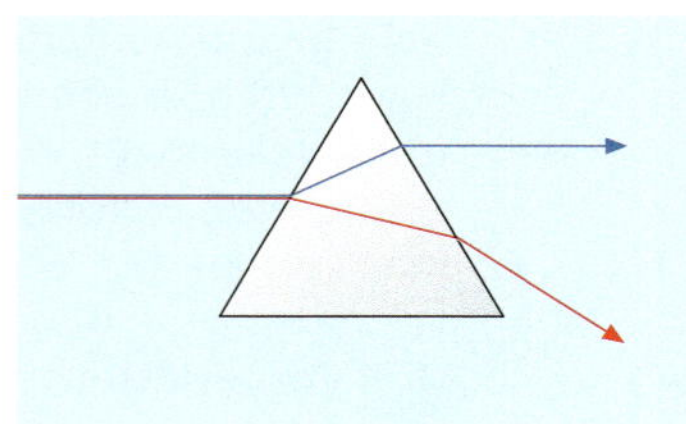

3 Zu Aufgabe 9

<u>10</u> Welche Arten von Spiegeln gibt es? Nenne für jede Art zwei Anwendungsbeispiele.

11 Auf dem Boden einer Wanne mit Wasser liegt ein ebener Spiegel. Ein Lichtstrahl fällt schräg auf die Wasseroberfläche (▷ B 4). Skizziere, wie der Lichtstrahl weiter verlaufen könnte.

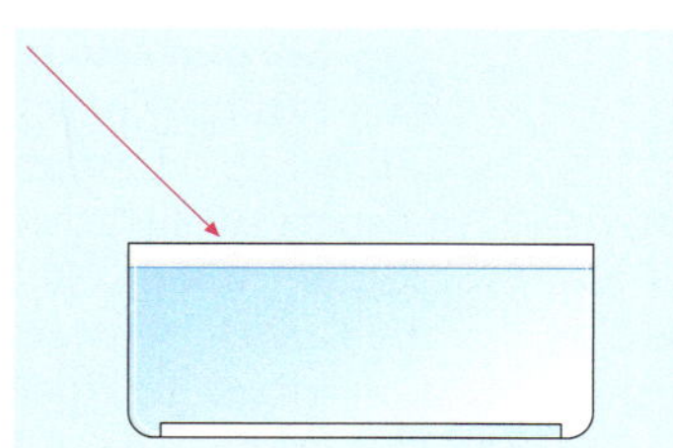

4 Zu Aufgabe 11

12 Beschreibe, wie du die Brennweite einer Sammellinse bestimmen kannst.

13 Ordne den Linsen ihre Namen zu.

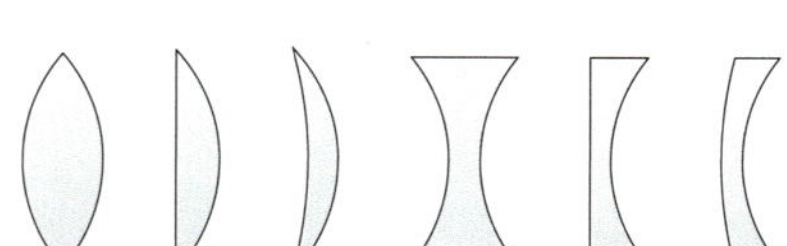

14 Bilde mit einer Sammellinse dein Zimmerfenster auf einem Blatt Papier ab. Decke einen Teil der Linse mit Papier ab. Beschreibe, wie sich das Bild ändert.

15 Erzeuge von einem leuchtenden Glühlämpchen ein vergrößertes Bild der Glühwendel. Beschreibe, wie es aussieht.

16 Biege aus Draht eine kleine Öse mit einem Durchmesser von etwa 2 mm. Gib in die Schlinge einen Wassertropfen. Betrachte durch den Tropfen die Poren deiner Haut.

17 In jeder „black box" in Bild 5 ist eine Linse versteckt. Finde heraus, welcher Linsentyp es ist.

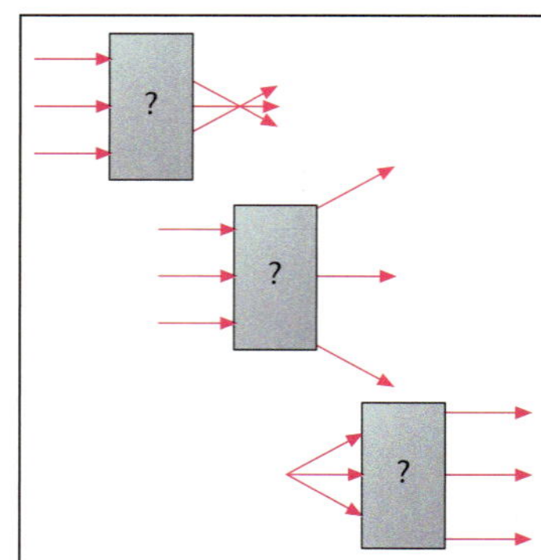

5 Zu Aufgabe 17

18 Beschreibe, in welcher Entfernung vor einer Sammellinse ein Gegenstand sein muss, damit auf einem Bildschirm ein reelles Bild gleicher Größe entsteht. Überprüfe deine Aussage durch eine Konstruktion.

19 Benutze verschiedene Sammel linsen unterschiedlicher Wölbung als Lupe. Beschreibe, was du über ihre Vergrößerung aussagen kannst.

20 Ein Gegenstand befindet sich zwischen Brennpunkt und Linsenebene einer Sammellinse. Beschreibe, was für ein Bild entsteht. Kannst du Angaben über die Größe machen?

21 Beschreibe den Aufbau eines Mikroskops. Wie kommt es zur Vergrößerung?

22 Vergleiche das Auge mit einer Kamera. Welche Teile der Kamera entsprechen welchen Teilen des Auges?

23 Erkläre, wie beim Auge Gegenstände trotz unterschiedlicher Entfernung auf der Netzhaut scharf abgebildet werden.

24 Übertrage die nebenstehenden Bilder in dein Heft. Vervollständige jeweils den Strahlenverlauf und gib Gegenstandsgröße, Gegenstandsweite, Brennweite, Bildweite und die Eigenschaften des Bildes an.

25 Du willst dich selbst in einem Spiegel fotografieren. Gib an, welche Entfernung du bei einem Fotoapparat einstellen musst.

26 Beschreibe, wie beim Augen Sehfehler korrigiert werden können.

27 Nenne Ursachen für die Verschlechterung des Sehvermögens.

28 Beschreibe den Aufbaue eines Fernrohrs. Erkläre, wie man mit ihm auch weit entfernte und nur schwach leuchtende Sterne beobachtet kann.

29 Erkäre, wie reelle und virtuelle Bilder entsehen. Beschreibe, wie sie sich unterscheiden.

30 Mit den ersten Fahrzeugen auf dem Mond (z. B. dem „Lunochod") wurde ermittelt, dass Licht für die Entfernung Erde – Mond etwa 1,28 s benötigt.
a) Wie erfolgte dieses Experiment?
b) Überlege dir eine Anordnung von ebenen Spiegeln, mit denen auftreffendes Licht genau wieder dorthin reflektiert wird, wo es herkam.

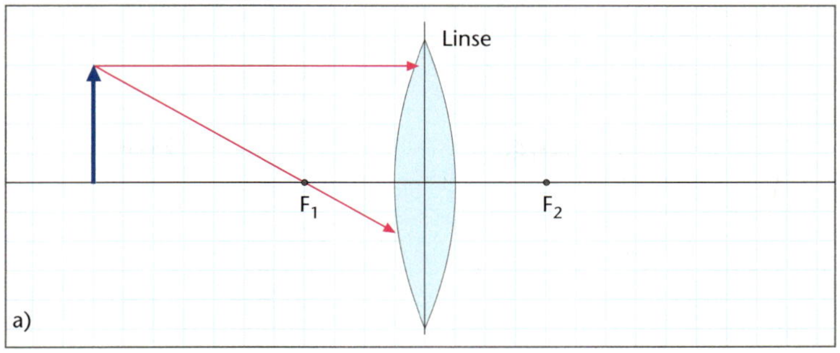

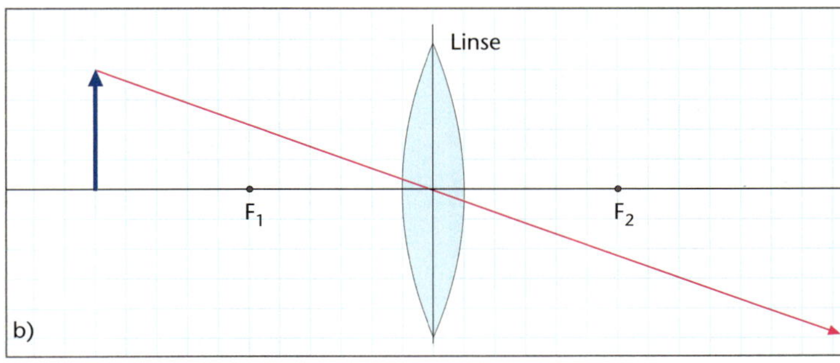

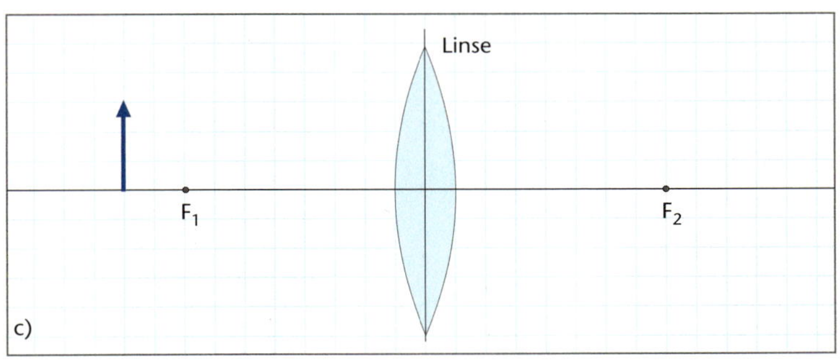

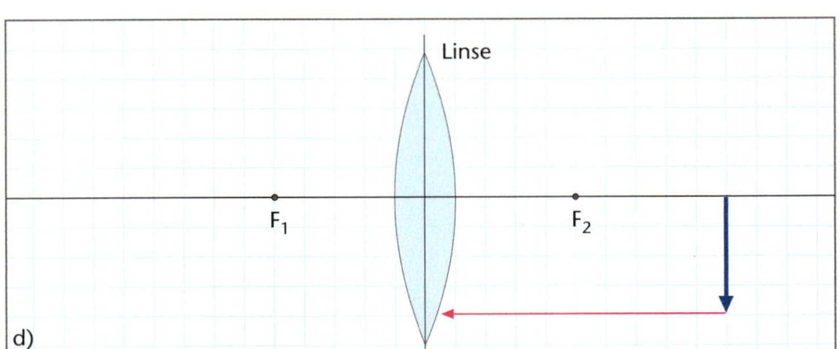

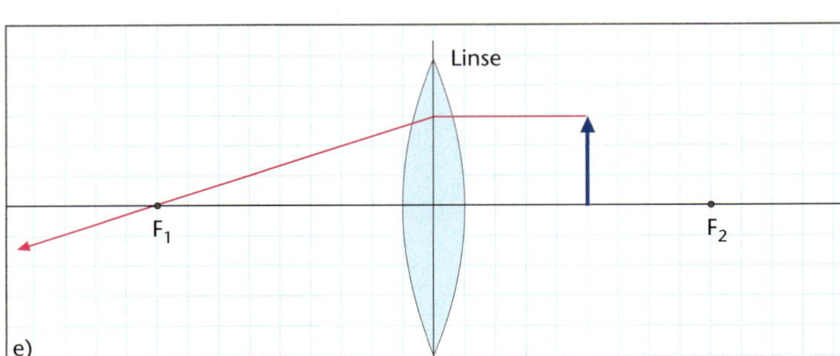

Astronomie –
Blicke in den Kosmos

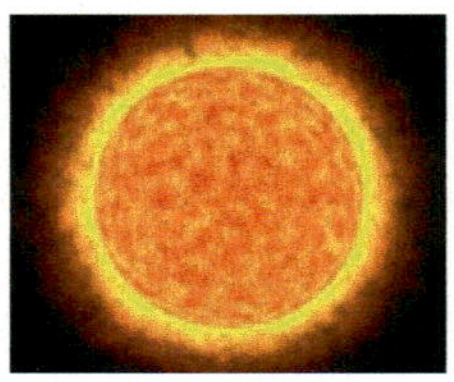

Wenn du an einem wolkenlosen Abend fernab von störendem Licht in den Nachthimmel schaust, funkeln dir tausende von Sternen entgegen.

Die Menschen waren schon immer von den Vorgängen und Erscheinungen am Himmel fasziniert. Vieles konnte man sich früher nicht erklären. Inzwischen ermöglichen uns moderne optische Geräte, tiefer und genauer ins Weltall hineinzuschauen.

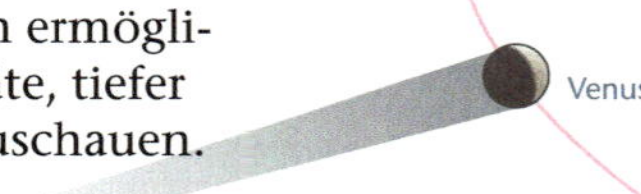

Wie weit ist die Eroberung des Weltalls fortgeschritten, wie ist unser Sonnensystem aufgebaut, wie sehen ferne Galaxien aus und gibt es Veränderungen im Kosmos?
Auf diese und weitere Fragen erhältst du in diesen Kapitel Antworten.

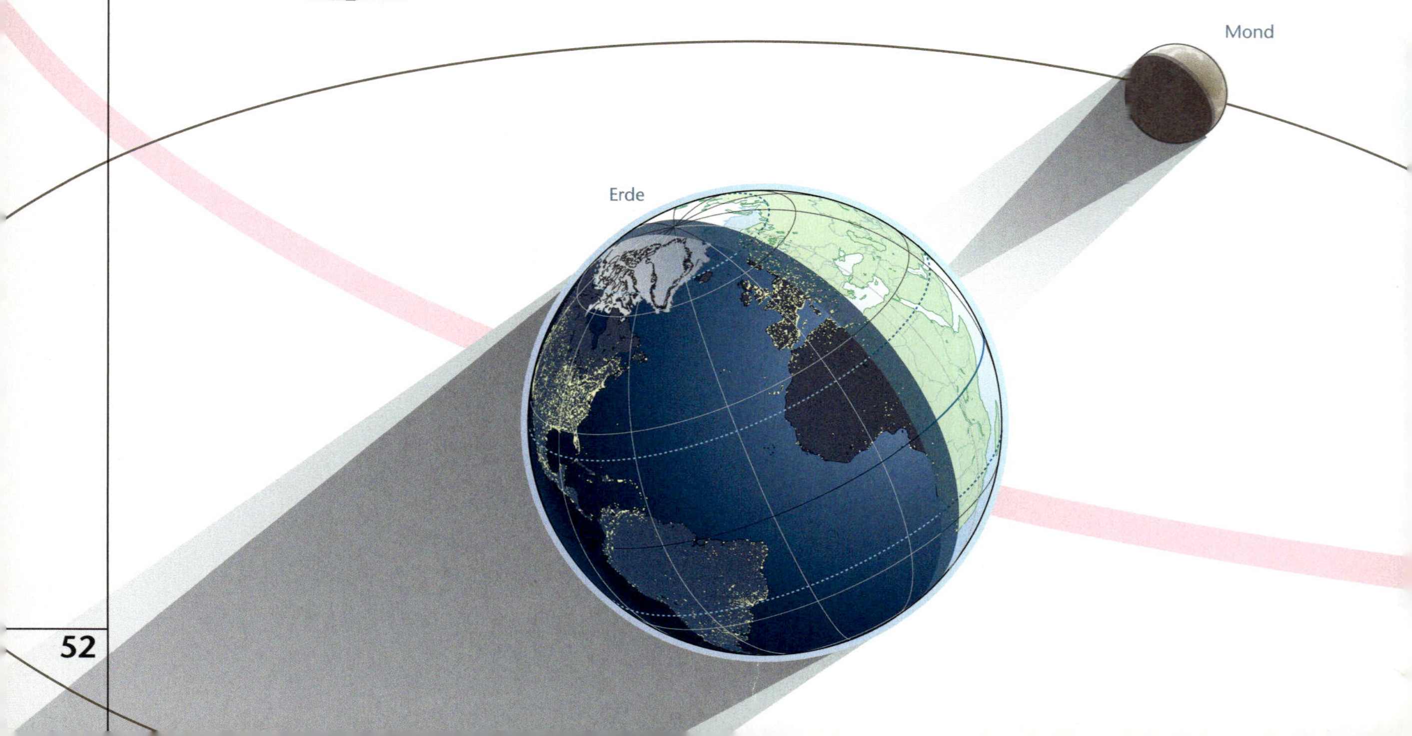

Online-Link
068790-0200

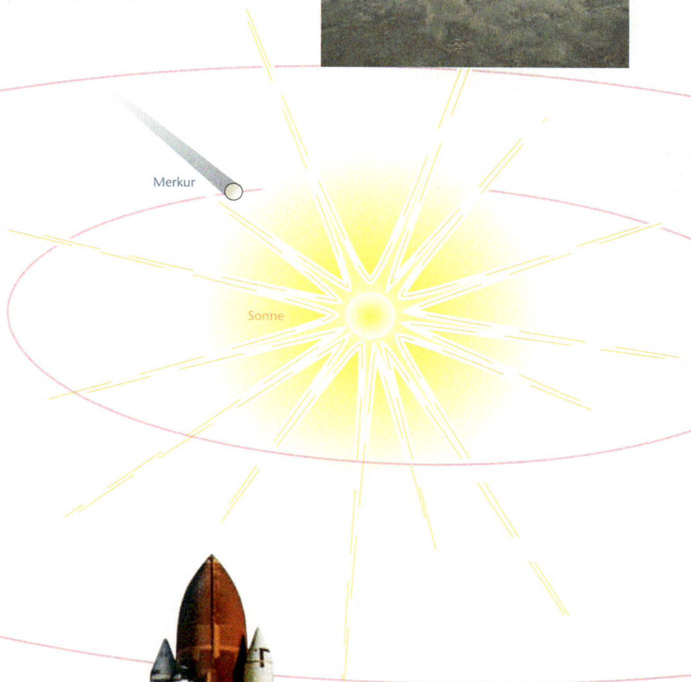

1 Die Erkundung des Mondes

Die „Eroberung“ des Weltalls?

Am 12. April 1961 umkreiste der Kosmonaut Juri Gagarin als erster Mensch die Erde in einer Raumkapsel. Acht Jahre später betraten die Amerikaner Neil Armstrong und Edwin Aldrin den Mond (▷ B 1). Damals stellten viele Menschen die Frage, ob das Weltall damit erobert sei. Um diese Frage zu beantworten, muss man einen Blick ins Weltall werfen.

Die Milchstraße

Wenn du in einer wolkenlosen Nacht in den Himmel schaust, erkennst du ein milchig schimmerndes Band. Das ist die **Milchstraße** (▷ B 5), eine Ansammlung von hundert Milliarden Sternen. Als **Stern** bezeichnet man einen Himmelskörper, der selbst Licht erzeugt.
Die Sterne der Milchstraße sind spiralförmig angeordnet. Weil sie wie ein schwach leuchtender Nebelstreif erscheinen, nennt man solche Sternanordnungen auch **Spiralnebel**. [Struktur der Materie, S. 184]

Einer dieser Sterne ist unsere Sonne (▷ B 3), sie befindet sich am Rand der Milchstraße. Neben der Milchstraße gibt es unzählige weitere solcher Sternansammlungen im Weltall.

Unser Sonnensystem

Die Sonne ist das Zentrum unseres Sonnensystems. Dazu gehören außerdem die acht Planeten Merkur, Venus, Erde, Mars, Jupiter, Saturn, Uranus und Neptun sowie deren Monde. Sie umkreisen die Sonne in unterschiedlichen Entfernungen (▷ B 2).

2 Unser Sonnensystem im Überblick

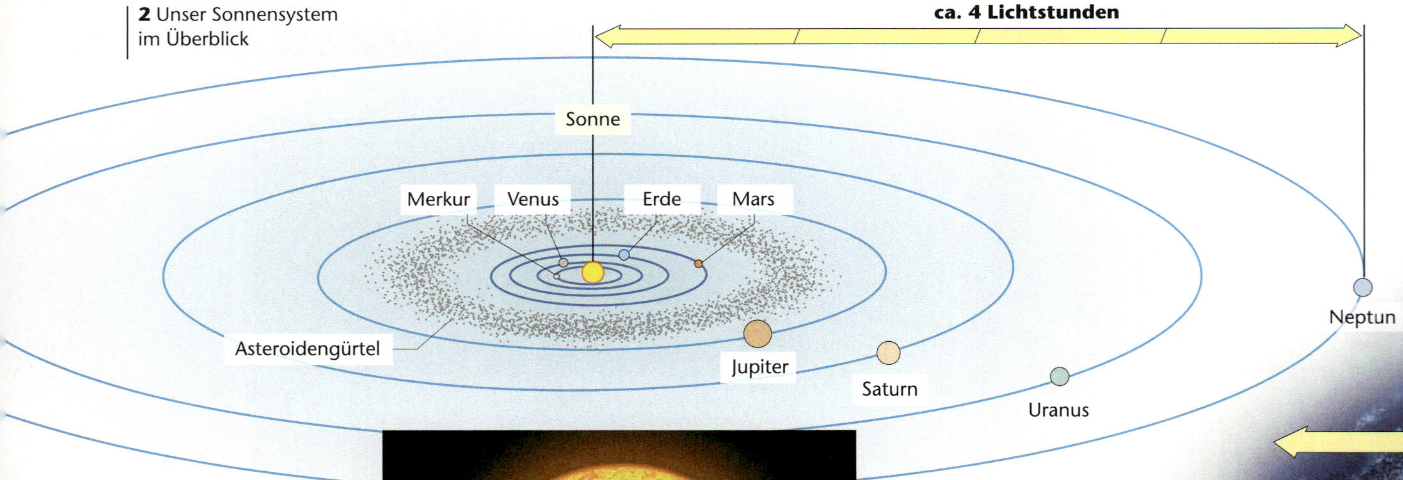

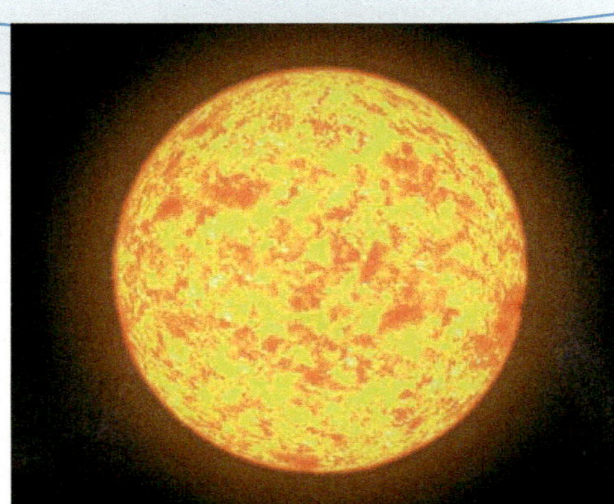

3 Die Sonne – Mittelpunkt unseres Sonnensystems

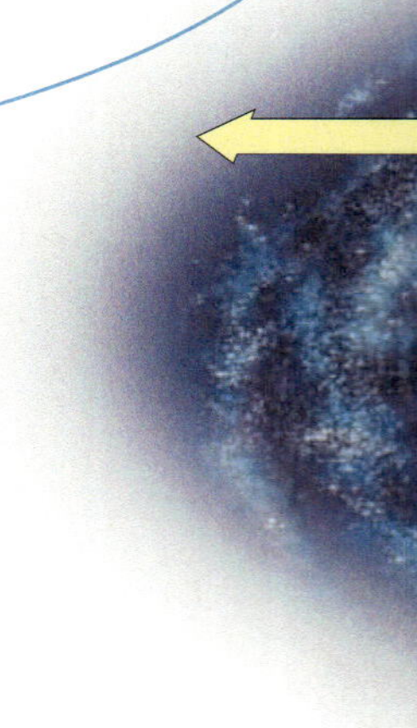

Als Planeten bezeichnet man wandernde Himmelskörper, die selbst nicht leuchten.

Die Erde ist einer von acht Planeten, die unsere Sonne umkreisen. Die Sonne, die Planeten und deren Monde bilden unser Sonnensystem. Es ist Teil des noch größeren Sternensystems Milchstraße.

Das Lichtjahr
Die Entfernungen im Weltall sind unvorstellbar groß. In Kilometern angegeben, würde man unlesbar große Zahlen erhalten. Daher hat man eine neue Einheit geschaffen: das Lichtjahr.

Das Lichtjahr ist die Strecke, die das Licht in einem Jahr zurücklegt. In einer Sekunde legt das Licht 300 000 Kilometer zurück. In einem Jahr sind das 9 460 000 000 000 (9,46 Billionen) Kilometer. Solche großen Entfernungen lassen sich einfacher in Lichtjahren angeben.

Entfernungen im Weltall werden in Lichtjahren angegeben. Ein Lichtjahr ist die Strecke, die das Licht in einem Jahr zurücklegt.

Entfernungen im Weltall
Der Durchmesser der Milchstraße beträgt 100 000 Lichtjahre und die Sonne ist etwa 30 000 Lichtjahre vom Zentrum der Milchstraße entfernt. Sieh dir nochmals Bild 2 an. Im Vergleich zur Größe des Weltalls erscheint die Erde wie ein „Staubkorn".

Aufgaben

1 Mit folgendem Satz kannst du dir die Reihenfolge der Planeten, von der Sonne aus betrachtet, gut merken: „Mein Vater erklärt mir jeden Samstag unseren Nachthimmel". Übertrage den Satz in dein Heft und notiere zu jedem Wort den Planeten.

2 Für den Weg von der Sonne bis zur Erde braucht das Licht etwa 8 Minuten. Wie weit ist die Erde von der Sonne entfernt?

5 Die Milchstraße von der Erde aus gesehen

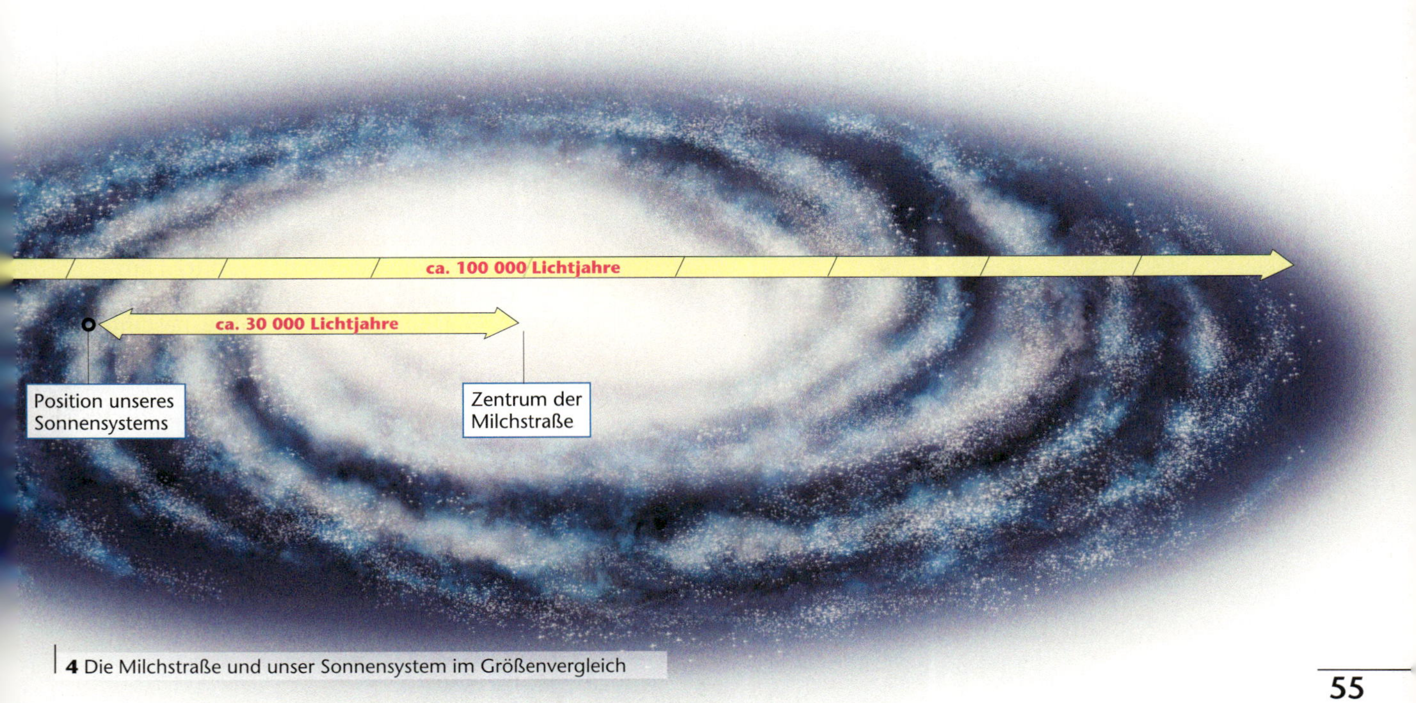

4 Die Milchstraße und unser Sonnensystem im Größenvergleich

Die Erforschung der Planeten

Als es noch keine Raumfahrt gab, hat man die Planeten mithilfe von Fernrohren erforscht. Die Farbe des Lichts, das sie zurückstrahlten, gab Hinweise auf die Zusammensetzung der Gashülle oder der Oberfläche der Planeten.
Dank der modernen Raumfahrt wissen wir heute viel mehr über die Planeten, z. B. wie groß und wie schwer sie sind und woraus sie bestehen.

1 Die Raumsonde Mars-Express

Marsmissionen

Der Abstand zwischen Erde und Mars kann bis zu 400 Millionen Kilometer betragen. Im August 2003 sollten sich die beiden Planeten aber auf etwa 56 Millionen Kilometer annähern.
Die amerikanische Weltraumbehörde NASA und die europäische Weltraumagentur ESA nutzten diese Gelegenheit, um unseren Nachbarplaneten zu erkunden. Nach einer sechsmonatigen Reise erreichten Raumsonden (▷ B 1) die Umlaufbahn des Mars. Sie schickten Fotos zur Erde, die darauf hinweisen, dass es auf dem Mars einmal viel Wasser gegeben hat.
Es gelang sogar, Sonden auf dem Mars abzusetzen. Am 25. Mai 2008 landete am Nordpol des Planeten die Marssonde Phoenix (▷ B 2). Nur zwei Monate später entdeckte sie in einer Bodenprobe tatsächlich gefrorenes Wasser.

2 Landung der Marssonde Phoenix

Die sonnennahen Planeten

Die sonnennahen Planeten Merkur, Venus, Erde und Mars (▷ B 3) sind einander recht ähnlich. Sie alle haben eine feste Kruste und einen heißen Kern aus Metall.

Der Merkur

Der Merkur ist eine nackte Gesteinskugel, die keine schützende Gashülle besitzt und deshalb von Kratern übersät ist. Sie stammen von Gesteinsbrocken, die auf der Merkuroberfläche eingeschlagen sind.
Auf der Sonnenseite des Merkur herrschen 430 °C. Auf der sonnenabgewandten Seite ist es dagegen mit –185 °C eisig kalt.

Die Venus

Die Venus ist der Erde recht ähnlich. Sie ist etwas kleiner, etwas leichter und von einer dichten Gashülle umgeben. Die Oberfläche der Venus ist nicht zu sehen, weil den Planeten eine geschlossene Wolkendecke umgibt. Diese Wolken bestehen jedoch nicht aus Wasser, sondern aus Schwefelsäure. Die Gashülle der Venus, die so genannte **Atmosphäre**, besteht fast vollständig aus Kohlenstoffdioxid. Dieses Gas ist auch als Treibhausgas bekannt. Wie ein Treibhaus hält es die Wärmestrahlung zurück. Aus diesem Grund herrschen an der Oberfläche der Venus Temperaturen von etwa 470 °C.

Die Erde

Verglichen mit den anderen Planeten hat unsere Erde einen besonderen Platz im Sonnensystem: Durch ihren Abstand von der Sonne herrschen Temperaturen von

4 Die acht Planeten im Größenvergleich

durchschnittlich 15 °C. Außerdem ist die Oberfläche der Erde zum größten Teil von Wasser bedeckt. Die Atmosphäre der Erde enthält hauptsächlich die Gase Stickstoff und Sauerstoff. Diese Gashülle trägt dazu bei, die von der Sonne empfangene Wärme zu speichern und zu verteilen. Alle diese Voraussetzungen haben das Leben auf der Erde ermöglicht.

Die großen Planeten

Die nächsten vier Planeten hinter dem Mars sind Jupiter, Saturn, Uranus und Neptun (▷ B 4). Sie sind viel größer als die Erde und anders aufgebaut. Sie besitzen einen kleinen festen Kern, den eine flüssige Hülle einschließt. Die äußerste Schicht bildet eine gigantische Gashülle. Alle vier Planeten sind von Ringen umgeben. Sie bestehen aus einer Unzahl kleiner Gesteins- und Eisbrocken, die um den Planeten kreisen. Die Brocken haben Durchmesser von wenigen Zentimetern bis zu einigen Metern. Die Ringe des Saturn (▷ B 4) sind von der Erde aus mit dem Fernrohr am besten zu erkennen.

Jeder der vier großen Planeten wird von mehreren Monden umrundet. Die meisten Begleiter hat der Jupiter, 63 sind bisher bekannt (▷ B 3). Der größte Teil der Monde besteht aus Gestein und Eis.

Aufgaben

1 Erkundige dich über den aktuellen Stand der Marsforschung und berichte darüber.

2 In vielen Büchern steht noch zu lesen, dass es in unserem Sonnensystem neun Planeten gibt.
Finde heraus, was mit dem neunten Planeten passiert ist. Berichte deinen Mitschülern darüber.

Planet	**Durchmesser** (in km)	**mittlere Entfernung von der Sonne** (in Mio. km)	**mittlere Temperatur an der Oberfläche** (in °C)	**Dauer eines Umlaufs um die Sonne**	**Anzahl der Monde**
Merkur	4 878	58	−180 bis +450	88 Tage	
Venus	12 104	108	+480	225 Tage	
Erde	12 742	150	+15	365 Tage	1
Mars	6 780	228	−170 bis 0	1 Jahr 322 Tage	2
Jupiter	139 822	778	−150	11 Jahre 315 Tage	mind. 63
Saturn	116 464	1 428	−190	29 Jahre 153 Tage	mind. 62
Uranus	50 724	2 873	−220	83 Jahre 274 Tage	mind. 27
Neptun	49 248	4 502	−216	163 Jahre 255 Tage	mind. 13

3 Die Planeten unseres Sonnensystems in Zahlen

Entfernungen schätzen, messen und vergleichen

1 Zu Versuch 1

Entfernungen schätzen, das ist schwierig und will geübt sein! Auf dieser Seite sollst du dich zunächst mit kleinen Entfernungen beschäftigen. Dann fällt es dir leichter, dir die Größenverhältnisse und Entfernungen im Weltall vorzustellen.

1 Entfernungen schätzen und messen

Material

Metermaß, Papier, Bleistift, Kreide

Versuchsanleitung

a) Bildet kleine Gruppen und geht auf den Schulhof. Stellt euch etwa in die Mitte des Schulhofs und markiert euren Standpunkt mit Kreide. Schätzt von dort die Entfernung z. B. zu einem Pfosten (▷B 1). Tragt die Schätzwerte in eine Tabelle ein.

b) Messt nun die Schrittlänge eines Mitglieds eurer Gruppe (Beispiel: 50 cm). Dieser Mitschüler geht vom markierten Punkt zum Baum und zählt dabei die Schritte (Beispiel: 28 Schritte von 50 cm Länge ergeben 14 m). Tragt die gemessene Entfernung in die Tabelle ein.

c) Vergleicht eure geschätzten Werte mit den gemessenen Werten. Habt ihr gut geschätzt? Macht weitere Schätzübungen und ihr werdet sehen, es klappt immer besser.

2 Größenverhältnis von Erde und Mond

Material

Papier, Zirkel, Stift, Lineal

Hinweis:

Zunächst sollen dir die Größenverhältnisse von Sonne und Erde sowie ihre Entfernung zueinander verdeutlicht werden.
Dazu verkleinern wir die Sonne in Gedanken, bis sie einer Kugel von 1 m Durchmesser entspricht. Diese Kugel legen wir an die Startlinie einer 100-m-Bahn. Die Erde liegt 100 m entfernt auf der Ziellinie. Sie hat die Größe einer Erbse.

Aufgabe

Stelle nun die Größen- und Entfernungsverhältnisse von Erde und Mond mit zwei Pappscheiben maßstabsgetreu dar.

Durchmesser Erde:
12 800 km
Durchmesser Mond:
3 500 km
Entfernung Erde – Mond:
384 000 km

Tipp: Setze bei den oben angegebenen Werten nach drei Stellen (von hinten gezählt) ein Komma und mache aus den Kilometern Zentimeter. Schneide die beiden Pappscheiben aus. Präsentiere das Ergebnis an einer Wand.

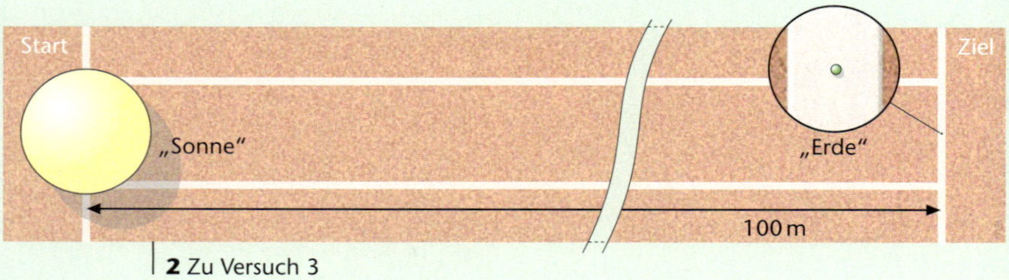

2 Zu Versuch 3

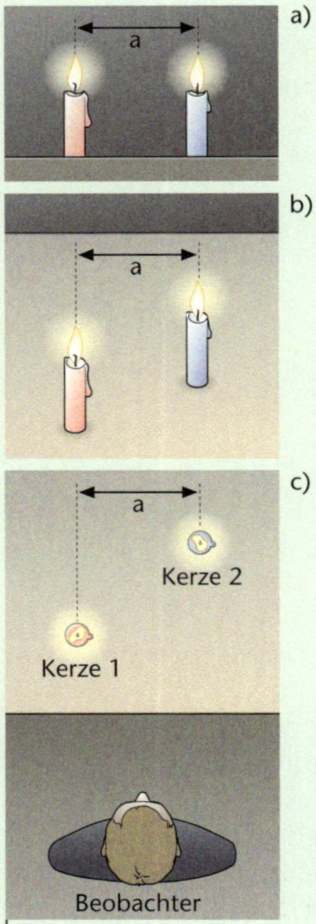

3 Kerzen a) von vorne, b) von schräg oben, c) von oben

3 Entfernung zwischen zwei Lichtquellen

Material

2 Kerzen, Streichhölzer

Versuchsanleitung

a) Zünde in einem verdunkelten Raum zwei Kerzen an. Stelle sie auf einem entfernten Tisch so auf wie in Bild 3 gezeigt.

b) Gehe möglichst weit von den Kerzen entfernt so weit in die Hocke, dass du die Kerzenflammen nebeneinander siehst. Für dich als Betrachter stehen sie eng nebeneinander.

c) Richte dich auf und gehe zu den Kerzen.
Beschreibe, was du siehst, wenn du die Kerzen von vorne und von (schräg) oben betrachtest.

Aufgabe

Was kannst du über die Entfernung zwischen zwei Sternen am Himmel sagen, die du von der Erde aus als gleich große, benachbarte Lichtpunkte erkennst?

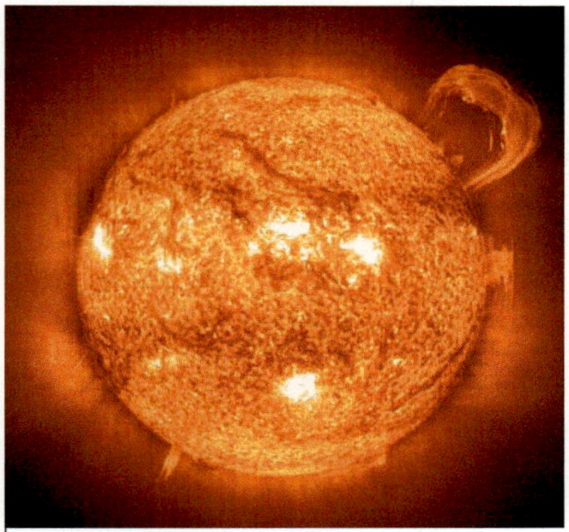

1 Gasausbrüche auf der Sonne

2 Polarlichter

Ein glühender Gasball

Sich den Aufbau der Sonne vorzustellen, ist nicht einfach, denn mit der Erde hat dieser für uns so wichtige Himmelskörper gar nichts gemeinsam.

Die Sonne ist ein riesiger glühender Ball aus Gas (▷ B 1). Sie ist fast 110-mal größer und 330 000-mal schwerer als die Erde. Trotzdem ist unsere Sonne nur ein kleiner Stern. In ihrem Innern herrschen Temperaturen von über 15 000 000 °C. An der Oberfläche sind sie viel niedriger, sie liegen aber immer noch bei unvorstellbaren 6 000 °C. [System, S. 187]

Forscher haben eine interessante Rechnung aufgestellt: Stell dir vor, man könnte dem Inneren der Sonne ein Stück von der Größe eines Kirschkerns entnehmen. Würde man dieses kleine Sonnenstück auf die Erde legen, dann herrschte in einem Umkreis von 1000 km eine Temperatur von bis zu 2 000 °C.

Sonnenflecken

Auf der Sonne bilden sich manchmal dunkle Flecken. Sie heißen **Sonnenflecken** (▷ B 3). Dort ist die Oberfläche aufgewühlt und die Temperatur ist mit 4 500 °C geringer als in der Umgebung. Wissenschaftler haben festgestellt, dass alle 11 Jahre besonders viele Sonnenflecken auftreten.
Wie die Sonnenflecken entstehen und warum sie sich in regelmäßigen Abständen bilden, ist jedoch noch nicht bekannt.

An der Wanderung der Sonnenflecken erkennt man, dass sich die Sonne innerhalb von 25 Tagen einmal um ihre Achse dreht.

Explosionen auf der Sonne

Auf der Sonne gibt es manchmal gewaltige Explosionen. Dabei werden große Mengen Gas ins Weltall geschleudert.
Es entstehen flammende Bögen, die bis zu 25 000 °C heiß sein können und eine Höhe von bis zu 400 000 Kilometern erreichen (▷ B 1).

Bei diesen Ausbrüchen kann besonders viel Sonnenmaterie die Erde erreichen. Geraten Sonnenteilchen in das Magnetfeld der Erde, treten oft Lichterscheinungen auf (▷ B 2). Man spricht von **Polarlichtern**, weil sie vor allem in den Polargebieten der Erde zu sehen sind.

Aufgaben

1 Erstelle einen Steckbrief zur Sonne.

2 Informiere dich, welcher Stern uns nach der Sonne am hellsten erscheint.
Wie groß ist seine Entfernung zur Erde?

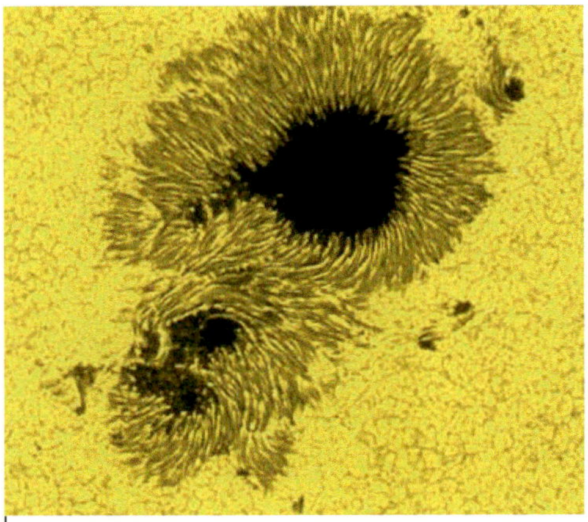

3 Sonnenflecken

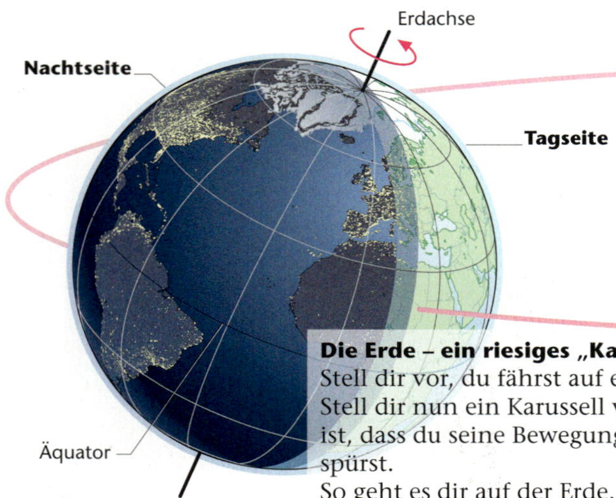

1 Die Erde dreht sich um ihre Achse.

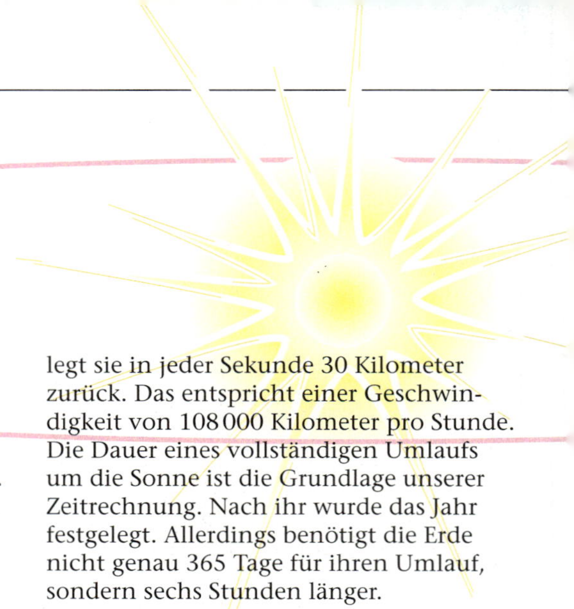

Die Erde – ein riesiges „Karussell“

Stell dir vor, du fährst auf einem Karussell. Stell dir nun ein Karussell vor, das so groß ist, dass du seine Bewegung nicht mehr spürst.
So geht es dir auf der Erde. Sie ist eine riesige Kugel, die zwei verschiedene Drehbewegungen ausführt: Sie kreist um die Sonne und dreht sich gleichzeitig um ihre eigene Achse.

Drehung um die eigene Achse

Die Erde dreht sich um eine gedachte, durch den Nord- und den Südpol verlaufende Erdachse (▷ B 1). Diese Bewegung wird als **Erdrotation** bezeichnet. Eine volle Umdrehung dauert 24 Stunden. Das entspricht in unserer Zeiteinteilung einem Tag.
Die Erdrotation verursacht den ständigen Wechsel von Tag und Nacht, weil nur eine Hälfte der Erde von der Sonne beleuchtet wird (▷ B 1). Suche dir in Bild 1 einen Punkt auf dem Äquator aus und überlege, wie er sich bewegt: Im Verlauf eines Tages durchläuft dieser Punkt sowohl den beleuchteten als auch den unbeleuchteten Bereich.

Bewegung um die Sonne

Wie die anderen Planeten bewegt sich auch die Erde um die Sonne (▷ B 2). Dabei legt sie in jeder Sekunde 30 Kilometer zurück. Das entspricht einer Geschwindigkeit von 108 000 Kilometer pro Stunde.
Die Dauer eines vollständigen Umlaufs um die Sonne ist die Grundlage unserer Zeitrechnung. Nach ihr wurde das Jahr festgelegt. Allerdings benötigt die Erde nicht genau 365 Tage für ihren Umlauf, sondern sechs Stunden länger.
Nach vier Jahren hat die Erde gegenüber der Zeitrechnung deshalb eine Verspätung von 24 Stunden. Als Ausgleich wird alle vier Jahre ein zusätzlicher Tag in den Kalender „eingeschoben“, und zwar der 29. Februar. Ein solches Jahr bezeichnet man als **Schaltjahr**. [System, S. 187]

Die Erde führt zwei Bewegungen aus: Sie dreht sich in 24 Stunden ein Mal um die eigene Achse und umrundet in 365 Tagen und 6 Stunden ein Mal die Sonne.

Aufgaben

1 Woher kommen die Zeiteinheiten Tag und Jahr?

2 Warum ist es notwendig, alle vier Jahre ein Schaltjahr einzufügen?

3 Überlege, welchen Einfluss die Bewegungen der Erde auf deinen Lebensrhythmus haben.

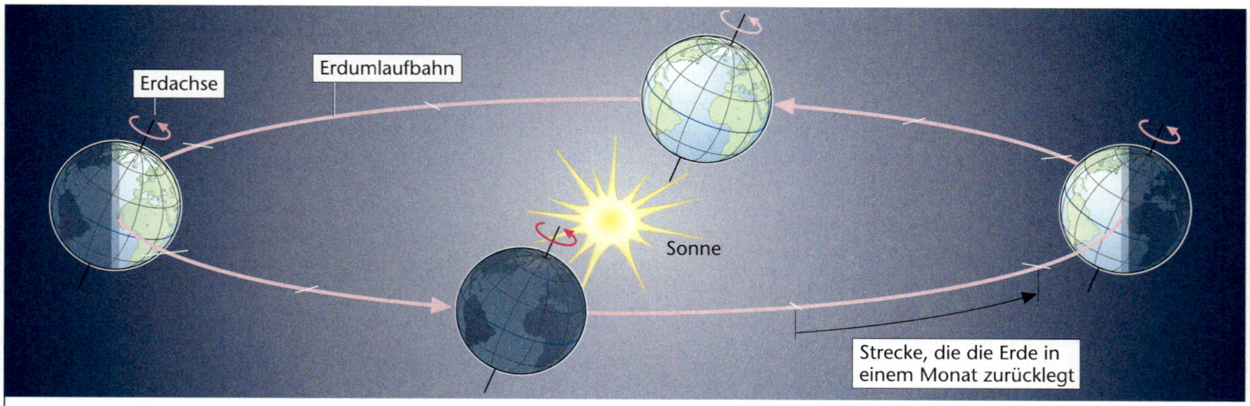

2 In einem Jahr umrundet die Erde einmal die Sonne.

Schnittpunkt

Geschichte: Historische Weltbilder

1 Die Erde als Scheibe mit Himmelsgewölbe

2 Die Erde als Mittelpunkt des Weltalls

Frühe Weltbilder

Eine der frühesten Vorstellungen von der Erde ging davon aus, dass sie eine Scheibe sei. Über diese Scheibe sollte sich der Himmel wölben, an dem die Sterne und andere Himmelskörper angeheftet waren (▷B 1). Unter der Erdscheibe sollte sich die Hölle befinden.

Da die Sonne auf und unter ging und sich auch die Lage der Sternbilder änderte, ging man davon aus, dass sich das Himmelsgewölbe drehen konnte.

Es ließ sich darüber hinaus gut mit dem biblischen Weltbild in Einklang bringen. So wurde es in Europa das allgemein akzeptierte Weltbild der Gelehrten und Lehrmeinung der Katholischen Kirche.

Das geozentrische Weltbild

Griechische Astronomen (Himmelsforscher) waren die ersten, die behaupteten, dass die Erde eine Kugel sei. Beweisen konnten sie es aber nicht. Nach ihrem Weltbild stand die Erde im Zentrum des Weltalls. Die Sonne, die Planeten und die Sterne sollten sich auf Kreisbahnen um die Erde bewegen (▷B 2). Diese Vorstellung, bezeichnet man als geozentrisches Weltbild (griech. geos: Erde; Zentrum = Mittelpunkt).

Der Gelehrte PTOLEMÄUS (ca. 90–160 n. Chr.) fasste alle bis dahin gefundenen Erkenntnisse zum Aufbau der Welt in einem Buch zusammen. Deshalb wird das geozentrische Weltbild auch **ptolemäisches Weltbild** genannt.

Das heliozentrische Weltbild

Der polnische Mathematiker und Astronom NICOLAUS KOPERNIKUS (1473–1543) schuf mit seinen Forschungen die Grundlage für unser heutiges Weltbild:

Nach diesem Weltbild steht die Sonne im Zentrum des Sonnensystems. Alle Planeten, auch die Erde, bewegen sich auf Bahnen um die Sonne herum. Der Mond wiederum bewegt sich um die Erde.

Weil die Sonne (griech. helios: Sonne) den Mittelpunkt bildet, wird dieses Weltbild auch als **heliozentrisches Weltbild** bezeichnet. Da KOPERNIKUS das heliozentrische Weltbild nur als Rechentrick propagierte, geriet er nicht in Konflikt mit der Katholischen Kirche. GALILEO GALILEI (1564–1642) übernahm das heliozentrische Weltbild des KOPERNIKUS. GALILEO agierte gegenüber der Katholischen Kirche ungeschickter als KOPERNIKUS. Dies hatte zur Folge, dass die Inquisition einen Prozess gegen ihn eröffnete. Er wurde zu einem lebenslangen Hausarrest verurteilt und musste seinen Thesen abzuschwören.

Aufgaben

1 Vergleicht das Weltbild des KOPERNIKUS mit unserer heutigen Vorstellung des Sonnensystems. Recherchiert dazu im Internet.

2 Recherchiert die Hintergründe des Inquisitionsverfahrens gegen GALILEO GALILEI. Präsentiert euer Ergebnis der Klasse.

1 Die Mondphasen

2 Kraterlandschaft

3 Fußabdruck

Steckbrief des Erdenmondes
Der Erdenmond ist der nächste Nachbar unserer Erde. Er ist etwa 380 000 km von ihr entfernt. Ein Lichtstrahl würde diese Strecke in 1,3 Sekunden zurücklegen.
Der Mond ist kugelförmig und hat einen Durchmesser von ca. 3 500 Kilometern. In die Erdkugel würden sechs Kugeln von der Größe des Mondes passen.

Der Mond hat keine Atmosphäre wie die Erde und das hat viele Folgen für ihn. Gesteinsbrocken aus dem Weltall, die sich der Erde nähern, verglühen in der Atmosphäre, beim Mond treffen sie ungeschützt auf. Dadurch ist die Oberfläche des Mondes von endlos vielen Kratern unterschiedlicher Größe übersät (▷ B 2). Die kleinsten haben einen Durchmesser von wenigen Zentimetern, der größte misst fast 600 Kilometer. Wenn du genau hinschaust, kannst du die Unebenheiten sogar mit bloßem Auge oder einem Fernrohr erkennen.

Auf der Tagseite des Mondes herrscht eine Temperatur von mehr als +100 °C, auf der Nachtseite dagegen beträgt die Temperatur ca. –170 °C. Die fehlende Atmosphäre sorgt hier nicht wie auf der Erde für einen Temperaturausgleich. Die eingestrahlte Energie wird auch nicht gedämpft.

Ein Umlauf des Mondes um die Erde dauert etwas mehr als 27 Tage. Dabei wendet er der Erde immer dieselbe Seite zu. Das heißt, dass sich der Mond in dieser Zeit auch einmal um seine Achse dreht. Ein Mondtag bzw. eine Mondnacht dauert daher knapp 14 Erdentage. [System, S. 187]

Monde bewegen sich um die Planeten herum. Der Erdenmond braucht dafür etwas mehr als 27 Tage.

Ebbe und Flut
An den Küsten der Weltmeere steigt und fällt der Wasserspiegel zweimal am Tag. Diese Erscheinungen nennt man Ebbe und Flut oder auch Gezeiten. Sie werden unter anderem vom Mond verursacht. Ursache dafür ist, dass zwischen Himmelskörpern Kräfte wirken. [Wechselwirkung, S. 189]

Aufgabe

1 Aus welchen Gründen müssen Astronauten auf dem Mond spezielle Anzüge tragen (▷ B 4)?

4 Astronaut auf dem Mond

5 Erde und Mond im Weltall

Strategie

Die Fünf-Schritt-Lesemethode

1. Überfliegen – Orientiere dich im Text
- Schaue auf Überschrift(en), Fettgedrucktes, Bilder, Tabellen oder sonstige Hervorhebungen.
- Beachte die Abschnitte.
- Finde eine grobe Vorstellung vom Inhalt des Textes.

2. Erstes Verstehen
- Beginne jetzt mit den Textstellen, die du schon verstehst.
- Markiere diese Textstellen. (Schlüsselwörter)

3. Text erschließen
- Lies deinen Leseauftrag noch einmal genau.
- Lies den Text sehr gründlich mit kleinen Pausen.
- Finde Verbindungen zu den Schlüsselwörtern.
- Unterstreiche oder markiere nur die wichtigsten Informationen.
- Mache dir Notizen an den Rand oder auf ein Blatt, zeichne, lege eine Tabelle oder eine Mindmap an, …
- Kläre unbekannte Wörter. Manchmal sind sie im Text oder als Fußnote erklärt. Wenn nicht, schlage im Lexikon nach oder informiere dich im Internet.

4. Überblick finden
- Fasse den Text im Kopf zusammen.
- Finde eine Gliederung.
- Fasse den Text schriftlich zusammen. (Text, Stichpunkte, Mindmap, ...)

5. Wiederholen
- Wiederhole die wichtigsten Aussagen.
- Prüfe, ob du alles verstanden hast.
- Präsentiere deine eigene Ausarbeitung.

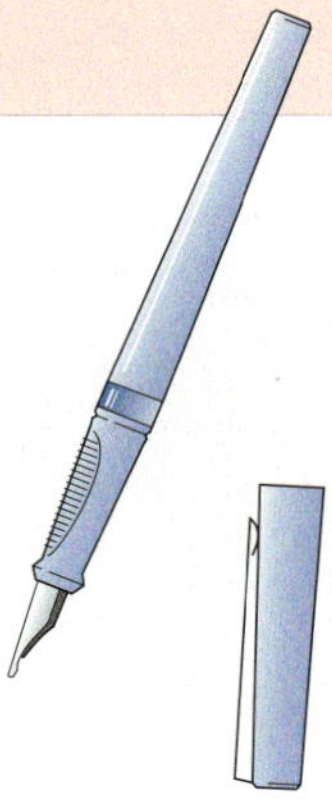

Der Mond

Der Mond ist eine atmosphärenlose Welt, die nur etwa ein Viertel so groß ist wie die Erde. Im Fernrohr sieht man zwei verschiedene Gebiete: Die kraterreichen etwas helleren Hochländer und die meist runden, etwas dunkleren Tiefebenen, die Mare. Die dicht mit Einschlagkratern übersäten Hochländer sind so alt wie der Mond und die Erde selbst – etwa 4,5 Milliarden Jahre. Die Mare sind eigentlich auch riesige Einschlagkrater. Sie wurden in der letzten Phase vulkanischer Aktivität ? des Mondes vor 3 bis 4 Milliarden Jahren mit dünnflüssiger Lava zugeschüttet. Seit etwa 3 Milliarden Jahren geschieht auf dem Mond, abgesehen von einzelnen Einschlägen, nichts mehr. Seine Oberfläche bleibt also konserviert ? und Milliarden Jahre alte Krater sind heute noch sichtbar. Auf der Erde wurden die meisten der ebenfalls reichlich entstandenen Einschlagkrater durch Erosion zerstört. ? Nach heutiger mehrheitlich akzeptierter Vorstellung ist der Mond in der Frühzeit des Sonnensystems durch einen gewaltigen Einschlag auf der Erde entstanden. Die noch sehr junge Erde kollidierte vor ca. 4,5 Milliarden Jahren mit einem anderen Planeten, der etwa halb so groß wie die Erde war. Ein Teil der Trümmer dieser Katastrophe bildete den Mond.

Lexikon

Wissenswertes aus der Astronomie

Asteroiden sind planetenähnliche Himmelskörper, die aber viel kleiner als Planeten sind. Andere Bezeichnungen sind Kleinplanet und Planetoid. Es gibt mehrere Millionen Asteroiden, etwa 420 000 davon sind bekannt. Die meisten dieser Asteroiden bewegen sich auf einer Bahn um die Sonne, die zwischen der Marsbahn und der Jupiterbahn liegt.

Doppelsterne bestehen aus zwei Sonnen, die umeinander kreisen. Abhängig vom Abstand zwischen den Sternen und ihrer Masse betragen die Umlaufzeiten wenige Tage bis zu mehrere tausend Jahre. Beim mittleren Deichselstern des Großen Wagens handelt es sich z. B. um einen Doppelstern.

Als **Galaxie** (griech. galaxias: Milchstraße) wird eine große Ansammlung von Sternen und Sonnensystemen, von Gaswolken und sonstigen Himmelskörpern bezeichnet. Eine Galaxie ist ein besonders großes Sternsystem. Ihr Durchmesser kann mehrere hunderttausende Lichtjahre betragen.

Gasnebel bestehen vorwiegend aus Staub und Gasmassen. In ihnen entstehen neue Sterne. Manche Gasnebel leuchten in bunten Farben.
Der bekannteste und für uns mit bloßem Auge sichtbare Nebel ist der Orionnebel im Sternbild des Orion. Er ist etwa 1500 Lichtjahre von uns entfernt und hat einen Durchmesser von 30 Lichtjahren.

Die **Kometen** sind Himmelskörper aus Gestein, Eis und gefrorenen Gasen. Ihre Durchmesser betragen bis zu mehrere Kilometer. Kometen besitzen eine Gashülle. Gelangen sie in die Nähe der Sonne, dann kann ein hell leuchtender Schweif entstehen. Er ist stets von der Sonne abgewandt und erreicht zum Teil eine Länge von mehreren Millionen Kilometern.

Meteoride sind Gesteinsbrocken, die die Sonne umkreisen. Wenn sie in die Lufthülle der Erde, die Atmosphäre gelangen, verglühen sie. Die ganz großen Brocken, die in sehr seltenen Fällen bis zur Erdoberfläche gelangen, heißen **Meteorite**. Beim ihrem Einschlag entstehen riesige Krater.
Wenn Meteoride in der Erdatmosphäre verglühen, sieht man sie für wenige Sekunden als helle Lichtstreifen. Diese Lichterscheinungen heißen **Meteore** oder auch Sternschnuppen.

Monde sind Begleiter der Planeten. Die Erde hat einen Mond. Der Erdenmond ist der am besten erforschte Himmelskörper, da er von Menschen bereits betreten wurde.

Planeten sind Himmelskörper, die sich auf Umlaufbahnen um die Sonne bewegen. Der Name kommt aus dem Altgriechischen und bedeutet „umherirren". Daher wurden Planeten früher auch als „Wandelsterne" bezeichnet.

Der Begriff **Satellit** kommt aus dem Lateinischen und bedeutet Leibwächter. In der Raumfahrt steht er für einen Himmelskörper, der einen anderen umkreist.
Man unterscheidet künstliche und natürliche Satelliten. Zu den natürlichen Satelliten gehören die Monde und die Planeten. Künstliche Satelliten werden von der Erde aus ins Weltall gebracht. Sie erfüllen verschiedene Aufgaben: Sie beobachten z. B. das Wetter oder übertragen Fernsehprogramme.

1 Scheinbare Sternbahnen um den Polarstern

3 Das Sternbild Großer Wagen

Entdeckungen am Nachthimmel
Betrachte in einer klaren Nacht einmal den Himmel: Du siehst neben dem Mond noch unzählige Sterne (▷ B 3). Alle diese Sterne sind Sonnen, die unterschiedlich groß und unterschiedlich weit von uns entfernt sind.
Manchmal sind neben den Sternen auch einige Planeten zu sehen. Sie durchwandern den Nachthimmel, weil sie sich um die Sonne bewegen.
Aber nicht nur die Planeten, der ganze **Sternenhimmel** scheint von Ost nach West über uns hinweg zu wandern (▷ B 1). Ursache dafür ist, dass sich die Erde um ihre Achse dreht.

Planeten am Nachthimmel
Unser Nachbarplanet Venus ist der hellste Himmelskörper am Himmel. Er ist für dich leicht zu finden. Die Venus ist oft in der Nähe der aufgehenden oder untergehenden Sonne zu finden (▷ B 2). Deshalb bezeichnet man die Venus auch als **Morgenstern** oder **Abendstern**.

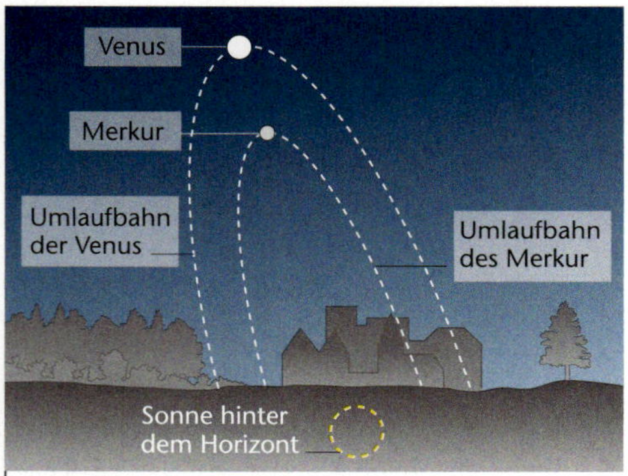

2 Die Bahnen von Venus und Mars am Nachthimmel

Wenn Saturn und Jupiter am Nachthimmel erscheinen, dann sind sie die ganze Nacht über zu sehen. Bei guten Bedingungen kann man auch den Merkur beobachten. Die anderen Planeten sind dagegen nur schwer zu erkennen, denn sie sind zu klein oder zu weit entfernt.

Der Polarstern
Der Polarstern ist ein besonderer Stern: Er steht über der Drehachse der Erde. Daher befindet er sich für einen Beobachter auf der Erde immer an der gleichen Stelle. Dagegen bewegen sich die anderen Sterne aufgrund der Erddrehung scheinbar auf Kreisen um den Polarstern (▷ B 3).
Früher war der Polarstern für die Seefahrer eine wichtige **Orientierungshilfe** in der Nacht, weil er die Nordrichtung anzeigt.
Du kannst den Polarstern am Himmel leicht finden: Suche zunächst das Sternbild „Großer Wagen". Verbinde die beiden hinteren, hellen Sterne des Sternbilds. Wenn du diesen Abstand sechsmal verlängerst, triffst du auf den Polarstern (▷ B 3).

Aufgaben

1 Erkundige dich bei einer Sternwarte oder im Internet, wann und wo gerade Planeten zu sehen sind. Suche mit bloßem Auge und mit einem Fernglas (auf einem Stativ) nach ihnen.
(Tipp: Betrachte den Himmel möglichst fernab von störenden Lichtquellen).

2 Besorgt euch Sternkarten und zeichnet wie in Bild 1 in Gruppen auf großen Plakaten einige der bekannten Sternbilder.

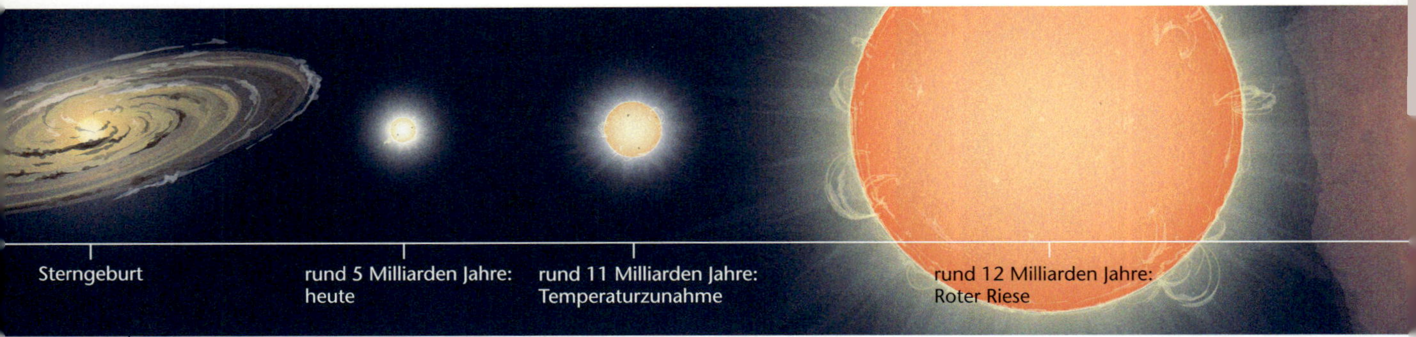

1 Lebensweg eines Sterns

Lebensdauer unserer Sonne

Auch unsere Sonne und alle Sonnen (Sterne) unseres Universums haben eine begrenzte Lebenszeit. Je nach ihrer Größe müssen die meisten nach einigen Milliarden Jahren „sterben“. Das geschieht bei großen Sternen mit einer enormen „Explosion“. Dabei entsteht eine Supernova. Bei einer Supernova wird sehr viel Materie ins All geschleudert (▷B 2). Unsere Sonne ist dazu zu klein. Am Ende ihres Lebens wird sie zu einem Roten Riesen. Dabei werden Merkur und Venus vernichtet werden. Aber keine Sorge! Bis das bei unserer Sonne passiert, dauert es noch etwa 5 Milliarden Jahre.

„Weiße Zwerge“

Was aus den toten Sternen wird, hängt von ihrer Masse ab. Die Sonne unseres Planetensystems ist im Vergleich zu anderen Sonnen im Universum sehr klein. Aus einer kleinen Sonne wird ein so genannter „Weißer Zwerg“, ein kleiner glühender Himmelskörper, der viel kleiner ist als der Stern, aus dem er entstanden ist.
Der Weiße Zwerg ist allerdings immer noch mehr als das 100 000 fache schwerer als unsere Erde. Die Materie muss also ganz extrem stark zusammengepresst werden.

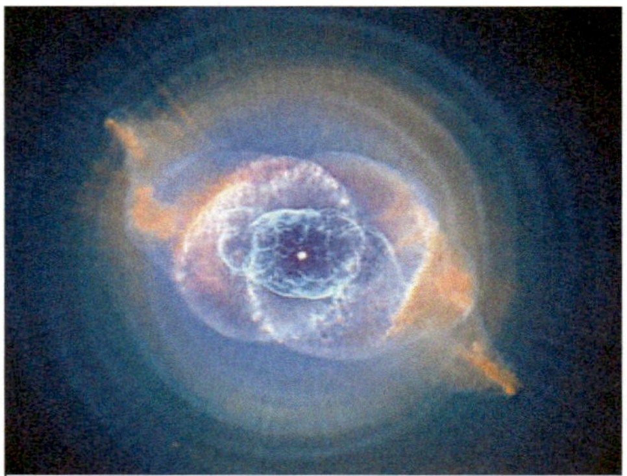

2 Die Überreste eines Sterns

Neutronensterne

Je größer die „verloschenen“ Sterne sind, desto stärker wird die Materie anschließend durch die Gravitation zusammengedrückt werden. Durch diesen unvorstellbaren Druck werden alle Bausteine des Atoms in Neutronen umgewandelt. Daher werden diese Sterne auch Neutronensterne genannt. [Wechselwirkung, S. 188]

Schwarze Löcher

Es gibt Sterne, die die millionenfache Masse unserer Sonne haben. Wenn eine solche Sonne stirbt, entsteht zunächst eine Supernova. Deren Materie wird anschließend noch weit stärker als bei einem Weißen Zwerg zusammengepresst. Die Anziehungskraft eines solchen toten Sterns ist so groß, dass noch nicht einmal das Licht aus ihnen entkommen kann. Daher werden sie als „Schwarze Löcher“ bezeichnet.

Durch ihre unvorstellbar große Anziehungskraft verschlingen Schwarze Löcher auch Materie (z. B. andere kleinere Sterne), die in ihre Nähe kommt. Auch diese Materie wird ebenfalls unglaublich dicht zusammengepresst. Und durch die immer größer werdende Masse wird das Schwarze Loch immer „gefräßiger“.

▶ Wenn ein Stern stirbt, stürzt er in sich zusammen. Hat der Stern genügend Masse, dann kommt es dabei zu einer gewaltigen Explosion, die man als Supernova bezeichnet. Je nachdem, wie stark sich die Materie des Reststerns verdichtet, entsteht je nach Größe des Sterns ein Weißer Zwerg, ein Neutronenstern oder ein Schwarzes Loch.

Gefahren für die Erde?

Müssen wir uns auf der Erde nun Sorgen machen, von einem Schwarzen Loch verschluckt zu werden? Nein! Denn es gibt in unserer Nähe kein Schwarzes Loch und

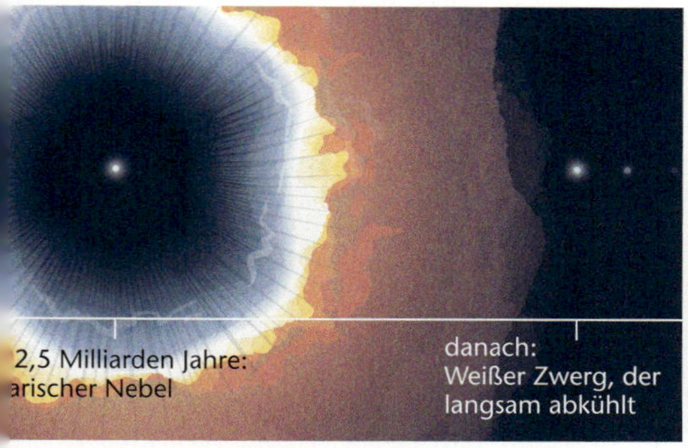

auch keinen so großen Stern, der nach seinem Tod zu einem Schwarzen Loch werden könnte.

Schwarze Löcher finden
Du kannst dir vorstellen, dass es ein Problem ist, ein Schwarzes Loch zu entdecken. Das Schwarze Loch selbst kann man ja nicht sehen, sondern nur seine Wirkung auf die Umgebung. Man kann z. B. beobachten, dass sich Sterne um einen unsichtbaren Stern drehen. Dabei kann es passieren, dass ein Stern dem schwarzen Loch zu nahe kommt. Der Stern wird dabei vom schwarzen Loch zerrissen. Seine Materie leuchtet dann noch mal ein letztes Mal auf, bevor sie vom schwarzen Loch verschlungen wird.

Schwarze Löcher haben eine so unvorstellbar große Anziehungskraft, dass selbst das Licht aus ihnen nicht herauskommt.

3 Der Krebsnebel – die Überreste einer Supernova

Gravitation - Kraft zwischen Massen
Die Gravitationskraft wirkt allerdings nicht nur zwischen weit entfernten Himmelskörpern. Alle Massen ziehen sich gegenseitig an. Allerdings ist die Kraft bei kleinen Massen nur klein. Selbst wenn zwei Öltanker sehr nahe aneinander vorbeifahren, sind die Gravitationskräfte zwischen beiden Schiffen winzig klein.

4 Das Hubble-Weltraumteleskop

Das Universum
Wenn du an einem klaren Abend fern ab von störendem Licht in den Nachthimmel schaust, funkeln dir viele tausend Sterne entgegen. Manche dieser Lichtpunkte bestehen auch aus mehreren dicht beieinander stehenden Sternen, manche Lichtpunkte sind ganze Galaxien, also Ansammlungen von Millionen von Sternen. Diese Galaxien sind so weit entfernt, dass sie wie ein Punkt leuchten.

Auch wenn der Sternenhimmel noch so prachtvoll erscheint, mit dem bloßen Auge sehen wir nur einen Bruchteil der Sterne. Alleine unsere Heimatgalaxie, die Milchstraße besteht aus mehr als 100 Milliarden Sternen und sie ist nur eine von mehr als 100 Milliarden Galaxien in unserem Universum.

Nur mit besonders großen Teleskopen kann man von der Erde aus oder aus dem Weltraum (▷ B 4) weit ins Universum schauen. Und dieses Universum verändert sich ständig. Es entstehen neue Sterne und Sterne „sterben“.

Aufgaben

1 Beschreibe mit eigenen Worten, wie ein schwarzes Loch entsteht.

2 Erkläre, woher die Bezeichnung Schwarzes Loch kommt.

3 Recherchiert nach Experimenten, mit deren Hilfe man die Gravitationskraft zwischen zwei Massen als Schulexperiment zeigen kann. Erstellt ein Plakat.

Schnittpunkt

Technik: Das Planetarium

1 Vorführung in einem Planetarium

Faszination Sternenhimmel
Wenn du in einer klaren Nacht in den Himmel schaust, siehst du unzählige Sterne funkeln. Je besser sich deine Augen an die Dunkelheit gewöhnt haben, desto mehr leuchtende Punkte entdeckst du. Leider ist der Himmel oft bewölkt oder die nächtliche Beleuchtung der Stadt stört dich bei deiner Beobachtung.

Das Planetarium
In einem Planetarium (▷B 3) kann man den Sternenhimmel unabhängig von der Uhrzeit, dem Ort und dem Wetter betrachten. Ein Planetarium ist ein Gebäude mit einer großen Kuppel. Diese Kuppel stellt das Himmelsgewölbe dar.
Der zentrale Teil des Planetariums ist der Sternenprojektor (▷B 2). Dieses Gerät enthält viele Projektoren, die auf der Innenfläche der Kuppel Bilder des Himmels erzeugen (▷B 1). Einige der Projektoren stellen Sternbilder dar, andere bilden veränderliche Himmelskörper wie den Mond und die Planeten ab. Schließlich gibt es Projektoren, die die Namen der Himmelserscheinungen angeben.

Vorführungen im Planetarium
Der Sternenprojektor ist in alle Richtungen dreh- und schwenkbar. Er wird von einem Computer gesteuert. Deshalb kann man im Planetarium die scheinbare Bewegung der Himmelskörper im Verlauf einer Nacht, eines Jahres oder sogar eines Jahrhunderts zeigen. Dabei laufen diese Bewegungen sehr viel schneller als in Wirklichkeit ab. Außerdem kann der Sternenhimmel für jede beliebige Nacht der Vergangenheit und der Zukunft erzeugt werden. Gleichzeitig wird erklärt, was unter der Kuppel zu sehen ist.

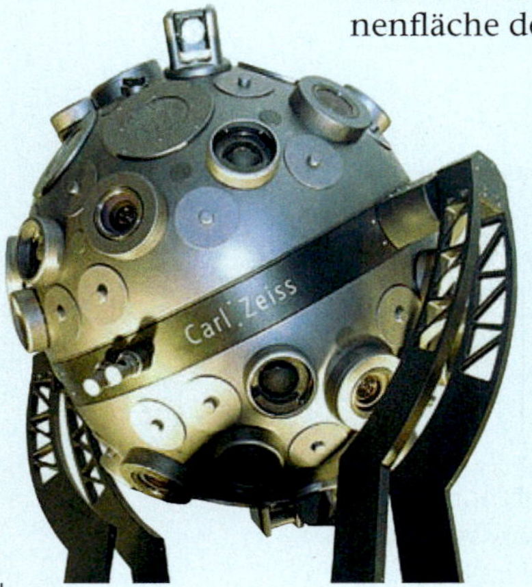

2 Sternenprojektor

3 Planetarium

Strategie

Besuch einer Sternwarte

Ihr habt sicherlich schon an Unterricht außerhalb eures Schulgebäudes teilgenommen. Da gibt es eine Menge im Voraus zu planen. Wenn ihr z. B. eine Exkursion zu einer Sternwarte machen wollt, solltet ihr euch die folgenden Fragen stellen:
Was ist bei der Vorbereitung zu beachten, was bei der Durchführung und was bei der Nachbereitung, der Sicherung und Präsentation der Ergebnisse aus eurer Exkursion?

Vorbereitung
Es ist sinnvoll, sich in Gruppen zusammenzusetzen und sich die Aufgaben zu teilen. Die einen können Fragen zur Organisation klären, wie z. B.:
- Wo liegt die Sterwarte?
- Wie kommen wir dorthin?
- Welche Kosten kommen auf uns zu?
- Wie lange dauert der Besuch?
- Wie groß darf die Besuchergruppe sein?
- Wie können wir vor Ort Ergebnisse sichern?

usw.
Andere Gruppen können inhaltliche Fragen klären. Welche Fragen zum Thema Astronomie können an Mitarbeiter vor Ort gestellt werden?

Organisatorisches	Inhaltliches
– Wie groß darf die Gruppe maximal sein? – Sollen wir eigene Ferngläser mitbringen? – Lohnt sich der Besuch auch bei schlechtem Wetter? ...	– Welche Sternbilder können wir in diesem Monat besonders gut sehen? – Können wir die ISS sehen? – Was sind Sonnenflecken? – Was sind schwarze Löcher? ...

Durchführung
Vor Ort in der Sterwarte muss gewährleistet sein, dass alle, die an der Exkursion teilnehmen, gleichermaßen gut zuhören und auch durch die Teleskope schauen können.

Sicherung der Ergebnisse in der Schule
Genau so wichtig wie die neuen Erfahrungen, die ihr außerhalb der Schule gemacht habt, ist die Sicherung der Ergebnisse in der Schule.
Da gibt es viele Möglichkeiten. Jeder kann für sich in seinem Hefter Ergebnisse sichern. Interessanter aber ist es, gemeinsam ein „Buch" zu erstellen oder in verschiedenen Arbeitsgruppen Themen zu präsentieren oder eine kleine Ausstellung mit Texten, Bildern, Broschüren und Berichten für Mitschüler aus anderen Klassen zu machen.

Schnittpunkt

Geschichte: Der Mensch erkundet den Weltraum

3 Mann auf dem Mond

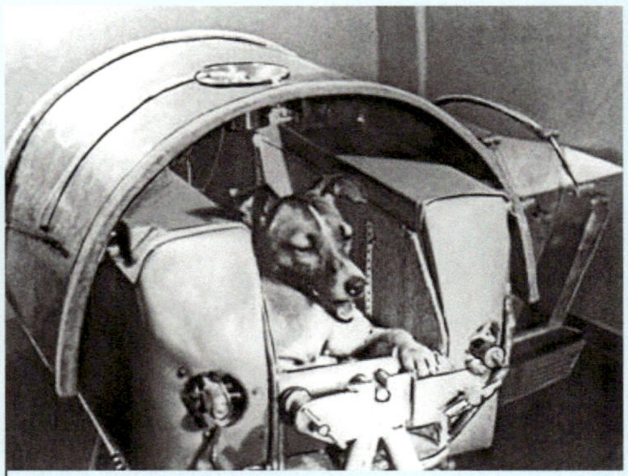

5 Sputnik 2 mit Hündin „Laika"

1 Juri Gagarin

2 Sigmund Jähn

Die Landung auf dem Mond

Das sicherlich bedeutendste Ereignis in der Geschichte der Raumfahrt war die Landung auf dem Mond im Jahre 1969. Erstmals betraten zwei US-Amerikaner den Mond, liefen auf ihm umher, nahmen Messungen vor und sammelten Mondgestein ein, um es für spätere Untersuchungen zur Erde mitzunehmen. Bekannt ist der Satz des Astronauten Armstrong, als er den Mondboden betrat: „Dies ist ein kleiner Schritt für einen Menschen, aber ein riesiger Sprung für die Menschheit." Bis es jedoch dazu kommen konnte, waren Jahrzehnte mit Forschung und Entwicklung vorausgegangen.

Der Wettlauf ins All

Seit den fünfziger Jahren des letzten Jahrhunderts fand ein Wettlauf zwischen der Sowjetunion und den USA zur Erforschung des Weltalls statt. Wer würde als erster Erfolge vorweisen können? Wer würde die Vormacht im Weltraum bekommen? Dabei spielten damals starke militärische Überlegungen eine wichtige Rolle. Denn von „oben" konnte man die Erde viel besser überblicken. Im Jahre 1957 gelang es der Sowjetunion Sputnik 1, den ersten künstlichen Erdsatelliten, in die Erdumlaufbahn zu schießen (▷B4). Noch im gleichen Jahr umkreiste das erste Lebewesen, die Hündin Laika (▷B5), in Sputnik 2 die Erde.
1959 gelang der Sowjetunion die erste Mondumrundung mit Lunik 3 und bei späteren Missionen erfolgten Landungen auf dem Mond mit unbemannten Flugkörpern. Als im Jahr 1961 Juri Gagarin als erster Mensch mit einem Raumschiff die Erde umkreiste, schien der Traum von der „Eroberung" des Weltraums in greifbare Nähe gerückt zu sein.

4 Sputnik 1

Das Ziel ist der Mond

Auch in den USA wurden die Trägerraketen für Weltraummissionen weiterentwickelt. 1962 verließ John Glenn als erster US-Amerikaner mit einer Rakete die Erde und landete schließlich wieder unversehrt. In den folgenden Jahren arbeiteten die Amerikaner verstärkt darauf hin, die erste Mondlandung vorzubereiten. Es gab viele Apollo-Missionen, die den Mond umkreisten, bis schließlich die Besatzung von Apollo 11 am 20. Juli 1969 auf dem Mond landete. Insgesamt gab es sechs bemannte Mondlandungen der Amerikaner. Die vorerst letzte fand im Jahr 1972 statt.
Der erste Deutsche im Weltall war Sigmund Jähn. Er flog im Jahre 1978 zur sowjetischen Raumstation Saljut 6. Sein Flug dauerte fast acht Tage und er umkreiste 125 mal in der Raumstation die Erde.

Raumstationen

In den folgenden Jahren änderten sich bei den Sowjets und Amerikanern die Interessen bei der Raumfahrt. Im Februar 1986 begann die Sowjetunion mit dem Bau der

Raumstation Mir. Diese wurde ca. 15 Jahre genutzt, bis sie veraltet war. Inzwischen war aus dem Wettstreit der Weltmächte ein Miteinander geworden. So konnte im Jahr 2000 eine gemeinsame Raumstation, die ISS, in Betrieb genommen werden (▷ B 8). Durch die Entwicklung von wiederverwertbaren Transportsystemen (Space Shuttle, ▷ B 7) wurde der Transport von Materialien und Menschen viel preiswerter.

Die Aufgaben der Raumstation
Wissenschaftler führen in der Raumstation vor allem Experimente aus, die den Einfluss der Schwerelosigkeit zeigen (▷ B 6). Dazu stimmen sich die an der ISS beteiligten Länder ab. Auch private Firmen können gegen Bezahlung Forschungsaufträge erteilen. Es werden Experimente u. a. mit Tieren und Pflanzen durchgeführt. Aber auch die Astronauten selbst sind im medizinischen Bereich selbst Teil der Experimente. So wird zum Beispiel untersucht, wie sich Muskeln und Knochen in der Schwerelosigkeit entwickeln.

6 Laborarbeiten in der ISS

Rückschläge
Bei aller Begeisterung für das bisher Erreichte darf aber nicht vergessen werden, dass bei der Raumfahrt schon viele Menschen ums Leben gekommen sind.

7 Space Shuttle

8 Raumstation ISS

Raketen bzw. Space Shuttle sind beim oder kurz nach dem Start explodiert. Auch beim Wiedereintritt in die Atmosphäre sind Menschen mit ihren Raumfahrzeugen verglüht.

Erdsatelliten und Raumsonden
Neben den Bemühungen, auf dem Mond zu landen oder eine Raumstation zu errichten, hat es Hunderte von Raketenstarts gegeben, um Satelliten in die Erdumlaufbahn zu schießen. Diese werden bei der Wettervorhersage, beim Navigationssystem und der Kommunikation (z. B. Rundfunk, Fernsehen, Telefon) benötigt.
Aber auch viele Raumsonden (▷ B 11) wurden und werden von der Erde ins Weltall geschossen, um mehr über die anderen Planeten, über Kometen, oder andere Himmelskörper zu erfahren. Solche Sonden sind oft jahrelang unterwegs, um möglichst weit ins Weltall „hineinzuhorchen".

10 Astronaut bei der Arbeit

9 Raumsonde

Aufgabe

1 a) Wie leben und arbeiten die Astronauten in der Raumstation ISS? Beschreibe.
b) Suche nach Beispielen für Experimente, die in der ISS durchgeführt wurden. Recherchiere dazu im Internet.

Astronomie – Blicke in den Kosmos

Das Weltall

Das Weltall besteht aus vielen Milliarden Galaxien. Eine davon ist unsere Milchstraße. Sie hat einen Durchmesser von 100 000 Lichtjahren. Die Milchstraße umfasst mehrere hundert Milliarden Sterne. Unsere Sonne ist einer dieser Sterne.

Das Sonnensystem

Unser Sonnensystem besteht aus der Sonne und acht Planeten, die sie umkreisen. Die Planeten heißen Merkur, Venus, Erde, Mars, Jupiter, Saturn, Uranus und Neptun. Sie sind unterschiedlich groß und unterschiedlich aufgebaut.
Die meisten Planeten werden von einem oder mehreren Monden umrundet. Unsere Erde hat einen Mond, der Jupiter mindestens 63.

Die Sonne

Die Sonne ist ein riesiger glühender Gasball. Sie ist 13 000 000-mal größer und 330 000-mal schwerer als die Erde. In ihrem Innern herrschen Temperaturen von 15 000 000 °C, an der Oberfläche betragen sie noch 6 000 °C.

Auf der Oberfläche der Sonne bilden sich manchmal Sonnenflecken. Dort ist die Temperatur niedriger (etwa 4 500 °C). Bisweilen gibt es auf der Sonne gewaltige „Explosionen". Dabei werden große Mengen Gas ins Weltall geschleudert.

Unsere Erde

Die Erde steht, von der Sonne aus betrachtet, an dritter Stelle. Sie hat eine günstige Entfernung zur Sonne und eine Gashülle, die hauptsächlich Stickstoff und Sauerstoff enthält. Diese Voraussetzungen haben Leben auf der Erde ermöglicht.
Die Erde bewegt sich um ihre eigene Achse. Eine volle Umdrehung dauert 24 Stunden. Das entspricht in unserer Zeitmessung einem Tag. Wie die anderen Planeten bewegt sich auch die Erde um die Sonne. Die Dauer eines vollständigen Umlaufs um die Sonne beträgt etwas mehr als 365 Tage.

2 Unsere Erde

Der Mond

Der Mond ist ein Begleiter der Erde. Für einen Umlauf um die Erde benötigt er ca. 27 Tage. Dabei dreht er sich einmal um seine eigene Achse. Daher wendet er der Erde immer die gleiche Seite zu.
Der Mond zeigt sich, von der Erde aus betrachtet, in unterschiedlichen Mondphasen (▷ B 1) – von Neumond bis Vollmond.

Veränderungen im Kosmos

Sonnen entstehen und vergehen. Wenn eine Sonne „stirbt", entsteht eine Supernova. Je nach Größe der Sonne kann dann aus der Supernova ein Schwarzes Loch entstehen.

Fernrohr

Ein einfaches Fernrohr besteht aus zwei Sammellinsen. Die vordere Linse ist das Objektiv, die zweite das Okular. Dies ist die Linse im Fernrohr die man ans Auge hält. Sie hat eine kleine Brennweite. Das Objektiv ist die Sammellinse mit der größeren Brennweite, am anderen Ende des Fernrohrs.

1 Abnehmender Mond

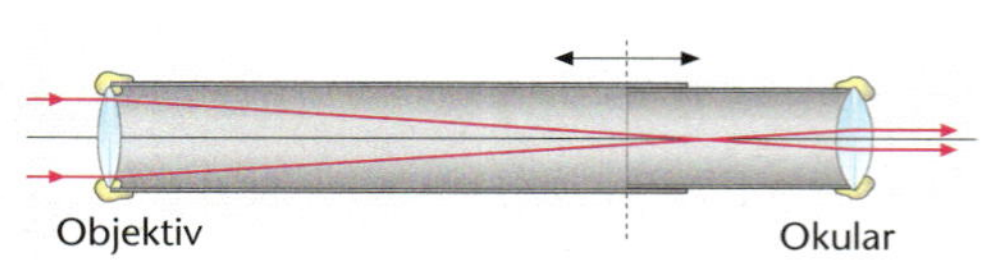

3 Ein selbstgebautes Fernrohr

4 Zu Aufgabe 5

5 Zu Aufgabe 9

6 Zu Aufgabe 11

Aufgaben

1 Erkläre, woher die Milchstraße ihren Namen hat.

2 a) Was ist ein Lichtjahr?
b) In einer Sekunde legt das Licht eine Entfernung von 300 000 km zurück. Berechne, welche Strecke das Licht in einer Minute, einer Stunde und an einem Tag zurücklegt.
c) Der Neptun ist der äußerste Planet unseres Sonnensystems. Er ist ca. 4 Lichtstunden von der Sonne entfernt. Gib die Entfernung in Kilometern an.

3 a) Erstellt in kleinen Gruppen Informationsplakate zu den einzelnen Planeten.
b) Tragt die Ergebnisse der Klasse vor und gestaltet in der Schule eine Informationswand mit dem Thema: „Die Planeten unseres Sonnensystems."

4 Bis vor wenigen Jahren zählte man auch den „Pluto" zu den Planeten unseres Sonnensystems.
Recherchiere im Internet, warum der Pluto aus der Liste unserer Planeten gestrichen wurde. Berichte deinen Mitschülerinnen und Mitschülern darüber.

5 An den Polen der Erde kann man manchmal Leuchterscheinungen, so genannte Polarlichter beobachten (▷ B 4).
Wie kommen sie zustande? Schreibe einen kurzen Bericht.

6 Erkläre, warum die Sonne als riesiges „Kraftwerk" bezeichnet wird.

7 Vergleiche Fernrohr und Mikroskop. Nenne Gemeinsamkeiten und Unterschiede.

8 Gib an, welche Einflüsse der Mond auf die Erde hat.

9 Auf der Tagseite des Mondes herrschen Temperaturen von +117 °C, auf der Nachtseite betragen sie –173 °C. Wie ist dieser große Temperaturunterschied möglich? Was ist auf der Erde anders?

10 a) Erkläre, warum es häufiger Mondfinsternisse als Sonnenfinsternisse (▷ B 5) gibt.
b) Überlege, wie man die Finsternisse in einem Modell nachstellen kann.

11 Erkläre, was man unter dem geozentrischen und dem heliozentrischen Weltbild versteht.

12 Heute beobachtet man Sterne und Galaxien kaum noch mit Fernrohren, sondern mit Spiegelteleskopen (▷ B 6).
a) Welche Unterschiede bestehen zwischen einem Fernrohr und einem Spiegelteleskop?
b) Welche Aufgabe hat der große nach innen gewölbte Spiegel?

13 Suche im Internet nach Informationen über die internationale Raumstation ISS. Erstelle eine Übersicht über den zeitlichen Ablauf ihres Aufbaus und über die wichtigsten Forschungsvorhaben.

14 Erkundigt euch, ob es in eurer Nähe ein Planetarium gibt. Besorgt euch ein Programmheft und überlegt, welches Thema euch interessiert. Hilfen für die Vorbereitung auf den Besuch findet ihr auf Seite 69 („Besuch einer Sternwarte").

7 Zu Aufgabe 13

15 a) Erkläre, warum uns der Mond immer die gleiche Seite zuwendet.

b) Überlege dir einen Versuch, mit dem du das deinen Mitschülerinnen und Mitschülern zeigen und erklären kannst.

c) Tauscht eure Vorschläge im Gespräch miteinander aus und führt den Versuch durch.

d) Fertigt eine Skizze an, wie der Versuch aussieht, wenn ihr ihn (aus dem Weltall über dem Nordpol) betrachtet.

Elektrizität

Elektrischer Strom ist für uns scheinbar überall und unbegrenzt verfügbar. Die nächste Steckdose ist meist nur ein paar Schritte entfernt. Dort lässt sich eine Vielzahl elektrischer Geräte mühelos anschließen und in Betrieb nehmen. Die Nutzung der Elektrizität hat unser Leben entscheidend verändert.

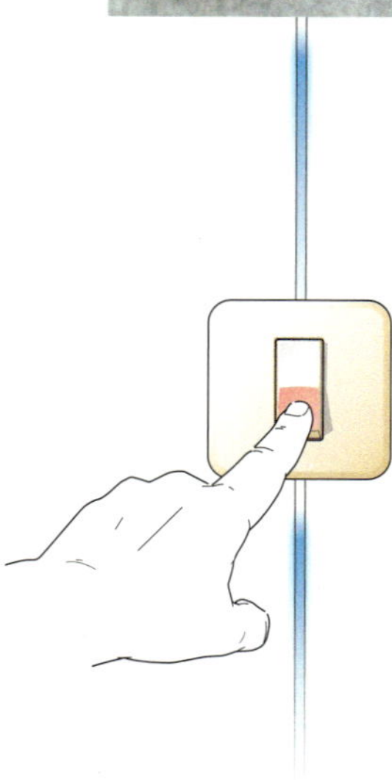

Kühlschränke, Fernseher, Waschmaschinen, Bohrmaschinen und die elektrische Beleuchtung sind aus unserem Alltag nicht mehr wegzudenken. Auch HiFi-Anlagen und Computer würden ohne elektrischen Strom nicht funktionieren. In diesem Kapitel erfährst du, was Strom überhaupt ist, warum Strom durch elektrische Geräte fließt und was die Aufschriften auf den elektrischen Geräten genau bedeuten.

Viele Forscher haben die Eigenschaften des elektrischen Stroms untersucht und dabei erstaunliche Gesetzmäßigkeiten herausgefunden. Ihre Erkenntnisse ermöglichen es uns heute, den elektrischen Strom in jedem seiner vielen Anwendungsbereiche ganz gezielt einzusetzen.
Die Kenntnis der Gesetzmäßigkeiten hilft uns außerdem, den Umgang mit elektrisch betriebenen Geräten sicher zu machen. So können wir den elektrischen Strom im Alltag nutzen, ohne dass wir einen „Schlag“ bekommen.

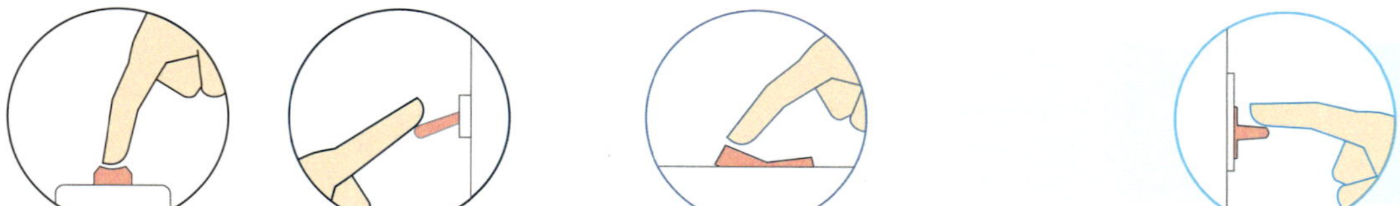

Online-Link
068790-0300

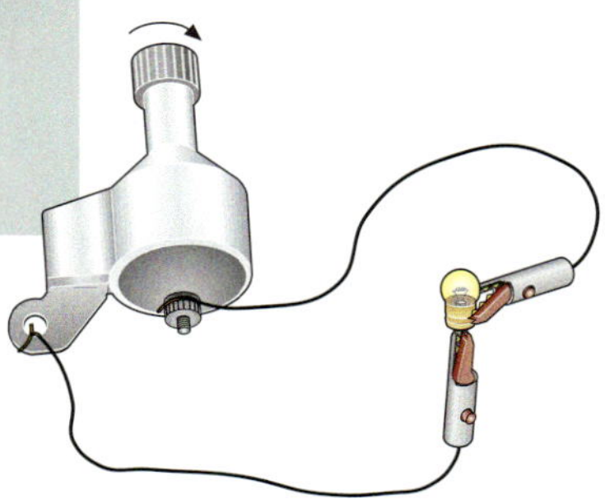

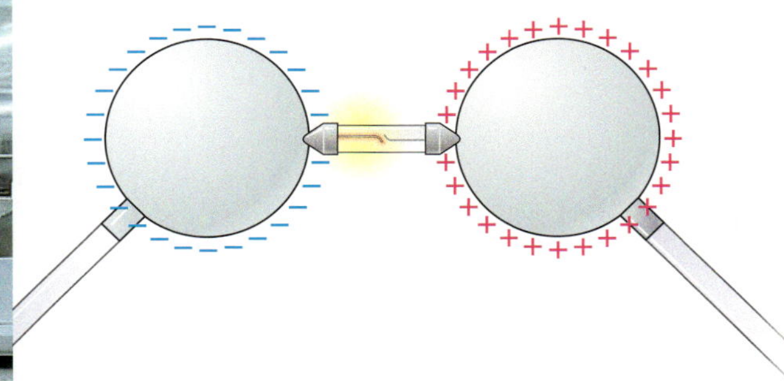

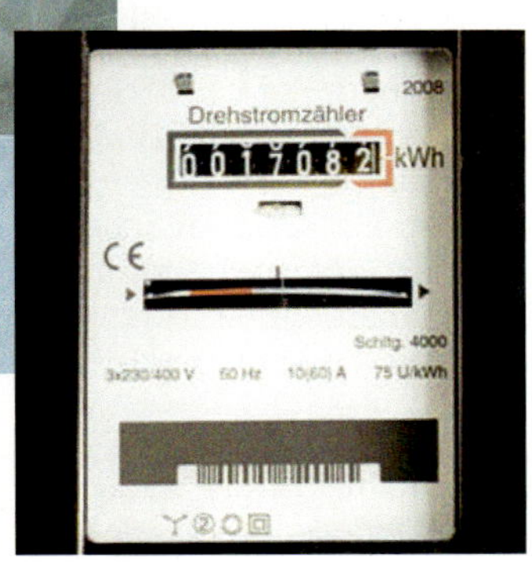

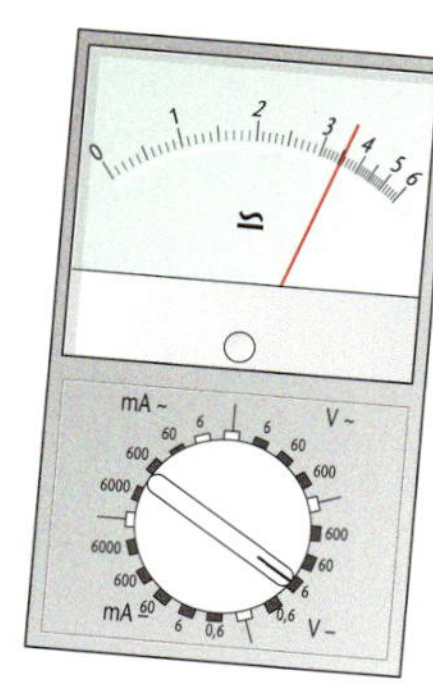

1 Brand durch einen Kurzschluss

Strom ist gefährlich!
Mit dem Strom aus der Steckdose darfst du nicht experimentieren! Es besteht Lebensgefahr! Wenn du selbst Versuche mit Elektrizität machen möchtest, verwendest du am besten Batterien. Vermeide aber unbedingt einen Kurzschluss.
Ein Kurzschluss entsteht, wenn der Strom direkt von einem Pol der Spannungsquelle zum anderen fließen kann, also kein elektrisches Gerät dazwischen geschaltet ist. Dann fließt ein sehr großer Strom, der sogar einen Brand auslösen kann (▷B 1).

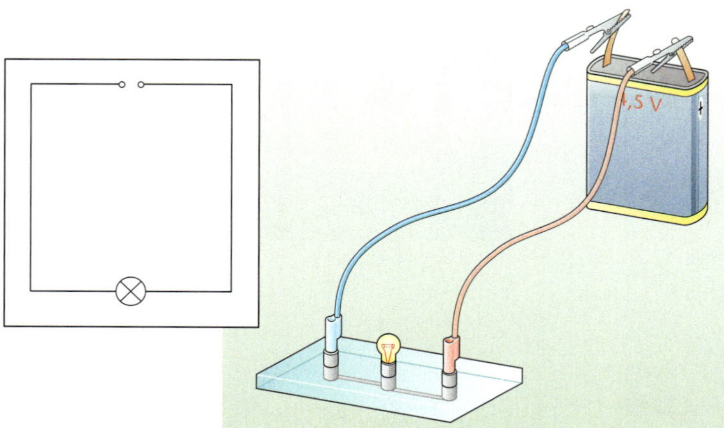

2 Einfacher Stromkreis

Der einfache Stromkreis
Eine Spannungsquelle, eine Lampe und zwei Kabel bilden einen einfachen Stromkreis (▷B 2).

Die Glühlampe leuchtet dann auf, wenn der Strom von einem Pol der Batterie durch die Lampe zum anderen Pol der Batterie fließen kann.
Zum einfacheren Ein- und Ausschalten der Lampe kann man einen Schalter in den Stromkreis einbauen. Ein Schalter unterbricht oder schließt den Stromkreis.

Die Glühlampe
Für viele Versuche benötigst du eine Glühlampe. Die Glühlampe wurde von HEINRICH GÖBEL 1854 erfunden und von THOMAS ALVA EDISON 1879 weiterentwickelt. Zu den wichtigsten Teilen einer Glühlampe gehören der Glaskörper, das Gewinde, die Isolierplatte und der Fußkontakt (▷B 4). Im Inneren fließt der Strom vom Fußkontakt durch die Glühwendel zum Gewinde.

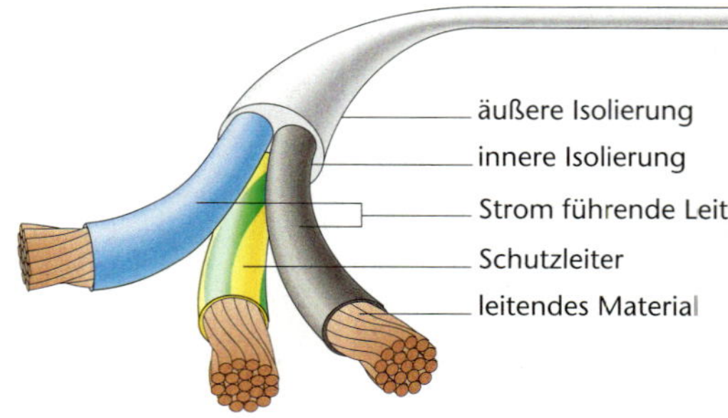

3 Aufbau eines Zuleitungskabels

Leiter und Nichtleiter
Alle Metalle und Graphit (Kohle) leiten den elektrischen Strom. Diese Stoffe nennt man Leiter.
Alle anderen festen Stoffe (z. B. Glas oder Plastik) leiten den elektrischen Strom nicht. Diese Stoffe nennt man Nichtleiter oder Isolatoren.
Kabel bestehen in ihrem Inneren aus einem leitenden Material. Um Kurzschlüsse zu vermeiden, sind die Leitermaterialien außen mit nicht leitenden Stoffen ummantelt (▷B 3).

Schaltzeichen
Durch Schaltzeichen werden Geräte in Schaltungen vereinfacht dargestellt. Für jedes elektrische Gerät gibt es ein spezielles Schaltzeichen (▷B 6).

Reihen- und Parallelschaltung
Mehrere elektrische Bauteile, wie z. B. Lampen, können entweder in Reihe oder parallel in den Stromkreis geschaltet sein. In einer **Reihenschaltung** (▷B 5) sind alle Lampen hintereinander geschaltet. Sie haben einen gemeinsamen Stromkreis. Schraubt man eine Lampe heraus, so leuchten die anderen Lampen auch nicht mehr. In einer **Parallelschaltung** (▷B 5) bildet jede Lampe zusammen mit der

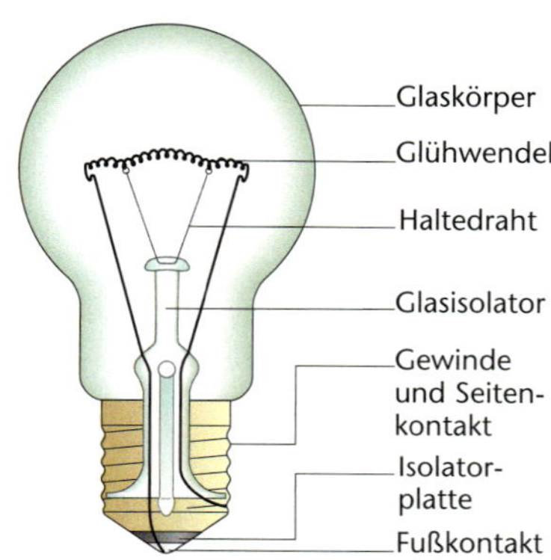

4 Aufbau einer Glühlampe

Spannungsquelle einen eigenen Stromkreis. Schraubst du eine Lampe heraus, dann leuchten die anderen Lampen trotzdem weiter.

Und- und Oder-Schaltung
Bei einer Sicherheitsschaltung sind zwei Schalter in Reihe geschaltet. Da der Strom erst dann fließen kann, wenn beide Schalter gleichzeitig geschlossen sind, nennt man diese Schaltung auch **UND-Schaltung**. Die Sicherheitsschaltung wird z. B. bei der Bedienung von Maschinen verwendet.

Bei der **ODER-Schaltung** sind zwei oder mehr Schalter parallel geschaltet. Es reicht einen Schalter zu drücken. Du findest sie bei Klingeln für Mehrfamilienhäuser. An der Haustür und der Wohnungstür befindet sich ein Schalter für die Klingel.

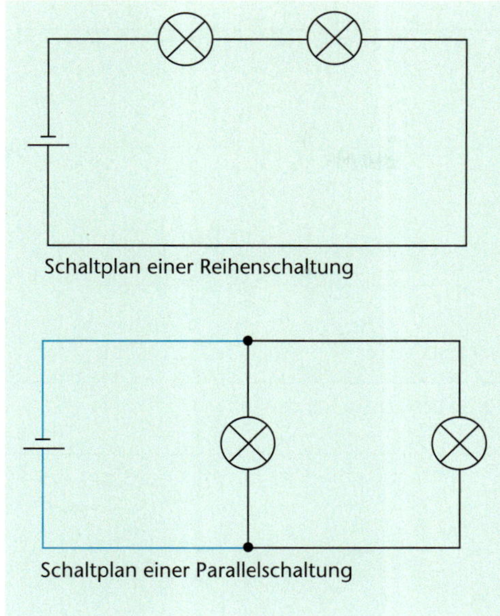

5 Verschiedene Schaltungsarten

Versuch

1 Baue die Schaltungen nach den Schaltskizzen in Bild 5 auf.
Beschreibe und erkläre, wann die Lampen leuchten.

Aufgabe

1 Erkundige dich, welche der Haushaltsgeräte, die uns heute die Arbeit erleichtern, es vor 100 Jahren noch nicht gab!

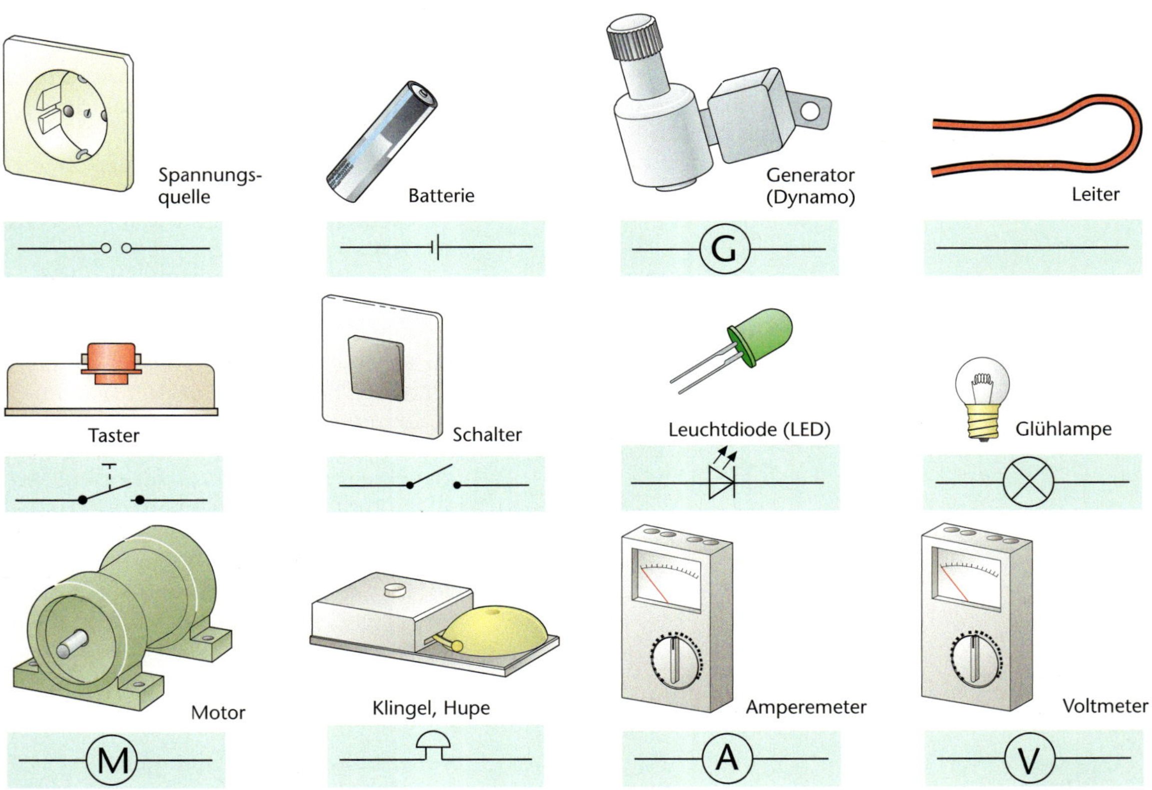

6 Verschiedene Geräte und die zugehörigen Schaltzeichen

Versuch

1 a) Schneide einen Streifen von einem Müll- oder einem Tiefkühlbeutel ab und reibe ihn kräftig an einer Tischkante. Greife den Streifen in der Mitte und hebe ihn vom Tisch ab. Was beobachtest du?

b) Schneide einen neuen Streifen in der Mitte durch und reibe beide Folienteile kräftig aneinander. Trenne die Hälften voneinander. Verhalten sich die Folien wie im ersten Versuch?

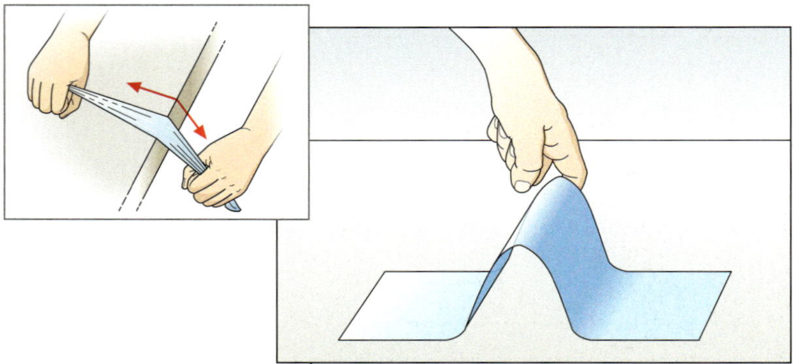

1 Zu Versuch 1a: Abstoßung

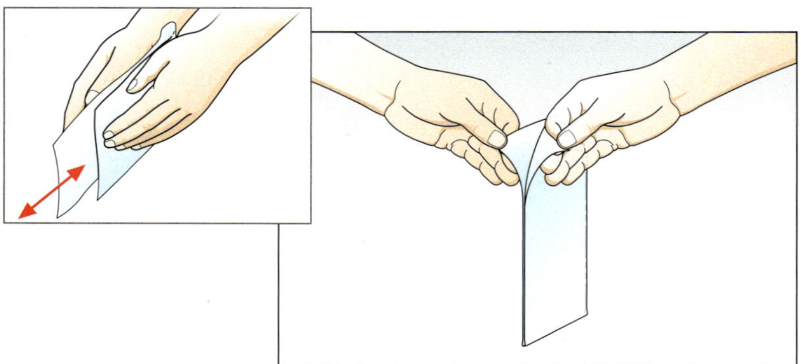

2 Zu Versuch 1b: Anziehung

Anziehung und Abstoßung

Wenn du die Folienstreifen wie in den Versuchen 1a und b reibst, kannst du unterschiedliche Beobachtungen machen, obwohl du das gleiche Material verwendest: Einmal spreizen sich die Folienstreifen (▷ B 1), einmal kleben sie aneinander (▷ B 2). [Wechselwirkung, S. 188]

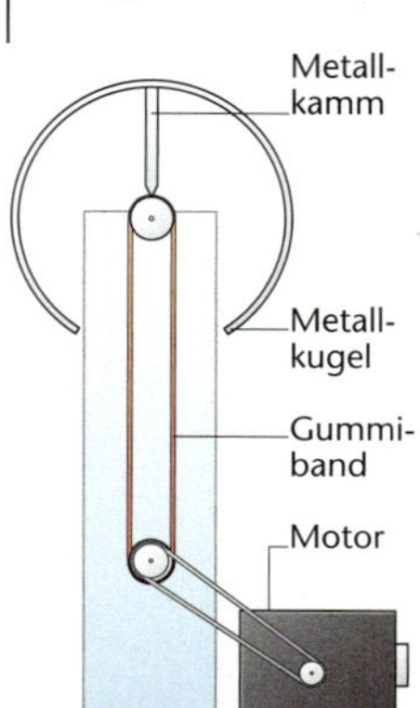

3 Aufbau eines Bandgenerators

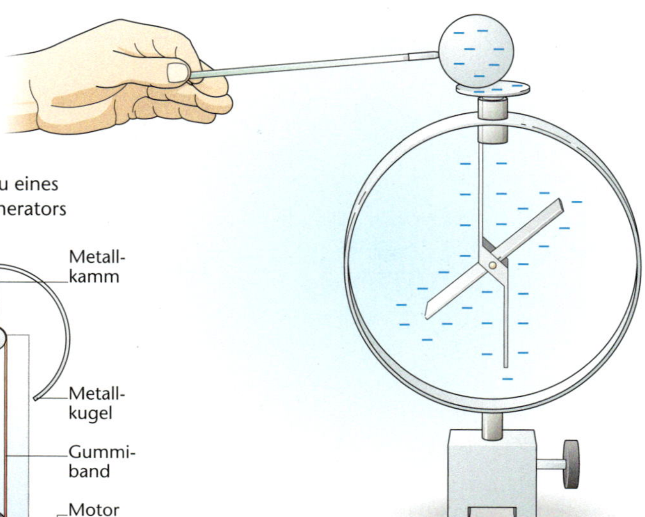

4 Elektroskop

Wie du weißt, können Körper durch Reibung positiv oder negativ aufgeladen werden. Sind die Körper so wie in Versuch 1a gleich geladen, so stoßen sich die Ladungen ab. Ist jedoch ein Körper positiv und der andere negativ geladen, ziehen sie sich an (▷ V 1b).

Körper können elektrisch positiv oder negativ geladen sein.
Gleichartig geladene Körper stoßen sich gegenseitig ab. Verschiedenartig geladene Körper ziehen sich gegenseitig an.

Das Elektroskop

Mithilfe eines Elektroskops kannst du nachweisen, dass ein Körper elektrisch geladen ist.
Die Ladung wird auf das Elektroskop übertragen und verteilt sich dort. Da sich gleiche Ladungen abstoßen, schlägt der Zeiger aus (▷ B 4).
Mit einem Elektroskop kannst du aber nicht die Art der Ladung feststellen.

Der Bandgenerator

Mit einem Bandgenerator (▷ B 3) kannst du Körper bequem aufladen. In dem Gerät befindet sich ein breites Gummiband, das über eine Kunststoffwalze mit einem Metallkamm reibt. Dadurch wird die große Metallkugel aufgeladen.

Befestigt man ein Papierbüschel auf der Metallkugel, so lädt sich das Papier genauso auf wie die Kugel. Da sich gleich geladene Körper abstoßen, stellen sich die Papierstreifen auf.

Woher kommen die Ladungen?

Schon um 500 v. Chr. waren die griechischen Naturgelehrten LEUKIPP und

5 JOHN DALTON

6 JOSEPH JOHN THOMSON

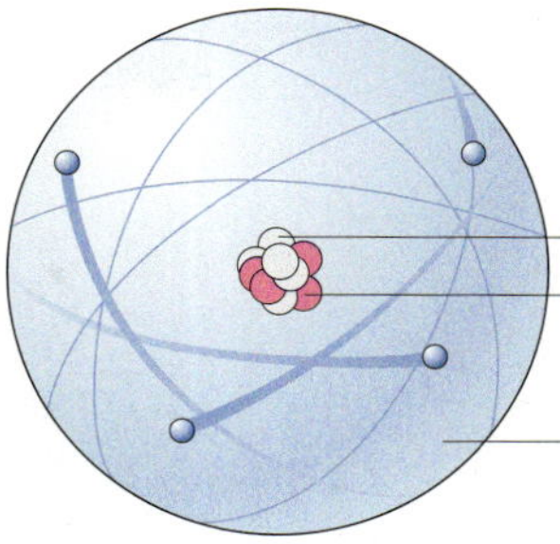

7 Vereinfachtes Kern-Hülle-Modell

DEMOKRIT der Meinung, dass alle Körper aus kleinsten Teilchen bestünden. Diese Bausteine heißen Atome (griech.: átomos: unteilbar)

Erst über 2000 Jahre später griff der Chemiker und Physiker JOHN DALTON (1766–1844) das Modell der kleinsten Teilchen wieder auf und entwickelte es weiter. Nach DALTONS Vorstellung haben alle Atome eines Stoffes die gleichen Eigenschaften. So haben beispielsweise alle Eisenatome die gleiche Masse und die gleiche Größe. Eisen- und Schwefelatome unterscheiden sich jedoch.

Ende des 19. Jahrhunderts erkannten Forscher, dass es im Atom Teilchen gibt, die elektrisch geladen sind.

Der Physiker JOSEPH JOHN THOMSON (1856–1940) wies um 1897 das elektrisch negativ geladene Elektron nach. Etwa 20 Jahre später entdeckte der Physiker ERNEST RUTHERFORD (1871–1937) das positiv geladene Proton.

Der innere Aufbau der Atome
Alle Atome haben einen Atomkern und eine Atomhülle (▷ B 7). Der Atomkern besteht aus Protonen und elektrisch neutralen Neutronen. Die Atomhülle wird aus den Elektronen gebildet, die sich um den Atomkern bewegen.
[Struktur der Materie, S. 184]

Ein Proton hat eine gleich große Ladung wie ein Elektron, allerdings ist das Proton positiv, das Elektron negativ geladen.

In einem Atom befinden sich
– Elektronen (negativ geladen)
– Protonen (positiv geladen) und
– Neutronen (elektrisch neutral)

Nach außen hin ist jedes Atom elektrisch neutral, weil es gleich viele Protonen wie Elektronen gibt.

Aus der Atomhülle können jedoch einzelne Elektronen entfernt werden. Die Protonen sind fest im Atomkern verankert. Wenn ein Elektron die Hülle verlässt, überwiegen im „Restatom" die positiven Ladungen. Umgekehrt ist es auch möglich, der Hülle Elektronen hinzuzufügen. In diesem Fall bildet sich ein Überschuss an negativen Ladungen.

Wenn du zwei Körper reibst, sind diese so eng beieinander, dass Elektronen von einem auf den anderen Körper übergehen können.

Der Körper, der Elektronen abgibt, ist positiv geladen. Der Körper, der Elektronen aufnimmt, ist negativ geladen.

Aufgaben

1 An eine positiv geladene Kugel wird eine negativ geladene Kugel gehalten. Beschreibe und erkläre was passiert, wenn beide Kugeln sich berühren. Berücksichtige auch, dass die Anzahl der Ladungen unterschiedlich sein kann!

2 Sieh im Lexikon oder im Internet nach, in welchem Jahr und wofür JOSEPH JOHN THOMSON den Nobelpreis für Physik erhielt.

Geschichte: Elektrostatik in der Natur

1 Elektrisch geladener Bernstein

Seltsame Steine
Schon in der Antike (vor über 2 500 Jahren) wussten die Menschen, dass Magneteisenstein kleine Eisenstückchen anzieht. Ein ähnliches Verhalten beobachteten die Griechen bei einem anderen Stein – dem Bernstein (versteinertes Harz).
Wenn Bernstein – z. B. bei der Schmuckherstellung – gerieben wird, zeigt er eine seltsame Anziehungskraft. Staub, Haare oder Federn bewegen sich wie von Geisterhand auf den Bernstein zu (▷ B 1).
Der griechische Mathematiker THALES VON MILET (um 600 v. Chr.) war einer der Ersten, der über die Ursachen nachdachte und einfache Versuche dazu machte. Er glaubte, eine neue Form des Magnetismus gefunden zu haben. Lange Zeit änderte sich nichts an dieser Vorstellung.

Elektrische Anziehung
Fast 2 000 Jahre später griff der englische Forscher WILLIAM GILBERT (1544 – 1603) die Überlegungen von THALES wieder auf. Mit vielen Experimenten bewies GILBERT, dass die Anziehung, die vom Bernstein ausgeht, nichts mit magnetischen Kräften zu tun hat. Er erkannte, dass nicht nur Bernstein, sondern auch andere Gegenstände nach dem Reiben Staub oder Haare anziehen.
GILBERT nannte diese anziehende Kraft „elektrische Kraft“. Die Bezeichnung „Elektrizität“ geht vermutlich auf den griechischen Philosophen ARISTOTELES (384 – 322 v. Chr.) zurück, der den Bernstein „electron“ nannte.

Nach GILBERTS Entdeckungen vergingen nochmals fast 100 Jahre, bis der Magdeburger Bürgermeister OTTO VON GUERICKE (1602 – 1686) erkannte, dass sich geriebene Gegenstände nicht nur anziehen, sondern auch abstoßen können.

Blitze
Im Altertum wurden Gewitter als Ausdruck des Götterzorns betrachtet. Die Griechen meinten, dass Göttervater Zeus feurige Speere aus den Wolken schleudere und die Germanen betrachteten Blitze als funkelnde Waffen des Donnergottes Thor.

Erst vor etwa 250 Jahren erkannte der Amerikaner BENJAMIN FRANKLIN (1706 – 1790), dass Blitze (▷ B 2) elektrische Naturerscheinungen sind und dieselbe Ursache haben wie die anziehenden Kräfte, die sich nach dem Reiben von Bernstein beobachten lassen.

2 Blitzeinschlag

Schnittpunkt

Technik: Elektrostatik in der Technik

1 Fernsehnachrichten einmal anders

Elektrostatik – unsichtbar, aber vorhanden

Auch du hast jeden Tag mit elektrostatischen Erscheinungen zu tun. In deiner Umgebung gibt es dafür unzählige Beispiele. Der Staub auf dem Fernsehschirm (▷B 1) haftet z. B. nur, weil sich das Glas des Fernsehgerätes elektrisch aufgeladen hat.
Die Folge elektrostatischer Erscheinungen sind häufig Entladungen, die du auch am eigenen Leib spüren kannst.
Ob beim Aussteigen aus dem Auto oder beim Griff an die Türklinke – fast jeder hat schon einmal einen elektrischen Schlag bekommen. Ziehst du dir den Pullover aus, hörst du manchmal ein Knistern, die Haare „fliegen“ und gelegentlich siehst du sogar Funken sprühen.

Elektrostatik kann nützlich sein

Trotz der unangenehmen Begleiterscheinungen wird das Phänomen der Elektrostatik in vielen Industriebereichen ganz gezielt eingesetzt.
Durch die elektrostatische Aufladung von Karosserie und Farbteilchen wird bei Autos eine gleichmäßige Lackierung erreicht. Bei der Herstellung von CD-ROMs, Fotoobjektiven oder Mikrochips (▷B 2) müssen die Produktionsräume absolut staubfrei sein. Mithilfe der Elektrostatik kann der Staub entfernt werden.
Ein ähnliches Verfahren wird auch eingesetzt, um das Pulver auf den Rändern von Kaffee-Verpackungen nach dem Abfüllen zu entfernen. Erst dann kann die Tüte luftdicht verklebt werden.

2 Herstellung von Mikrochips in staubfreien Räumen

Elektrostatik kann gefährlich sein

Die Entladung von Körpern, die du als leises Knistern wahrnimmst, stören uns normalerweise kaum. Dennoch kann diese Entladung gefährliche Folgen haben. Überall dort, wo Pulver abgefüllt oder über Förderbänder transportiert wird, kommt es durch Reibung zu elektrostatischen Aufladungen. Bereits ein kleiner Funke kann dabei eine Explosion auslösen.
Deshalb werden z. B. in Mühlen, bei der Zuckerproduktion oder bei der Herstellung von Farbpulver Maßnahmen getroffen, um unkontrollierte Entladungen zu verhindern.
Auch beim Umgang mit leicht entzündlichen Stoffen (z. B. Benzin) können elektrostatische Aufladungen sehr gefährlich sein. Bei Tankwagen wird die Entstehung von Funken durch ein Kabel verhindert, das die Ladung in die Erde ableitet (▷B 3).

4 Pulver können sich leicht elektrisch aufladen.

3 Das Erdungskabel verhindert eine elektrostatische Aufladung.

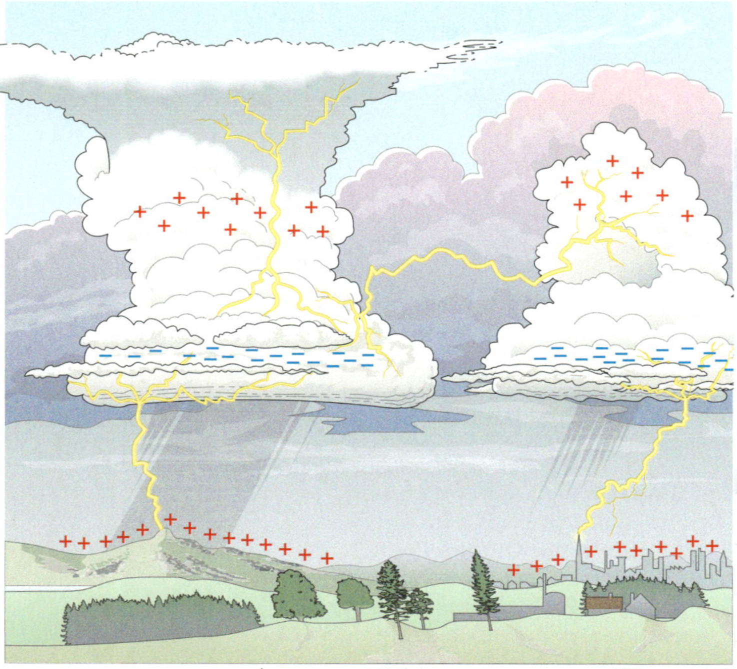

1 Blitze sind elektrische Entladungen.

Blitz und Donner
Gewitter sind beeindruckende Naturereignisse: Erst ziehen dunkle Wolken auf, dann zucken plötzlich helle Blitze über den Himmel, die von lautem Krachen und Donnergrollen begleitet werden.
Viele Menschen fürchten sich vor dieser Wettererscheinung. Sie bleiben in einem Gebäude, bis das Gewitter vorbei ist, und vermeiden es, zu telefonieren, fernzusehen oder Radio zu hören.

Wie entstehen Gewitter?
Gewitter entstehen in riesigen Wolken, die sich bis zu 12 km hoch auftürmen können. Die Wolken bestehen vorwiegend aus Wassertröpfchen. In den oberen Wolkenschichten ist es jedoch so kalt, dass die Tröpfchen dort zu Hagelkörnern gefrieren. [System, S. 186]

Weil sich innerhalb der Wolken Luft auf und ab bewegt, prallen die Wassertröpfchen und die Hagelkörner ständig aufeinander. Ähnlich wie zwei Körper, die aneinander gerieben werden, laden sich auch die Wassertröpfchen und die Hagelkörner dabei unterschiedlich auf.
Die Ladungen sind innerhalb der Wolken ungleichmäßig verteilt. Im oberen Teil überwiegen die positiven Ladungen, im unteren Bereich die negativen.

2 Folgen eines Blitzeinschlags

Ladungsausgleich durch den Blitz
Um den neutralen Zustand wiederherzustellen, müsste man die gegensätzlich geladenen Teilchen wieder zusammenbringen. Die unterschiedlichen Ladungen können sich aber noch auf andere Weise ausgleichen, und zwar durch eine Funkenentladung.
Der Blitz ist eine solche Funkenentladung zwischen einem positiv und einem negativ geladenen Wolkenbereich (▷ B 1).

Ladungsunterschiede können nicht nur zwischen verschiedenen Wolkenschichten, sondern auch zwischen den Wolken und der Erdoberfläche entstehen. Du kannst deshalb unterschiedliche Blitze beobachten. Die meisten Blitze verlaufen innerhalb der Wolken, manchmal schlägt aber auch ein Blitz in den Erdboden ein.

Woher kommt der Donner?
Ein Blitz dauert nur Bruchteile von Sekunden. Während der Funkenentladung kann die Temperatur fünfmal größer als an der Oberfläche der Sonne werden. Die plötzlich erhitzte Luft dehnt sich explosionsartig aus. Das hörst du als Donner.
Warum hörst du das Donnern meist erst, nachdem du den Blitz gesehen hast?
Das liegt daran, dass das Licht und der Schall unterschiedlich schnell sind: Das Licht legt in einer Sekunde eine Strecke von 300 000 km zurück – es könnte in dieser Zeit fast siebeneinhalb Mal um die Erde laufen. Der Schall schafft in einer Sekunde nur 330 m, also ein Drittel eines Kilometers. Mithilfe der Schallgeschwindigkeit kannst du auch abschätzen, wie weit ein Gewitter entfernt ist. Zähle, nachdem du den Blitz gesehen hast, die Sekunden bis zum Donner. Teile diese Zahl durch drei – nun weißt du, wie viele Kilometer das Gewitter etwa entfernt ist.

Blitzschutz
Rund um die Erde toben Tag für Tag etwa 45 000 Gewitter. Dabei zucken pro Sekunde ungefähr 100 Blitze über den Himmel. Blitze sind häufig die Ursache für Störungen in den Energieversorgungsnetzen. Auch für den Flugverkehr können sie gefährlich werden. Damit niemand in Gefahr gerät, werden die Flugrouten im Falle eines Gewitters deshalb abgeändert.

Auch in Haushalten können diese faszinierenden Naturphänomene gewaltige Schäden anrichten. Ein Blitzeinschlag kann elektrische Geräte und Leitungen zerstören oder einen Brand auslösen. Viele Häuser sind deshalb mit einer Blitzschutzanlage ausgerüstet (▷ B 4). Der Blitz wird mithilfe eines Blitzableiters „eingefangen". Blitzableiter sind spitze Metallstäbe, die über dicke Kabel mit dem Erdboden verbunden sind.

Verhalten bei Gewittern
Blitze schlagen bevorzugt in die höchsten Punkte, z. B. Bäume ein. Daran musst du denken, wenn du im Freien von einem Gewitter überrascht wirst.
Halte also möglichst großen Abstand zu Bäumen und hohen Geländepunkten. Der Blitz kann auch noch 100 m von der Einschlagstelle entfernt für dich gefährlich werden.

Im freien Gelände bist du am besten geschützt, wenn du dich in eine Bodenmulde kauerst und deine Füße nahe nebeneinander stellst.

3 Gewitter über einer Stadt

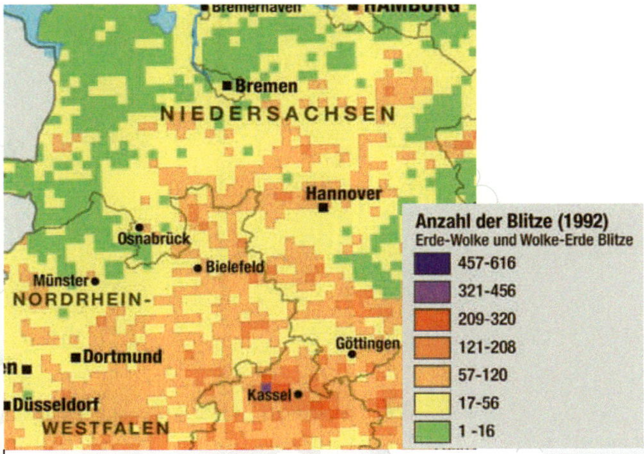

5 Blitzkarte

Aufgaben

1 Suche im Internet nach Blitzkarten (▷ B 5). In welcher Region Europas gibt es gerade die meisten Gewitter? Welche Informationen erhältst du noch aus Blitzkarten?

2 Wie weit ist der Blitzort entfernt, wenn zwischen Blitz und Donner etwa 7 Sekunden vergehen?

3 Informiere dich, welche Blitzschutzanlagen in eurem Haus vorhanden sind.

4 Warum handeln Menschen, die bei Gewitter baden, äußerst leichtsinnig? Suche weitere Verhaltensregeln.

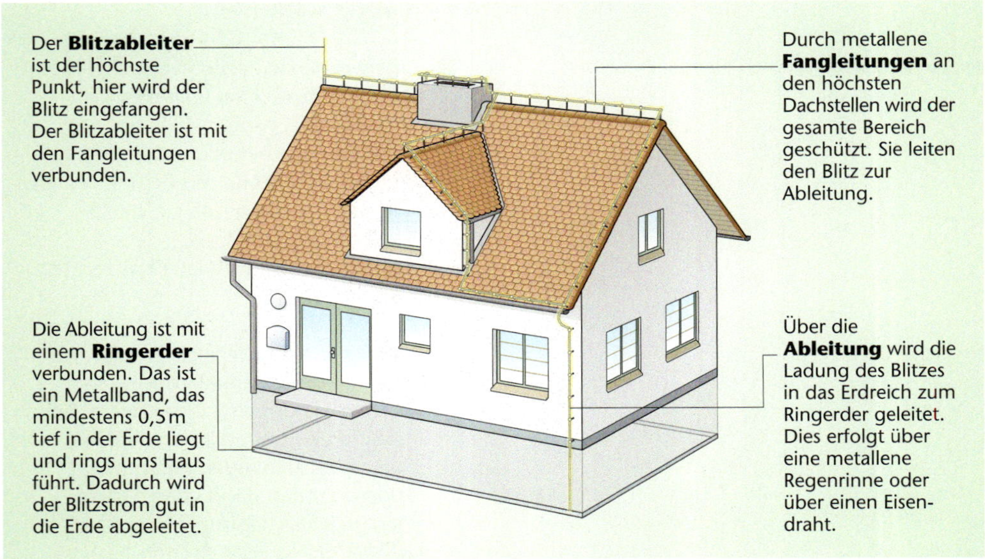

4 Blitzschutzanlage am Haus

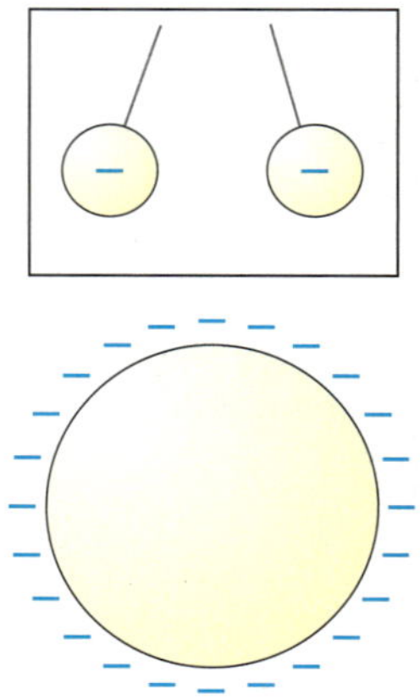

1 Die Ladungen befinden sich nur außen auf den Kugeln.

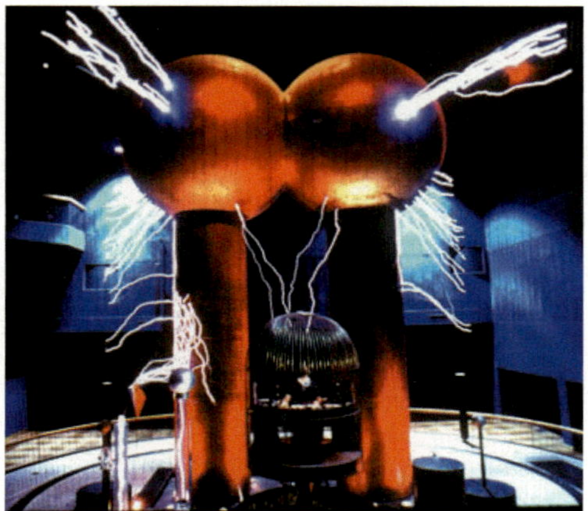

2 Ein Faraday-Käfig

Von Bechern und Käfigen

Lisa und Fatima führen folgendes Experiment durch: Sie bringen zunächst Ladungen auf die Außenseite eines Metallbechers (▷ V 1), und übertragen sie anschließend auf ein Elektroskop (▷ B 3).

Die Übertragung von Ladungen geht auch, wenn Lisa und Fatima Ladungen zuerst innen auf den Becher geben.
Das ist nicht verwunderlich, denn in einem Metall sind die Elektronen frei beweglich.
Auf der Innenseite des Bechers lassen sich aber keine Ladungen mehr nachweisen (▷ V 3; B 4).
Du weißt, dass sich gleiche Ladungen abstoßen. Deshalb entfernen sie sich möglichst weit voneinander. Der größte Abstand zueinander entsteht, wenn sich die Ladungen auf der Außenseite verteilen.

Den beschriebenen Metallbecher nennt man Faraday-Becher. Ersetzt man den Becher durch ein Drahtgitter, so spricht man von einem Faraday-Käfig. Eindrucksvoll ist eine Vorführung, wie sie in Bild 2 zu sehen ist. Auch ein Auto ist ein Faraday-Käfig. Deshalb sind bei einem Blitzeinschlag die Insassen im Auto geschützt.

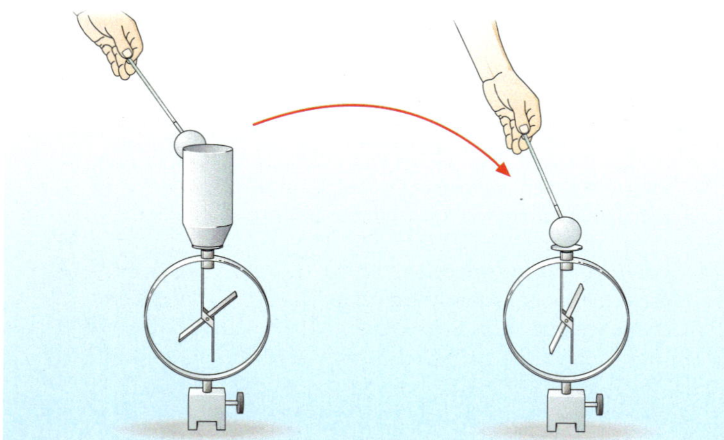

3 Ladung kann von der Außenseite des Faraday-Bechers übertragen werden.

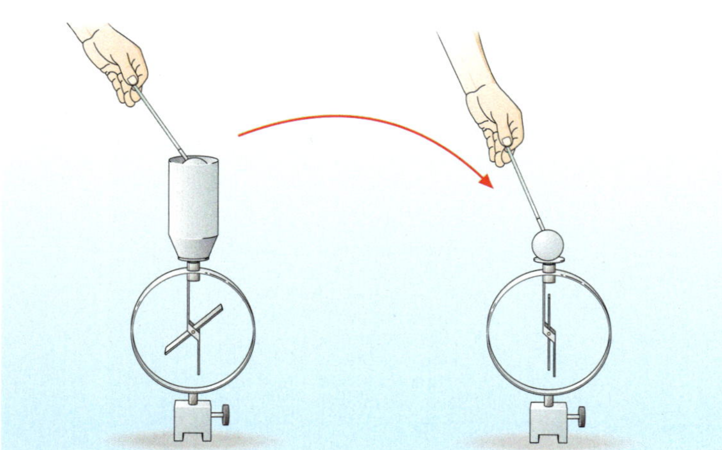

4 Die Innenseite des Faraday-Bechers ist nicht geladen.

Versuche

1 Stecke den Faraday-Becher auf ein Elektroskop. Lade eine Metallkugel durch Reiben an einer Folie auf. Berühre mit der geladenen Kugel außen den Faraday-Becher. Wiederhole den Versuch mehrfach, sodass das Elektroskop ausschlägt. Entlade nun die Kugel. Halte die Kugel außen an den Faraday-Becher. Halte die Kugel anschließend an ein zweites Elektroskop (▷ B 3). Warum schlägt das zweite Elektroskop aus? Was kannst du beim ersten Elektroskop beobachten?

2 Wiederhole den ersten Versuch, lade den Faraday-Becher aber diesmal innen auf.
Berühre mit einer ungeladenen Kugel den Faraday-Becher wieder von außen und halte die Kugel an ein zweites Elektroskop (▷ B 3).
Warum schlägt auch jetzt das zweite Elektroskop aus?

3 Wiederhole den Versuch 2. Prüfe, ob sich von der Innenseite des Faraday-Bechers Ladungen auf das zweite Elektroskop übertragen lassen (▷ B 4).
Diesen Versuch musst du sehr sorgfältig durchführen, du darfst beim Herausziehen der Kugel keinesfalls die Ränder des Faraday-Bechers berühren.

Geschichte: Franklin und Faraday – die zwei „Blitzgescheiten"

1 FRANKLINS berühmtes, aber gefährliches Experiment

2 BENJAMIN FRANKLIN

Der erste Blitzableiter
Der amerikanische Gründervater und Forscher BENJAMIN FRANKLIN (1706–1790) vermutete, dass sich Wolken elektrisch aufladen und ein Blitz nichts anderes sei als ein Ausgleich entgegengesetzter Ladungen.

Er beobachtete, dass der Blitz vor allem in hohe Kirchtürme und Bäume einschlug. Daher suchte er nach einer Möglichkeit, den Blitz gezielt auf die Erde „umzulenken".
Im Sommer 1752 baute FRANKLIN einen besonderen Drachen: Am oberen Drachenteil befestigte er eine Metallspitze und an das Ende der Schnur knotete er einen Eisenschlüssel als Griff. Während eines heftigen Gewitters ließ er den Drachen steigen (▷B 1). Würde das Experiment gelingen? Tatsächlich: Vom Schlüssel sprang ein kleiner Funke auf FRANKLINS Hand über und er erhielt einen schmerzhaften Schlag. FRANKLIN war sich nicht bewusst, in welch tödliche Gefahr er sich begeben hatte.

1760 montierte er auf dem Haus eines Kaufmanns in Philadelphia den ersten Blitzableiter: einen spitzen Metallstab, der mit der Erde verbunden wurde. Heutzutage findet man auf fast allen öffentlichen Gebäuden Blitzableiter.

FRANKLIN führte auch die Ausdrücke „positiv" und „negativ" zur Beschreibung elektrischer Zustände ein.

3 FARADAY bei einer öffentlichen Vorlesung

4 MICHAEL FARADAY

MICHAEL FARADAY
MICHAEL FARADAY wurde am 22. September 1791 in Newington (England) geboren. Mit 13 Jahren erlernte er den Beruf des Buchbinders. Nebenbei las er die Bücher, die er binden sollte. Diese Bücher weckten sein Interesse an der Elektrizität. Durch Zufall wurde er Assistent von Sir HUMPHRY DAVY (1778–1829), der die chemische Wirkung der Elektrizität untersuchte.
FARADAYS erste Forschungen beschäftigten sich dann auch mit der Chemie, so entdeckte er u.a. 1824 das Benzol.
Berühmt wurde FARADAY jedoch durch seine Forschungen auf dem Gebiet der Elektrizität: Er untersuchte Blitze, die durch einen Blitzableiter geleitet wurden, und entdeckte, dass die Blitze von einem magnetischen Feld umgeben sind.
FARADAY baute 1821 einen der ersten Elektromotoren und erfand das Prinzip des Dynamos.
FARADAY starb am 25. August 1867 in der Nähe von Hampton Court.

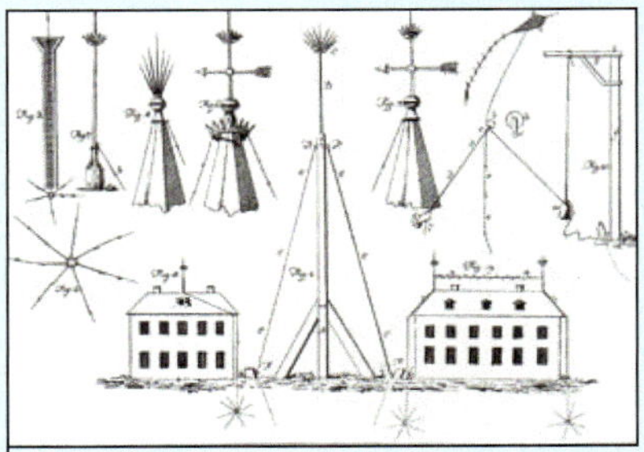

5 Historische Blitzableiter

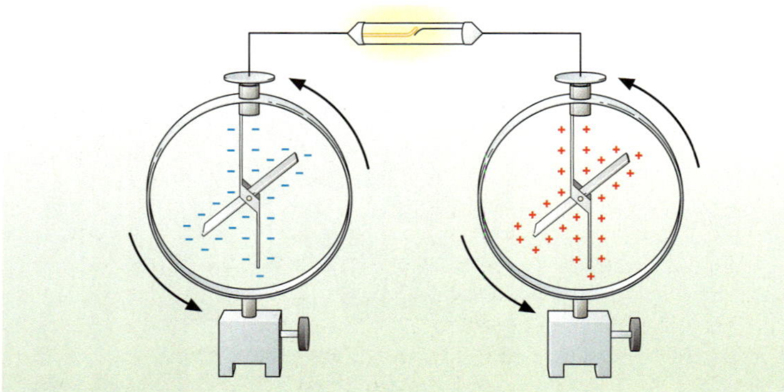

1 Beim Entladen gehen die Zeigerausschläge zurück.

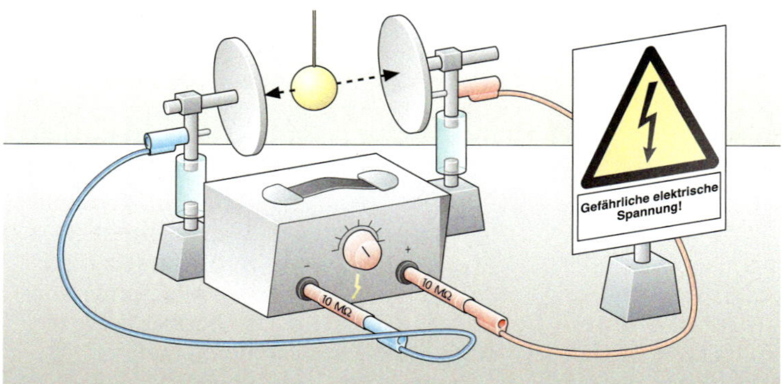

2 Eine Kugel pendelt zwischen den geladenen Platten.

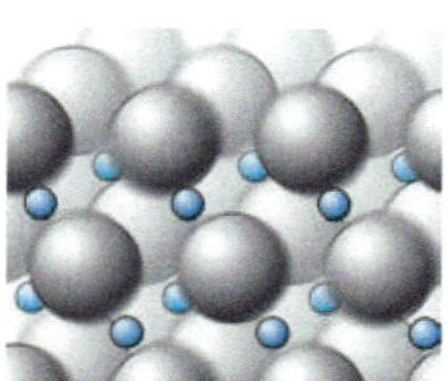

3 Aufbau eines Metallgitters

Versuche

1 Lade ein Elektroskop positiv und ein zweites Elektroskop negativ auf. Verbinde beide Elektroskope über eine Glimmlampe (▷ B 1). Erkläre deine Beobachtungen.

2 Zwei Platten werden an eine Hochspannungsquelle angeschlossen. Zwischen beide Platten wird eine Kugel gehängt (▷ B 2). Die Kugel wird angestoßen, sodass sie eine Platte berührt. Beobachte und erkläre.

Ladungen werden transportiert

Wenn du ein positiv und ein negativ geladenes Elektroskop über eine Glimmlampe verbindest (▷ B 1), gleichen sich die unterschiedlichen Ladungen sofort wieder aus. Dies kannst du sogar beobachten: Die Glimmlampe blitzt kurz auf und die Zeigerausschläge gehen zurück (▷ V 1). Die fließenden elektrischen Ladungen bezeichnet man als elektrischen Strom.

Ein elektrisches Glockenspiel

Auch in Versuch 2 werden Ladungen transportiert (▷ B 2).

- Die Kugel lädt sich z. B. an der negativ geladenen Platte negativ auf.
- Weil sich gleich geladene Körper abstoßen, entfernt sich die Kugel von der Platte. Gleichzeitig wird die Kugel von der positiv geladenen Platte angezogen, weil sich ungleich geladene Körper anziehen.
- An der positiv geladenen Platte lädt sich die Kugel positiv auf und schwingt zurück zur negativ geladenen Platte.

Jetzt beginnt der Vorgang von neuem.

Elektrischer Strom im Metalldraht

Ein Metalldraht besteht aus einem Atomgitter. Jedes Atom dieses Gitters hat ein Elektron abgegeben (▷ B 3). Diese Elektronen sind frei beweglich, während die „Restatome“ fest an ihre Plätze gebunden sind. Schließt du einen metallenen Leiter an eine Batterie an, so wandern jetzt die Elektronen vom Minuspol zum Pluspol. Weil die Elektronen negativ geladen sind, werden sie vom Minuspol der Spannungsquelle abgestoßen und vom Pluspol der Spannungsquelle angezogen.
Für jedes Elektron, dass den Metalldraht am Pluspol verlässt, wird am Minuspol ein Elektron nachgeliefert (▷ B 4).
[Struktur der Materie, S. 184]

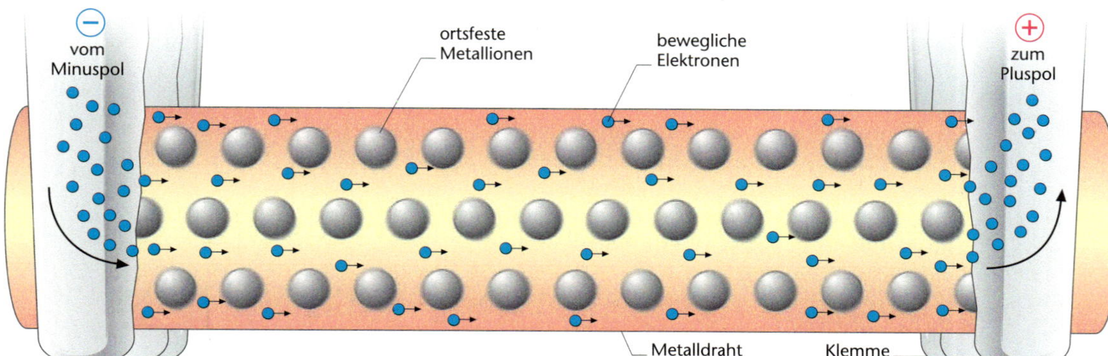

4 Elektronenfluss in einem Leiter

Versuch

1 a) Schließe einen geeigneten Motor an eine Solarzelle an. Führe der Solarzelle unterschiedlich viel Energie zu. Welche Auswirkung hat das auf die Geschwindigkeit des Motors?
b) Eine Lampe wird an einen Fahrraddynamo angeschlossen. Wodurch wird die Helligkeit beeinflusst?
Notiere deine Beobachtungen in einer Tabelle. Was hat der Versuch mit Energie zu tun? Werte die Ergebnisse aus den Versuchsteilen a) und b) unter diesem Aspekt aus.

Woher stammt die elektrische Energie?
Damit eine Lampe leuchten und ein Elektromotor sich drehen kann, benötigen sie Energie. Du kannst diese Energie leicht der Steckdose oder einer Batterie entnehmen. Doch woher stammt die entnommene elektrische Energie?
Es gibt mehrere Möglichkeiten. Im Elektrizitätswerk z. B. wird die Energie, die in Kohle, Erdgas usw. gespeichert ist, in elektrische Energie umgewandelt.
Solarzellen können erst dann elektrische Energie liefern, wenn sie dem Sonnenlicht ausgesetzt werden. Auch der Fahrraddynamo „erzeugt" keine elektrische Energie. Damit er Energie abgeben kann, muss sie ihm erst durch Bewegung (die Drehung des Rädchens) zugeführt werden.
In Akkus und in Batterien laufen chemische Vorgänge ab, bei denen elektrische Energie frei wird. [Energie, S. 182]

Elektrische Geräte sind Energiewandler
Im elektrischen Stromkreis wird die elektrische Energie durch die fließenden Elektronen zu den elektrischen Geräten transportiert. Dort wird die Energie umgewandelt: Der Wasserkocher gibt z. B. Wärme ab, der Glühdraht leuchtet und der Motor dreht sich.

Wenn elektrische Geräte arbeiten, dann wandeln sie elektrische Energie in andere Energieformen um.

Aufgaben

1 Welche Geräte im Haushalt arbeiten mit elektrischer Energie? Gibt es auch Geräte, die manuell betrieben werden? Fertige für jedes Gerät ein Energieschema an.

2 Beschreibe die Energieumwandlungsprozesse in Bild 1.

3 Man bezeichnet Batterien, Steckdosen usw. oft als Energiequellen. Was meinst du zu diesem Begriff?

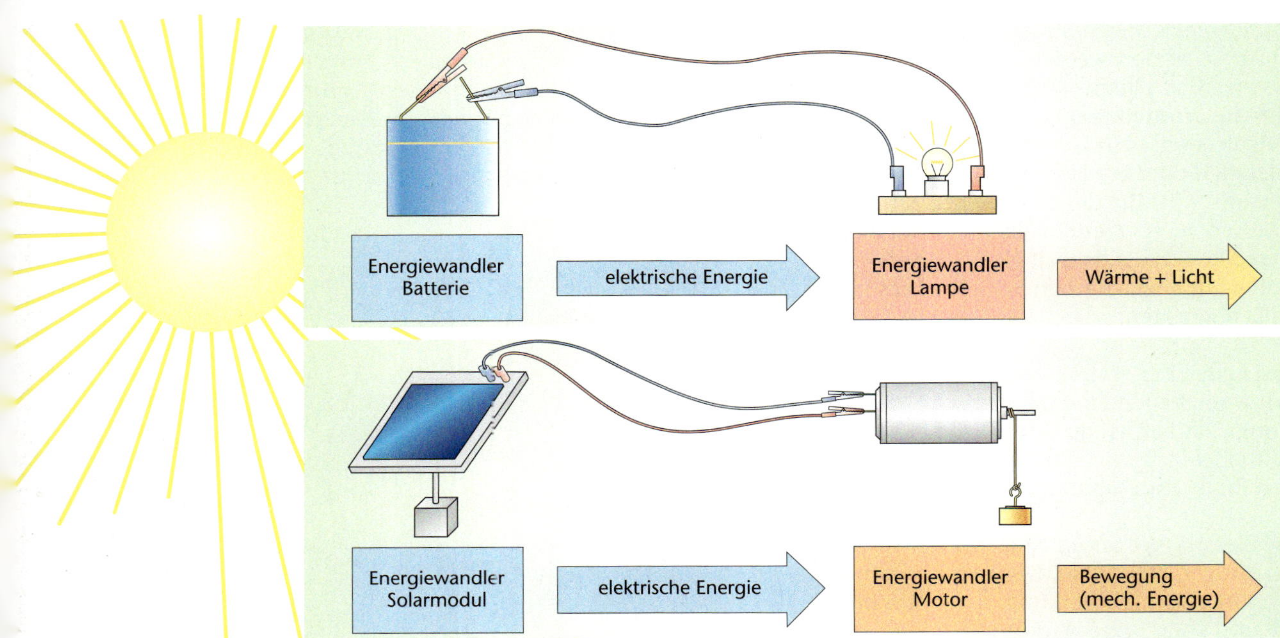

1 Energieumwandlung – von der Batterie zur Lampe (oben) und von der Sonne zum Motor (unten)

1 Elektrisch beheiztes Kochfeld

Das alles kann elektrischer Strom
Den elektrischen Strom, also die Bewegung von geladenen Teilchen, kannst du nicht sehen. Du kannst ihn allerdings an seinen Wirkungen erkennen.

Ein elektrischer Leiter erwärmt sich, wenn Strom durch ihn fließt. Du kannst dies bei Glühlampen feststellen. Sie werden im Betrieb so heiß, dass du dir die Finger daran verbrennen kannst.
In herkömmlichen Glühlampen wird ein Draht so stark erhitzt, dass er zu glühen beginnt und Licht aussendet. Dabei ist die (unerwünschte) Wärmewirkung viel höher als die Leuchtwirkung.
Erwünscht ist die Wärmewirkung dagegen beim Elektroherd (▷ B 1) oder beim Haartrockner.

Durch elektrischen Strom können auch Stoffe verändert werden. Bei der Elektrolyse werden chemische Verbindungen in ihre Bestandteile zerlegt. Dies nutzt man beispielsweise zur Gewinnung von reinen Metallen oder zur Herstellung von Wasserstoff. Mithilfe des elektrischen Stroms können auch Oberflächen geschützt und veredelt werden. Dabei wird ein Werkstück mit einer dünnen Schicht eines Metalls überzogen.

Ein Leiter, der vom Strom durchflossen wird, zeigt auch eine magnetische Wirkung. Das kannst du mithilfe einer Magnetnadel (z. B. Kompass) nachweisen. Diesen Effekt nutzt man in Elektromagneten.

▶ Elektrischer Strom ist an seinen Wirkungen erkennbar. Diese sind Wärmewirkung, Lichtwirkung, magnetische und chemische Wirkung.

Werkstatt

Elektrischer Strom – ein Alleskönner

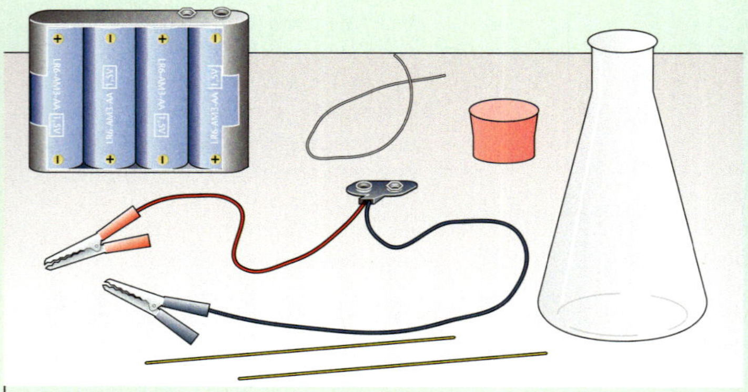

1 Material zu Versuch 2

Geh einmal deinen Tagesablauf durch. In welchen Situationen ist dir der Strom hilfreich? Welche seiner Wirkungen nutzt du?

1 Wärme aus Strom – der Tauchsieder

Material
Konstantandraht (Durchmesser 0,2 mm, Länge 30 cm), 2 Kupferdrähte (Durchmesser 1 mm, Länge 15 cm), Korkstopfen, Glasbecher, Batteriehalter, Batterien, Batterieclip, Nagel, Stativ, Klammer, Stift

Versuchsanleitung
Wickle den Draht um den Stift zu einer Spirale (▷ B 2). Bohre mit dem Nagel zwei Löcher durch den Stopfen. Schiebe die Kupferdrähte durch die Löcher. Biege jeweils die unteren Enden der Kupferdrähte um und klemme die Heizspirale zwischen ihnen fest.

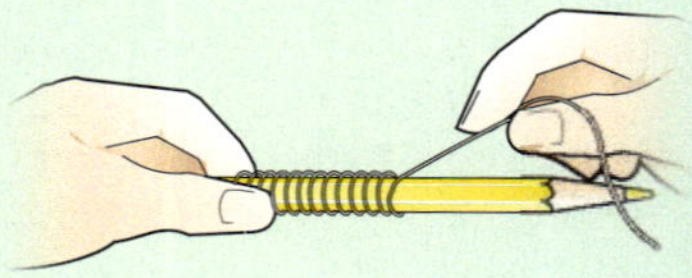

2 Herstellung der Heizspirale

Befestige deinen „Tauchsieder" so am Stativ, dass die Heizspirale ins Wasser eintaucht. Schließe die Drähte an die Batterien an (▷ B 3). Beobachte das Wasser in der Nähe der Spirale.

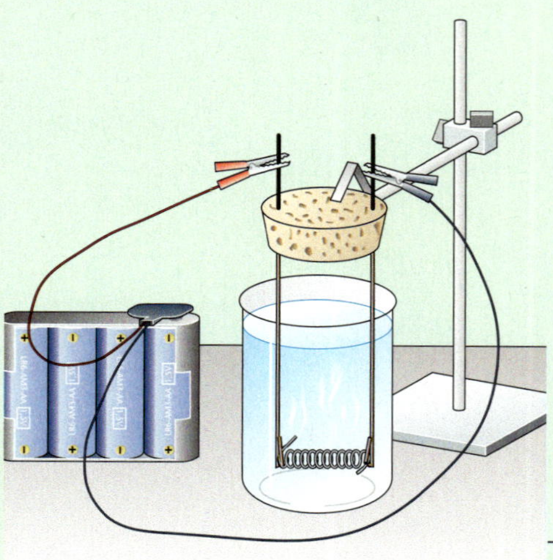

3 Tauchsieder

2 Licht aus Strom – die Glühlampe

Material

Glaskolben mit Stopfen, 2 Kupferdrähte (Durchmesser 1 mm, Länge 12 cm), Batteriehalter, Batterien, Batterieclip, Konstantandraht (Durchmesser 0,2 mm, Länge 30 cm), Kugelschreibermine

Versuchsanleitung

Wickle den Konstantandraht ganz eng auf die dünne Kugelschreibermine. Wenn du sorgfältig arbeitest, sodass die einzelnen Windungen sauber nebeneinander liegen, erhältst du eine feine Spirale. Ziehe die Spirale etwas auseinander, bis sich die einzelnen Windungen nicht mehr berühren.

Biege die beiden Kupferdrähte am Ende so um, dass du die Konstantanspirale darin festklemmen kannst (▷ B 4). Schiebe die Drähte mit der Spirale voran in den Kolben. Setze den Stopfen so auf die Öffnung, dass er die Kupferdrähte festklemmt. Achte darauf, dass sich die Drähte nicht berühren. Schließe nun die Batterien an die Kupferdrähte an.

Wenn der Draht nicht hell leuchtet, kannst du ihn entweder kürzen oder eine stärkere Stromquelle verwenden, z. B. ein Netzgerät.

Aufgabe

Warum wird der Draht zu einer Spirale gewickelt?

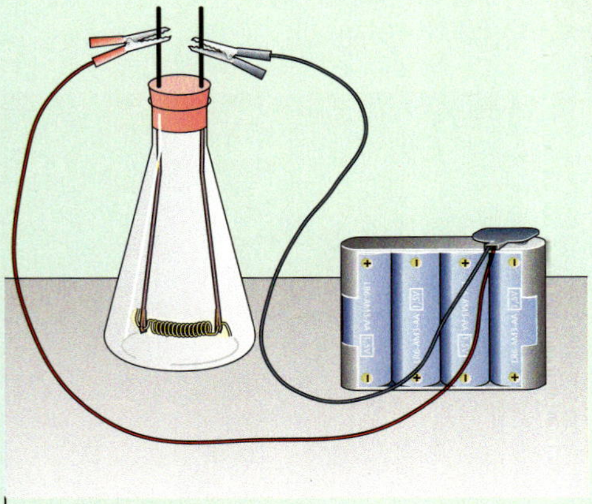

4 Glühlampe

3 Verkupfern mithilfe von Strom

Material

1 Becherglas (250 ml), Kabel, 2 isolierte Krokodilklemmen, Kupferblechstreifen, Eisennagel, Kupferelektrolytlösung, Spannungsquelle (3 V), Schleifpapier, Schutzbrille

Beachte! Bei diesem Versuch musst du die Schutzbrille tragen.

Die verwendete Elektrolytlösung ist mindergiftig und ätzend. Willst du die Lösung nach dem Versuch entsorgen, so musst du sie in den Behälter für anorganische Stoffe geben.

Versuchsanleitung

Fülle das Becherglas etwa zur Hälfte mit der Kupferelektrolytlösung. Reinige den Eisennagel mit dem Schleifpapier sehr gründlich.

Befestige den Nagel an einer Krokodilklemme und befestige den Kupferblechstreifen an der anderen Krokodilklemme. Tauche Nagel und Kupferstreifen in die Elektrolytlösung.

Verbinde den Pluspol der Spannungsquelle mit dem Kupferblechstreifen und den Minuspol mit dem Eisennagel. Lasse nun für einige Minuten Strom fließen.

Aufgaben

1. Beschreibe deine Beobachtungen.

2. Bei diesem Versuch handelt es sich um eine elektrochemische Reaktion. Erkläre den Begriff.

3. Den Vorgang, einen Stoff mithilfe des Stroms auf einen anderen Stoff aufzubringen, nennt man „Galvanisieren", zu Ehren des Physikers LUIGI GALVANI. Informiere dich über GALVANI und erstelle ein Potrait.

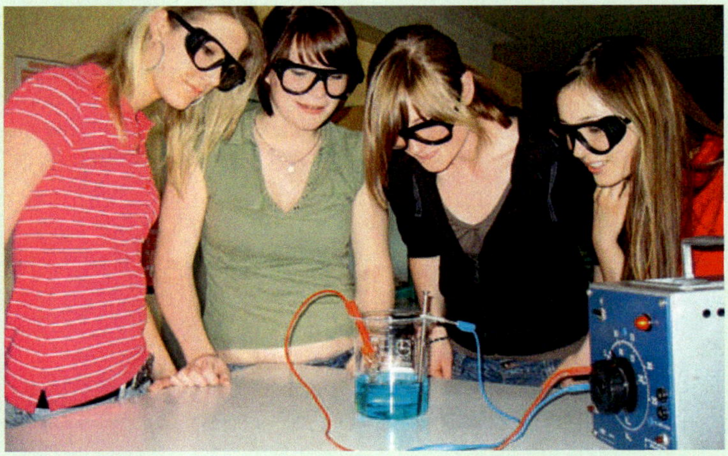

1 Hans Christian Oersted

Die „verrückte" Kompassnadel

Im Jahre 1820 experimentierte der dänische Physiker Hans Christian Oersted (1777–1851) mit einem Draht und einer Kompassnadel. Er ließ Strom durch den Draht fließen. Dabei wollte er herausfinden, ob es einen Zusammenhang zwischen dem Stromfluss im Draht und den magnetischen Eigenschaften der Kompassnadel gibt. Dieses Experiment kannst du in der Werkstatt selbst durchführen.

Dabei beobachtest du:
- Sobald Strom durch den Draht fließt, bewegt sich die Kompassnadel (▷ B 2).
- Wenn du die Drahtenden mit den anderen Polen der Batterie verbindest, dreht sie sich in die andere Richtung.
- Wenn du den Strom wieder abschaltest, geht die Nadel in ihre ursprüngliche Lage zurück, sie bewegt sich nun nicht mehr.

▶ Eine Kompassnadel bewegt sich, wenn sie sich in der Nähe eines Drahtes befindet, durch den Strom fließt.

Aus Erfahrung weißt du, dass sich eine Magnetnadel nur bewegt, wenn eine magnetische Kraft wirkt.

Woher kommt aber in unserem Versuch diese magnetische Kraft?
Du hast beobachtet, dass sich die Nadel nur bewegt, wenn Strom durch den Draht fließt. Der Strom muss also Ursache für die Magnetkraft sein. Nur wenn Strom durch den Draht fließt, entsteht um ihn herum ein Magnetfeld. Nach dem Ausschalten des Stromes verschwindet es wieder.

▶ Fließt Strom durch einen Draht, entsteht um ihn herum ein Magnetfeld. In diesem Raum wirkt die magnetische Kraft.

Stärkere Magnetfelder

Das Magnetfeld um diesen Draht ist schwach. Wenn man aber den Draht verlängert und zu einer Spule aufwickelt, wird das entstehende Magnetfeld deutlich stärker.
Je mehr Windungen die Spule hat, desto stärker ist bei gleich großem Strom das Magnetfeld.

Wenn du den Stromfluss durch eine Spule erhöhst, vergrößert sich ebenfalls die magnetische Kraft auf die Kompassnadel.

Befindet sich im Inneren einer Spule noch ein Eisenkern, verstärkt dieser bei gleicher Windungszahl und Stromstärke ebenfalls das entstehende Magnetfeld.

▶ Das Magnetfeld um eine stromdurchflossene Spule lässt sich verstärken durch
- eine größere Windungszahl der Spule,
- die Verwendung eines Eisenkernes und
- einen größeren Stromfluss durch die Spule.

Der Elektromagnet

Eisenfeilspäne (▷ B 3) bleiben an der Spule hängen, wenn Strom fließt. Das kennst du schon von Dauermagneten. Wird der Strom abgeschaltet, fallen die Späne ab.

▶ Eine Spule, durch die Strom fließt, ist ein Elektromagnet.

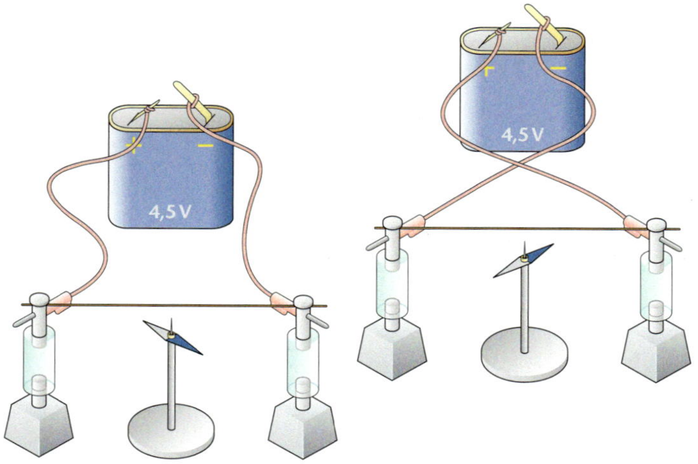

2 Ablenkung einer Kompassnadel bei verschiedenen Stromrichtungen.

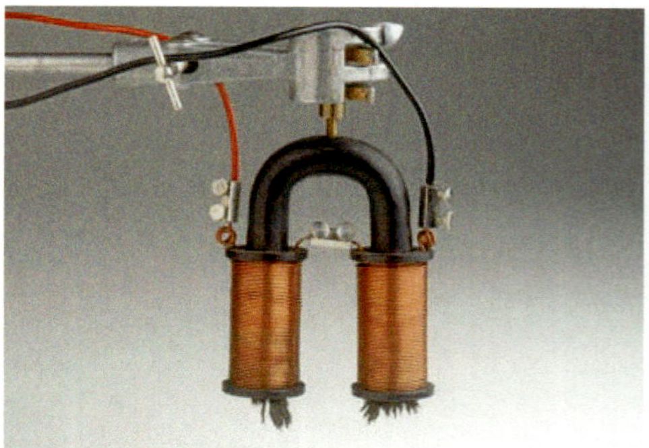

3 Elektromagnet zieht Eisenfeilspäne an.

Elektromagnet

1 Auf Oersteds Spuren

Hier kannst du nach Oersteds Vorbild aus dem Jahre 1820 experimentieren.

Material
30 cm Kupferdraht, 2 Isolierstützen, Kompassnadel, 4,5-V-Batterie, 2 Kabel

Versuchsanleitung
Spanne einen etwa 30 cm langen Kupferdraht zwischen zwei Isolierstützen. Nimm eine Kompassnadel und warte, bis sie sich in Nord-Süd-Richtung eingependelt hat. Stelle nun den Draht parallel über die Nadel und schließe ihn an eine 4,5 V-Gleichspannungsquelle an. Verändere die Stromrichtung, indem du die Stromanschlüsse tauschst.
Protokolliere den Versuch und deine Beobachtungen.

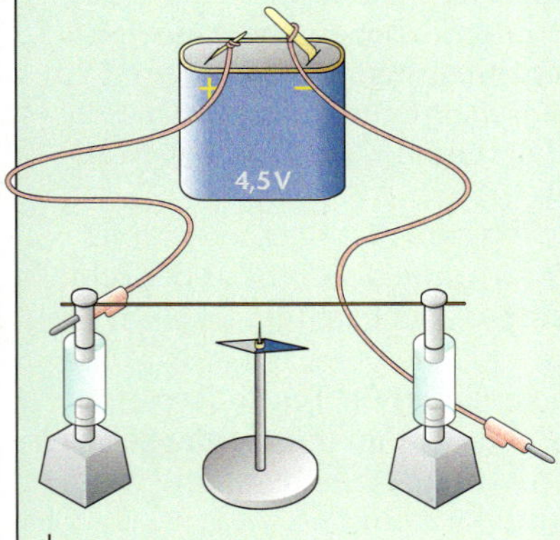

1 Zu Versuch 1

2 Der selbstgebaute Elektromagnet

Material
Mehrere große und kleine Eisennägel, Experimentierkabel, Klebestreifen, 4,5 V Batterie

Versuchsanleitung
Wickle wie im Bild 2 ein Kabel mehrfach um einen großen Eisennagel. Befestige das Kabel eventuell mit etwas Klebestreifen am Nagel. Schließe die Kabelenden an eine 4,5 V-Batterie an und teste, wie viele kleine Eisennägel angezogen werden.

Du sollst die Stärke deines Elektromagneten verändern. Überlege dir Möglichkeiten zum Vergrößern und zum Verringern der Stärke des Magneten. Probiere sie aus und protokolliere deine Beobachtungen.
Finde einen Merksatz.

2 Elektromagnet Spule

3 Veränderbare Magnete

Material
Spule mit 600 Windungen, Spannungsquelle 6 V, Kompassnadel, Eisenkern

Versuchsanleitung
a) Schließe eine Spule mit 600 Windungen an eine Gleichspannungsquelle (6 V) an. Stelle in die Nähe der Spule eine Kompassnadel und schalte den Strom ein.

b) Wiederhole den Versuch a) mit einem Eisenkern im Spuleninneren.

c) Schließe die Spule mit 600 Windungen in Reihe mit einem Strommesser an eine Gleichspannungsquelle an. Bringe eine Kompassnadel in Spulennähe (▷ B 3). Beginne bei einer Spannung von 3 V erhöhe dann auf 6 V. Notiere die Stromstärken und die Stärke der Nadelbewegung.

3 Zu Versuch 3

4 Elektromagneten in Reihe

Material
3 Spulen (300, 600, 1200 Windungen), Kompassnadel, Spannungsquelle 6 V

Versuchsanleitung
Baue eine Reihenschaltung mit drei Spulen (300, 600 und 1200 Windungen). Stelle vor jede Spule im gleichen Abstand eine Kompassnadel. Lege eine Gleichspannung von 6 V an.

Weiterführende Aufgaben
1. Informiere dich über das Leben von Hans Christian Oersted.

2. Warum ist der Draht bei Elektromagneten immer zu einer Spule aufgewickelt?
Warum sind diese Wicklungen immer gegeneinander isoliert?

3. Wo finden Elektromagnete Anwendung? Informiere dich.

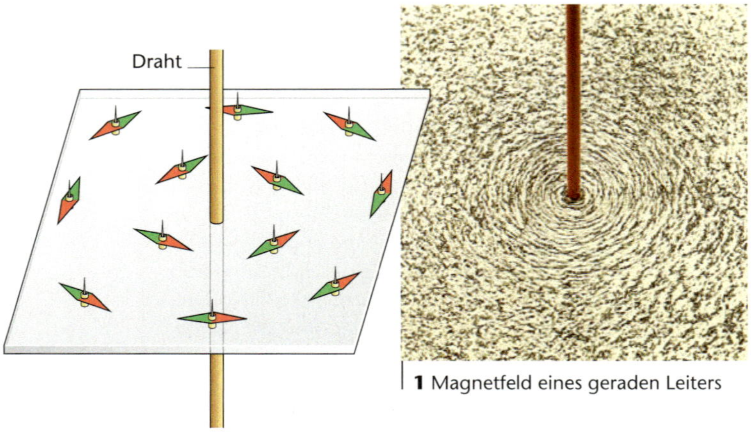

1 Magnetfeld eines geraden Leiters

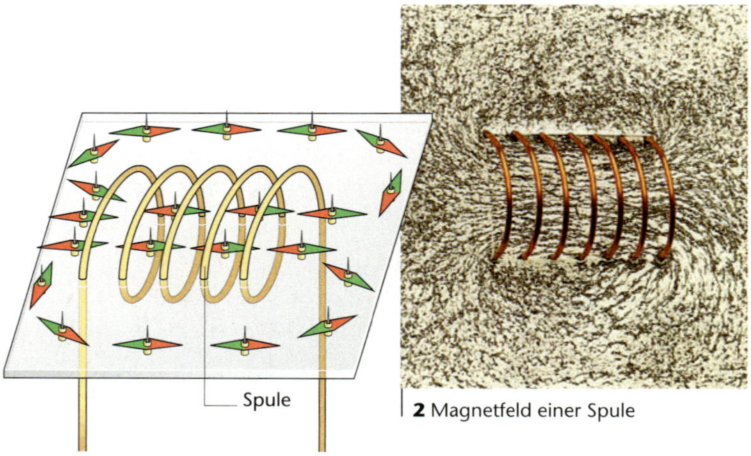

2 Magnetfeld einer Spule

3 Magnetfeld eines Stabmagneten

Magnetfeld um einen Draht

Kompassnadeln und Eisenfeilspäne werdem durch Magnetfelder beeinflusst. Sie sollen uns dabei helfen, den Magnetfeldern von Drähten und Spulen auf die Spur zu kommen.

Im Bild 1 durchbohrt ein Draht eine Plexiglasplatte. Auf der Platte stehen kleine Kompassnadeln.
Wenn der Strom eingeschaltet wird, richten sich die Kompassnadeln um den Draht herum aus. Änderst du die Stromrichtung, so drehen sich die Kompassnadeln in die andere Richtung. Denkt man sich Verbindungslinien von einer Nadel zu ihren beiden Nachbarn, ergeben sich Kreislinien. Ein ähnliches Bild entsteht, wenn man Eisenfeilspäne auf die Platte streut.
Solche Linien nennt man Feldlinien.

Aus diesen Versuchen kann man auf den Verlauf der Feldlinien schließen:

Magnetische Feldlinien verlaufen kreisförmig um einen Draht, wenn Strom durch diesen fließt.

Magnetfelder um Spulen

Im Bild 2 siehst du, wie sich Kompassnadeln und Eisenfeilspäne in der Umgebung einer stromdurchflossenen Spule ausrichten. Das Ganze erinnert an das Magnetfeld um einen Stabmagneten (▷ B 3). So hat die Spule ebenfalls einen magnetischen Nord- und Südpol.
Im Unterschied zum Stabmagneten können wir bei der Spule den Verlauf der Feldlinien im Inneren beobachten.

Im Inneren verlaufen die Feldlinien annähernd parallel (▷ B 2). In diesem Bereich hat das magnetische Feld überall die gleiche Stärke und Richtung.

Das Magnetfeld um eine stromdurchflossene Spule ähnelt dem eines Stabmagneten. Bei einer stromdurchflossenen Spule sind die Magnetfeldlinien geschlossen.

Versuch

1 Stecke einen Draht senkrecht durch eine Pappe (▷ B 1). Schließe den Draht an eine 4,5 V Batterie an.
Stelle kleine Kompassnadeln auf die Pappe, was beobachtest du?

Magnete im Vergleich
In vielen Geräten sind Magnete eingebaut. Elektromagnete findest du zum Beispiel in Elektromotoren und Lautsprechern. Elektromagnete sind leichter als Dauermagnete, man kann sie auch einfach abschalten. Beide Magnetsorten haben viele Gemeinsamkeiten, es gibt aber auch Unterschiede (▷B 2).

Aufgabe

1 Überlege dir Versuche, die die Aussagen über Elektromagnete bestätigen. Führe die Versuche durch und protokolliere sie in deinem Heft.

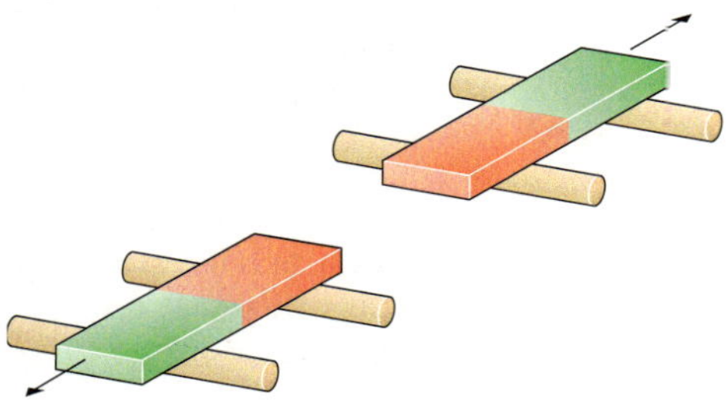

1 Gleichnamige Pole stoßen sich ab.

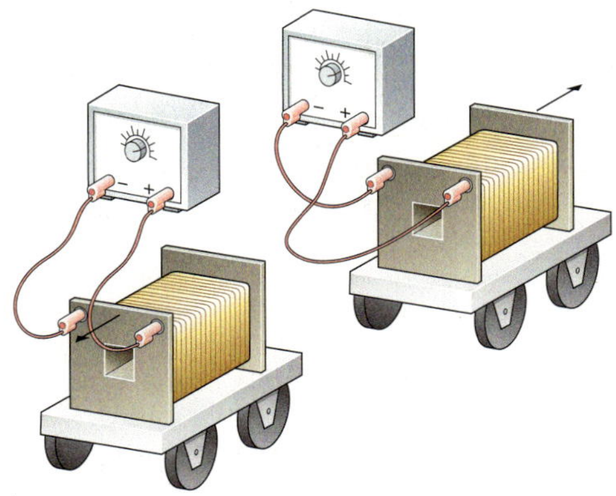

3 Abstoßung auch bei Elektromagneten

Dauermagnete	Elektromagnete
1. Dauermagnete sind von einem Magnetfeld umgeben. Durch Eisenfeilspäne oder kleine Kompassnadeln kann der Verlauf der Feldlinien sichtbar gemacht werden.	**1.** Auch in der Umgebung von stromdurchflossenen Elektromagneten existieren Magnetfelder, die durch Eisenfeilspäne oder kleine Magnetnadeln nachgewiesen werden können.
2. Dauermagnete haben Nord- und Südpol. Die Pole liegen fest.	**2.** Elektromagnete haben ebenfalls Nord- und Südpol. Durch Umkehrung der Stromrichtung lassen sich die Magnetfelder umpolen.
3. Die Stärke eines Dauermagneten bleibt normalerweise erhalten. Nur durch sehr starke Erschütterungen oder Erwärmung kann er seine Magnetkraft verlieren.	**3.** Die Stärke von Elektromagneten ist regelbar. Elektromagnete kann man abschalten.
4. Gleichnamige Pole stoßen sich ab (▷B 1), ungleichnamige ziehen einander an.	**4.** Es gelten die Polgesetze (▷B 2).
5. Zwischen Magneten und Körpern, die Eisen, Nickel oder Cobalt enthalten, wirken Anziehungskräfte.	**5.** Es gibt Anziehungskräfte zwischen Elektromagneten und Körpern, die Eisen, Nickel oder Cobalt enthalten.
6. Die magnetische Kraft wirkt durch Papier, Pappe, Holz, Kunststoffe usw. hindurch. Sie kann durch Eisen, Nickel und Cobalt abgeschirmt werden.	**6.** Die magnetische Kraft wirkt durch Papier, Pappe, Holz, Kunststoffe usw. hindurch. Sie kann durch Eisen, Nickel und Cobalt abgeschirmt werden.

2 Gemeinsamkeiten und Unterschiede bei Dauer- und Elektromagneten

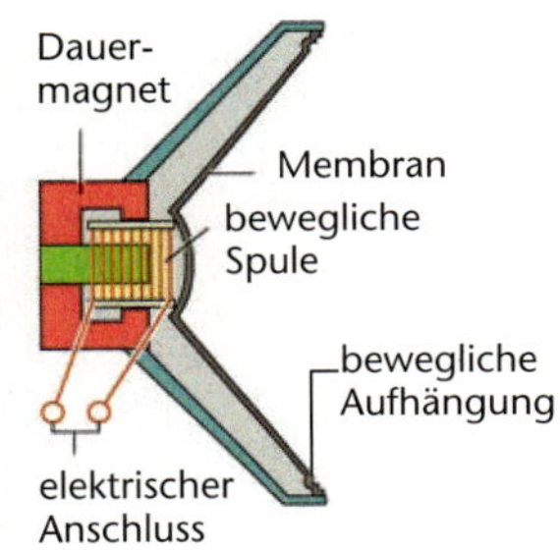

4 Dauermagnete bei Lautsprechern

Versuch

1 a) Wickle einen Kupferdraht um einen Holzstab oder eine Papprӧhre. Halte die so entstandene Spule zwischen die Pole eines Hufeisenmagneten. Schließe sie an eine Spannungsquelle an (▷B 2). Was kannst du beobachten?
b) Vertausche die Anschlüsse der Spule. Was beobachtest du jetzt?
Kannst du dir eine Möglichkeit vorstellen, wie man durch Vertauschen der Anschlüsse eine ganze Drehung der Spule erreichen könnte?

2 Zu Versuch 1

Elektromotoren überall
In keinem Lebensbereich können wir auf Elektromotoren verzichten. Keine Waschmaschine arbeitet ohne Elektromotor, ebenso wenig Maschinen in Industriebetrieben und selbst der Computer würde ohne Elektromotoren für die Festplatte und den Lüftern nicht funktionieren.

In einem offenen Elektromotor kannst du mehrere Spulen erkennen, die auf einen Eisenkern gewickelt sind (▷B 1). Auch hierbei handelt es sich um Elektromagneten.

Ein „einfacher" Elektromotor?
In Versuch 1 hast du bereits den Vorläufer eines Elektromotors aufgebaut. Auch er enthält – wie jeder Elektromotor – einen feststehenden Magneten, der zum **Stator** des Motors gehört (lat. stare: stehen). Im Magnetfeld des Stators dreht sich eine Spule, die zum **Rotor** gehört (lat. rota: Rad).

Dieser „Motor" besitzt aber zwei große Nachteile:

1. Die Spule führt maximal eine halbe Umdrehung aus, denn dann stehen sich ungleichnamige Pole von Dauermagnet und Spule gegenüber. Da sich diese anziehen, dreht sich die Spule nicht weiter.

2. Wenn nach einer halben Umdrehung die Anschlüsse der Spule vertauscht würden, könnte sich die Spule weiter drehen. Durch die Umdrehungen wickeln sich jedoch die Anschlusskabel der Spule auf. Dadurch ist eine weitere Drehung bald unmöglich.

Wie kann man erreichen, dass ein Elektromotor eine Drehbewegung erzeugt?

Ein Kommutator löst das Problem
Diese Nachteile werden vermieden, wenn man an der Rotorspule zusätzlich einen **Kommutator** anbringt (lat. commutare: vertauschen). Er besteht aus zwei Ringhälften, an die die Spule des Rotors angeschlossen ist (▷B 5). Auf die beiden Ringhälften drücken Schleifkontakte, die eine leitende Verbindung von der Rotorspule zur Spannungsquelle ermöglichen.

1 Ein Elektromotor

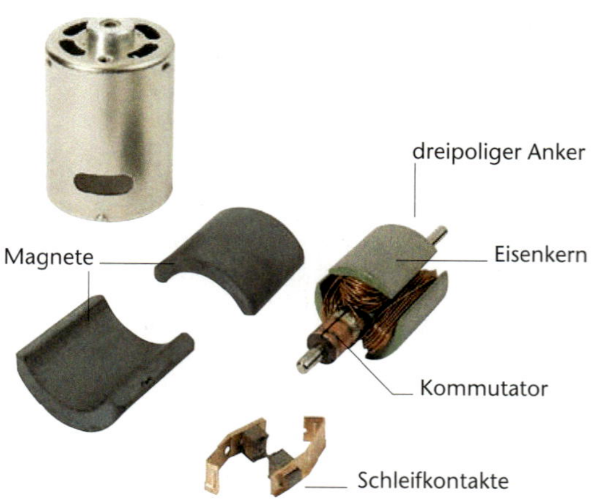

3 Geöffneter Elektromotor

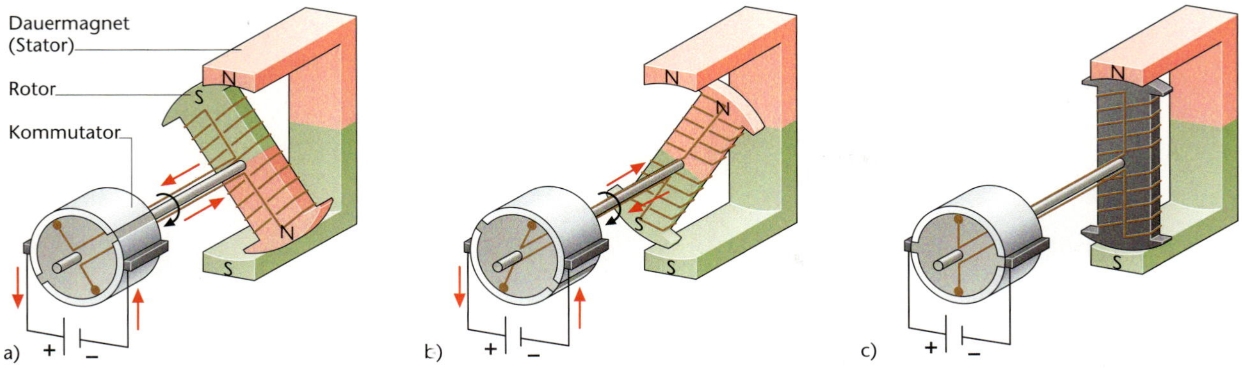

4 Elektromotor mit Kommutator

Dadurch gibt es keine Anschlusskabel mehr, die sich aufwickeln können.
Wie kommt es zu einer ständigen Drehung? Die Rotorspule dreht sich so weit, bis sich ungleichnamige Pole gegenüberstehen (▷ B 4a). Jetzt wechseln die Schleifkontakte auf die jeweils andere Ringhälfte (▷ B 4b). Dadurch ändert sich die Stromrichtung in der Rotorspule, und ihr Magnetfeld wird umgepolt. Nun stehen sich gleiche Pole gegenüber, die sich abstoßen, und der Rotor dreht sich weiter. Dieser Vorgang findet jede halbe Umdrehung statt: Der Rotor dreht sich ständig weiter.

▶ Durch den Kommutator werden die Magnetpole der Rotorspule nach jeder halben Umdrehung umgepolt. Dadurch wird eine ständige Drehung des Rotors erreicht.

Der Totpunkt wird vermieden
Wenn du den Elektromotor von Bild 4 mehrfach ein- und ausschaltest, wirst du noch einen Nachteil feststellen: Er läuft nicht jedesmal von selbst an und muss dann mit der Hand angeworfen werden. Der Rotor kann beim Ausschalten so stehen bleiben, dass sich die Pole der Rotorspule und des Stators genau gegenüberstehen. Der Rotor ist im **Totpunkt**, er erfährt keine Kraft, die ihn zur Drehung veranlasst (▷ B 4c).

Diese „Anlaufschwierigkeit“ lässt sich vermeiden, wenn man die Rotorspule in eine ungerade Anzahl von Spulenabschnitten aufteilt. Der einfachste Fall ist der **dreipolige Anker** (Anker wegen der Form des Eisenkerns). Bei ihm stehen mindestens zwei Spulen nicht direkt vor dem Stator, die dann für das Anlaufen des Motors sorgen (▷ B 1).

▶ Mit einem dreipoligen Anker als Rotor läuft der Elektromotor aus jeder Position sicher an.

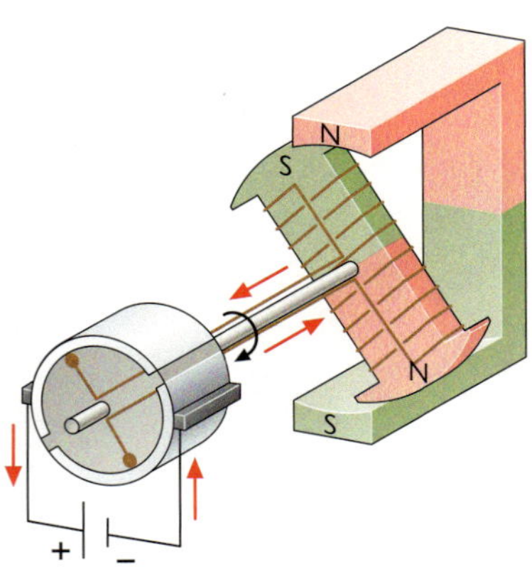

5 Der Kommutator

Lexikon

Elektromotoren

Kommutator
Er vertauscht bei jeder Umdrehung des Rotors zweimal die Anschlüsse der Rotorspule. Dadurch sorgt der Kommutator für ein Umpolen des Magnetfeldes an der Rotorspule.

Rotor
Der drehbare Teil eines Elektromotors.

Rotorspule
Die drehbare Spule im Elektromotor. Ihre Anschlüsse sind mit dem Kommutator verbunden.

Stator
Der feststehende Teil des Elektromotors. Er besteht aus dem Gehäuse des Motors und den feststehenden Magneten (Dauermagnete oder Elektromagnete).

Statorspulen
Fest angebrachte Elektromagnete im Stator des Motors.

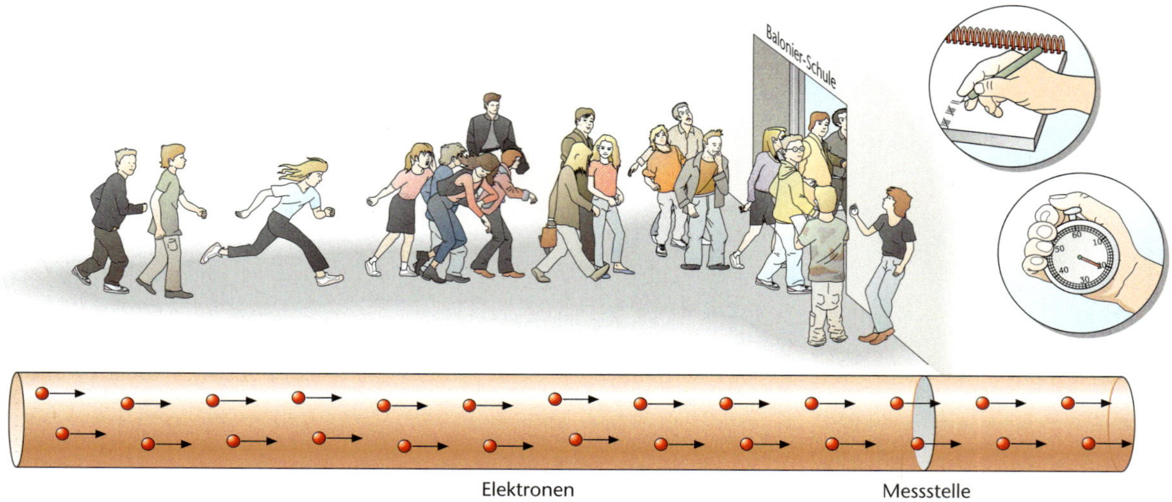

1 Messung der Stärke des Schülerstromes

Die Schülerstromstärke

Steffen und Karsten wollen die Stärke des Schülerstroms bestimmen, der am Ende der Pause in das Schulgebäude strömt. Als Messstelle wählen sie den Eingang der Schule. Karsten zählt die Schülerinnen und Schüler, die das Gebäude betreten; Steffen misst die Zeit.

Sie stellen fest, dass in 60 s 180 Personen das Gebäude betreten. Um daraus den „Schülerstrom“ zu berechnen, müssen sie nur die Anzahl der eintretenden Personen durch die dafür benötigte Zeit teilen.

Die Schülerstromstärke beträgt in diesem Fall also drei Schüler pro Sekunde oder anders ausgedrückt: In einer Sekunde betreten drei Jugendliche das Schulgebäude.

Die elektrische Stromstärke

In festen Leitern transportieren Elektronen Ladungen. Um die elektrische Stromstärke angeben zu können, muss man die Anzahl der Elektronen messen, die in einer bestimmten Zeit an einer bestimmten Stelle vorbeifließen.
Die Einheit für die elektrische Stromstärke ist das Ampere, benannt nach dem französischen Physiker ANDRÉ MARIE AMPÈRE (1775 – 1836). Bei einer Stromstärke von einem Ampere (1 A) fließen pro Sekunde 6 000 000 000 000 000 000 (6 Trillionen) Elektronen an der Messstelle vorbei!

Als Formelzeichen für die Stromstärke wurde das I festgelegt.

> Die elektrische Stromstärke gibt an, wie viele Ladungen in einer bestimmten Zeit an einem Messpunkt vorbeifließen.
> Als Formelzeichen für die Stromstärke wurde das I vereinbart.
> Die elektrische Stromstärke misst man in der Einheit Ampere (A).

Eine kleinere Einheit ist z. B. 1 mA:
1 A = 1000 mA
1 mA = 0,001 A

2 Wird die Stromstärke zu groß, lässt sie sich nicht mehr durch einfaches Abzählen bestimmen.

Bestimmung der elektrischen Stromstärke

Elektronen sind einerseits sehr klein und andererseits sehr zahlreich, sodass eine Strommessung durch Zählen der einzelnen Elektronen zu aufwändig wäre.
Die elektrische Stromstärke kann man aber über die Wirkungen des Stroms bestimmen. Dies sind die Lichtwirkung, die Wärmewirkung, die magnetische Wirkung und die chemische Wirkung.

Je größer die Stromstärke,
- desto heller leuchtet eine Lampe (▷ V 1),
- desto stärker erwärmt (und dehnt) sich ein Draht (▷ V 2),
- desto stärker wird eine Kompassnadel aus der Ruhelage ausgelenkt (▷ V 3).

Anhand ihrer Wirkungen kannst du die Größe von Strömen vergleichen.

Aufgaben

1 Außer dem elektrischen Strom kennst du noch andere Arten von Strömen. Wie lässt sich deren Stärke bestimmen?

2 Karsten und Steffen haben eine Schülerstromstärke von drei Schülern pro Sekunde bestimmt. Wie lange dauert es, bis 750 Schülerinnen und Schüler die Schule betreten haben?

Versuche

1 Schließe ein Glühlämpchen nacheinander an Batterien verschiedener Baugrößen (1,5 V, 4,5 V etc.) an (▷ B 3). Kannst du unterschiedliche Stromstärken feststellen?

2 Baue einen dünnen Draht in einen Stromkreis mit einer Lampe ein (▷ B 4). Befestige ein kleines Wägestück am Draht. Schalte nacheinander verschiedene Lämpchen in den Stromkreis, verwende aber immer die gleiche Batterie. Durch welche Glühlampe fließt der größte Strom? Begründe!

3 Baue den Stromkreis aus Bild 5 auf. Ordne Spule und Kompass so an, dass die Kompassnadel bei geöffnetem Schalter senkrecht zur Spulenachse steht. Schalte nacheinander wieder verschiedene Lämpchen in den Stromkreis. Was stellst du fest?

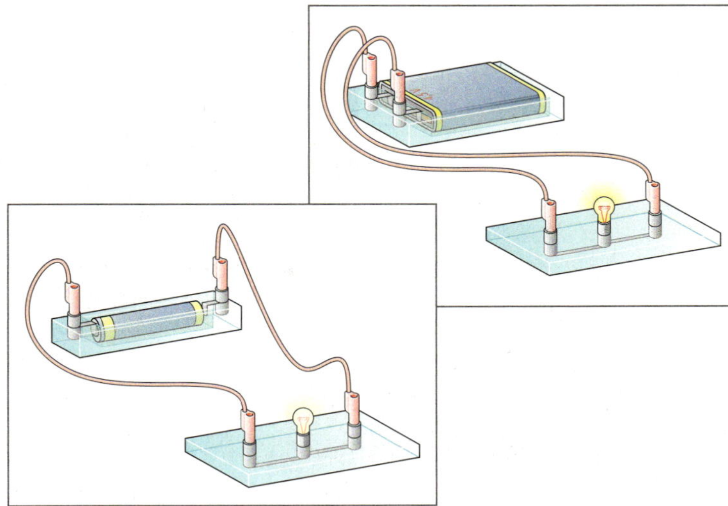

3 Versuchsaufbau zur Lichtwirkung

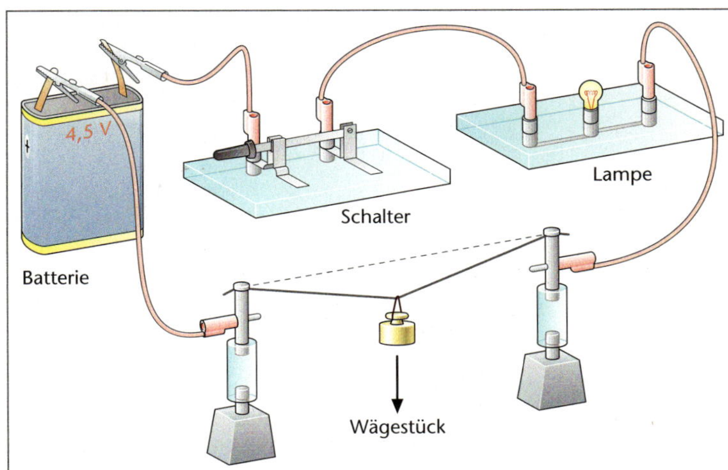

4 Versuchsaufbau zur Wärmewirkung

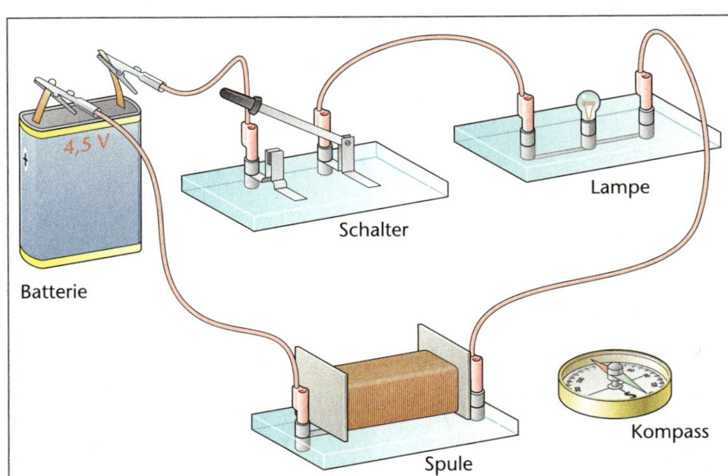

5 Versuchsaufbau zur magnetischen Wirkung

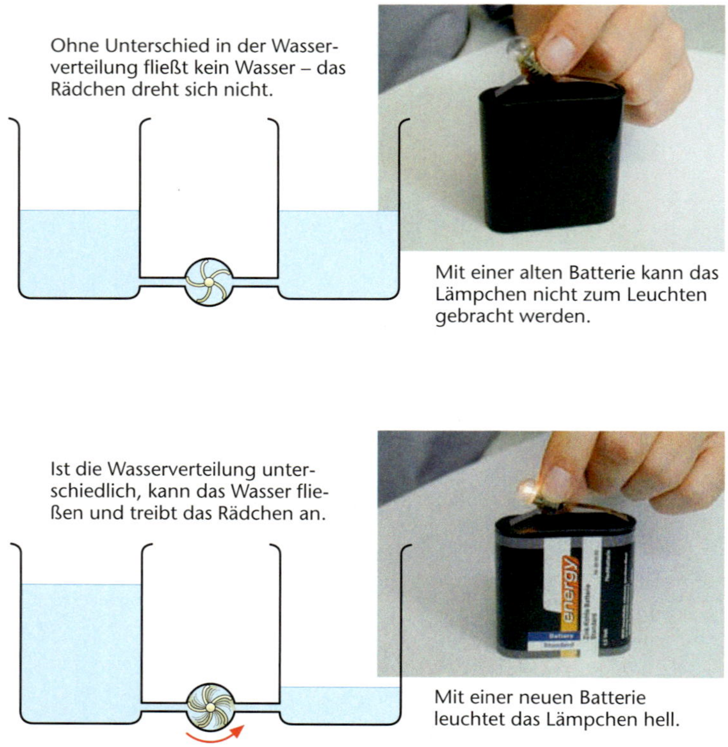

1 Erklärung der Funktion einer Batterie mithilfe des Wasserstrom-Modells

Was setzt die Elektronen in Bewegung?
Max schließt ein Lämpchen an eine Flachbatterie an. Er stellt fest, dass die Lampe nur schwach glimmt(▷B 1, oben). Kurz darauf erlischt sie.
Max nimmt daraufhin eine neue Flachbatterie, jetzt leuchtet die Lampe wieder hell (▷B 1, unten).
Welche Aufgabe übernimmt die Batterie im Stromkreis?

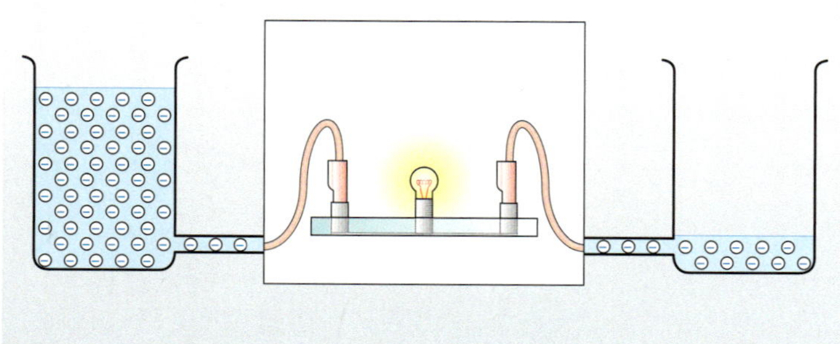

2 Der elektrische Stromfluss nach dem Modell des Wasserstroms

Ein Modell-Stromkreis
Mithilfe des Wasserstromkreises lässt sich die Funktion der Batterie erklären.
Die Wasserrohre entsprechen den elektrischen Leitungen, das Wasserrad zeigt an, ob ein Wasserstrom fließt. Im elektrischen Stromkreis kann dazu eine Lampe dienen.

Das Wasserrad in Bild 1 oben kann sich nicht drehen, in beiden Gefäßen steht das Wasser gleich hoch.
Ist der Wasserstand jedoch in einem Gefäß höher als im anderen (▷B 1, unten), fließen so lange Wasserteilchen durch die Leitungen, bis in beiden Gefäßen der Pegel den gleichen Stand erreicht hat.

Die elektrische Spannung
Im elektrischen Stromkreis müssen Elektronen durch den Leiter getrieben werden. Damit dies möglich ist, benötigt man auf der einen Seite mehr Elektronen als auf der anderen Seite. Die Ladungsverteilung muss unterschiedlich sein. In der Physik bezeichnet man diesen Unterschied in der Ladungsverteilung als elektrische Spannung. Diese Spannung wird z. B. in einer Batterie erzeugt.
Du kannst Spannungen aber auch erzeugen, indem du zwei Körper unterschiedlich stark auflädst.

Die elektrische Spannung wird in der Einheit Volt (V) gemessen. Sie ist nach dem italienischen Physiker Alessandro Volta (1745–1827) benannt.
Größere Spannungen misst man in der Einheit kV (1 kV = 1000 V), kleinere in mV (1 mV = 0,001 V).
Als Formelzeichen für die Spannung wurde das U festgelegt.

▶ Eine Spannung entsteht durch unterschiedliche Ladungsverteilungen.
Spannung ist die Voraussetzung für das Fließen von Strom
Formelzeichen der Spannung: U
Einheit: 1 Volt (1 V).

Was erzeugt den Stromfluss...
Verbindest du zwei unterschiedlich geladene Körper über eine Glimmlampe, gleichen sich die unterschiedlichen Ladungen schnell aus. Bei der Verwendung einer Batterie kannst du aber Lampen stundenlang betreiben. Wie ist das möglich?

Im Fall des Wasserstromkreises lässt sich die Angleichung der Wasserstände verzögern, indem man auf einer Seite Wasser nachfüllt und damit den „Ladungsunterschied“ aufrechterhält. Damit fließt weiter Wasser (▷B 3).

In einem elektrischen Stromkreis sorgt z. B. eine Batterie für eine unausgeglichene Ladungsverteilung. In einer Batterie laufen chemische Reaktionen ab, die am Minuspol einen Elektronenüberschuss erzeugen. Zwischen den Polen liegt dann eine elektrische Spannung an. Schließt du den Stromkreis, so stoßen sich die negativ geladenen Elektronen gegenseitig ab. Durch diese Kräfte wandern die Elektronen vom Minuspol zum Pluspol der Batterie.

Die chemischen Reaktionen in einer Batterie sind irgendwann beendet. Der Ladungsunterschied an den Polen lässt sich nicht länger aufrechterhalten. Die unterschiedlichen Ladungen haben sich ausgeglichen, die Batterie ist „leer“. Ein elektrisches Gerät kann man dann nicht mehr betreiben.

... und was erhält ihn aufrecht?

Um zu erreichen, dass ständig ein gleich starker Wasserstrom fließt, schaltet man besser eine Pumpe in den Wasserstromkreis (▷B 5). Sie pumpt die ankommenden Wasserteilchen in das Ausgangsgefäß zurück, sodass der Unterschied in der Wasserverteilung gleich bleibt.

In der Schule verwendest du anstelle der Batterie häufig ein Gleichspannungsnetzgerät. Dieses übernimmt im elektrischen Stromkreis die Funktion der Pumpe.

Über den Minuspol des Netzgerätes gelangen die Elektronen in den Leiter. Sie wandern durch den Stromkreis und bringen eine angeschlossene Lampe zum Leuchten. Die Elektronen erreichen dann den Pluspol. Im Netzgerät werden sie dann wieder zum Minuspol „gepumpt“. So entsteht im Netzgerät ein gleichmäßiger Unterschied in der Ladungsverteilung, es entsteht eine konstante Spannung.

4 Typenschild eines Elektrogerätes

Die Spannungsangabe ist wichtig

Jedes elektrische Gerät ist nur für bestimmte Spannung ausgelegt. Eine Haushaltsglühlampe kann beispielsweise nicht mit einer Flachbatterie betrieben werden, sie benötigt die (gefährliche) Haushaltsspannung von 230 V. Schließt man ein Lämpchen aus einer Taschenlampe (2,3 V) an eine 9 V-Blockbatterie an, wird das Lämpchen schnell durchbrennen. Elektrischen Geräte dürfen nur mit bestimmten, jeweils geeigneten Spannungen betrieben werden. Deshalb befindet sich auf allen Geräten ein Typenschild, auf dem diese Spannung angegeben ist (▷B 4).

Versuch

1 Schließe einen geeigneten Elektromotor nacheinander an unterschiedliche Spannungen an (z. B. 1,5 V, 3 V, 4,5 V). Erkläre.

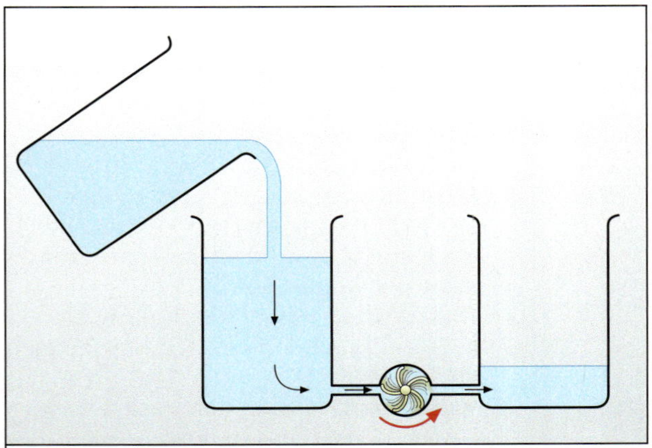
3 Das Nachfüllen verzögert die Angleichung der Wasserstände.

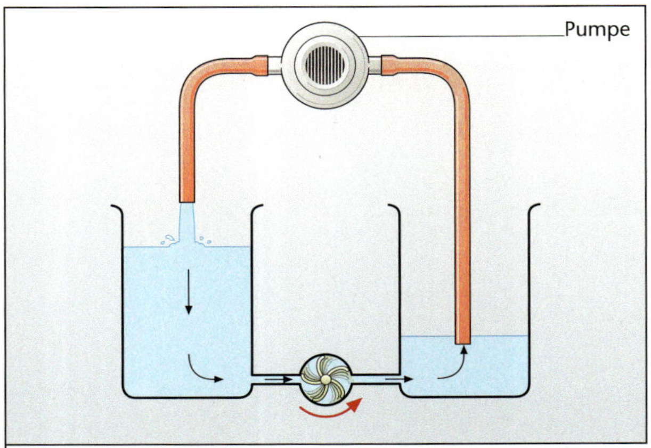

5 Die Pumpe erhält den Unterschied aufrecht.

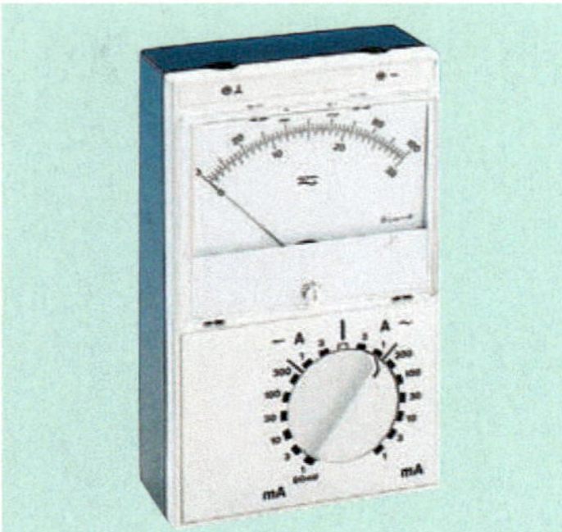

1 Modernes analoges Amperemeter

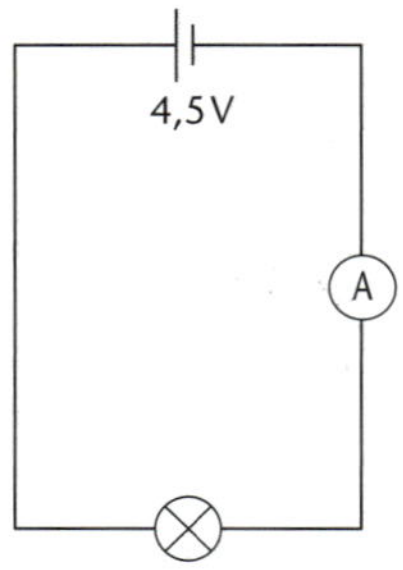

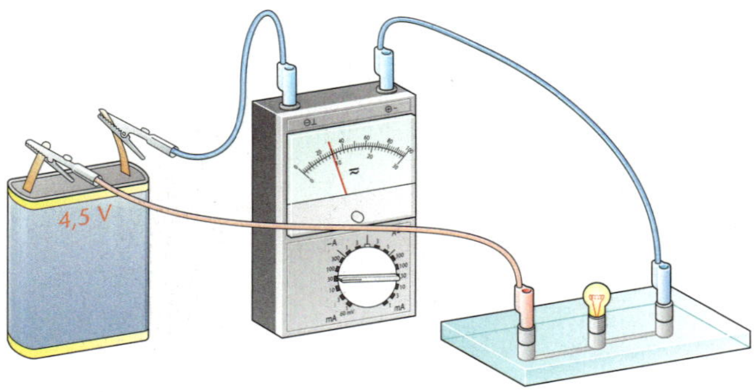

2 So wird das Amperemeter in den Stromkreis geschaltet.

Das Stromstärkemessgerät
Die elektrische Stromstärke misst man mit dem **Amperemeter**. Da man die Elektronen nicht einzeln zählen kann, nutzt man häufig die magnetische Wirkung des elektrischen Stroms aus, um ein genaues Stromstärkemessgerät zu bauen.

Bild 3 zeigt den Aufbau eines analogen Amperemeters: Fließt ein Strom durch die Spule, entsteht ein elektrischer Magnet. Zwischen diesem elektrischen Magnet und einem Dauermagnet wirken abstoßende Kräfte. Am elektrischen Magnet ist eine Rückstellfeder befestigt. Je nach Stärke des Stroms schlägt der Zeiger unterschiedlich weit aus. Um unterschiedlich große Stromstärken genau ablesen zu können, lassen sich verschiedene Messbereiche einstellen (▷B 1). [System, S. 186]

Stromstärkemessgeräte müssen so in den Stromkreis geschaltet werden, dass der zu messende Strom durch sie hindurchfließt (Reihenschaltung) (▷B 2).

Neben diesen Zeigermessgeräten werden oft digitale Strommessgeräte eingesetzt.

Aufgabe

1 Der Drehschalter eines Amperemeters steht auf dem Messbereich bis 300 mA. Der nächst kleinere Messbereich endet bei 100 mA.
Ab welcher Stromstärke darfst du in den nächst kleineren Messbereich umschalten?

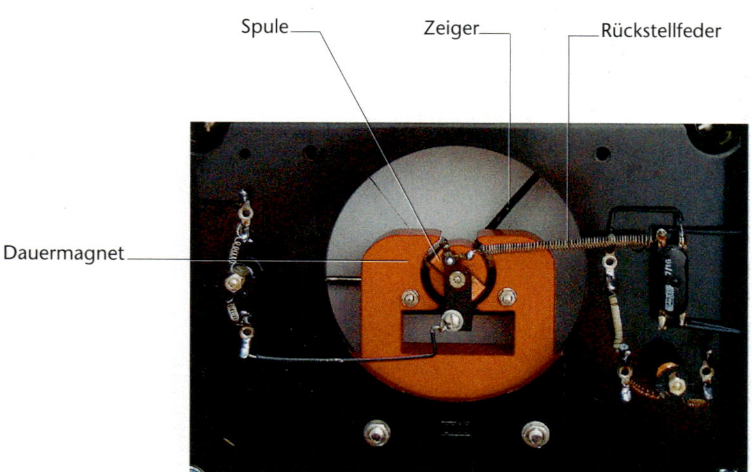

3 Blick ins Innere eines analogen Amperemeters

Schnittpunkt

Technik: Ein Messgerät für alle Fälle – das Mehrfachmessgerät

Mit den meisten gebräuchlichen Messgeräten – insbesondere mit den digitalen Geräten – kannst du sowohl Spannungen als auch Stromstärken messen (▷B 1).
Wenn du ein solches Gerät verwendest, musst du dir vorher überlegen, ob du Spannungen oder Ströme messen willst.

- Willst du Stromstärken messen, muss das Gerät in Reihe in den Stromkreis geschaltet sein.
- Willst du Spannungen messen, muss das Gerät parallel zu dem Verbraucher geschaltet sein, an dem die Spannung bestimmt werden soll.
- Schließe das Messgerät polrichtig an.
- Stelle zunächst den größten Messbereich ein.
- Wechsle nur dann in den nächst kleineren Messbereich, wenn dessen Höchstwert nicht überschritten wird.

Das Spannungsmessgerät
Das **Voltmeter** ist ein Spannungsmessgerät. Damit misst du die Spannung, die an einer Batterie, einem Netzgerät oder einem Bauteil anliegt.
Ein analoges Voltmeter (▷ B 1) ist ähnlich aufgebaut wie ein Amperemeter. Das genaue Ablesen unterschiedlich großer Spannungen erreicht man auch hier dadurch, dass man verschiedene Messbereiche einstellt (▷ B 1).

Du darfst nur dann den nächst kleineren Messbereich einstellen, wenn der Spannungshöchstwert dieses nächst kleineren Messbereichs nicht überschritten wird. Das Voltmeter in Bild 2 zeigt eine Spannung von 4,5 V an. Du darfst jetzt bei diesem Messgerät auf keinen Fall in den Messbereich bis 0,6 V umschalten!

Spannungsmessgeräte müssen immer parallel zu dem Gerät geschaltet werden, an dem die Spannung gemessen werden soll (▷ B 1).

Voltmeter gibt es als Zeigerinstrumente oder als digitale Messgeräte.

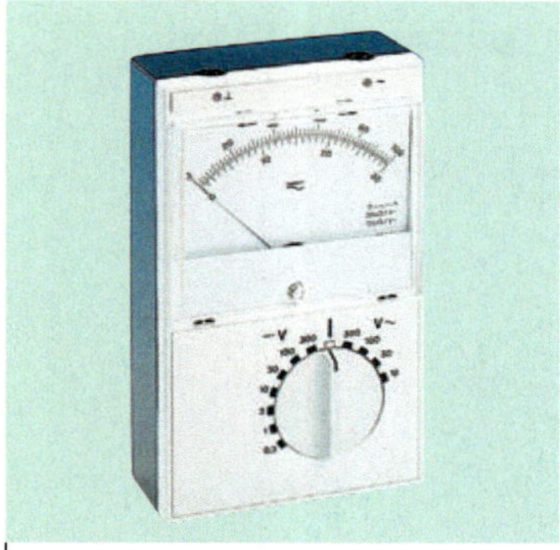

1 Modernes analoges Voltmeter

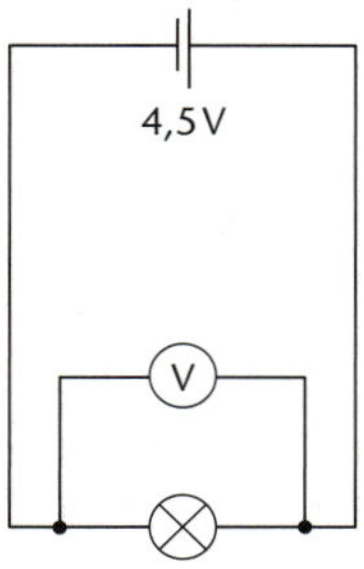

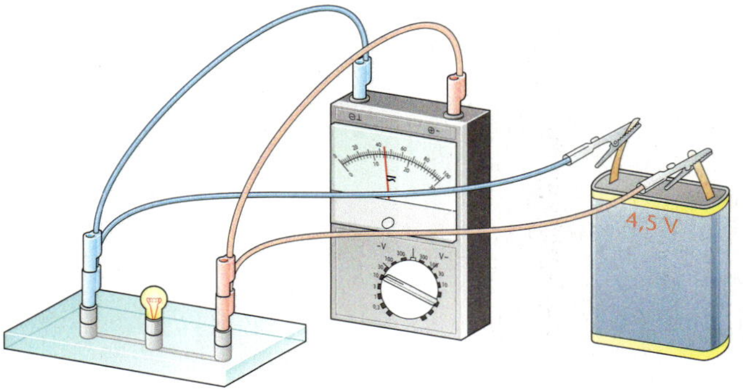

2 So wird das Voltmeter in den Stromkreis geschaltet.

1 Digitales Mehrfachmessgerät

Beachte: Die meisten Mehrfachmessgeräte haben jeweils einen eigenen Messbereich für Gleichspannungen und Gleichströme bzw. für Wechselspannungen und Wechselströme.

Achte außerdem darauf, dass du den richtigen Messbereich auswählst, sonst erhältst du falsche Messergebnisse.

Aufgabe

1 Ein Voltmeter zeigt einen Spannungswert von 25 mV an. Der Höchstwert des eingestellten Messbereichs beträgt 100 mV. Darfst du in den nächst kleineren Messbereich umschalten, wenn dessen Maximalwert 30 mV beträgt? Könnte das Umschalten sogar von Vorteil sein? Begründe!

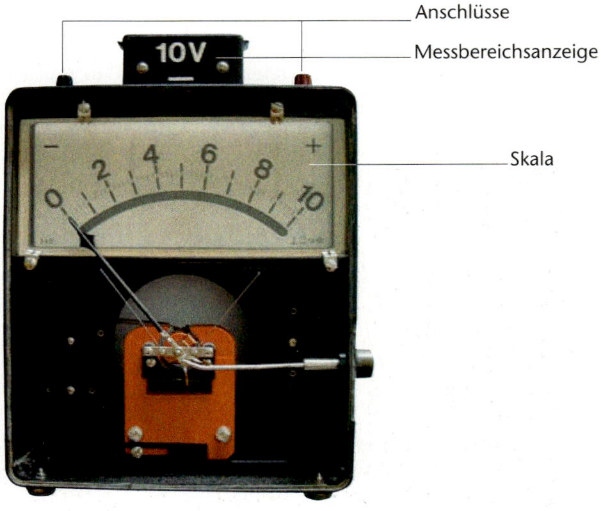

3 Älteres Voltmeter

Werkstatt

Spannungsmessung und Stromstärkenmessung

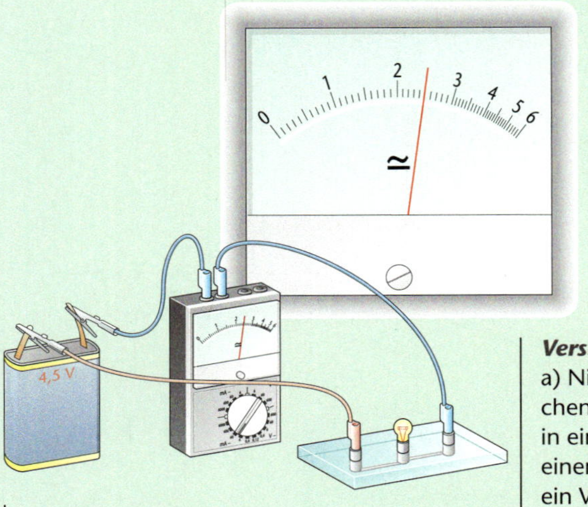

1 Schaltungsaufbau zur Messung der Stromstärke

1 Die Stromstärke wird gemessen

Material
Batterie, Kabel, Stromstärkemessgerät (Amperemeter), verschiedene Lämpchen mit Fassung, Motor, Summer

Versuchsanleitung
Baue einen elektrischen Stromkreis wie in Bild 1 auf. Achte darauf, dass das Amperemeter in Reihe in den Stromkreis geschaltet ist.

Aufgaben
a) Miss die Stromstärke. Benutze verschiedene Lämpchen bzw. Geräte und miss erneut. Erstelle eine Schaltskizze und lege eine Messwerttabelle an.

b) Ändert sich die Stromstärke, wenn die Pole der Batterie vertauscht werden? Achtung: Du musst die Anschlüsse am Messgerät ebenfalls verändern!

2 Die Spannung wird gemessen

Material
Verschiedene Batterien (z. B. 1,5 V, 3 V, 4,5 V), Glühlämpchen mit Fassung, Kabel, 2 Spannungsmessgeräte (Voltmeter)

Versuchsdurchführung
a) Nimm verschiedene Glühlämpchen und setze sie nacheinander in einen einfachen Stromkreis mit einer 4,5 V-Batterie ein. Schließe ein Voltmeter parallel zur Spannungsquelle an (▷ B 2). Miss jeweils die Spannung.

b) Wiederhole den Versuch 2a, miss nun aber mit einem zweiten Voltmeter die Spannung an der Lampe.

c) Schließe nun ein und dasselbe Glühlämpchen an unterschiedliche Batterien an und miss wiederum die Spannung.

Aufgaben
a) Erstelle die Schaltskizze.

b) Vergleiche deine Messergebnisse mit den Vorstellungen von der elektrischen Spannung.

3 Die Spannung wird verändert

Material
Regelbares Netzgerät, verschiedene Glühlämpchen mit Fassung, Kabel, Spannungsmessgerät (Voltmeter)

Versuchsdurchführung
Baue einen einfachen Stromkreis auf. Benutze ein regelbares Netzgerät als Spannungsquelle. Schließe das Voltmeter so wie in Bild 2 an.

Aufgabe
Bestimme die Spannung, ab der die Glühlämpchen zu leuchten beginnen.

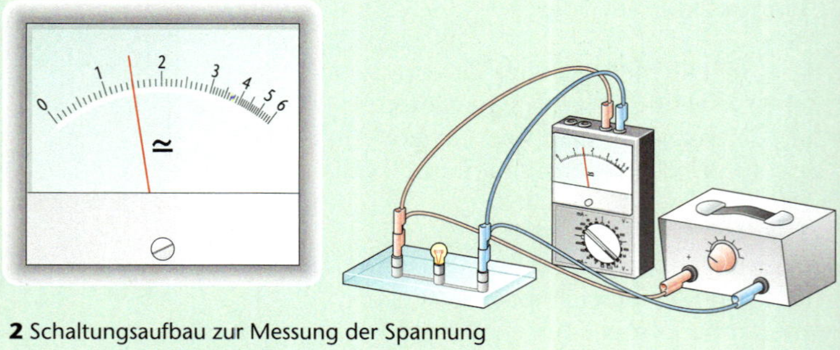
2 Schaltungsaufbau zur Messung der Spannung

4 Spannung und Stromstärke

Material
Regelbares Netzgerät, Kabel, Voltmeter, Amperemeter, verschiedene Glühlampen, Elektromotor, Summer

Versuchsdurchführung
Baue einen Stromkreis mit einem Glühlämpchen, einem Spannungs- und einem Stromstärkemessgerät auf. Achte auf die korrekten Einstellungen für die Stromstärke- und Spannungsmessungen. Erhöhe in 0,5 V Schritten die Spannung und miss die Stromstärke. Tausche anschließend das Glühlämpchen gegen den Elektromotor, den Summer bzw. andere Glühlämpchen aus.

Aufgabe
a) Trage deine Messwerte in eine Tabelle ein.

b) Erstelle aus den Messwerten ein Diagramm (x-Achse: Spannung; y-Achse: Stromstärke)

Strategie

Umgang mit Messgeräten und Messfehlern

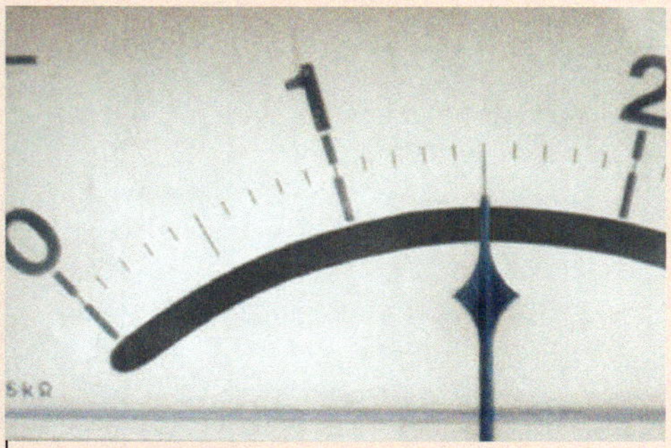
1 Messgerät von vorne

2 Messgerät von links

3 Messgerät von rechts

Auf den Winkel kommt es an

Steffen soll die Spannung am Messgerät ablesen. Er stellt fest, dass die Spannung 1,8 V beträgt. „Das ist falsch!", ruft Anke, „das Messgerät zeigt 1,4 V an." Hülya protestiert: „Das Messgerät zeigt eine Spannung von 1,5 V an!" Wer hat recht?
Beim Ermitteln des tatsächlichen Messwertes einer Größe können Fehler auftreten. Um diese zu vermeiden, solltest du einige Dinge beim Umgang mit Messgeräten beachten:

- Betrachtet man das Messgerät wie in Bild 1, 2 und 3 aus verschiedenen Blickwinkeln, so liest der Betrachter unterschiedliche Werte ab. Messgeräte sind so genormt, dass sie direkt von vorne abgelesen werden müssen. Liest du sie dagegen von der Seite ab, kommt es zu Messungenauigkeiten!
- Vor Beginn der Messungen musst du prüfen, ob der Zeiger auf Null steht.
- Stelle bei analogen Messgeräten den Messbereich so ein, dass der Anzeigewert im letzten Drittel der Skala angezeigt wird.

Digital – und doch nicht genau

Auch digitale Messgeräte sind nicht alle gleich. Manchmal zeigen sie für den gleichen Versuch unterschiedliche Messwerte an. Dennoch sind die Geräte nicht defekt.

Alle elektrischen Messgeräte haben Fehlertoleranzen. Diese sind meist in der Beschreibung oder auf dem Gerät aufgedruckt. Die Toleranz gibt an, um wie viel Prozent der Anzeigewert vom tatsächlichen Wert abweichen darf. Beträgt die Toleranz bei einem Voltmeter z. B. ±10 %, so kann bei einer Spannung von 5 V das Messgerät einen Wert von 4,5 V bis 5,5 V anzeigen.

Runden erwünscht!

Hast du schon einmal versucht, eine elektrische Spannung so einzustellen, dass das digitale Voltmeter genau 5 V anzeigt? Wahrscheinlich wird es dir erst nach vielen Versuchen gelingen. Ursache können geringe Spannungsschwankungen am Netzgerät oder aber die Fehlertoleranz des Messgerätes sein.

Für die meisten Versuche reicht es völlig aus, auf die erste Stelle nach dem Komma zu runden. Dabei gelten die gleichen Rundungsregeln wie in der Mathematik.
Zeigt das digitale Messgerät eine Spannung von 4,97 V an, kannst du den Spannungswert auf 5 V aufrunden. Zeigt das Messgerät dagegen 4,92 V an, darfst du den Spannungswert auf 4,9 V abrunden.

Aufgaben

1 Runde folgende Werte auf die erste Stelle nach dem Komma: 50,75 mA, 7,31 V, 0,0029 A, 9,99 V

2 Auf einer Waage ist eine Fehlertoleranz von 2 % angegeben. Welche Masse hat eine Schülerin minimal bzw. maximal, wenn die Waage 62 kg anzeigt?

3 Der Zeitgeber eines Computers weicht pro Tag 10 s von der tatsächlichen Zeit ab. Um wie viel Prozent weicht die Zeitanzeige des Computers von der tatsächlichen Zeit ab?

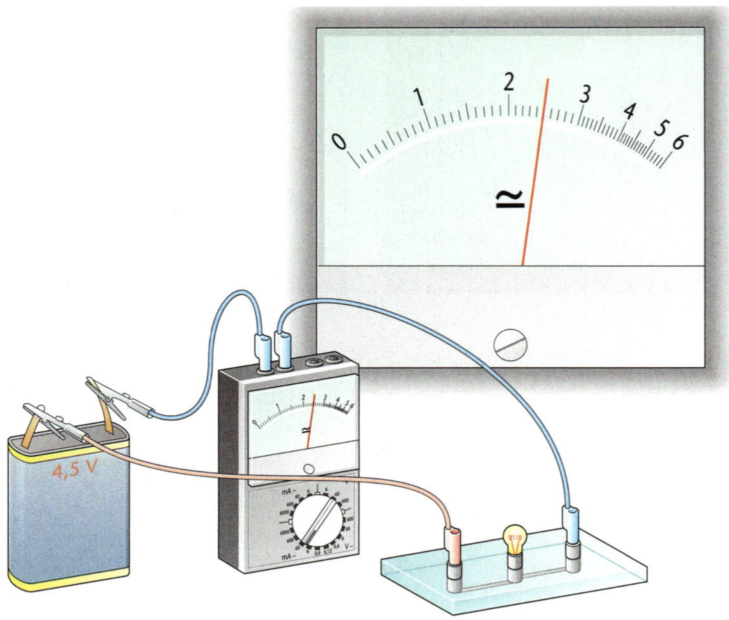

1 Schaltungsaufbau zur Messung der Stromstärke

Gerät	Stromstärke I in A
Lampe (25 W)	0,11
Lampe (60 W)	0,25
Lampe (100 W)	0,43
Bohrmaschine	0,68
Toaster	2,99
Monitor	0,08
Haartrockner	5,21
Computer	1,02

2 Zu Aufgabe 1

3 Messung des Stroms durch eine Bohrmaschine

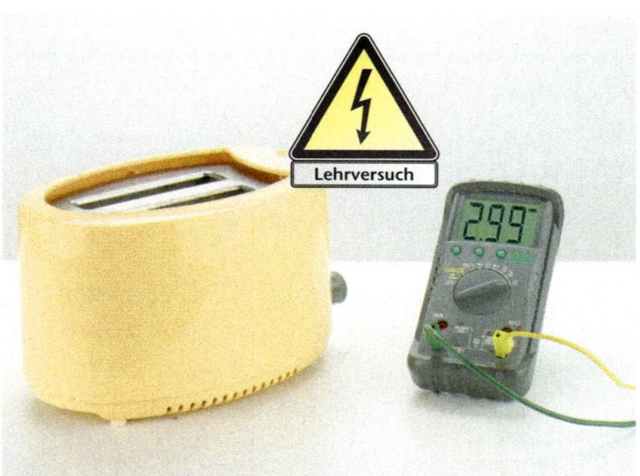

4 Messung des Stroms durch einen Toaster

Versuch

1 Baue einen elektrischen Stromkreis wie in Bild 1 gezeigt auf. Achte darauf, dass das Amperemeter in Reihe in den Stromkreis geschaltet ist.
a) Miss die Stromstärke. Benutze verschiedene Lämpchen und miss erneut. Lege eine Tabelle an.
b) Ändert sich die Stromstärke, wenn die Pole der Batterie vertauscht werden?
Achtung: Du musst auch die Anschlüsse am Messgerät ändern!

Stromstärkemessungen
Elektrische Geräte funktionieren nur dann, wenn ein Strom fließt.
Misst man den Stromfluss durch verschiedene Haushaltsgeräte wie Bohrmaschine, Toaster, Haartrockner und Computer, dann zeigt sich: Durch die verschiedenen Geräte fließen unterschiedlich starke Ströme (▷ B 2; B 3; B 4).

Auch wenn einige Lampen aus Versuch 1 bei geschlossenem Stromkreis nicht oder nur ganz schwach leuchten, zeigt das Amperemeter an, dass ein Strom fließt. Allerdings reicht die Stromstärke nicht aus, um die Lampen hell zum Leuchten zu bringen. Auch durch ein Fahrradlämpchen muss ein großer Strom fließen, damit es entsprechend hell leuchtet.

Änderst du die Stromrichtung, indem du die Anschlüsse an der Batterie vertauschst (▷ V 1b), stellst du fest: Die Stromstärke ist von der Stromrichtung unabhängig.

Jedes elektrische Gerät benötigt eine bestimmte Stromstärke, damit es richtig funktioniert.

Aufgaben

1 Vergleiche deine Messwerte aus Versuch 1 mit den Messwerten der Tabelle (▷ B 2). Was stellst du fest? Beschreibe.

2 An Jochens Fahrrad ist das Rücklicht defekt. Auf der Glühlampe steht die Angabe 450 mA. Warum sollte Jochen keine gleichartige Glühlampe mit der Aufschrift 50 mA verwenden? Begründe.

Spannungsmessung
Damit Elektronen überhaupt fließen können, muss eine Spannung vorhanden sein. Jede Spannungsquelle liefert eine bestimmte Spannung, unabhängig davon, ob der Stromkreis geschlossen ist oder nicht. Gleichzeitig benötigt aber jedes Gerät eine genau angepasste Spannung, damit es optimal funktioniert.

Würdest du z. B. einen Kassettenspieler mit einer zu geringen Spannung betreiben, würden die Kassetten nicht mit der richtigen Abspielgeschwindigkeit wiedergegeben werden. Eine Haushaltsglühlampe leuchtet deshalb auch nicht, wenn sie an eine Batterie angeschlossen wird. Eine zu hohe Spannung dagegen kann ein elektrisches Gerät dauerhaft beschädigen.

Jedes elektrische Gerät benötigt eine bestimmte Spannung, damit es richtig funktioniert.

Reihenschaltung von Batterien
Viele batteriebetriebene Geräte benötigen eine andere Spannung als eine Batterie liefern kann. In diesem Fall werden mehrere Batterien so in Reihe geschaltet, dass jeweils der Pluspol der einen Batterie mit dem Minuspol der anderen verbunden ist. Die Gesamtspannung ist dann die Summe der Einzelspannungen der Batterien (▷ B 2). In einer 4,5-V-Batterie sind z. B. drei Zellen zu je 1,5 V in Reihe geschaltet.

Bei der Reihenschaltung von Batterien ist die Gesamtspannung gleich der Summe der Einzelspannungen der Batterien.

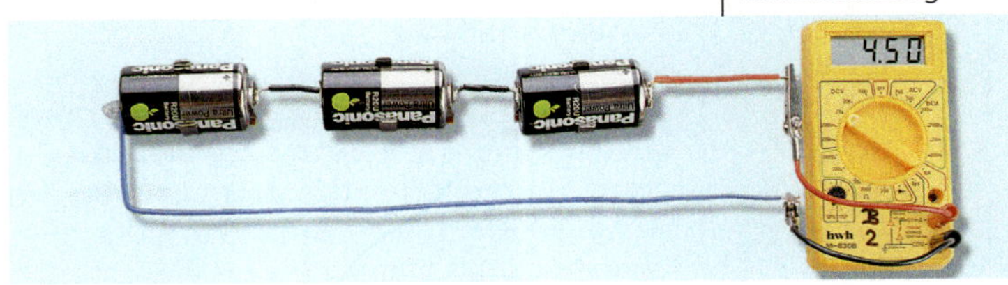

2 1,5-V-Batterien in Reihenschaltung

Versuche

1 Schließe ein Glühlämpchen nacheinander an verschiedene Batterien an. Miss die Spannungen der Batterien. Vergleiche deine Ergebnisse mit den Aufschriften auf den Batterien.

2 Nimm verschiedene Glühlampen und setze sie nacheinander in einen einfachen Stromkreis mit einer 4,5-V-Batterie ein. Ändert sich die Anzeige des Voltmeters, das die Spannung an der Lampe misst?

3 Baue wiederum einen einfachen Stromkreis auf. Verwende als Spannungsquelle ein regelbares Netzgerät. Bestimme die Spannung, ab der ein Glühlämpchen zu leuchten beginnt (▷ B 1).

4 Schließe nacheinander erst eine, dann zwei, danach drei und zum Schluss vier Monozellen so in Reihe, dass jeweils der Pluspol einer Batterie am Minuspol der anderen Batterie liegt (▷ B 2). Miss die Gesamtspannung.
Erkläre deine Beobachtungen. Was geschieht, wenn du eine Batterie falsch herum in den Stromkreis einsetzt?

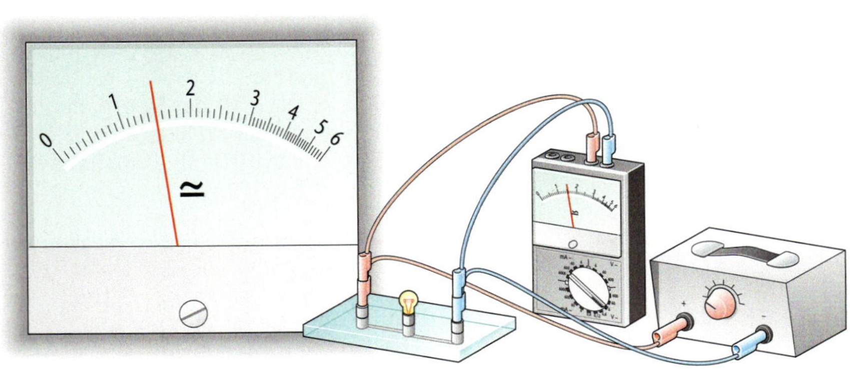

1 Schaltungsaufbau zur Messung der Spannung

Die Stromstärke bei der Parallelschaltung

Versuch

1 Mit der Schaltung in Bild 1 kannst du die Stromstärke in den einzelnen Abschnitten der Parallelschaltung bestimmen. Miss die Gesamtstromstärke I_g sowie die beiden Teilstromstärken I_1 und I_2. Notiere die Messwerte in einer Tabelle. Kannst du eine Gesetzmäßigkeit formulieren?
Wie ändern sich deine Ergebnisse, wenn du an Stelle zweier gleicher Lämpchen zwei unterschiedliche verwendest?

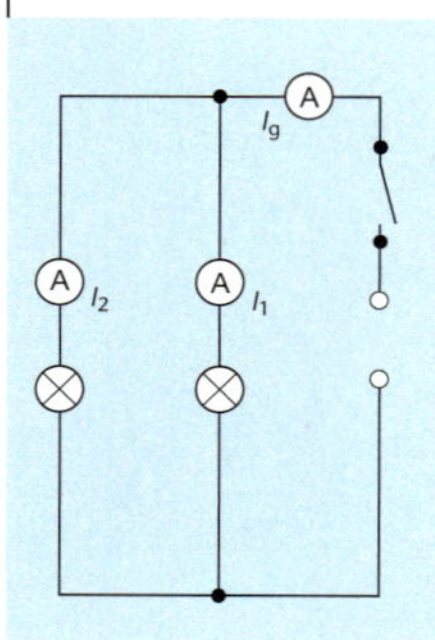

1 Schaltskizze zu Versuch 1

Die Stromstärke bei der Parallelschaltung

Sind elektrische Geräte parallel geschaltet, dann fließt der Strom zunächst durch eine gemeinsame Zuleitung bis zur Verzweigung. Dort teilt sich der Strom auf. Ein Teil fließt durch das Lämpchen 1, der andere durch das Lämpchen 2 (▷B4). Hinter den Lämpchen fließen die Ströme wieder zusammen und dann zurück zur Quelle.

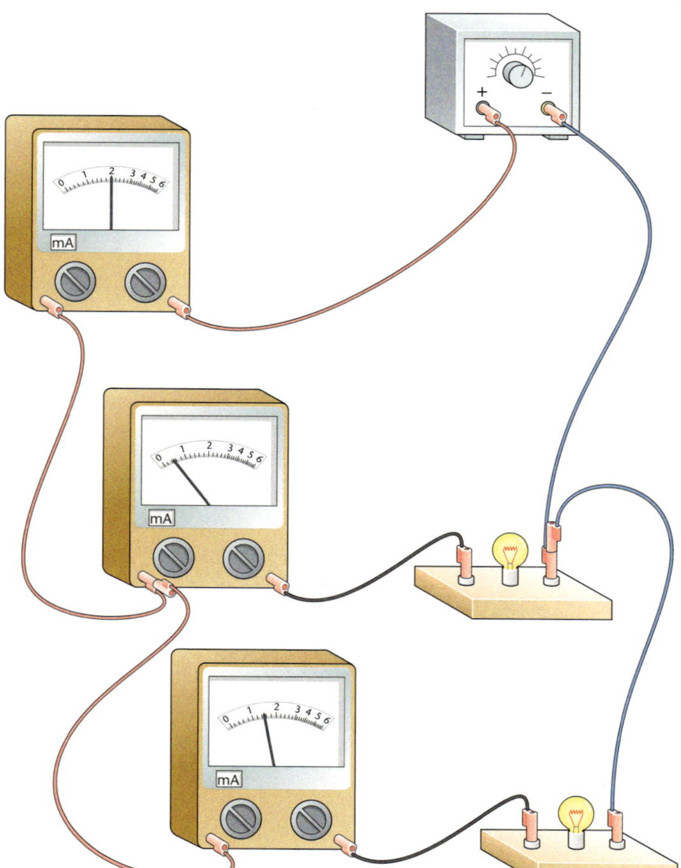

2 Zu Versuch 1

I_g in mA	I_1 in mA	I_2 in mA
80	40	40
200	160	40

3 Tabelle zu Versuch 1

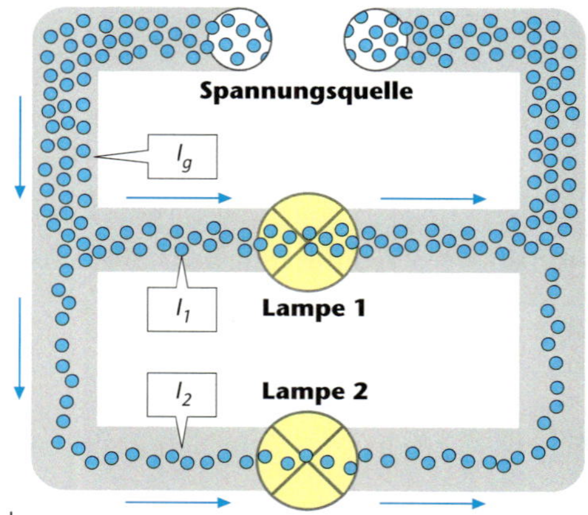

4 Fluss der Elektronen durch eine Parallelschaltung

Versuch 1 zeigt, wie sich die Gesamtstromstärke aufteilt: Durch jedes Lämpchen fließt ein bestimmter Strom. Die Teilströme addieren sich zum Gesamtstrom (▷B2).
Du kannst dir das etwa so vorstellen: Nach dem Pausenende strömen die Schülerinnen und Schüler in das Schulgebäude zurück. Vor den Türen teilt sich der gesamte Menschenstrom auf. Durch eine breite Tür können viele, durch eine schmale wenige Menschen eintreten. Hinter den Türen vereinigen sich beide Ströme wieder zu einem Gesamtstrom.

Bei der Parallelschaltung ist der Gesamtstrom genau so groß wie die Summe der Teilströme. Es gilt:
$I_g = I_1 + I_2 + I_3 + \dots$

Die Mehrfachsteckdose

Auch bei der Mehrfachsteckdose sind alle Geräte parallel angeschlossen. Deshalb fließt durch jedes Gerät der Strom, den es benötigt. Zudem liegt an jedem parallel geschalteten Gerät die volle Haushaltsspannung von 230 V an.

Aufgabe

1 An eine Mehrfachsteckdose sind ein Computer (1 A), ein Monitor (750 mA), ein Drucker (0,12 A) und ein Scanner (120 mA) angeschlossen. Berechne die Gesamtstromstärke.

Die Stromstärke bei der Reihenschaltung
Anders als bei der Parallelschaltung ist die Stromstärke bei der Reihenschaltung im gesamten Stromkreis gleich groß (▷ B 1; B 2). Daher werden dich die Messergebnisse der Versuche 1 und 2 nicht überraschen: Alle Messgeräte zeigen die gleiche Stromstärke an. Die Elektronen wandern erst durch das eine und dann durch das andere Lämpchen (▷ B 4).
Benutzt man aber zwei unterschiedliche Lämpchen, dann leuchten die beiden unterschiedlich hell, obwohl durch sie der gleiche Strom fließt. Das Fahrradlämpchen leuchtet nur schwach, da die Stromstärke zu klein ist. Damit es hell leuchtet, müsste ein großer Strom durch das Fahrradlämpchen fließen.

Bei der Reihenschaltung von Lampen ist die Stromstärke überall im Stromkreis gleich groß.
$I_g = I_1 = I_2 = \ldots$

Versuche

1. Baue einen Stromkreis nach der Schaltskizze in Bild 1 auf. Benutze zwei gleiche Glühlämpchen (z. B. 6 V/50 mA). Miss die Gesamtstromstärke I_g sowie die Stromstärken I_1 und I_2. Welche Ergebnisse erwartest du? Stimmen die Ergebnisse mit deinen Vermutungen überein?

2. Wiederhole den Versuch 1. Ersetze ein Glühlämpchen durch ein Fahrradlämpchen (z. B. 6 V/450 mA). Wie verändert sich das Versuchsergebnis im Vergleich zu Versuch 1? Setze anschließend die Fahrradlampe an die zweite Stelle und prüfe erneut.

3. Wiederhole die Versuche 1 und 2 auch mit einer Reihenschaltung von drei und noch mehr Lämpchen.

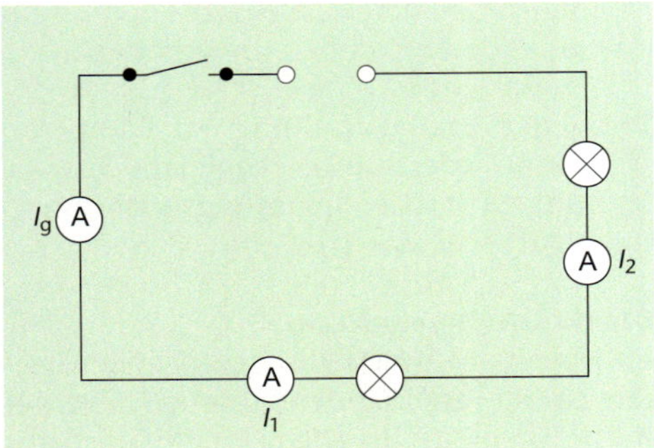

1 Schaltskizze zu den Versuchen 1 und 2

I_g in mA	I_1 in mA	I_2 in mA
50	50	50

2 Tabelle zu Versuch 1

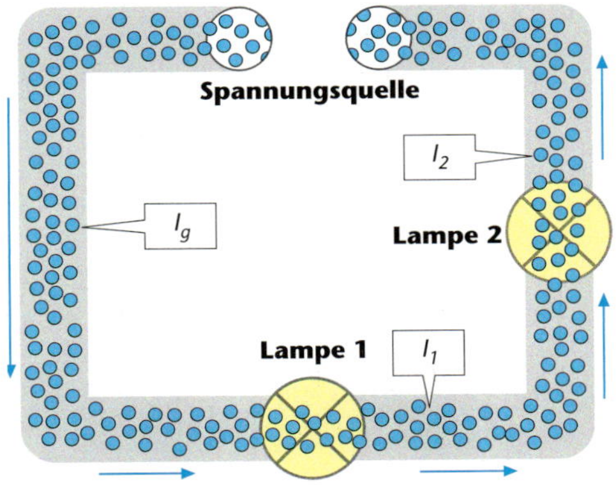

4 Fluss der Elektronen durch eine Reihenschaltung

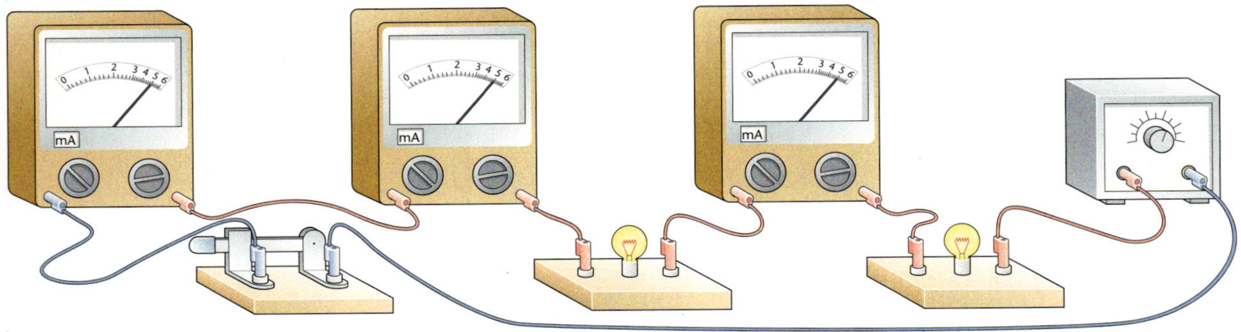

3 Zu Versuch 1

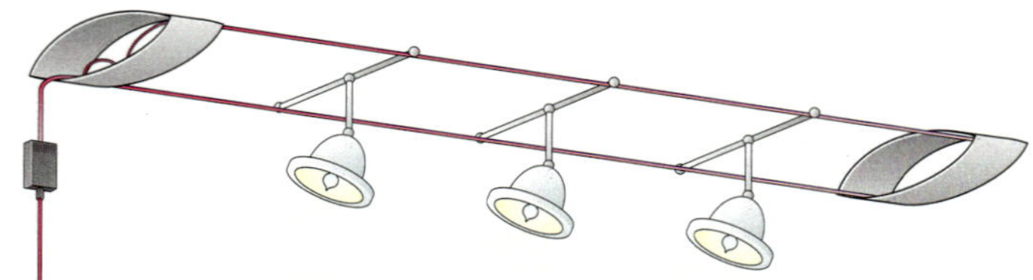

1 Lichtseilsysteme bestehen aus parallel geschalteten Lampen.

Versuche

1 Baue eine Parallelschaltung zweier Lampen wie in Bild 2 auf. Verwende zwei gleichartige Glühlampen (z. B. 6 V/50 mA). Stelle eine Spannung von 6 V ein und miss die Spannungen an den Lampen (U_1 bzw. U_2).
Stelle nun eine andere Spannung an der Spannungsquelle ein (z. B. 4 V). Welche Spannungen misst du jetzt an den Lampen?
Kannst du eine Gesetzmäßigkeit in deinen Messwerten feststellen?

2 Wiederhole Versuch 1, verwende aber zwei unterschiedliche Lämpchen (z. B. 6 V/50 mA und 6 V/450 mA).

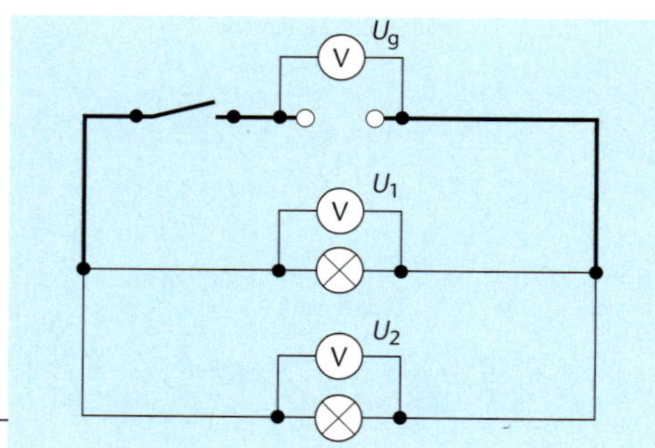

2 Schaltskizze zu Versuch 1

U_g in V	U_1 in V	U_2 in V
6	6	6
4	4	4

3 Tabelle zu Versuch 1

Die Parallelschaltung

Als Carla das Licht in ihrem Zimmer einschaltet, leuchten nur zwei der drei Lampen ihres Deckenstrahlers. Carla überlegt, wieso die beiden Lampen weiter leuchten, obwohl die dritte defekt ist.
Carla weiß, dass Lampen parallel geschaltet werden können (▷B 2). Bei der Parallelschaltung ist jede einzelne Lampe mit der Spannungsquelle verbunden, wobei alle Lampen ein Leiterstück (in Bild 2 dick gezeichnet) gemeinsam nutzen.
Ist eine Lampe defekt, bleibt der Stromkreis für die anderen Lampen trotzdem geschlossen und sie leuchten weiter.

Die Spannung bei der Parallelschaltung

Was aber passiert mit der Spannung an den Lampen, wenn eine Lampe ausfällt? Die Versuche 1 und 2 helfen dir bei der Erklärung: Bei einer Parallelschaltung liegt an jeder Lampe die gleiche Spannung wie an der Spannungsquelle an (▷B 3). Die Elektronen werden also an allen Lampen von der gleichen Spannung angetrieben. Ist eine Lampe defekt, bleibt die Spannung an den anderen Lampen unverändert.

Bei der Parallelschaltung von Lampen liegt an jeder Lampe die gleiche Spannung wie an der Spannungsquelle an.
Es gilt: $U_g = U_1 = U_2 = \ldots$

Die Haushaltsschaltung

Im Haushalt werden alle elektrischen Geräte parallel zueinander betrieben. Dies gewährleistet, dass an allen Geräten die für sie notwendige Netzspannung von 230 V anliegt.

Aufgabe

1 Entwirf eine Schaltung für drei parallel geschaltete Lampen, die jeweils einzeln ein- bzw. ausgeschaltet werden können.

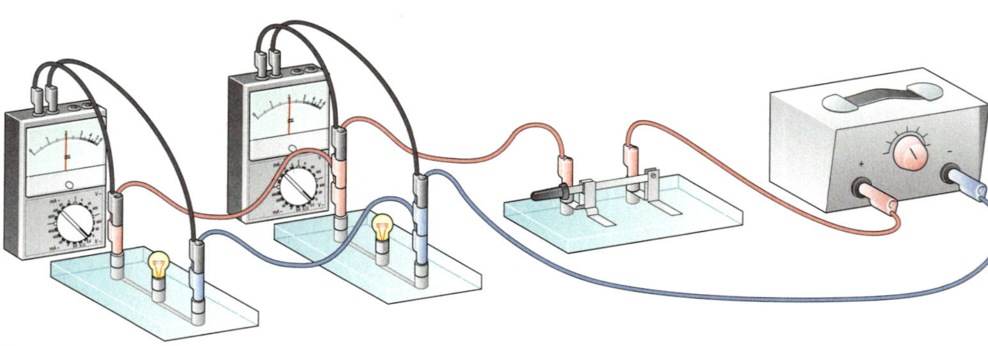

4 Versuchsaufbau zur Messung der Spannung an einer Parallelschaltung

Die Spannung bei der Reihenschaltung

Beim Auspacken der Weihnachtslichterkette fällt Max ein Lämpchen herunter und zerbricht. Als Max das Lämpchen ersetzen will, stellt er fest, dass auf dem Rand eine Spannung von 12 V angegeben ist. Spannungsquelle (230 V) und Lampe passen nicht zusammen. Wenn ein 12-V-Lämpchen direkt an die Haushaltsspannung von 230 V angeschlossen wird, dann geht es sofort kaputt.
Werden aber 20 Lämpchen zu je 12 V in Reihe geschaltet, kann die Lichterkette mit der Netzspannung betrieben werden. Durch jede Lampe werden die Elektronen dann mit einer Einzelspannung von ungefähr 12 V getrieben.

Schließt du zwei gleichartige Lämpchen in Reihe (▷ V 1), leuchten beide gleich hell. Die für jedes Lämpchen erforderliche Spannung liegt dann an, wenn die Spannung der Quelle genauso groß ist wie die Summe der Einzelspannungen (▷ B 3).
Dasselbe gilt für Lämpchen, die zwar unterschiedliche Spannungen benötigen, durch die aber ein Strom gleicher Stärke fließen muss (▷ V 2b).
Auch im Versuch 2 ist die Gesamtspannung so groß wie die Summe der Spannungen an Lampe 1 und Lampe 2.

> Bei der Reihenschaltung von Lampen ist die Gesamtspannung so groß wie die Summe der Einzelspannungen.
> Es gilt: $U_g = U_1 + U_2 + \ldots$

Aufgabe

1 In einer Lichterkette liegen 30 (40, 80) gleichartige Lämpchen in Reihe an der Netzspannung an. Welche Betriebsspannung entfällt auf jede Lampe? Was würde passieren, wenn du eine Lampe durch eine andere mit größerer / kleinerer Spannung ersetzen würdest?

Versuche

1 Baue einen Stromkreis nach Bild 2 auf. Benutze zwei gleichartige Lämpchen (z. B. 6 V/50 mA).
a) Miss die Gesamtspannung U_g und die Teilspannungen U_1 und U_2 an den Lampen.
b) Stelle verschiedene Gesamtspannungen ein.
c) Lege eine Messtabelle an.
Welche Gesetzmäßigkeiten vermutest du?

2 Wiederhole den Versuch auch mit zwei unterschiedlichen Lämpchen, z. B.:
a) 6 V/450 mA und 6 V/50 mA;
b) 6 V/300 mA und 3,7 V/300 mA.
Welche Gesetzmäßigkeiten stellst du fest?

3 Wiederhole die Versuche 1 und 2 auch mit drei oder noch mehr in Reihe geschalteten Glühlämpchen.

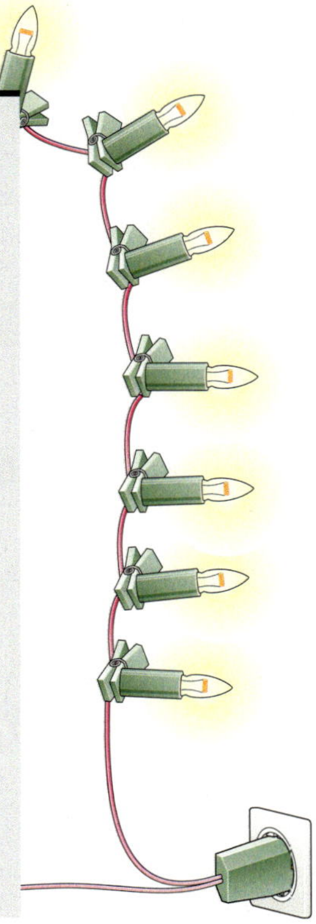

1 In einer Lichterkette sind viele Lampen in Reihe geschaltet.

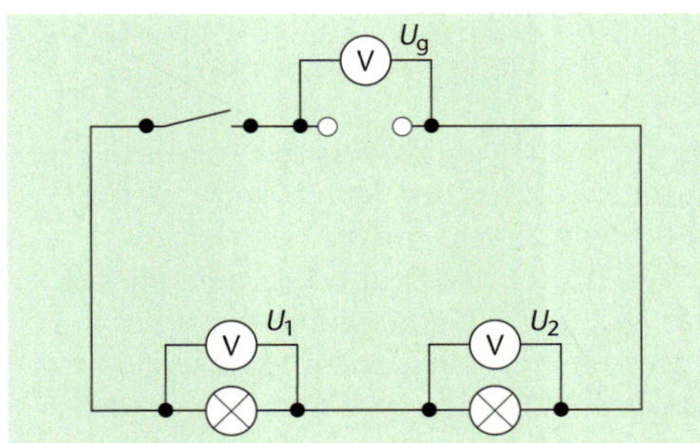

2 Schaltskizze zu Versuch 1

U_g in V	U_1 in V	U_2 in V
4	2	2
6	3	3

3 Tabelle zu Versuch 1

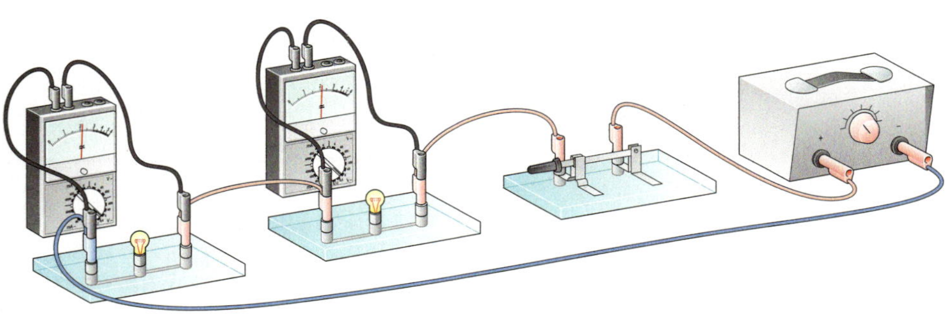

4 Versuchsaufbau zur Messung der Spannung an einer Reihenschaltung

1 Großstädte benötigen viel elektrische Energie.

U in V	I_1 mA	I_2 in mA
1		
2		
3		
4		
5		

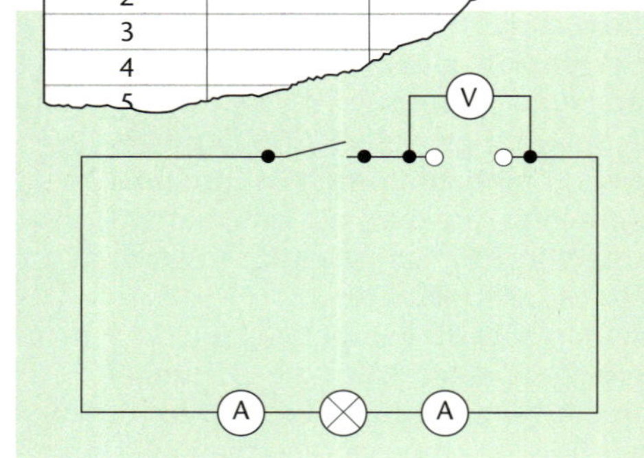

3 Schaltskizze zu Versuch 1

Kann man Strom verbrauchen?

Immer wieder kannst du in Zeitungsartikeln lesen, dass elektrische Geräte zu viel Strom verbrauchen. Ist das wahr? Mit deinen Kenntnissen über den elektrischen Strom kannst du das überprüfen.

Um festzustellen, ob der Strom tatsächlich verbraucht werden kann, musst du die elektrische Stromstärke vor und hinter dem Elektrogerät vergleichen. Dafür benötigst du zwei Stromstärkemessgeräte. Ein Messgerät muss vor das Elektrogerät, eines hinter das Gerät geschaltet sein (▷ V 1).

Im Versuch 1 wird überprüft, ob eine Lampe elektrischen Strom verbraucht. Sollte das so sein, müsste die Stromstärke hinter der Lampe geringer als vor der Lampe sein. Aber auch wenn du unterschiedliche Spannungen an den Stromkreis anlegst, erhältst du vor und hinter der Lampe immer den gleichen Stromstärkewert. Dieser Versuch zeigt: Elektrischer Strom wird nicht verbraucht!

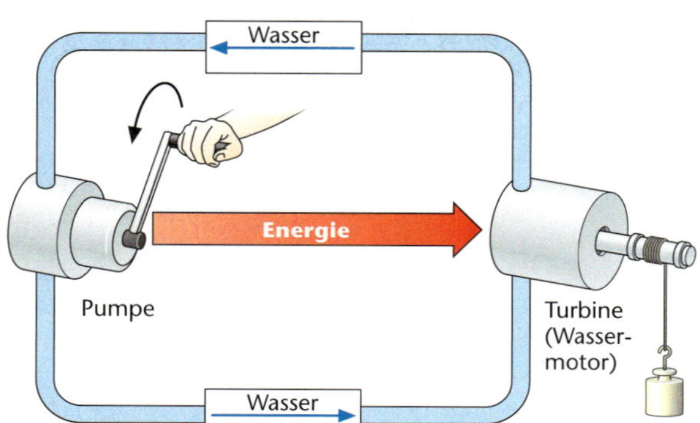

2 Das Wasserstrom-Modell eines Stromkreises

Versuch

1 Baue den Stromkreis aus Bild 3 auf. Stelle verschiedene Spannungen ein und miss die Stromstärken vor und hinter der Lampe. Wiederhole den Versuch mit anderen elektrischen Geräten.

Mit dem Wasserstrom-Modell aus Bild 2 kannst du dies auch erklären: Vor der Turbine befinden sich genauso viele Wasserteilchen wie dahinter. Die Wasserteilchen werden nicht verbraucht. Sie werden jedoch benötigt, damit die Turbine sich in Bewegung setzt. In ähnlicher Weise braucht man auch die Elektronen, damit die Lampe leuchtet.

Was ist mit „Stromverbrauch" gemeint?

Die Spannungsquelle gibt den Elektronen elektrische Energie mit, die sie zum Elektrogerät transportieren. Dort wird die elektrische Energie in andere Energieformen umgewandelt, in einer Lampe z. B. in Licht und Wärme. Was fälschlicherweise als „Stromverbrauch" bezeichnet wird, ist also tatsächlich die Umwandlung von elektrischer Energie in andere Formen der Energie. [Energie, S. 182]

▶ Der elektrische Strom transportiert Energie von der Spannungsquelle zum Gerät. Der Strom wird nicht verbraucht.

Aufgabe

1 Suche in Zeitungen Beispiele für den physikalisch falschen Ausdruck „Stromverbrauch". Stelle die Aussagen richtig.

Mit Puzzeln lernen

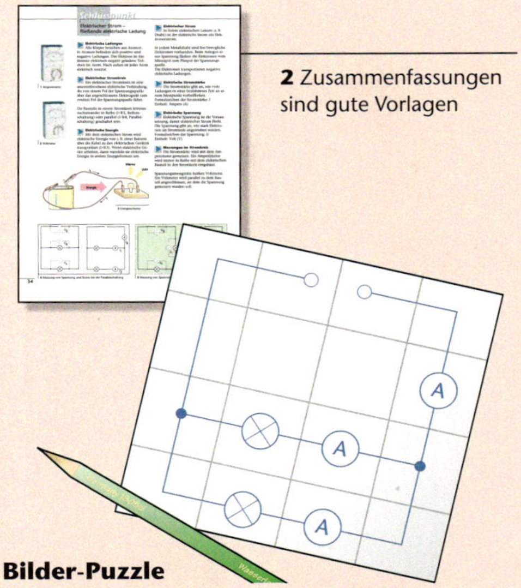

2 Zusammenfassungen sind gute Vorlagen

Stress ohne Ende

Jenny: „Ist dir eigentlich klar, dass wir am Freitag eine Physikarbeit schreiben?“
Sina: „Oje! Das habe ich ja total vergessen und ich habe überhaupt keine Zeit zum Lernen. Ich muss noch ein Deutschreferat schreiben, Englisch lernen, in den Klavierunterricht …“
Jenny: „Das wirst du schon schaffen, es sind nur ein paar Seiten im Heft.“
Sina: „Die Schaltungen und der viele Text, dass kann ich mir einfach nicht merken!“
Jenny: „Ich kenne zwei Methoden, die mir das Lernen erleichtern.“

Text-Puzzle

Eine Möglichkeit einen Textinhalt zu lernen ist, einzelne Textbausteine wieder in ihre ursprüngliche Reihenfolge zu bringen. Versuchsbeschreibungen und Handlungsabläufe sind hierfür besonders gut geeignet.

Schreibe dazu einen Text aus dem Heft oder dem Buch (▷ B 2) handschriftlich oder mit dem Computer ab. Beginne nach jedem zusammenhängenden Textteil eine neue Zeile. Zerschneide den Text in kleine Streifen (▷ B 1). Damit du nicht schummeln kannst und die Teile mithilfe der Schnittkanten zusammenlegst, schneide jeden Streifen nochmals aus. Bringe nun die einzelnen Teile durcheinander und versuche, sie wieder in die richtige Reihenfolge zu legen. Findest du hier die richtige Reihenfolge?

Bilder-Puzzle

Ähnlich wie beim Textpuzzle musst du beim Bilderpuzzle die einzelnen Teile zu einem richtigen Bild zusammenfügen.

Schaltungen und Versuchsaufbauten eignen sich besonders gut für diese Lernmethode. Zeichne entsprechend dem Platzbedarf für deine Schaltung ein Quadrat, z. B. Kantenlänge 10 cm. Dieses Quadrat unterteilst du in kleinere Quadrate, z. B. mit einer Kantenlänge von 2 cm.

Zeichne deine Schaltung so in das große Quadrat ein, dass Schaltzeichen in die kleinen Quadrate fallen und elektrische Leitungen parallel zu einer Quadratseite verlaufen (▷ B 2).

Zerschneide das große Viereck in die vorgezeichneten kleineren (▷ B 3).

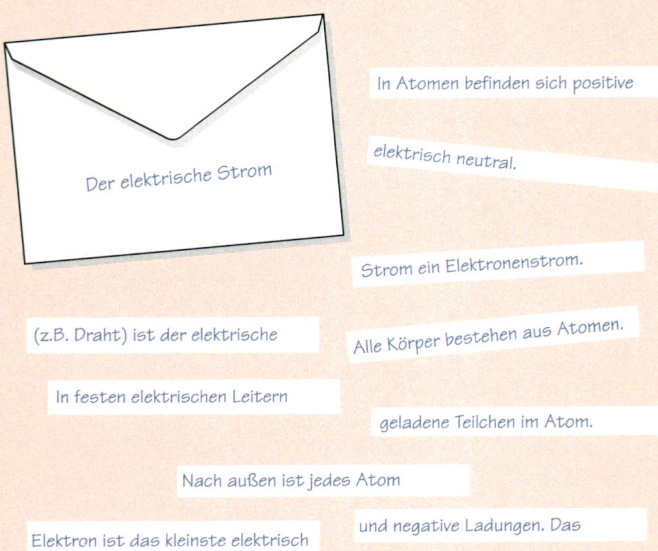

1 Ein Text-Puzzle

3 Ein Bilder-Puzzle

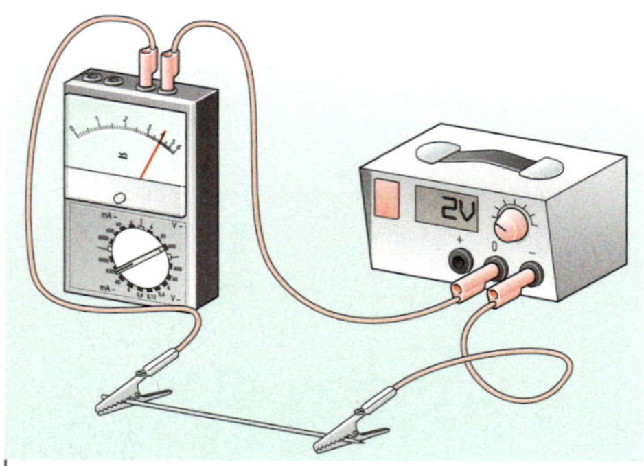

1 Stromkreis mit Bleistiftmine

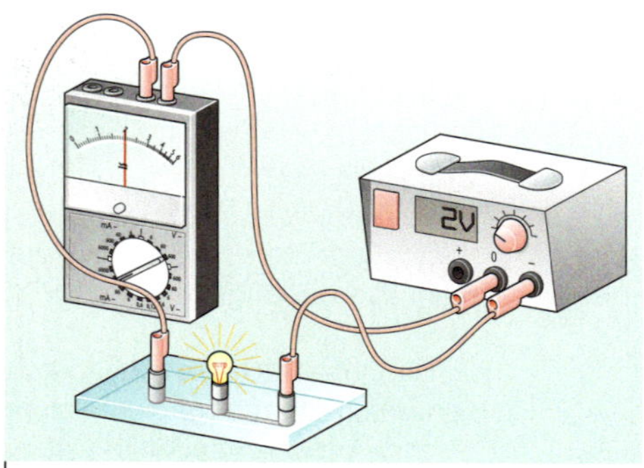

2 Stromkreis mit Lampe

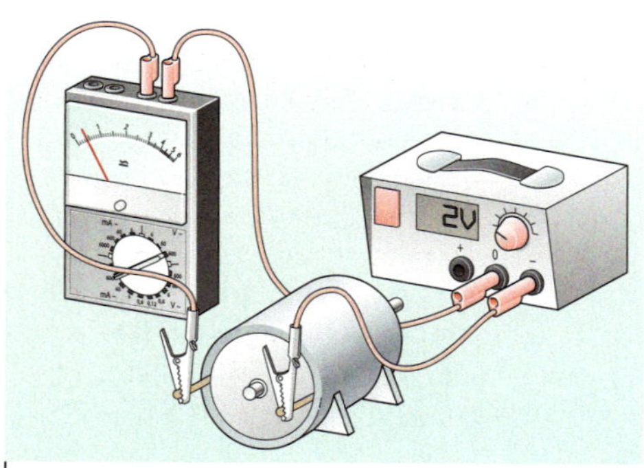

3 Stromkreis mit Motor

Widerstand gegen den Strom

Die Bauteile, die du in einen elektrischen Stromkreis einbaust, haben unterschiedliche elektrische Eigenschaften. Das wird deutlich, wenn du z. B. eine Lampe, einen Experimentiermotor oder eine Bleistiftmine in den Stromkreis einbaust und jeweils die Stromstärke misst (▷ B 1–B 3, V 1).

Du stellst fest, dass trotz gleicher Spannung die Stromstärken in den drei Stromkreisen unterschiedlich sind. Ursache sind die Bauteile: Sowohl Bleistiftmine, als auch Lampe und Motor hemmen den elektrischen Strom – sie setzen ihm einen Widerstand entgegen. Dieser kann je nach Bauteil sehr unterschiedlich sein. Da es sich um elektrische Vorgänge handelt, spricht man vom **elektrischen Widerstand**.

Bei gleicher Spannung kannst du den Widerstand der Bauteile anhand der Stromstärke vergleichen: Je stärker ein Bauteil den elektrischen Strom hemmt, desto kleiner ist die Stromstärke.

In unserem Versuch wurde die kleinste Stromstärke im Stromkreis mit dem Motor gemessen (▷ B 3). Der Motor hat demzufolge den größten elektrischen Widerstand.

Nicht nur die Bauteile in unserem Versuch, sondern alle elektrischen Geräte – sogar die Leiterdrähte selbst – hemmen den Strom. Wie groß der Strom im Stromkreis ist, hängt aber nicht nur vom Widerstand ab, sondern auch vom Antrieb (der Spannung) im Stromkreis.

▶ Jeder Leiter und jedes elektrische Gerät behindert den elektrischen Strom. Diese Eigenschaft wird als „elektrischer Widerstand“ bezeichnet.

Du kannst die „Hemmfähigkeit“ der Bauteile genauer einschätzen, wenn du aus den Messwerten oder den Angaben auf dem Bauteil den **elektrischen Widerstandswert** R berechnest. Dazu musst du die Spannung U durch die zugehörige Stromstärke I dividieren. Bild 5 zeigt eine Beispielrechnung.

▶ Der elektrische Widerstandswert R gibt an, wie stark ein Bauteil den elektrischen Strom behindert.

$$\text{Elektrischer Widerstandswert} = \frac{\text{Spannung}}{\text{Stromstärke}}$$

$$R = \frac{U}{I}$$

Versuch

1 a) Baue die Schaltung wie in Bild 1 gezeigt auf. Stelle eine Spannung von 2 V ein. Miss die elektrische Stromstärke, wenn du verschiedene Bauteile in den Stromkreis einbaust. Lege eine Messwerttabelle an. Welches Bauteil ist der beste elektrische Leiter, welches hemmt den Stromfluss am stärksten?
b) Miss die Spannung am jedem Bauteil. Berechne und vergleiche die Widerstandswerte.

Die Einheit des elektrischen Widerstandswerts ist das Ohm, benannt nach GEORG SIMON OHM (1789–1854). Als Einheitenzeichen wurde der griechische Buchstabe Ω (Omega) gewählt.
Ein Leiter hat den elektrischen Widerstandswert 1 Ohm (1 Ω), wenn bei einer Spannung von 1 Volt die elektrische Stromstärke 1 Ampere gemessen wird.

$$1\ \text{Ohm}\ (\Omega) = \frac{1\ \text{Volt (V)}}{1\ \text{Ampere (A)}}$$

Wie wird der elektrische Strom in einem Draht gehemmt?
In jedem Metalldraht gibt es freie Elektronen, die sich ungeordnet im Draht bewegen (▷ B 4, oben). Die Metall-Ionen sind in einem Gitter angeordnet, dass als Metallgitter bezeichnet wird (▷ B 7). Wird eine Spannung angelegt, werden die freien, negativ geladenen Elektronen langsam durch den Draht zum Pluspol getrieben (▷ B 4, unten). Weil sie aber dabei immer wieder mit den Metall-Ionen zusammenstoßen, werden die Elektronen in ihrer Bewegung behindert. Je mehr Zusammenstöße stattfinden, desto stärker wird der gesamte Elektronenstrom „abgebremst“. Pro Sekunde bewegen sich dann weniger Elektronen an einer beliebigen Messstelle vorbei – die elektrische Stromstärke *I* wird kleiner.
Aber noch etwas geschieht durch die Zusammenstöße: Die Ionen beginnen heftiger zu schwingen. Nach außen hin macht sich das durch eine Erwärmung des Drahtes bemerkbar. Wo elektrischer Strom fließt, entsteht auch Wärme.
[Struktur der Materie, S. 184]

Beispiel: Berechnung des elektrischen Widerstandswerts

Gegeben: $U = 6{,}2\ \text{V}$
$I = 300\ \text{mA}$
$(I = 0{,}30\ \text{A})$

Gesucht: R

Lösung: $R = \frac{U}{I}$

$R = \frac{6{,}2\ \text{V}}{0{,}30\ \text{A}}$

$R = 20{,}7\ \frac{\text{V}}{\text{A}}$

$R = 20{,}7\ \Omega$

Bei der Spannung 6,2 V hat das Lämpchen einen Widerstandswert von 20,7 Ω.

5 Berechnung des Widerstandswertes

6 Betriebsdaten auf einem Glühlämpchen

Aufgaben

1 In einen Stromkreis werden unterschiedliche Bauteile eingebaut. Wie kannst du die Widerstandseigenschaften der Bauteile vergleichen, wenn nicht die Spannung, sondern die Stromstärke unverändert bleiben soll? Plane einen Versuch.

2 Im angeschalteten Zustand fließt durch eine Kaffeemaschine ein Strom von 3,5 A. Wie groß ist ihr Widerstandswert?

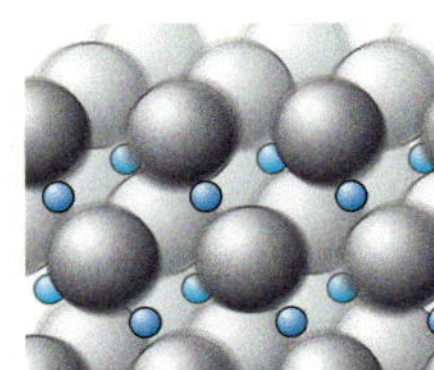

7 Aufbau eines Metallgitters

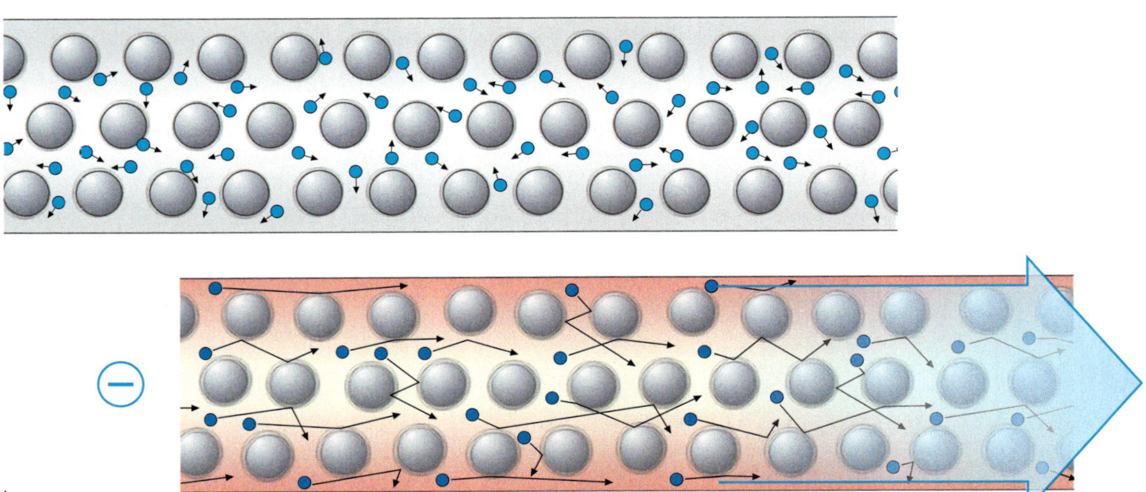

4 Was beim Anlegen einer Spannung im Draht passiert.

Eine Gleichung – drei Möglichkeiten

Mithilfe der Gleichung

$$R = \frac{U}{I}$$

kannst du nicht nur den elektrischen Widerstandswert eines Bauteils berechnen, sondern – abhängig von den gegebenen Größen – auch die elektrische Stromstärke und die elektrische Spannung. Dazu musst du die Gleichung umformen.
Achte besonders auf die richtigen Einheiten: Spannung in Volt, Stromstärke in Ampere.

Berechnung der elektrischen Spannung

Der Kopfhörer für eine Stereoanlage hat einen elektrischen Widerstandswert von etwa 16 Ω. Die Stärke des Stromes, der durch den Stromkreis fließt, beträgt etwa 43 mA.
Welche Spannung liegt am Kopfhörer an? Die Antwort gibt dir die Beispielrechnung in Bild 1.

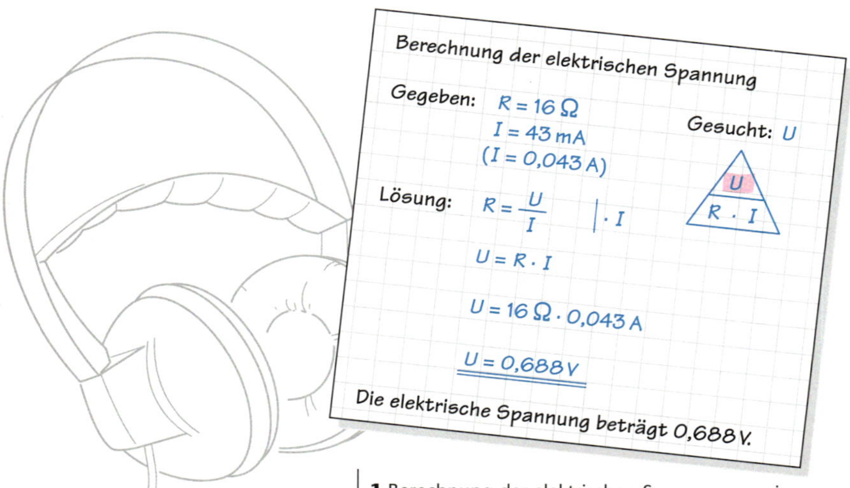

1 Berechnung der elektrischen Spannung an einem Kopfhörer

Kopfhörer Sound DX	
Widerstandswert	16 Ω
Stromstärke	43 mA
Frequenzgang	15–25 000 Hz
Masse	120 g
Garantie	2 Jahre

3 Herstellerangaben zu einem Kopfhörer

Berechnung der elektrischen Stromstärke

Ein Haartrockner mit einem Widerstandswert von 50 Ω wird an eine Steckdose (230 V) angeschlossen (▷ B 4). Die Größe des elektrischen Stromes, der durch den Stromkreis fließt, kannst du, wie in Bild 2 gezeigt, berechnen.

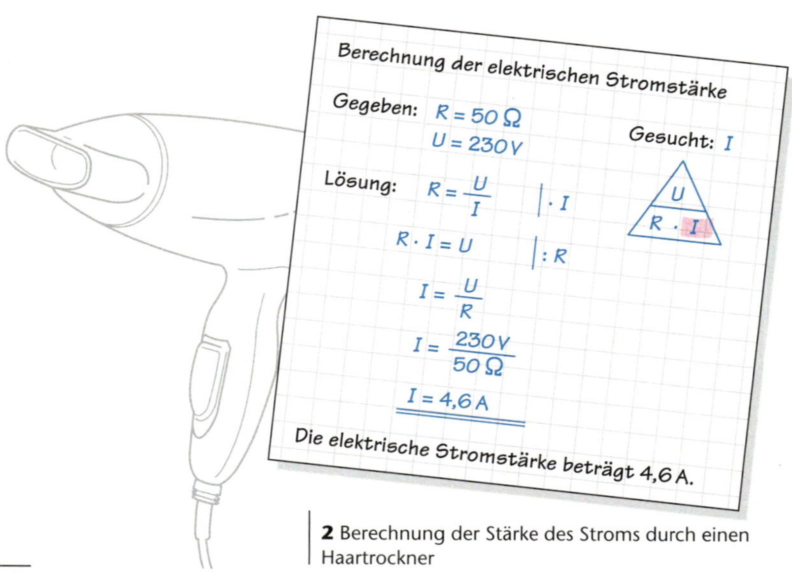

2 Berechnung der Stärke des Stroms durch einen Haartrockner

Haartrockner profiSTYLIST	
Betriebsspannung	230 V (AC)
Widerstandswert des Heizdrahts	50 Ω
Luftstrom pro Sekunde	27 l
Lautstärke	71 dB(A)
Garantie	2 Jahre

4 Betriebsdaten eines Haartrockners

Schnittpunkt

Geschichte: Georg Simon Ohm

Doktorarbeit mit 22 Jahren
Am 16. März 1789 wurde GEORG SIMON OHM in Erlangen geboren. Sein Vater war Schlossermeister und weihte ihn schon als Kind in die Geheimnisse der Naturwissenschaften ein.

Nach seiner Schulausbildung studierte OHM einige Semester Mathematik und Physik an der Universität seiner Heimatstadt Erlangen. Allerdings musste er das Studium mehrmals unterbrechen, um sich das Geld für die teure Ausbildung zu verdienen. Deshalb unterrichtete OHM sechs Jahre an einer Schweizer Privatschule. Nach seiner Rückkehr schrieb er mit 22 Jahren seine Doktorarbeit „Über Licht und Farben".

Lehrer und Forscher
Später arbeitete OHM als Dozent an verschiedenen Universitäten. Danach wurde er Lehrer und betreute die physikalische Sammlung des Jesuiten-Kollegs in Köln. Dort erhielt er die Möglichkeit, seine Experimente zur Leitfähigkeit von Drähten fortzuführen.

Damals war das Experimentieren nicht so einfach wie heute. Batterien gab es noch keine zu kaufen – OHM musste sie selbst bauen. Auch seine Messgeräte entwickelte und baute er selbst (▷ B 1).

1 Von OHM entwickelte und gebaute Apparate.

Erst im Jahr 1826 konnte OHM nachweisen, wie Spannung, Stromstärke und Drahtwiderstand zusammenhängen.
Zur damaligen Zeit erkannte kaum ein Wissenschaftler, dass die von OHM gefundene Gesetzmäßigkeit die Grundlage für die Funktion eines jeden Stromkreises ist.

Über 20 Jahre vergingen, bis seine Leistungen in Deutschland anerkannt wurden. 1849 holte König MAXIMILIAN II. von Bayern den Physiker nach München. 1852 – mit 63 Jahren – wurde OHM zum Professor für Physik an der Universität München ernannt.
GEORG SIMON OHM starb bereits zwei Jahre später, 1854, in München.

Aufgaben

1 In vielen Geräten findest du Leuchtdioden (▷ B 5). Ihr Widerstandswert beträgt etwa 100 Ω. Leuchtdioden sind sehr empfindlich und vertragen nur geringe Stromstärken (etwa 20 mA). Darfst du sie direkt an eine 9-V-Batterie anschließen? Begründe.

2 In manchen Ländern Südamerikas beträgt die Spannung an der Steckdose nur 110 V. Berechne die Größe des Stroms, der durch den Heizdraht eines Haartrockners (50 Ω) fließen würde.

3 Bei deiner Taschenlampe ist das Lämpchen kaputt. Du findest im Schrank zwar ein neues Lämpchen, allerdings ist keine Beschriftung mehr auf ihm zu erkennen. Wie kannst du herausfinden, ob das Lämpchen für die Taschenlampe geeignet ist?

4 In deinem Zimmer wird eine Glühlampe gegen eine andere mit doppeltem Widerstandswert ausgetauscht. Welche Auswirkungen hat das?

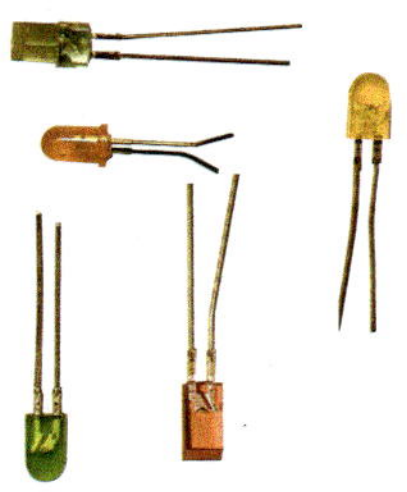

5 Leuchtdioden

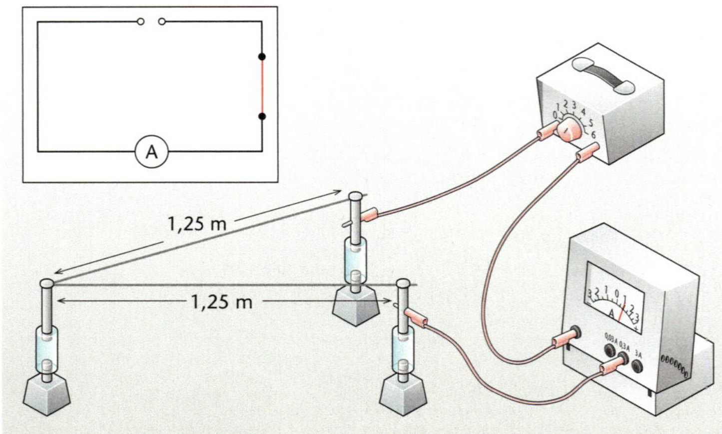

1 Strommessung an einem Konstantandraht

Versuche

1 Baue die Schaltung nach Bild 1 auf. Erhöhe am Konstantandraht die Spannung in 0,5-V-Schritten von 0 V auf 5 V. Miss die dazugehörige Stromstärke und trage die Messwerte in eine Tabelle ein.
Berechne die einzelnen Widerstandswerte und vergleiche sie.
Fertige ein *U*-*I*-Diagramm an (*x*-Achse: Spannung, *y*-Achse: Stromstärke).

2 Wiederhole den Versuch 1 mit einer Lampe.

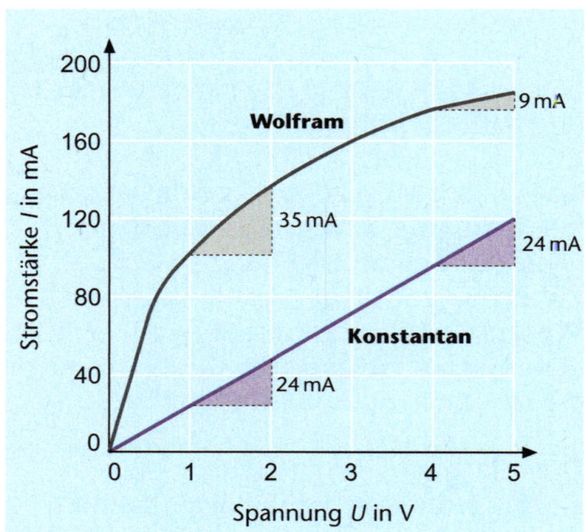

2 *U*-*I*-Kennlinien eines Wolframdrahtes und eines Konstantandrahtes

Spannung *U* in V	**Stromstärke** *I* in mA	**Widerstandswert** *R* in Ω
Konstantandraht *l* = 2,5 m/*d* = 0,2 mm		
1	24	41,7
2	48	41,7
3	72	41,7
4	96	41,7
5	120	41,7
Wolframdraht (Lämpchen 2,5 V/0,15 A)		
1	102	9,8
2	137	14,6
3	161	18,8
4	177	22,6
5	186	26,9

3 Messwerte zu den Versuchen 1 und 2

Der Konstantandraht im Test

Im Versuch 1 wird der Zusammenhang zwischen Stromstärke und Spannung an einem Konstantandraht untersucht. Konstantan ist eine Legierung, d. h. eine Mischung verschiedener Metalle (in diesem Fall Kupfer, Nickel, Eisen und Mangan).

Abgesehen von geringen Messfehlern sind die Messergebnisse (▷ B 3) eindeutig: Verdoppelt man die Spannung, verdoppelt sich auch die Stromstärke. Bei fünffacher Spannung misst du die fünffache Stromstärke usw.
Ganz gleich, von welchem Wert du ausgehst: Beim Konstantandraht ändern sich Spannung und Stromstärke im gleichen Verhältnis. Sie sind zueinander proportional ($U \sim I$).

Im Diagramm (▷ B 2) erkennst du die Proportionalität von *U* und *I* daran, dass die Messpunkte eine Geraden ergeben. Bis auf kleine Abweichungen steigt die Stromstärke pro 1-V-Schritt um 24 mA an.
Der Widerstandswert *R* des Konstantandrahtes bleibt konstant (▷ B 3). Daher hat diese Legierung ihren Namen.

Der Widerstandswert eines Konstantandrahtes bleibt immer gleich. *U* ist proportional zu *I*.

Doppelte Spannung – doppelte Stromstärke?

Auf Glühlampen findest du oft nähere Informationen über die elektrischen Eigenschaften des Glühdrahtes. Wird die Lampe in Bild 4 an eine Spannungsquelle mit 2,5 V angeschlossen, fließt ein elektrischer Strom von $I = 0{,}15$ A.

Kann man aus dieser Angabe schließen, dass bei doppelter Spannung auch der doppelte Strom fließt?

Der Lampendraht im Test
Im Versuch 2 wird der Glühdraht des Lämpchens getestet. Er besteht aus dem Metall Wolfram. Die Messungen (▷ B 3) zeigen Folgendes:
Stromstärke und Spannung sind nicht mehr proportional. Bei der doppelten bzw. dreifachen Spannung misst man nicht die doppelte bzw. dreifache Stromstärke.
Mit wachsender Spannung wird die Stromstärke zwar größer, aber sie steigt nicht gleichmäßig.

Im Diagramm (▷ B 2) wird der Unterschied zum Konstantandraht deutlich:
Wird die Spannung an der Lampe von 1 V auf 2 V erhöht, steigt die Stromstärke um 35 mA. Vergrößerst du die Spannung dagegen von 4 V auf 5 V, wächst sie nur noch um 9 mA. Die Messpunkte ergeben keine Gerade mehr.

Ähnliche Ergebnisse wirst du erhalten, wenn du den Versuch mit anderen Metalldrähten (Eisen, Kupfer usw.) wiederholst. Mit zunehmender Spannung wächst die Stromstärke immer langsamer, der Widerstandswert des Metalldrahtes wird also größer (▷ B 5).

Was passiert dabei im Metalldraht?
Wenn elektrischer Strom fließt, erwärmt sich der Draht. Steigt die Stromstärke an, dann nimmt auch die Temperatur des Drahtes zu. Die Metall-Ionen schwingen dann stärker und behindern die Elektronen auf ihrem Weg noch zusätzlich. Kurz gesagt: Je wärmer der Metalldraht, desto größer der Widerstandswert.

Der Widerstandswert der meisten Metalle nimmt mit steigender Temperatur zu (*U* ist nicht proportional zu *I*).

Das Ohm'sche Gesetz
Den gleichen Zusammenhang erkennst du an den Messwerten für einen Eisendraht, die in Bild 5 durch die rote Kurve dargestellt sind. Stromstärke und Spannung sind nicht proportional. Der Widerstandswert des Eisendrahtes wird größer, weil sich der Draht erwärmt.

Wird der Eisendraht während des Versuchs jedoch gekühlt, liegen die Messwerte wieder auf einer Geraden, wie die blaue Kurve in Bild 5 zeigt. Weil die Temperatur des Eisendrahtes konstant gehalten wird, bleibt auch sein Widerstandswert unverändert. Stromstärke und Spannung sind jetzt proportional.

Der Physiker GEORG SIMON OHM entdeckte diese Zusammenhänge bereits vor etwa 200 Jahren. Aus diesem Grund wurde die Gesetzmäßigkeit nach ihm benannt.

Wenn ein Leiter einen konstanten Widerstandswert besitzt, gilt für ihn das Ohm'sche Gesetz:
Spannung und Stromstärke sind proportional ($U \sim I$).

Aufgaben

1 Welche Stromstärke würde man in einem Konstantandraht (▷ B 2) bei einer Spannung von 10 V messen?

2 Was kannst du über die Widerstandswerte des Eisendrahtes in Bild 5 aussagen, wenn eine Spannung von 12 V angelegt wird?

4 Glühlämpchen

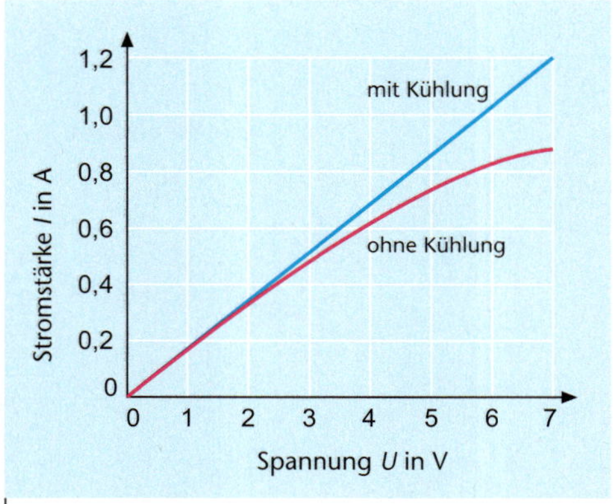

5 *U-I*-Diagramm eines Eisendrahtes mit und ohne Kühlung

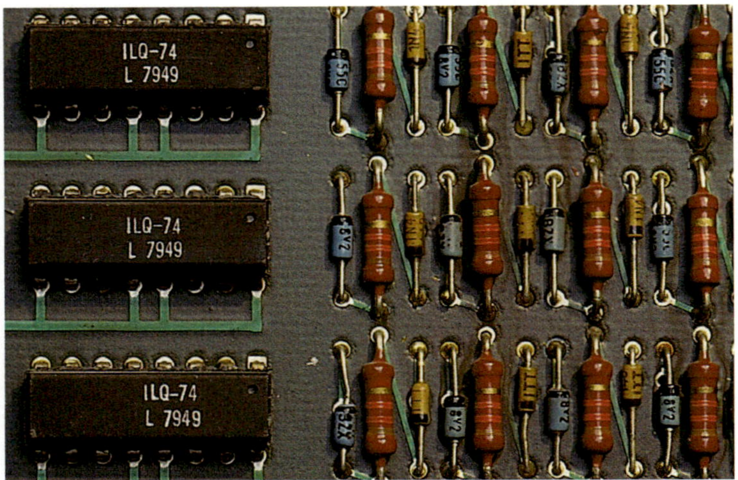
1 Leiterplatine mit verschiedenen Festwiderständen

Versuch

1 a) Schalte einen Festwiderstand in einen Stromkreis (▷ B 3). Erhöhe mit dem Netzgerät die Spannung in 2-V-Schritten von 0 V bis 10 V und miss die entsprechenden Stromstärken. Lege eine Tabelle wie im Bild 4 an. Berechne für jedes Messwertepaar den Widerstandswert *R*. Gilt das Ohm'sche Gesetz?
b) Wiederhole den Versuch 1a mit anderen Festwiderständen.
c) Erstelle aus den Messwerten ein *U*-*I*-Diagramm. Benutze für jeden Festwiderstand eine andere Farbe. Vergleiche die Kurven, die sich ergeben.

Ein Wort mit mehreren Bedeutungen
„Elektrischen Widerstand“ nennt man die physikalische Eigenschaft des Leiters, den Strom zu hemmen. Häufig sagt man auch kurz „elektrischer Widerstand“, wenn man eigentlich den Widerstandswert *R* meint. Auch Bauteile, mit denen man die Stromstärke im Stromkreis regeln kann, werden als „elektrische Widerstände“ bezeichnet.

Festwiderstände
Ein Festwiderstand ist ein Bauteil, das einen konstanten Widerstandswert hat. Im Bild 1 kannst du verschiedene Festwiderstände sehen. Der Widerstandswert wird auf dem Schaltzeichen angegeben (▷ B 2). Bei allen Festwiderständen sind Stromstärke und Spannung stets proportional (▷ B 4; V 1). Deshalb werden sie auch als **Ohm'sche Widerstände** bezeichnet.

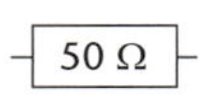

2 Schaltsymbol eines 50-Ω-Festwiderstands

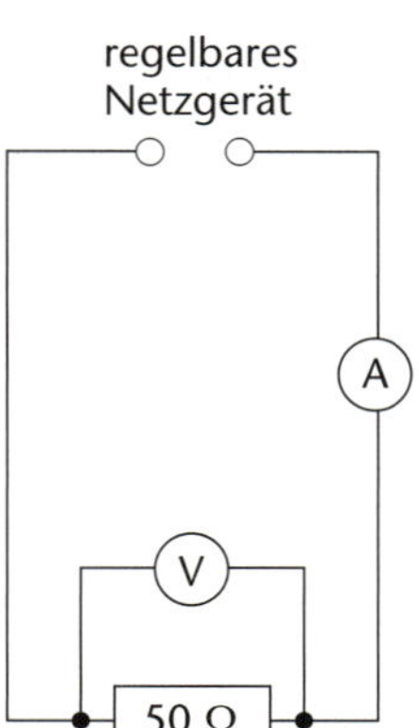

3 Schaltskizze zu Versuch 1

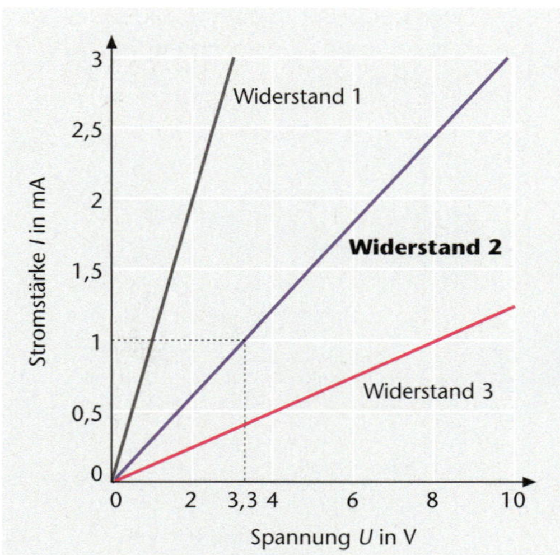

4 *U*-*I*-Kennlinien verschiedener Festwiderstände

Bestimmung von *R* aus dem Diagramm
Bild 4 zeigt ein Diagramm, in das die Messwerte von verschiedenen Festwiderständen eingetragen wurden. Für jeden Festwiderstand ergibt sich eine andere Gerade. In einem *U*-*I*-Diagramm gehört die flachste Gerade zum Bauteil mit dem größten Widerstandswert.

Im *U*-*I*-Diagramm kannst du den Widerstandswert eines Festwiderstandes direkt ablesen. Für die violette Gerade ergibt sich beispielsweise ein Wert von 3300 Ω. Natürlich kannst du diesen Wert auch aus den Messwerten (▷ B 4) berechnen.

Bestimmung des Widerstandswerts mithilfe der Geraden zu Widerstand 2

Lösung: $R = \frac{U}{I}$

Im Diagramm liest man die Werte für die Spannung (3,3 V) und die Stromstärke (1 mA) ab und setzt sie in die Formel ein:

$$R = \frac{3{,}3\,\text{V}}{0{,}001\,\text{A}}$$

$$R = 3300\,\Omega$$

Der Widerstandswert beträgt 3300 Ω.

Spannung *U* in V	**Stromstärke** *I* in mA	**Widerstandswert** *R* in Ω
2	0,61	3300
4	1,22	3300
6	1,85	3300
8	2,45	3300
10	3,06	3300

Wärme regelt den Widerstandswert
Bei den meisten Metallen wird der Widerstandswert größer, wenn die Temperatur des Metalls steigt.
Sie werden auch als **Kaltleiter** bezeichnet, weil sie den Strom bei niedriger Temperatur am besten leiten (▷B 1). Kaltleiter heißen auch PTC-Widerstände (engl. **p**ositive **t**emperature **c**oefficient). Sie dienen z. B. als Überlastungssschutz für Motoren in Türöffnern oder Rollladenhebern.

Es gibt aber auch Materialien, bei denen du genau das Gegenteil beobachten kannst: Je höher die Temperatur dieser Materialien ist, desto besser leiten sie den elektrischen Strom.
Bauteile aus solchem Material werden als **Heißleiter** bezeichnet (▷B 1). Oft findest du dafür auch die Bezeichnung NTC-Widerstand (engl. **n**egative **t**emperature **c**oefficient).
Heißleiter werden z. B. in vielen Heizungsanlagen zur Steuerung verwendet.

Kaltleiter (PTC-Widerstand) und Heißleiter (NTC-Widerstand) sind temperaturabhängige Widerstände.

Der Widerstandswert eines Kaltleiters steigt mit zunehmender Temperatur. Der Widerstandswert eines Heißleiters sinkt mit zunehmender Temperatur.

Licht regelt den Widerstandswert
Neben Wärme kann auch Licht den Widerstandswert eines Materials beeinflussen. Der **Fotowiderstand** ist solch ein lichtempfindliches Bauteil (▷B 1). Oftmals findest du dafür auch die Bezeichnung LDR (engl. **l**ight **d**ependend **r**esistor).

Der LDR besteht aus einem speziellen Material, dessen Widerstandswert durch das auftreffende Licht geregelt wird.
Je mehr Licht auf den Fotowiderstand trifft, desto besser leitet er den elektrischen Strom. Bei voller Beleuchtung leitet der LDR am besten.

Mithilfe von Fotowiderständen wird beispielsweise der Einschaltzeitpunkt der Straßenbeleuchtung gesteuert.

Der Fotowiderstand (LDR) ist ein lichtabhängiger Widerstand. Je mehr Licht auf ihn trifft, desto kleiner ist sein Widerstandswert.

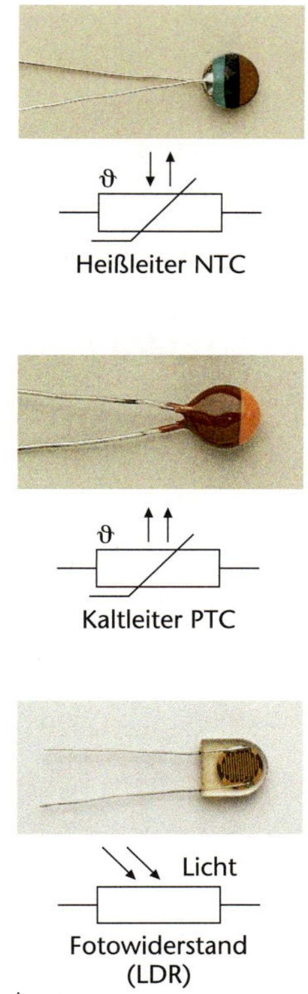

1 Heißleiter, Kaltleiter und Fotowiderstand

Werkstatt

Widerstände im Test

1 Variable Widerstände

Material
Mindestens 4 Bechergläser, Reagenzglas, Thermometer, Kabel, NTC-Widerstand, PTC-Widerstand, Messgerät, Fotowiderstand, starke Taschenlampe

Versuchsanleitung
a) Befülle ein Gefäß mit kaltem Wasser, die anderen Gefäße mit unterschiedlich warmem/heißem Wasser.
Schließe den Heißleiter an das Widerstandsmessgerät an.
Stecke den Heißleiter in das Reagenzglas und halte ihn nacheinander in die verschiedenen Gefäße.
Bestimme jeweils den Widerstandswert des Heißleiters sowie die Wassertemperatur (▷B 1).

b) Wiederhole den Versuch a) mit einem PTC-Widerstand (Kaltleiter).

c) Schließe den LDR an das Widerstandsmessgerät an.
Richte das Licht der Taschenlampe auf den LDR. Bedecke den Fotowiderstand völlig, zur Hälfte und gar nicht. Bestimme jeweils den Widerstandswert.

Aufgabe
Lege zu jedem Versuch eine Tabelle an und notiere deine Messwerte und Beobachtungen. Erstelle für NTC und PTC ein Temperatur-Widerstands-Diagramm.
Formuliere jeweils ein Versuchsergebnis.
Fertige eine Präsentation über Widerstandsbauteile mit festen und veränderlichen Widerstandswerten an.

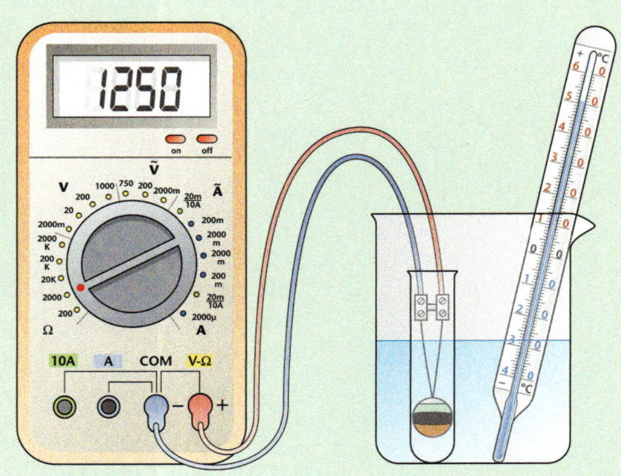

1 Versuchsaufbau

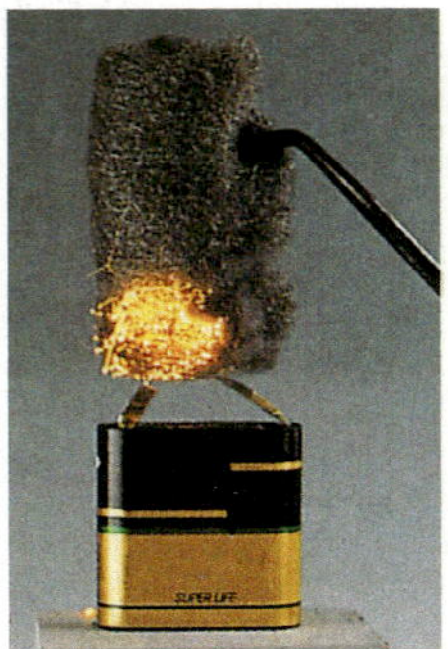

1 Kurzschlüsse können zu Bränden führen

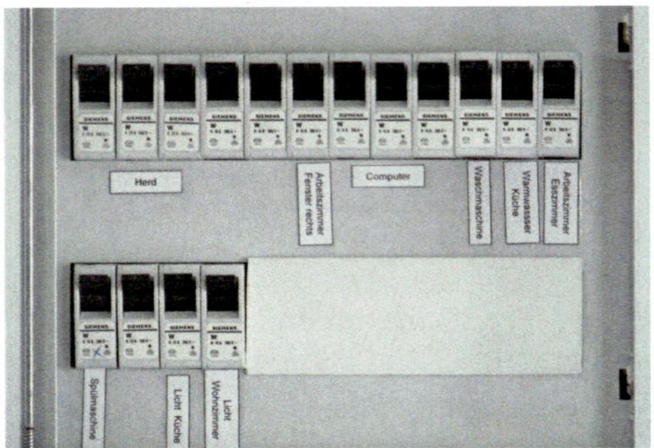

5 Sicherungskasten

6 Fehlerstromschutzschalter (FI-Schalter)

2 Sicherungsautomat

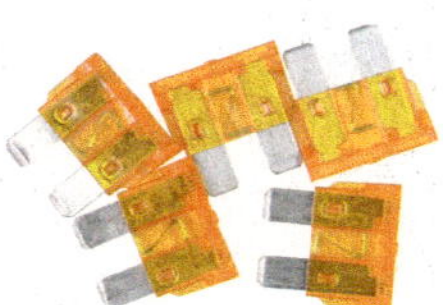

3 Stecksicherung

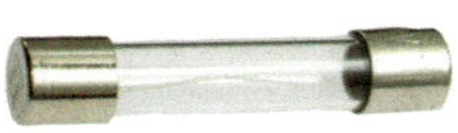

4 Feinsicherung

Kurzschluss in der Küche

Sebastians Eltern bekommen eine neue Küche. Als die Monteure die Dübellöcher für die Oberschränke bohren, springt plötzlich die Sicherung heraus. Was ist passiert? [Wechselwirkung, S. 188]

Einer der Monteure hat versehentlich die Stromleitung angebohrt. Dabei wurde über den Metallbohrer ein Kontakt zwischen den Leitungen hergestellt. Dadurch konnte der Strom ungehindert von einem Pol der Spannungsquelle direkt zum anderen zurück fließen. Der Monteur hat einen **Kurzschluss** verursacht.
Bei einem Kurzschluss fließt ein sehr großer Strom. Weil die elektrischen Leitungen dabei sehr heiß werden, besteht die Gefahr eines Brandes (▷ B 1).

Überlastete Stromkreise

Starke elektrische Ströme fließen nicht nur bei einem Kurzschluss. Schließt man viele Geräte parallel in einen Stromkreis, so erhöht sich die Gesamtstromstärke. Wird der Strom sehr groß, spricht man von einer **Überlast**. Auch dabei kann ein Brand ausgelöst werden.

▶ Bei einem Kurzschluss oder einer Überlast fließt ein hoher Strom im Stromkreis.

Sicherungen schützen

Im Falle eines Kurzschlusses oder einer Überlast unterbrechen Sicherungen den Stromkreis, wenn eine bestimmte Stromstärke überschritten wird. Sicherungen schützen elektrische Geräte und Personen vor Schäden durch starke elektrische Ströme (▷ B 5).

In vielen elektrischen Geräten findest du **Feinsicherungen** (▷ B 4). Sie enthalten einen dünnen Draht, der bei zu starkem Strom so heiß wird, dass er schmilzt und so den Stromkreis unterbricht.

Im Sicherungskasten werden meist **Sicherungsautomaten** eingesetzt (▷ B 2). Diese unterbrechen mithilfe eines Elektromagneten oder eines Bimetallstreifens den Stromkreis für bestimmte Räume eines Hauses, wenn dort eine Überlast oder ein Kurzschluss vorliegt. Ist die Störung beseitigt, kann man an der Sicherung einen Hebel zurückstellen und den Stromkreis so wieder schließen.

▶ Elektrische Sicherungen unterbrechen den Stromkreis, wenn ein zu großer Strom fließt.

Der Fehlerstromschutzschalter

Im Haushalt schützen Fehlerstromschutzschalter (FI-Schalter) den Menschen vor Stromunfällen (▷ B 6). Der FI-Schalter prüft, ob der Strom in der Hinleitung genau so groß ist wie in der Rückleitung. Unterscheiden sich die Ströme, weil beispielsweise eine Person eine Strom führen-

Aufgaben

1 Erkläre am Beispiel eurer Wohnung oder deines Zimmers, wie es zu einer Überlast im Stromkreis kommen kann.

2 a) Plane einen Versuch, mit dem du zeigen kannst, wie es zu einer Überlast kommt.
b) Demonstriere, wie sich die Gesamtstromstärke in diesem Fall ändert. Überlege, wo eine Sicherung in den Stromkreis eingebaut werden müsste.
Achtung: Dein Lehrer oder deine Lehrerin muss den Versuchsaufbau vor der Durchführung prüfen!

70–600 mA

0,2 mA

70–700 mA

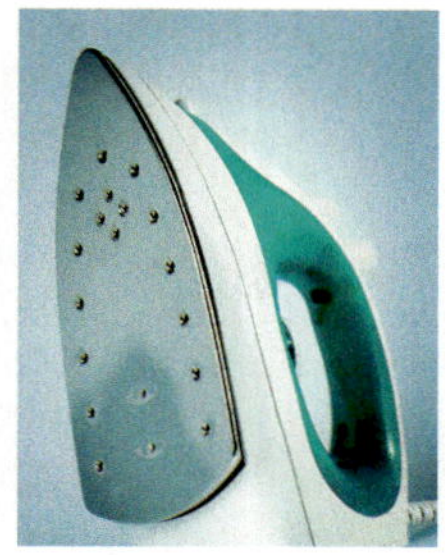

2000–5000 mA

5000 mA

7 Stromstärken im Vergleich

de Leitung berührt, wird der Stromkreis innerhalb von Sekundenbruchteilen automatisch unterbrochen.

Der menschliche Körper ist ein elektrischer Leiter

So wie der Junge im Bild 8 hast auch du sicherlich schon einmal die Pole einer Batterie angefasst, ohne dabei einen elektrischen Schlag zu bekommen.

Im Bild 8 ist der Körper des Jungen ein Teil des Stromkreises. Weil Blut, Speichel oder andere Körperflüssigkeiten den elektrischen Strom leiten, fließt der elektrische Strom an der einen Hand in den Körper hinein und an der anderen wieder hinaus. In diesem Beispiel ist die Stromstärke sehr gering und damit unschädlich.

Lebensgefährlich ist es jedoch, die Anschlüsse einer Steckdose zu berühren. Durch die hohe Spannung fließen dabei so große Ströme, dass es zu schwersten Verletzungen mit tödlichem Ausgang kommen kann.
Um im Unterricht jedes Risiko für die Schülerinnen und Schüler zu vermeiden, werden Schülerexperimente nur mit Spannungen bis 24 V ausgeführt. Beachte: Experimentiere nie mit höheren Spannungen!

Welche Ströme sind gefährlich?

Je größer die Stromstärke ist, desto gefährlicher sind die Auswirkungen auf den menschlichen Körper. In Bild 9 findest du eine Übersicht über die Auswirkungen verschieden großer Ströme auf den menschlichen Körper. In Bild 7 wird vergleichsweise gezeigt, wie groß die Stromstärke bei verschiedenen elektrischen Geräten ist. Die Folgen hängen unter anderem auch davon ab, welchen Weg der Strom im Körper nimmt und wie lange der Stromfluss dauert. Auch die Hautbeschaffenheit spielt eine Rolle, denn feuchte Haut hat einen kleineren Widerstand als trockene Haut.

Besonders gefährlich ist es, wenn der Strom auf dem Weg durch den Körper über das Herz führt.
Der Körper steuert viele seiner Funktionen durch sehr schwache (körpereigene) elektrische Signale. Werden diese durch einen anderen Strom überlagert, kann es zu Rhythmusstörungen oder sogar zu Herzkammerflimmern kommen.

1000–1 Mio. mA

20 Mio. mA

8 Auch der menschliche Körper leitet den Strom

Stromstärke	Auswirkungen
Unter 10 mA	Geringe Ströme spürt man nicht oder man nimmt nur ein leichtes Kribbeln wahr.
ca. 15 mA–20 mA	Die Muskeln beginnen sich zu verkrampfen. Der Krampf wird so stark, dass man den Stromleiter nicht mehr loslassen kann. (Loslassgrenze bei Wechselstrom ca. 20 mA.)
Ab 25 mA–50 mA	Die Atemmuskulatur verkrampft stark, es kann zu Atemstillstand kommen. Der Herzrhythmus wird gestört.
Ab 80 mA	Es kann zu Herzkammerflimmern, Kreislaufstillstand kommen, tödliche Folgen sind wahrscheinlich. Wechselstrom kann schon ab ca. 80 mA tödlich sein, Gleichstrom ab etwa 300 mA.

9 Auswirkungen unterschiedlich großer Ströme auf den menschlichen Körper

Berufsvorbereitung: Berufe zum Thema Elektrizität

Elektrizität wird überall benötigt
Hast du dir schon einmal überlegt, wie ein Leben ohne Elektrizität wäre? Die Versorgung mit Strom und somit mit elektrischer Energie ist eine wichtige Aufgabe.

Wenn du an Berufe denkst, die mit Strom umgehen, fällt dir wahrscheinlich sofort der „Elektriker“ ein. Die Berufsbezeichnung „Elektriker“ gibt es jedoch nicht mehr. Sie wurde durch die Berufsbezeichnung Elektroniker/in ersetzt. Je nach Spezialisierung lauten dann die Berufsbezeichnungen z. B. Elektroniker/in für Automatisierungstechnik, Elektroniker/in für Betriebstechnik oder Elektroniker/in für Energie und Gebäudetechnik.

1 Elektroniker für Energie und Gebäudetechnik

Elektroniker/in für Energie und Gebäudetechnik
Steffen hat eine Lehre zum Elektroniker mit der Fachrichtung Energie und Gebäudetechnik abgeschlossen.
In jedem Gebäude ist eine Vielzahl elektrischer Geräte angeschlossen. Als Elektroniker der Fachrichtung Energie- und Gebäudetechnik sorgt er dafür, dass diese Geräte fachgerecht in Betrieb genommen werden können.

In einem Neubau plant er z. B., wo Steckdosen angebracht, und wo der Sicherungskasten installiert werden soll. Hierzu muss Steffen mit dem Kunden in Kontakt treten, um dessen Wünsche festzustellen. Diese Wünsche können dann in die Realität umgesetzt werden. Dazu müssen Steckdoseneinsätze gebohrt und Kabel verlegt und angeschlossen werden.

In jedem Haushalt gibt es mehrere Stromkreise, deshalb wird für jeden Stromkreis auch eine eigene Sicherung benötigt. Haushaltsgeräte wie Herd, Spülmaschine, Waschmaschine und Trockner besitzen sogar jeweils eigene Sicherungen. Auch hier sorgt Steffen für den korrekten Anschluss. In bestehenden Gebäuden überprüft er die elektrischen Sicherheitseinrichtungen und beseitigt Störungen und Fehler.

Neben der Elektroinstallation sind noch weitere Aspekte dieses Berufsfeldes wichtig. So werden Heizungsanlagen zur Energieeinsparung über Temperaturfühler gesteuert. Als Elektroniker schließt Steffen die Anschlüsse an und programmiert die Heizungsanlage, sodass sie korrekt und Energie sparend funktioniert.

Auch für den Fernseh- und Rundfunkempfang sorgt ein Elektroniker. Dazu installiert er eine Satellitenanlage und legt die Kabel zu den Empfangsgeräten.

Die Elektroniker montieren auch Kabel für Datennetze, damit z. B. alle Computer eines Haushalts untereinander oder mit dem Internet kommunizieren können.

2 Elektronikerin für Maschinen und Antriebstechnik

Elektroniker/in für Maschinen und Antriebstechnik
Anke war schon immer von Elektromotoren fasziniert. Nach dem Schulabschluss entschied sie sich deshalb für eine Ausbildung zur Elektronikerin für Maschinen und Antriebstechnik. Sie arbeitet in einem Betrieb der Elektroindustrie und ist nach ihrer Ausbildung zuständig für die Wicklung von Spulen, Elektromotoren und Generatoren.
Anke muss nun elektrische Antriebe aufbauen und instand halten. Dabei führt sie Fehlerdiagnosen durch und entwirft und

3 Elektrotechnische Assistentinnen

wartet Programme zur Steuerung und Regelung der Antriebsysteme.

Elektrotechnische/r Assistent/in
Elektrotechnische Assistenten und Assistentinnen unterstützen Ingenieure in Unternehmen der Elektroindustrie, im Maschinen- und Fahrzeugbau, bei Stromversorgern, Eisenbahnunternehmen oder Rundfunkanstalten.
Dazu müssen sie Versuche aufbauen, um Werkstoffe auf ihre elektrotechnischen Eigenschaften zu prüfen. Sie führen diese Versuche durch und werten sie aus. Je nach Betrieb müssen sie z. B. Schaltungen und Schaltskizzen für elektrische Geräte entwerfen oder fertigungstechnische Anlagen programmieren und warten.

4 Systemelektronikerin

Systemelektroniker/in
Systemelektroniker und Systemelektronikerinnen werden dort benötigt, wo komplexe Produktionsabläufe vereinfacht werden sollen. Dazu entwickeln sie Steuerungen mit Mikroprozessoren um z. B. Energieverluste bei Motoren zu reduzieren.

IT-Systemelektroniker/in
In jeder Firma werden heutzutage Computer benötigt. Weil Steffen gerne in seiner Freizeit am PC arbeitet und ihn auch

5 IT-Systemelektroniker

schon einmal repariert hat, interessiert er sich für den Beruf des IT-Systemelektronikers. Im Berufsbildungszentrum (BIZ) hat er sich ausführlich über diesen Beruf informiert. Er erfuhr dort, dass ein IT-Systemelektroniker für alles zuständig ist, was zur Beschaffung, Planung, Installation und Wartung der Computersysteme und Netzwerke gehört. So entwirft er z. B. das Computer-Netzwerk des Unternehmens und sorgt so für die Kommunikation der PC-Systeme untereinander. Er sorgt dafür, dass in regelmäßigen Abständen Sicherungskopien der wichtigen Daten erstellt werden und beugt somit einem Datenverlust vor. Häufig muss ein IT-Systemelektroniker defekte Computer reparieren, Drucker installieren und warten.

6 Im Berufsinformationszentrum

BERUFENET

BerufeNet
Im BerufeNet der Bundesagentur für Arbeit kannst du dir weitere Informationen über Ausbildungsberufe downloaden. Die Berufsberaterinnen und Berufsberater im Berufsinformationszentrum (BIZ) können dir ebenfalls weiterhelfen. Dazu werden sie sich nach deinen Fähigkeiten, Fertigkeiten und Kenntnissen erkundigen und dir mögliche Ausbildungsberufe vorstellen. Nur Mut – es findet sich bestimmt eine passende Berufsausbildung für dich!

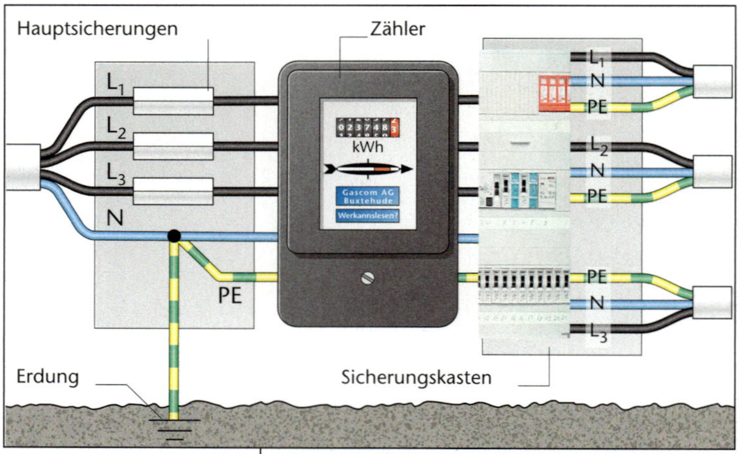

1 Schaltung des Hausanschlusskastens

Der Hausanschluss
In Elektrizitätswerken entsteht elektrische Energie durch Umwandlung aus anderen Energieformen. Über Hochspannungsleitungen wird die elektrische Energie bis an jedes einzelne Haus transportiert.

Jedes Haus besitzt einen Hausanschlusskasten. Dort schließt das Energieversorgungsunternehmen das Hauptkabel an (▷ B 1).

Das Hauptkabel besteht aus besonders dicken Leitungen. Sie bilden die Hin- und Rückleitungen für drei getrennte Stromkreise. Zusätzlich ist die Rückleitung, sie wird auch Neutralleiter genannt, geerdet. Dies bedeutet, dass sie über eine Erdungsleitung mit dem Gebäude und der Erde verbunden ist. Von der Erdungsleitung zweigt der Schutzleiter ab.

Im Hausanschlusskasten befinden sich die Hauptsicherungen. Sie schützen die gesamte Elektroinstallation des Hauses. Von dort führen die Hauptleitungen durch den Stromzähler zum Sicherungskasten.

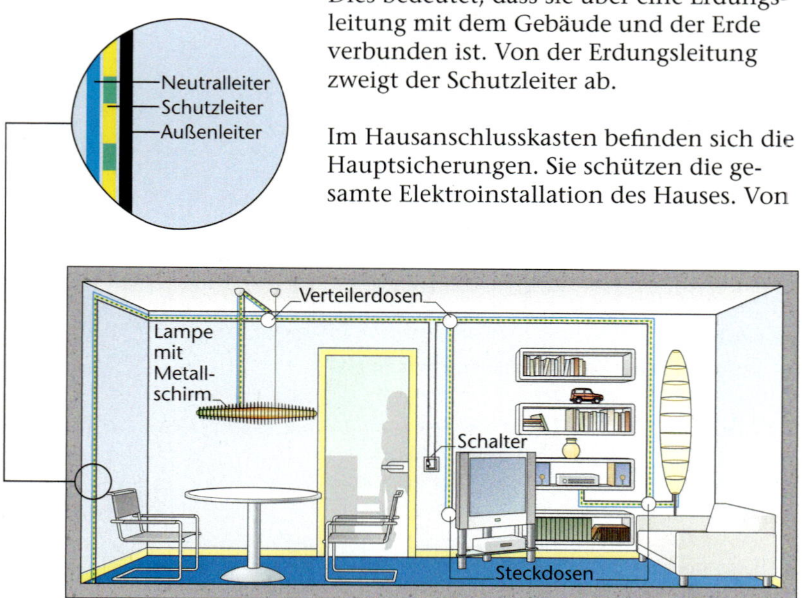

2 Stromkreis im Wohnzimmer

Der Sicherungskasten
Im Sicherungskasten teilt sich der Hauptstromkreis in verschiedene Nebenstromkreise für die einzelnen Zimmer auf. Jeder Nebenstromkreis besitzt eine eigene Sicherung. Wenn beispielsweise das Wohnzimmer einen eigenen Stromkreis bildet, so findest du im Sicherungskasten eine Sicherung dafür.

Wird ein Gerät mit großen Strömen betrieben, wird es in der Regel nochmals gesondert abgesichert. So verfügt z. B. die Waschmaschine über eine eigene Sicherung, der Elektroherd ist sogar dreifach abgesichert.

Strom für das Wohnzimmer
Vom Sicherungskasten zweigt für jeden Nebenstromkreis ein dreiadriges Kabel (Außen-, Neutral-, Schutzleiter) ab. Jedes Kabel führt zunächst zu einer Verteilerdose im jeweiligen Zimmer (▷ B 2). Hier beginnt die Aufteilung der Stromleitungen für Steckdosen und weitere Anschlüsse.

Der Trick mit dem dritten Kabel
Wenn du einem Elektriker beim Verlegen einer Steckdose zuschaust, wirst du feststellen, dass drei Kabel zur Steckdose führen (▷ B 3): Das schwarze Kabel ist der Außenleiter, das blaue Kabel ist der Neutralleiter. Diese bilden im Stromkreis die Hin- und die Rückleitung für ein elektrisches Gerät.

Bei dem dritten gelb-grünen Kabel handelt es sich um den (geerdeten) Schutzleiter. In der Steckdose ist der Schutzleiter an den beiden Metall-Außenbügeln der Dose befestigt (▷ B 3).

Ein Schutzleiter ist auch an allen Geräten angebracht, die ein Metallgehäuse haben. Elektrogeräte wie Waschmaschinen oder Bügeleisen werden über Schutzkontaktstecker (Schuko-Stecker ▷ B 3) angeschlossen und sind dadurch ebenfalls geerdet.

Im Falle eines Defekts fließt der Strom über den Schutzleiter in die Erde ab. Es entsteht ein Kurzschluss und die Sicherung unterbricht den Stromkreis (▷ B 4).

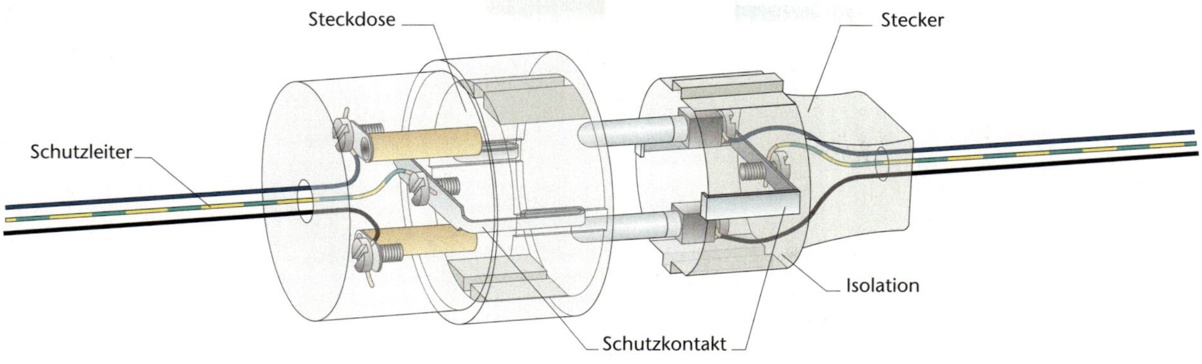

3 Schuko-Stecker und -Dose

Welches Kabel ist das richtige?
Außen- und Neutralleiter lassen sich an der Steckdose mithilfe eines Spannungsprüfers unterscheiden (▷B 5).
Dieser leuchtet auf, wenn man damit den Außenleiter-Kontakt berührt. (Weil der Spannungsprüfer mit einem sehr großen Widerstand betrieben wird, ist der elektrische Strom für den Mensch ungefährlich.)
Der Neutralleiter ist an das Gebäude angeschlossen. Daher leuchtet der Spannungsprüfer beim Berühren des zugehörigen Kontaktes nicht auf.

Lebensgefahr bei defekter Isolierung
Normalerweise sind elektrische Geräte gut isoliert und können sicher betrieben werden. Gefährlich wird es, wenn beispielsweise die Isolierung eines Kabels im Gerät defekt ist.

Ist das Gehäuse nicht mit dem Schutzleiter verbunden, entsteht eine lebensgefährliche Situation, wenn eine Person das unter Spannung stehende Gehäuse berührt (▷B 4): Der Strom würde über das Gehäuse und über den menschlichen Körper in die Erde fließen.
Solche Unfälle mit möglicherweise tödlichem Ausgang kann ein Fehlerstromschutzschalter verhindern.
Der FI-Schalter registriert, dass der Strom nicht über den Neutralleiter sondern z. B. über eine Person zurückfließt. Weil dann die Ströme von Außen- und Neutralleiter unterschiedlich hoch sind, unterbricht der FI-Schalter innerhalb kürzester Zeit den Stromkreis.

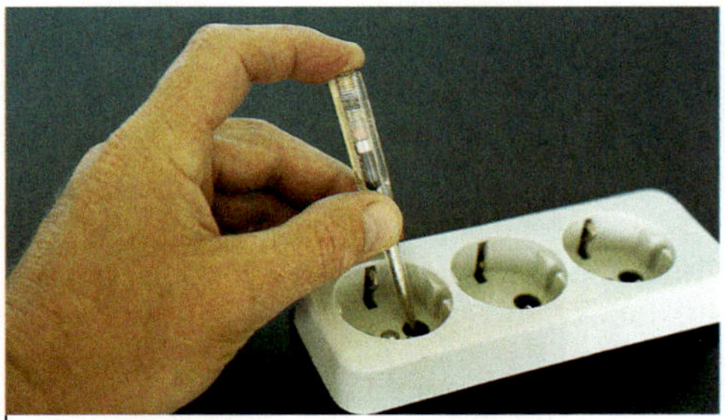

5 Spannungsprüfer

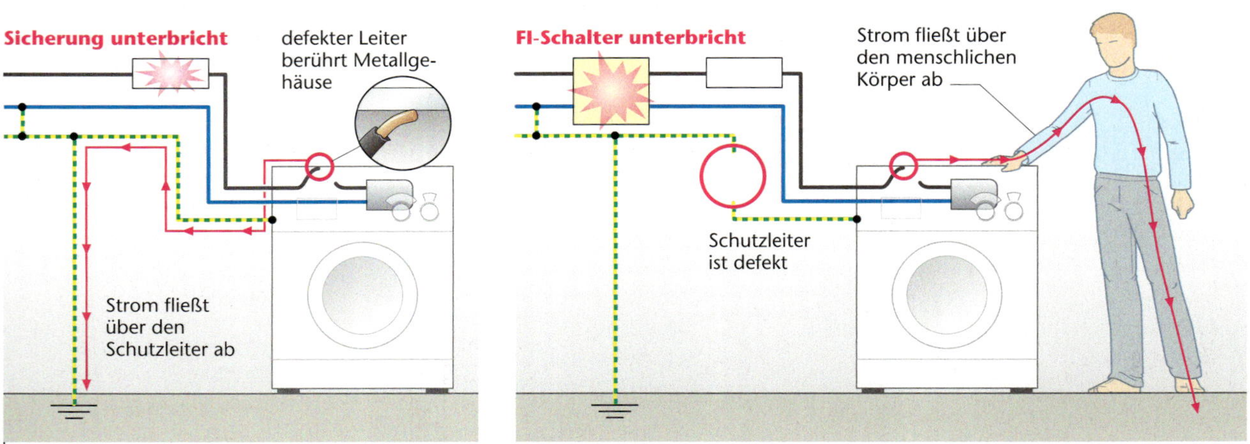

4 Schutzleiter und FI-Schalter schützen Menschen vor Stromunfällen

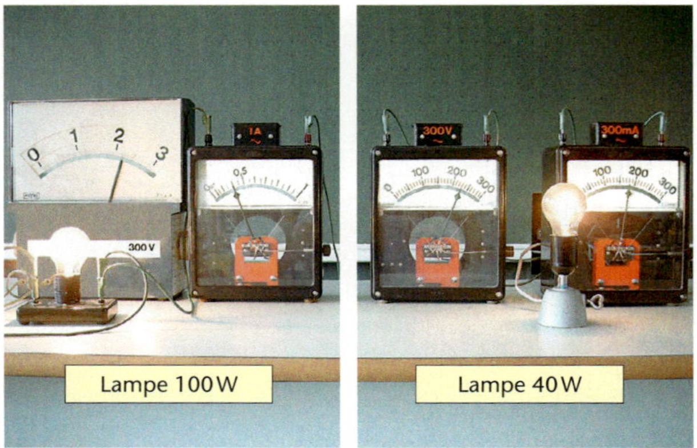

1 Die Spannungen sind gleich, die Ströme verschieden.

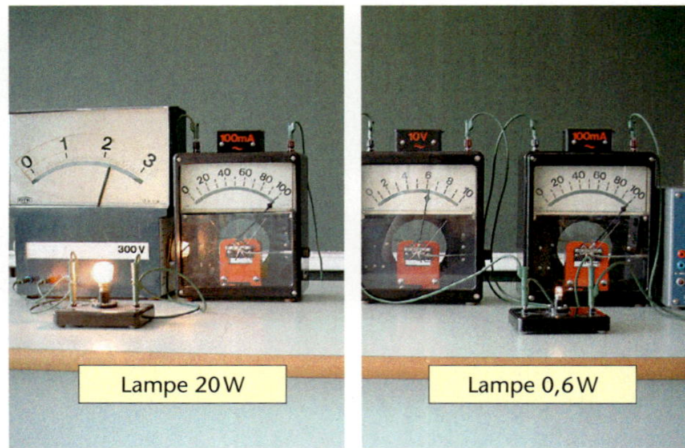

2 Die Ströme sind gleich groß, die Spannungen unterschiedlich.

Die elektrische Leistung

Als Tabeas Mutter die defekte Deckenlampe im Zimmer ihrer Tochter austauscht, ist es im Raum plötzlich dunkler als vorher. Sie schaut sich die Lampen genauer an. Auf der alten Glühlampe erkennt sie den Aufdruck „100 W", auf der neuen steht „40 W". Diese Werte geben Auskunft darüber, welche elektrische Leistung die jeweilige Glühlampe hat. Die 40-W-Lampe hat eine geringere Leistung. Du erkennst das daran, dass sie nicht so hell wie eine 100-W-Lampe leuchtet.

Je höher die Leistungsangabe auf der Glühlampe, desto heller leuchtet sie und desto größer ist der Strom, der bei gleicher Spannung durch sie hindurchfließt (▷ B 1).

Auch die Lampen im Bild 2 leuchten unterschiedlich hell, obwohl durch beide ein gleich starker Strom fließt. In diesem Fall wirkt sich die unterschiedliche Spannung auf die elektrische Leistung aus. Die 20 W-Lampe hat eine größere Leistung, weil an ihr eine wesentlich größere Spannung anliegt als an der kleinen Lampe.

Leistungsberechnung

Du kannst die elektrische Leistung berechnen, indem du die Werte von Spannung und Stromstärke multiplizierst.

Die elektrische Leistung P eines elektrischen Geräts hängt von der Spannung und von der Stromstärke ab.

$$P = U \cdot I$$

Einheit: Watt (W)

$$1\,W = 1\,V \cdot 1\,A$$

$$1000\,W = 1\,kW$$

Die Einheit der Leistung ist nach dem schottischen Ingenieur JAMES WATT (1736–1819) benannt.

Im Bild 4 siehst du, wie du die Leistung einer Fahrradlampe berechnest, durch die bei einer Spannung von 6 V ein Strom von 100 mA fließt.

Gerät	Spannung	Leistung
Taschenrechner	3V230V	0,5 mW = 0,0005 W
Autofernlicht	jew. 12 V	60 W
Farbfernseher	230 V	110 W
Haartrockner	30 V	600 W
Bügeleisen	230 V	1200 W = 1,2 kW
Waschmaschine	230 V	3500 W = 3,5 kW
Elektroherd, 4 Platten	230 V	7400 W = 7,4 kW
Elektrolokomotive	15 000 V	7000 kW
Generator im Kraftwerk	27 000 V	700000 kW

3 Die elektrische Leistung verschiedener Geräte im Vergleich

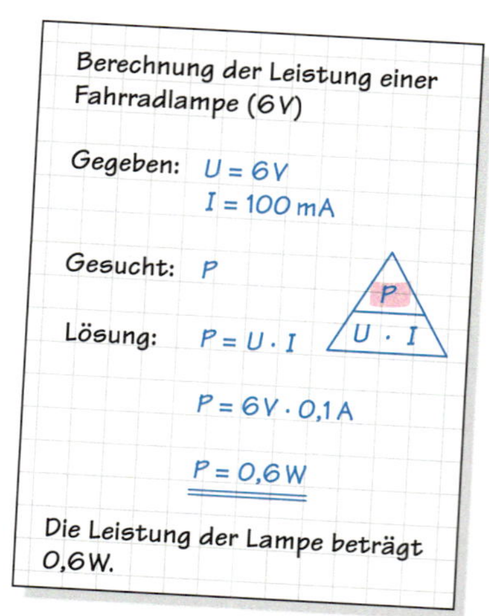

4 Berechnung der Leistung der Lampe

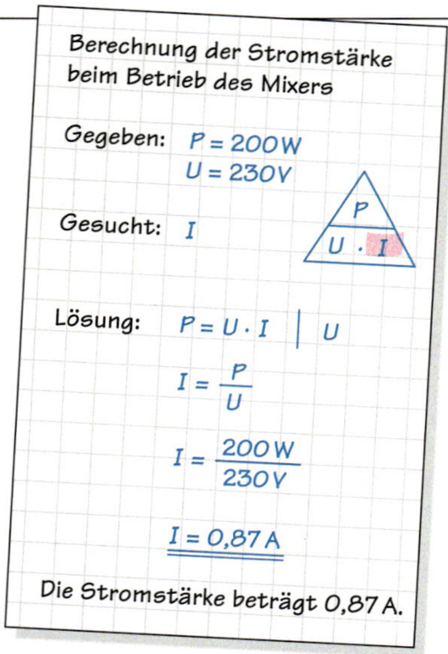

5 Berechnung des Stroms durch einen Mixer

Stromstärkeberechnungen

Auf allen elektrischen Haushaltsgeräten ist ein Typenschild angebracht (▷B 6). Auf diesem wird dem neben der vorgeschriebenen Betriebsspannung die elektrische Leistung des Geräts angegeben. Mit diesen Angaben kann man die Stromstärke berechnen.
Die Rechnung im Bild 5 zeigt, wie du die Stromstärke für einen Mixer (200 W) ermittelst, der an die Haushaltsspannung angeschlossen ist. Die errechnete Stromstärke von 0,87 A stimmt in etwa mit dem gemessenen Wert (▷B 6) überein.

Mechanische Leistung – elektrische Leistung

Die Leistung sagt etwas darüber aus, in welcher Zeit (t) eine bestimmte Arbeit (W) verrichtet wird. Die mechanische Leistung berechnet man mit der Formel $P = W/t$ und wird in der Einheit Watt angegeben.
1 Watt steht immer für eine gleich große Leistung, unabhängig davon, ob 1 Watt mechanisch oder elektrisch erbracht wird. Für elektrische und mechanische Leistungen gilt daher:
$1\ \text{Watt}_{\text{mechanisch}} = 1\ \text{Watt}_{\text{elektrisch}}$
Dies lässt sich am Beispiel eines Elektromotors verdeutlichen (▷B 7):
Der Elektromotor hat die Leistung 1 Watt, wenn er innerhalb 1 Sekunde eine Masse von 100 g um 1 Meter hebt. Der Motor erreicht diese Leistung genau dann, wenn er an die Spannung 1 Volt angeschlossen ist und dabei ein Strom der Stärke 1 Ampere fließt.
Der Elektromotor nutzt elektrische Energie um mechanische Arbeit zu verrichten.

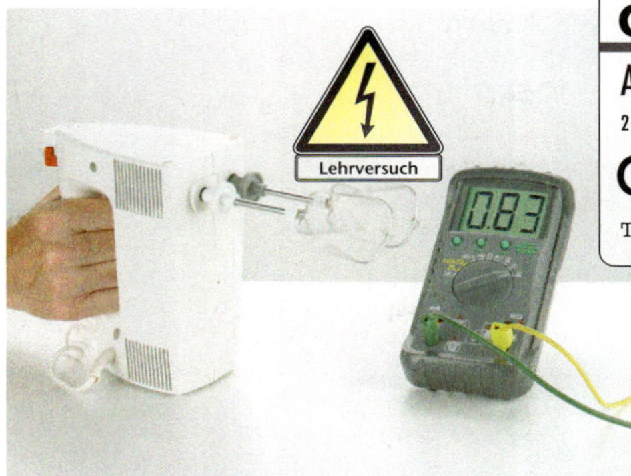

6 Messung der Stärke des Stroms durch einen Mixer

Im Idealfall wird mit 1 J eingesetzter Energie 1 J an mechanischer Arbeit geleistet. Die Leistung gibt somit nicht nur an, wie viel Arbeit (W) in einer bestimmten Zeit verrichtet wird, sondern auch wie viel Energie (E) in dieser Zeit umgesetzt wird.

$$P = \frac{W}{t} = \frac{E}{t}$$

Für die Einheit gilt: $1\,\text{W} = 1\,\text{V} \cdot 1\,\text{A} = 1\frac{\text{J}}{\text{s}}$

Leistung: 60 W
Spannung: 230 V

Leistung: 3 W
Spannung: 230 V

Leistung: 16 W
Spannung: 230 V

Leistung: 25 W
Spannung: 230 V

Aufgaben

1 Berechne die Stromstärken für die abgebildeten Glühlampen.

2 Für eine Leuchtdiode gelten die folgenden Angaben: 2,2 V/20 mA.
a) Berechne die elektrische Leistung.
b) Wie viel Energie hat die LED in einer halben Stunde umgesetzt?

3 Verdeutliche deinen Mitschülern mithilfe einer Tafel Schokolade die Begriffe Leistung und Watt.

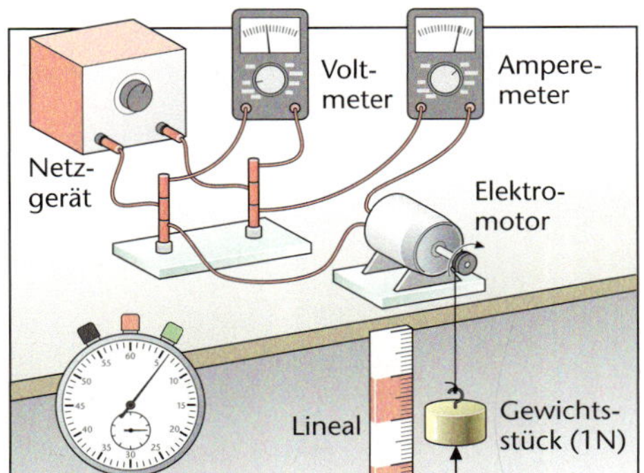

7 Der Elektromotor wandelt elektrische in mechanische Energie.

1 Der Stromzähler ist eigentlich ein Energiezähler.

Der elektrische Strom arbeitet für uns
Herr C. stöhnt über seine hohe Stromrechnung: „Im letzten Jahr haben wir zu viel Strom verbraucht. Jetzt muss ich auch noch Geld nachzahlen!“ Mario erwidert: „Es ist nicht richtig, dass Strom verbraucht wird. Wir geben genauso viel Strom an das E-Werk ab, wie wir auch bezogen haben.“ Was bezahlen wir dann mit der Stromrechnung?

Viele elektrische Geräte helfen uns im Haushalt. Einige Beispiele:
- in einem Mixer werden Nahrungsmittel zerkleinert,
- mit einer Bohrmaschine bohren wir ein Loch in die Wand,
- mit einem Staubsauger wird der Teppich gereinigt,
- eine Lampe erhellt das dunkle Zimmer.

Wie viel elektrische Energie benötigt eine 60-W-Glühlampe, wenn sie 5 Minuten leuchtet?

Gegeben: $P = 60\,W$, $t = 300\,s$ Gesucht: E

Lösung: $E = P \cdot t$

$E = 60\,W \cdot 300\,s$

$E = 18\,000\,Ws = 18\,000\,J$

In 5 Minuten wurde eine elektrische Energie von 18 000 Joule oder 18 Kilojoule umgesetzt.

2 Berechnung der Energie

Versuch

1 Schalte in deinem Haushalt möglichst viele Geräte aus und betrachte auf dem „Stromzähler“ die Zählscheibe. Schalte nun einzelne Geräte (z. B. Föhn, Fernseher, Radio etc.) an und beobachte die Zählscheibe. Was stellst du fest?

In allen Fällen wird Arbeit verrichtet. Dafür wird elektrische Energie benötigt. Mit der Stromrechnung bezahlen wir die eingesetzte elektrische Energie, die uns über den elektrischen Strom geliefert wird.

Energie und Leistung
Die von den Elektrogeräten benötigte Energie stammt aus dem Versorgungsnetz. Die entnommene Energiemenge ist von der Leistung des Gerätes und der Betriebsdauer (also der Zeit) abhängig (▷ B 2):
- Je größer die Leistung eines elektrischen Geräts ist, desto mehr Energie wird pro Zeit benötigt.
- Je länger ein elektrisches Gerät in Betrieb ist, desto mehr Energie wird benötigt.

Die dem Versorgungsnetz entnommene elektrische Energie *E* ergibt sich aus dem Produkt der Leistung *P* und der Zeit *t*:
$E = P \cdot t$

Die Energieeinheit Kilowattstunde
Die Energieeinheiten Joule bzw. Wattsekunde sind für den elektrischen Alltag ungebräuchlich. Dauert z. B. der Waschvorgang einer Waschmaschine (3500 W) eine Stunde (3600 s), so wurde eine elektrische Energie von 12 600 000 Ws bezogen. Da die Zahlen sehr groß sind, hat man als Energieeinheit die Kilowattstunde (kWh) eingeführt. Die Waschmaschine hat also eine Energie von 3,5 kW · 1 h = 3,5 kWh umgesetzt. Es gilt:
1 kWh = 1000 Wh = 3 600 000 Ws.
1 Ws = 1 J

Die elektrische Energie kostet Geld
Die elektrische Energie, die jeder Haushalt benötigt, muss bezahlt werden. Deshalb befindet sich in jedem Haushalt ein verplombter Energiezähler (▷ B 1).
Dieser Zähler misst, wie viel Energie dem Stromnetz entnommen wird. Im Prinzip ist der Zähler ein Elektromotor mit einem

Städtische Energieversorger **Dortmund**

Empfänger Matthias Balonier
Jahnstraße 22
30170 Hannover

Kundennummer 25506/708720
(bitte stets angeben)

Rechnungsdatum 05.12.2012

Rechnu(2)-Nr. 2211/(3)2564

Pos.	Zähler-Nr.	Abrechnungszeitraum von	Abrechnungszeitraum bis	Tage	Zählerstand alt	Zählerstand neu	(1) Verbrauch kWh	(2) Arbeitspreis ct/kWh	(3) Arbeitsbetrag Euro
1	720021	18.11.2011	31.12.2011	44	41503	42687	1184	18,67	221,05
2	720021	01.01.2012	20.11.2012	324	42687	45332	2645	18,67	493,82
	Ihr Gesamtverbrauch von 18.11.2010 bis 20.11.2011 (368 Tage)						**3829**		

Pos.	(4) Grundbetrag (98,04 Euro/Jahr)	(5) Stromsteuer (2,05 ct/kWh)	(6) Nettobeträge Euro	Rechnungsbetrag Euro netto	Umsatzsteuer 19 %	(7) Rechnungsbetrag Euro brutto
1	11,82	24,27	257,14	892,21	169,52	**1.061,74**
2	87,03	54,22	635,07			

3 Stromrechnung

Zählwerk. Schaltest du im Haushalt ein elektrisches Gerät ein, so dreht sich die silberne Scheibe. Die sich drehende Scheibe bewegt das Zählwerk. Am Zähler kann man die dem Versorgungsnetz entnommene Energie in Kilowattstunden ablesen. Bei Geräten mit einer großen Leistung (z. B. einer Waschmaschine) dreht sich die Scheibe schneller als bei Geräten mit geringer Leistung.

Aus der Stromrechnung (▷ B 3) kann man ebenfalls die dem Versorgungsnetz entnommene Energie ablesen. Pro Kilowattstunde muss man einen bestimmten Betrag bezahlen. Neben der Energie muss man auch noch einen Grundpreis z. B. für die Bereitstellung des Zählers und die Umsatzsteuer bezahlen.
Ein Vier-Personen-Haushalt benötigt im Jahr etwa 4800 kWh elektrische Energie.

Energiesparen
Die eingesetzte Energie wird oft nur unzureichend für den eigentlichen Zweck genutzt. Eine Leuchtstoffröhre gibt z. B. nur 15 % der aufgenommenen Energie in Form von Licht ab. Bei Energiesparlampen ist die Energieausnutzung besser. Aus diesem Grund leuchtet eine 7-W-Energiesparlampe etwa genauso hell wie eine 40-W-Lampe normaler Bauart, obwohl der Energieeinsatz deutlich geringer ist.
Nutzt man eine Waschmaschine richtig, kann man Energie und Geld sparen.
So sollte man die Maschine immer komplett füllen. Und Kochwäsche wird bei 60 °C meist genauso sauber wie bei 95 °C.
[Energie, S. 182]

Energieberechnung ohne Leistungsangabe
Auf den kleinen Experimentierlampen sind meist keine Leistungsangaben aufgedruckt, sondern nur die zulässigen Höchstwerte für Spannung und Strom (z. B. 6 V / 50 mA). Die elektrische Energie, die in 30 s in Licht und Wärme umgewandelt wird, kannst du aus diesen Angaben trotzdem berechnen.
Wie du dabei vorgehen musst, siehst du in Bild 4.

Wie viel Energie benötigt ein Experimentierlämpchen (6 V, 50 mA) in 30 Sekunden?

Gegeben: $U = 6\,V$
$I = 50\,mA = 0{,}05\,A$
$t = 30\,s$

Gesucht: E

Lösung: Es gilt $E = P \cdot t$ und $P = U \cdot I$

P kann durch $U \cdot I$ ersetzt werden.

$E = U \cdot I \cdot t$

$E = 6\,V \cdot 0{,}05\,A \cdot 30\,s$

$E = 9\,V \cdot A \cdot s = 9\,J$

Das Experimentierlämpchen setzt 9 J um.

4 Berechnung der Energie ohne Leistungsangabe

Aufgabe

1 Gib den in Bild 4 berechneten Energiewert von 9 J in der Einheit kWh an.

Die elektrische Leistung

1 Die Wattangabe

Bei vielen kleinen Lämpchen und Halogenlampen ist auf dem Sockel neben der Spannung auch noch die Leistung aufgedruckt. Du kannst überprüfen, ob diese Angaben stimmen.

Material
Spannungsquelle, Strommessgerät, Spannungsmessgerät, 3 Kabel, 2 Krokodilklemmen und Lampen (mit Fassung)

Versuchsanleitung
Baue den Stromkreis nach Bild 1 auf. Lege die auf der Lampe angegebene Spannung an und miss die Stromstärke. Lege eine Tabelle (▷ B 2) an und notiere deine Messergebnisse. Berechne die elektrische Leistung und vergleiche sie mit der aufgedruckten Leistungsangabe.

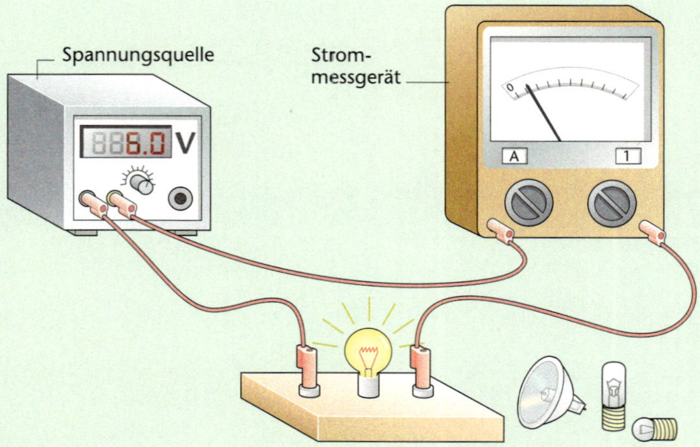

1 Zu Versuch 1

Lampe	angegebene Leistung	angelegte Spannung	gemessene Stromstärke	berechnete Leistung
6 V/0,6 W				
6 V/2,4 W				
6 V/3 W				
12 V/3 W				
12 V/10 W				
12 V/20 W				
12 V/30 W				

2 Überprüfung der Leistungsangabe von Lampen

2 Ein rätselhaftes Versuchsergebnis

Material
Spannungsquelle, Strommessgerät, Spannungsmessgerät, 6 Kabel und 2 Lampen mit Fassung (6 V/0,6 W und 6 V/2,4 W).

Versuchsanleitung
Baue die Schaltung nach Bild 3 auf. Lege anschließend eine Spannung von 6 Volt an. Beobachte die Helligkeit der Lampen. Lege eine Tabelle (▷ B 4) an und schreibe deine Beobachtung auf. Versuche die Beobachtungen zu erklären. Miss dazu die Stromstärke im Stromkreis und die Spannung an jeder Lampe. Berechne aus den Daten die Leistung der Lampe und vergleiche sie mit der aufgedruckten Leistungsangabe.

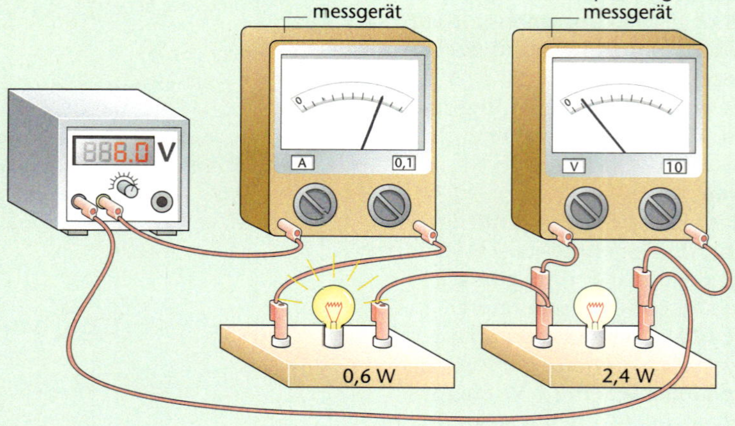

3 Zu Versuch 2

Lampe	Helligkeit der Lampe	Stromstärke	gemessene Spannung	berechnete Leistung
6 V/0,6 W				
6 V/2,4 W				

4 Zu Versuch 2

Aufgabe
Ergänze folgende Sätze:
An der Lampe mit der kleinsten Wattangabe liegt … an. Der Strom durch die Lampen ist …
Ihre Leistung ist deshalb am …

Schnittpunkt

Umwelt: Energiesparen

Kurzbetrieb und kleine Leistung
Viele Verbraucher ärgern sich über ihre hohe Stromrechnung.

Es gibt verschiedene Möglichkeiten, elektrische Energie einzusparen. Z. B. kann das elektrische Gerät nur für kurze Zeit in Betrieb genommen werden oder es wird ein elektrisches Gerät mit einer kleineren Leistung verwendet.

Wenn du dir deine Haare fönen möchtest, dann ist es wenig sinnvoll, anstatt eines 1000-Watt-Haartrockners nur einen Haartrockner mit einer Leistung von 500 Watt zu nehmen. Deine Haare werden mit dem 1000-Watt-Haartrockner schneller trocken. [Energie, S. 182]

Es ist aus – wir sollten uns trennen
Mit anderen elektrischen Geräten können jedoch Einsparungen erzielt werden. Trotzdem wird die volle Wirkung erzielt. Durch den Austausch herkömmlicher Glühlampen gegen Energiesparlampen sinkt der Energieverbrauch. Eine 12-Watt-Energiesparlampe leuchtet genauso hell wie eine 60-Watt-Glühlampe. Mit weniger elektrischer Leistung wird die gleiche Helligkeit erzeugt.

Moderne Kühlschränke sparen gegenüber alten Geräten fast die Hälfte an Energiekosten. Sie sind z. B. gegen die Wärme von außen besser isoliert. Einmal abgekühlt, erwärmt sich das Innere des Kühlschranks viel langsamer. Der Kompressor des Kühlschranks läuft nicht so lange. Es wird weniger elektrische Energie umgesetzt.
Beim Kühlschrank gibt es noch weitere Möglichkeiten der Energieeinsparung.

- die richtig gewählte Kühlschranktemperatur
- Bei einem übersichtlich eingeräumten Kühlschrank muss nicht lange mit geöffneter Kühlschranktür gesucht werden.
- keine heiße Speisen in den Kühlschrank stellen

Diese Einsparmöglichkeiten gelten auch für eine Kühltruhe.

Energiesparen leicht gemacht
Auch mit deinem Computer kannst du e-lektrische Energie einsparen. Wie oft bleibt dein Computer eingeschaltet, obwohl du für längere Zeit nicht am Computer arbeitest? Wird der Computer „heruntergefahren“ so dauert es einige Zeit, bis er später wieder „hochgefahren“ ist. Das ist umständlich. Besser ist der Betrieb im Pause-, Standby- oder Energiespar-Modus.
Der Energiebedarf im Betrieb ist erheblich größer als im Standby-Zustand. Nach einem Druck auf eine Taste ist der Computer in Sekunden wieder einsatzbereit.

Augen auf beim Neukauf
Damit Verbraucher beim Kauf z. B. eines neuen Kühlschranks oder einer neuen Waschmaschine einen Hinweis auf die Sparsamkeit des Gerätes bekommen, werden diese mit ihrer Energieeffizienzklasse gekennzeichnet. Die Kennzeichnung reicht von A bis G. Geräte mit der Kennzeichnung A haben einen sehr niedrigen Verbrauch, Geräte mit der Kennzeichnung G einen sehr hohen Verbrauch.
Heute gibt es bereits Geräte, die bis zu 40 % weniger Energie im Vergleich zur Energieeffizienzklasse A benötigen.

Aufgaben

1 Außer elektrischer Energie können weitere Energieformen eingespart werden. Nenne diese Energieformen und beschreibe Einsparungsmöglichkeiten.

2 a) Erkundigt euch, wie hoch die Leistung im Standby-Zustand des Fernsehers bei euch zu Hause ist.
b) Berechnet, wie viel Energie benötigt wird, wenn in 20 Millionen Haushalten in Deutschland jeweils ein solches Gerät ununterbrochen ein Jahr lang im Standby-Zustand betrieben wird.
c) Vergleicht den Energiebedarf mit der elektrischen Energie, die ein 100 MW-Großkraftwerk in einem Jahr zur Verfügung stellt.

3 Recherchiert für 5 aktuelle Kühlschrankmodelle die Energieklasse. Berechnet den Energiebedarf der Kühlschränke für 1 Jahr mithilfe ihrer technischen Daten und vergleicht.

4 Ist es sinnvoll einen erst ein Jahr alten Kühlschrank durch ein energiesparenderes Modell zu ersetzen? Begründe.

2 Glühlampe

3 Energiesparlampe

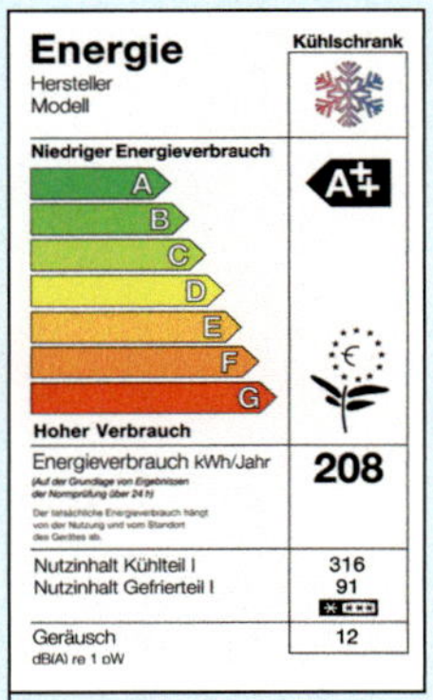

4 Energieklassen

Grundbedarf
Ein Haushalt ohne elektrische Geräte ist in der heutigen Zeit undenkbar.

Fernseher, Computer, HiFi-Anlage, Kühlschrank, Wäschetrockner und Herd sind nur einige Beispiele für elektrische Geräte, die uns das Leben erleichtern. Sie werden über den Tag hinweg benutzt und sind so für den elektrischen Energiebedarf verantwortlich. Manche Wohnungen haben auch noch eine elektrische Heizung.

Macht der Stromzähler eine Pause?
In der Abb. 1 kannst du sehen, dass die Leistung über den Tag verteilt nicht gleich groß ist. Von ungefähr 23:00 Uhr bis ungefähr 6:00 Uhr verläuft die Leistungskurve parallel zur Zeitachse. Geräte wie Kühlschrank, Tiefkühltruhe, Telefonanlage, Modem usw. haben einen ständigen Energiebedarf. Sie haben zusammen eine Leistung von ungefähr 250 Watt.
Der Energiebedarf beträgt ungefähr
$250\,W \cdot 24\,h = 6000\,Wh = 6\,kWh$.

Am Vormittag, zur Mittagszeit und am Nachmittag werden viele Elektrogeräte wie Herd, Waschmaschine, Spülmaschine usw. benützt. Diese Geräte haben einen Energiebedarf von ca. 4–5 kWh. Es ergibt sich ein elektrischer Energiebedarf von ca. 10 kWh pro Tag. [Wechselwirkung, S. 188]

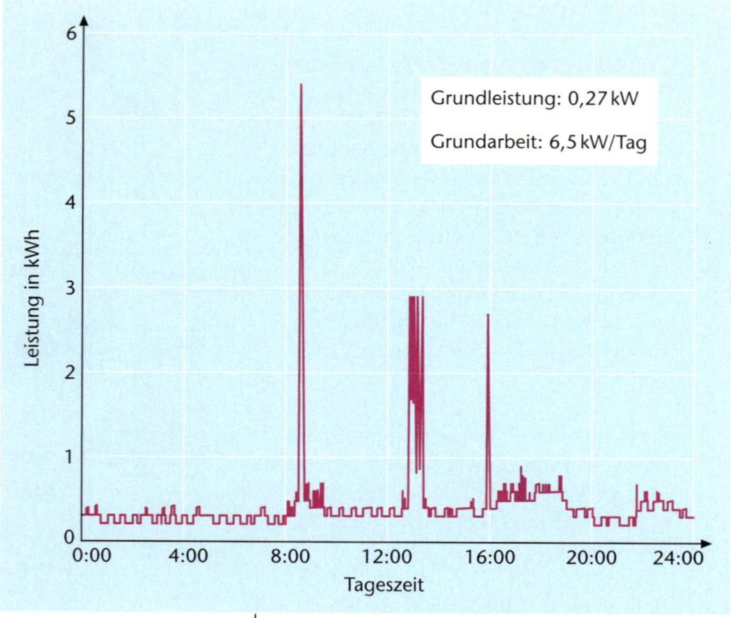

1 Elektrische Leistung bei einem Haushalt an einem bestimmten Datum

Versteckte „Energiefresser"
Bei einigen Energieversorgern kann ein spezieller Stromzähler gemietet werden. Er ersetzt den alten Stromzähler. Verbunden mit dem Computer speichert er den aktuellen Energiebedarf. Mit einem Programm kann der Energiebedarf in einem bestimmten Zeitraum übersichtlich dargestellt werden. Abb. 1 zeigt die vereinfachte Ausgabe eines solchen Programms. „Heimliche Energieverbraucher" können so schnell entdeckt werden.

1 Personenhaushalt	1800 kWh
2 Personenhaushalt	3000 kWh
3 Personenhaushalt	3900 kWh
4 Personenhaushalt	4400 kWh

2 Elektrischer Jahresenergiebedarf

In der Abb. 2 ist der durchschnittlich Jahresbedarf elektrischer Energie von Ein- und Mehrpersonenhaushalten abgebildet.

Würden die privaten Haushalte 10 % ihres Energiebedarfs für Strom einsparen, könnte ein Kernkraftwerk abgeschaltet werden.

Durchschnittlicher jährlicher Energiebedarf
Ein Zweipersonenhaushalt benötigt insgesamt eine Energiemenge von ca. 28 000 kWh. Davon entfallen ca. 10 000 kWh für Kraftstoffe, 15 000 kWh für Warmwasser und Heizung und ca. 3 000 kWh für Strom. Die meiste Energie wird für Wärme gebraucht. Eine große Menge an Energie kann eingespart werden, wenn Häuser wärmegedämmt wären.

Der Energiebedarf über den Tag hinweg ist unterschiedlich groß.
Mit verbrauchsgünstigen Kraftfahrzeugen und wärmeisolierten Häusern kann eine große Menge Energie gespart werden.

Aufgaben

1 Ermittle im Internet die neuesten Zahlen für den jährlichen elektrischen Energiebedarf und den Gesamtenergiebedarf der privaten Haushalte.

2 Nenne Gründe warum der Energieverbrauch nicht proportional zur Anzahl der Personen im Haushalt ansteigt.

Die Tabellenkalkulation

Daten aus physikalischen Versuchen oder Erhebungen wie z. B. der Energiebedarf privater Haushalte werden zur besseren Verständlichkeit und Verdeutlichung in Diagrammen dargestellt.

Mit einem Tabellenkalkulations-Programm geht das sehr schnell und einfach.

Anzahl der Personen im Haushalt	Elektrischer Energieverbrauch pro Jahr
1	1800 kWh
2	3000 kWh
3	3900 kWh
4	4400 kWh

1 Jährlicher Energieverbrauch eines Zweipersonenhaushaltes

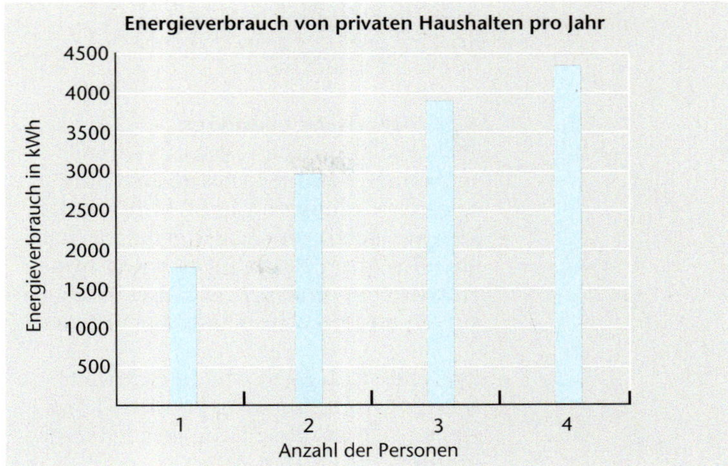

2 Tabelle 1 als Säulendiagramm

Von der Tabelle zum Diagramm

Wenn du das Tabellenkalkulations-Programm startest, fallen dir die vielen Felder (Zellen) auf. In die einzelnen Zellen kannst du sowohl Texte als auch Zahlen eingeben.

Aus den Werten in Abb. 1 soll ein Diagramm erstellt werden. Zuerst werden die Daten mit einer passenden Bezeichnung in die Zellen der Tabellenkalkulation eingetragen.

Im Diagramm soll die Anzahl der Personen auf die x-Achse und der Energiebedarf auf der y-Achse abgetragen werden. Markiere zunächst alle Zellen in denen diese Werte stehen. Klicke anschließend in der Symbolleiste auf den Diagramm-Assistent.

Auf den Typ kommt es an!

Im Diagramm-Assistent wählst du als erstes den Diagrammtyp aus. Moderne Tabellenkalkulations-Programme bieten eine große Auswahl von verschiedenen Diagrammtypen an.
Für jeden Diagrammtyp gibt es eine weitere Anzahl von Diagrammuntertypen. Wähle als Diagrammtype „Säule" aus und nimm den Diagrammuntertyp „Gruppierte Säulen".

Diese Darstellung ist besonders gut, um Werte miteinander zu vergleichen.
Im nächsten Schritt kannst du die Diagramm-Optionen einstellen. Hier können dem Diagramm eine Überschrift gegeben, die Achsen beschriftet und weitere Veränderungen in der Darstellung deines Diagramms vorgenommen werden.
Für eine Veranschaulichung von Werten ist nicht jeder Diagrammtyp geeignet. Die Darstellung „Oberfläche" ist für das Diagramm „Energiebedarf von privaten Haushalten pro Jahr" nicht sinnvoll.

Kreisdiagramm

Für die Darstellung des durchschnittlichen jährlichen Energiebedarfs kannst du das Kreisdiagramm nehmen.

Übertrage die Werte (▷B 3) in eine Tabelle, markiere die einzelnen Verbrauchswerte und wähle den Diagrammtyp Kreis. Nach der Wahl des Untertyps „3D-Kreis", kannst du bei den Diagrammoptionen weitere Einstellungen vornehmen. Dorthin führt dich die Schaltfläche „weiter". Die Werte in kWh werden durch Anklicken des Kästchens „Prozent in Prozentwerte" umgerechnet. Klickst du das Kästchen „Datenreihennamen" an, kannst du später im Diagramm durch zweimaliges Anklicken die Beschriftung Reihe 1 durch „Kraftstoffe" usw. ersetzen.

Energieform	Energiebedarf
Kraftstoff	10 000 kWh
Heizung/Warmwasser	1500 kWh
Strom	3000 kWh

3 Jährlicher Energiebedarf (Zweipersonenhaushalt)

Aufgabe

1 Erstelle für die Werte der beiden Tabellen verschiedene Diagramme.
Begründe die Vor- und Nachteile der verschiedenen Diagrammtypen.

Schlusspunkt

Elektrizität

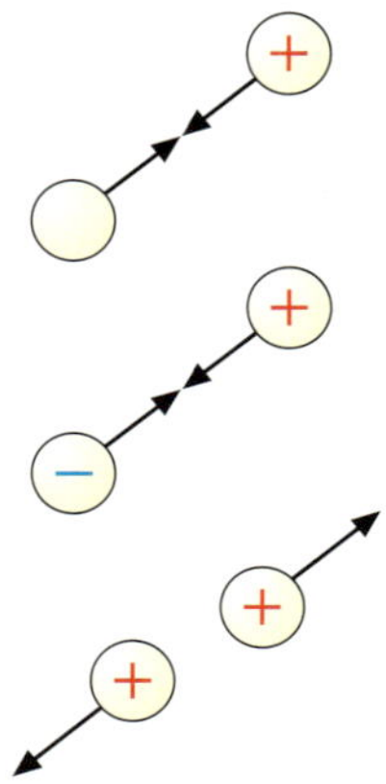

1 Elektrische Anziehung und Abstoßung

Elektrische Ladungen

Alle Körper bestehen aus Atomen. In Atomen befinden sich positive und negative Ladungen. Das Elektron ist das kleinste elektrisch negativ geladene Teilchen im Atom. Nach außen sind Atome elektrisch neutral, d. h. die Anzahl der positiven und negativen Ladungen ist gleich.

Zwischen Ladungen wirken elektrische Kräfte: Verschiedenartig geladene Körper ziehen sich an, gleichartig geladene Körper stoßen sich ab (▷ B 1).

Energie – Arbeit – Leistung

Die elektrische Leistung P gibt Auskunft darüber, wie viel Energie in einer bestimmten Zeit umgesetzt wird.
Die Geräteleistung wird durch die Spannung und die Stromstärke beeinflusst. Bei gleicher Stromstärke gilt: Je größer die Spannung, desto größer ist die elektrische Leistung. Bei gleicher Spannung gilt: Je größer die Stromstärke, desto größer ist die elektrische Leistung.

$P = U \cdot I$
Einheit W (Watt)
$1\,W = 1\,V \cdot 1\,A = 1\,J/s$

Elektrischer Strom

In festen elektrischen Leitern (z. B. Draht) ist der elektrische Strom ein Elektronenstrom.
In jedem Metalldraht sind frei bewegliche Elektronen vorhanden. Beim Anlegen einer Gleichspannung fließen die Elektronen vom Minus- zum Pluspol der Spannungsquelle.

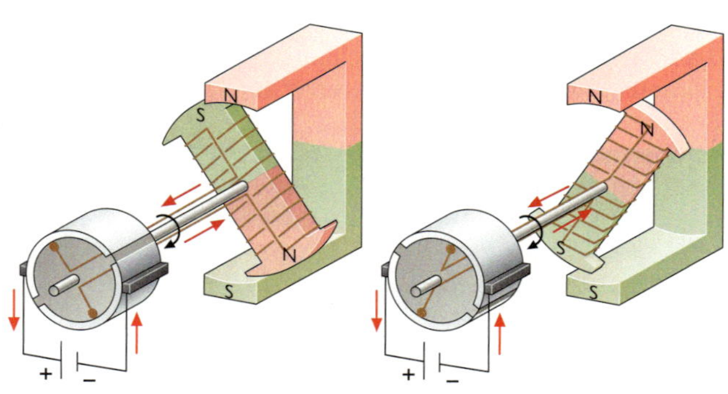

2 Der Kommutator ermöglicht die Drehung des Rotors

Magnetismus durch elektrischen Strom

Wenn Strom durch einen elektrischen Leiter fließt, dann entsteht ein magnetisches Feld.

Ein Elektromagnet ist ein stromführender Draht, der zu einer Spule aufgewickelt wurde.

Das magnetische Feld um eine stromführende Spule lässt sich verstärken durch
- eine größere Windungszahl der Spule,
- die Verwendung eines Eisenkerns und
- eine höhere Stromstärke in der Spule

Elektromotoren

Elektromotoren wandeln elektrische Energie in mechanische Energie um.
Bei einem Elektromotor dreht sich ein Elektromagnet (Rotor) im Magnetfeld eines feststehenden Magneten (Stator). Durch den Kommutator (▷ B 2) werden die Magnetpole des Rotors bei jeder Umdrehung zweimal vertauscht. Dadurch wird aufgrund der magnetischen Kräfte zwischen Rotor und Stator eine ständige Drehbewegung möglich

Elektrische Stromstärke

Mit der Stromstärke gibt man an, wie viele Ladungen in einer bestimmten Zeit an einem Messpunkt vorbeifließen.
Formelzeichen: I
Einheit: Ampere (A)

Elektrische Spannung

Ohne Spannung fließt kein elektrischer Strom. Die Spannung gibt an, wie stark Elektronen im Stromkreis angetrieben werden.
Formelzeichen: U
Einheit: Volt (V)

Bei der Spannung 1 Volt wird ein elektrischer Strom von 1 Ampere so angetrieben, dass er in jeder Sekunde die Energie 1 Joule überträgt.

Messungen im Stromkreis

Die Stromstärke wird mit dem Amperemeter gemessen. Ein Amperemeter wird immer in Reihe mit dem elektrischen Bauteil in den Stromkreis eingebaut.

Das Spannungsmessgerät (Voltmeter) wird parallel zu dem Bauteil angeschlossen, an dem die Spannung gemessen werden soll.

Reihen- und Parallelschaltung
Die Bauteile in einem Stromkreis können in Reihe oder parallel geschaltet sein. Für Stromstärke und Spannung gelten dabei unterschiedliche Gesetzmäßigkeiten (▷ B 3; B 5).

Elektrischer Widerstand
Jeder elektrische Leiter hemmt den elektrischen Strom. Diese Eigenschaft bezeichnet man als elektrischen Widerstand.

Wie stark ein Leiter (oder ein Bauteil) den Strom hemmt, kannst du mit dem elektrischen Widerstandswert berechnen (▷ B 4).
Formelzeichen: R
Einheit: Ohm (Ω)

$$1\,\Omega = \frac{1\,V}{1\,A}$$

$$\text{Elektrischer Widerstandswert} = \frac{\text{Spannung}}{\text{Stromstärke}}$$

$$R = \frac{U}{I}$$

Das Ohm'sche Gesetz
Wenn ein Leiter einen konstanten Widerstandswert hat, gilt für ihn das Ohm'sche Gesetz: Spannung und Stromstärke sind zueinander proportional ($U \sim I$). (Für die meisten metallischen Leiter gilt das Gesetz nur, wenn seine Temperatur gleich bleibt.)

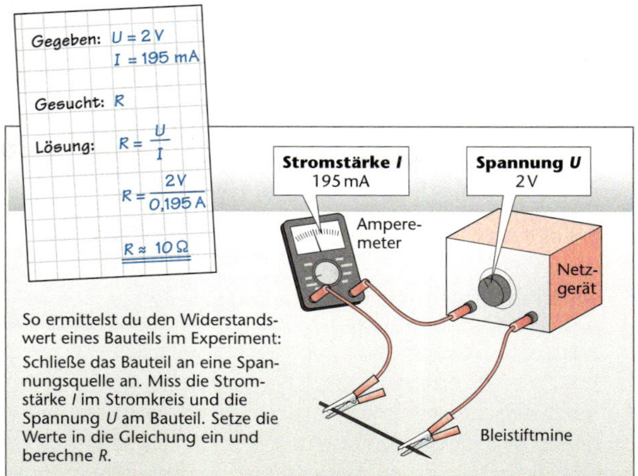

4 Bestimmung des Widerstandswerts aus U und I

Sicherung, Kurzschluss und Überlast
Sicherungen (▷ B 6; B 7) unterbrechen den Stromkreis, wenn ein unzulässig großer elektrischer Strom fließt.
Das kann vorkommen,
- wenn zu viele Elektrogeräte parallel angeschlossen sind, denn dann wird die Stromstärke in der gemeinsamen Leitung sehr groß (Überlast).
- wenn der elektrische Strom ungehindert von einem Pol der Spannungsquelle zum anderen fließen kann (Kurzschluss).

6 Feinsicherung

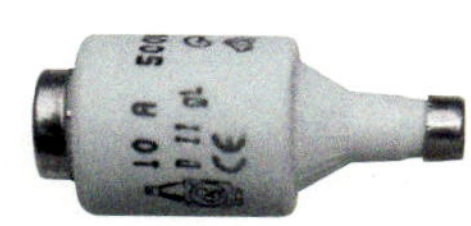

7 Schmelzsicherung (Hausanschluss)

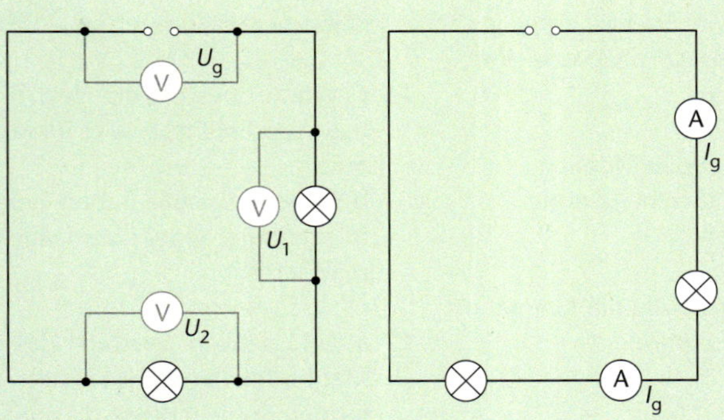

Durch alle Bauteile fließt der gleiche Strom. Die Stromstärke ist überall gleich groß.
$I_g = I_1 = I_2$

Die Spannung der Quelle teilt sich auf die in Reihe geschalteten Bauteile auf.
$U_{ges} = U_1 + U_2$

3 Spannung und Stromstärke einer Reihenschaltung

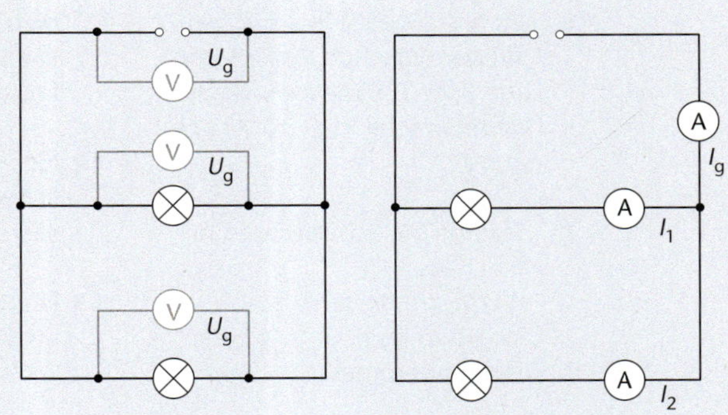

An jedem Bauteil liegt die gleiche Spannung an wie an der Spannungsquelle.
$U_g = U_1 = U_2$

Der Strom in der Zuleitung verteilt sich auf die Teilstromkreise.
$I_{ges} = I_1 + I_2$

5 Spannung und Stromstärke in einer Parallelschaltung

Aufgaben

1 Wenn du einen Pullover aus bestimmten Materialien ausziehst, knistert es manchmal und anschließend stehen deine Haare zu Berge.
Erkläre diese Erscheinung.

2 Gibt es in ungeladenen Körpern elektrische Ladungen? Erkläre.

3 Auch zwischen einem geladenen und einem neutralen Körper wirken Anziehungskräfte.
a) Probiere aus, ob du den Wasserstrahl so ablenken kannst (▷ B 2).
b) Versuche diese Erscheinung zu erklären.

4 Woran erkennt man, dass elektrischer Strom fließt? Erläutere dies an Beispielen.

5 Bei einer Parallelschaltung zweier Lampen fließt ein Gesamtstrom der Stärke 420 mA. Durch eine der Lampen fließt ein Strom von 0,27 A. Wie groß ist der Strom durch die andere Lampe?

6 Du hast zwei Glühlämpchen mit der Aufschrift 2,4V/85mA und 3,8V/0,05A. Welches der Lämpchen hat die größere Leistung?

7 Zeichne die Schaltskizzen in Bild 1 ab.
a) Ergänze die fehlenden Schaltsymbole für Voltmeter und Amperemeter.

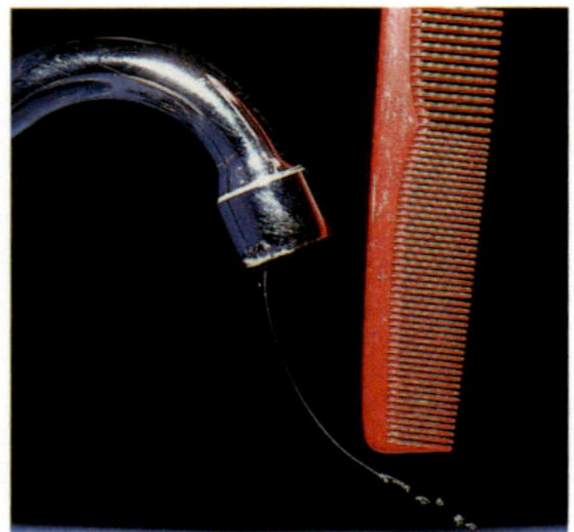

2 Zu Aufgabe 3

b) Erläutere, wie die Lampen in jedem Stromkreis geschaltet sind (Reihen- oder Parallelschaltung).

8 Weshalb sind im Haushalt alle elektrischen Geräte parallel geschaltet?

9 Baue mithilfe drei- bzw. fünfadriger Kabel, Batterie, Lampe und Verteilerdosen Modellstromkreise a) für ein Zimmer, b) für einen Hausflur auf.

10 Weshalb müsste der Stromzähler eigentlich „Energiezähler" heißen?

11 Ein Vier-Personenhaushalt benötigt etwa 4000 kWh elektrische Energie. Informiere dich, wie viel Energie eure Familie umsetzt und wieviel es kostet.

12 Nenne sinnvolle Möglichkeiten, elektrische Energie einzusparen!

13 Finde heraus, wie die Klingel im Bild 3 funktioniert.

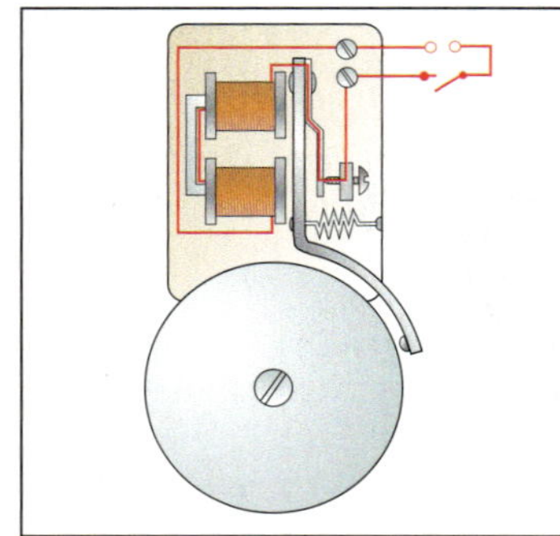

3 Zu Aufgabe 13

14 Welche der folgenden Aussagen treffen für einen Dauermagneten bzw. für einen Elektromagneten zu?
a) Er besitzt einen Nord- und einen Südpol.
b) Er lässt sich mit einfachen Mitteln umpolen.
c) Durch starke Erschütterung kann die Magnetkraft verloren gehen.
d) Er zieht Gegenstände an, die Nickel enthalten.
e) Die Magnetkraft lässt sich verändern.
f) Die Magnetkraft lässt sich einfach ausschalten.

15 Beschreibe einen Versuch, durch den sich der Verlauf der Magnetfeldlinien um einen geraden, stromdurchflossenen Leiter herausfinden lässt.

16 a) Woraus besteht ein Elektromagnet? Erkläre, wie er funktioniert.
b) Welche Vorteile haben Elektromagnete gegenüber Dauermagneten?

17 a) Ein Eisenkern verstärkt das Magnetfeld einer Strom führenden Spule. Erkläre dies mit-

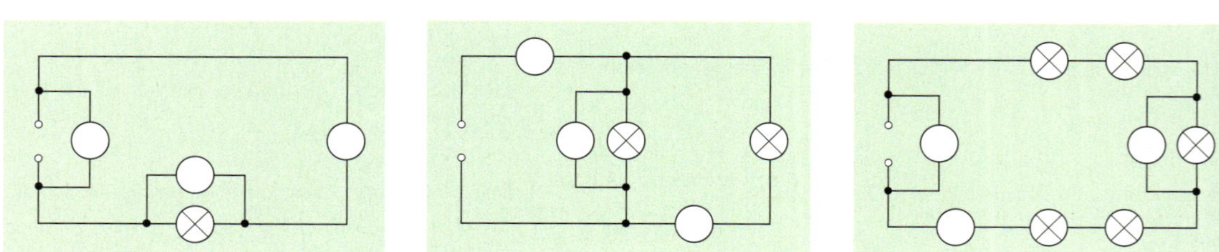

1 Zu Aufgabe 7

hilfe der Modellvorstellung der Elementarmagnete.
b) Auf Schrottplätzen kommen oft sehr starke Elektromagnete zum Einsatz. Wie lassen sich solch starke Magnetfelder erzeugen?

18 Der Ausdruck „elektrischer Widerstand“ kann mehrere Bedeutungen haben. Erläutere sie.

19 In welchem Stromkreis (▷ B 4) wird der Strom am stärksten gehemmt? Begründe deine Antwort.

20 Das Lämpchen im Bild 4 wird gegen ein anderes mit höherem Widerstandswert ausgetauscht. Wie ändert sich die Stromstärke im Stromkreis?

21 Erstelle eine Präsentation zu den Physikern ALESSANDRO VOLTA (1745–1827) oder ANDRÉ-MARIE AMPÈRE (1775–1836).

22 Rechne um:
a) in Ω: 15 kΩ, 1,3 kΩ, 2 MΩ, 0,057 kΩ, 0,5 MΩ
b) in kΩ: 6320 Ω, 72 Ω, 450215 Ω, 3,3 MΩ

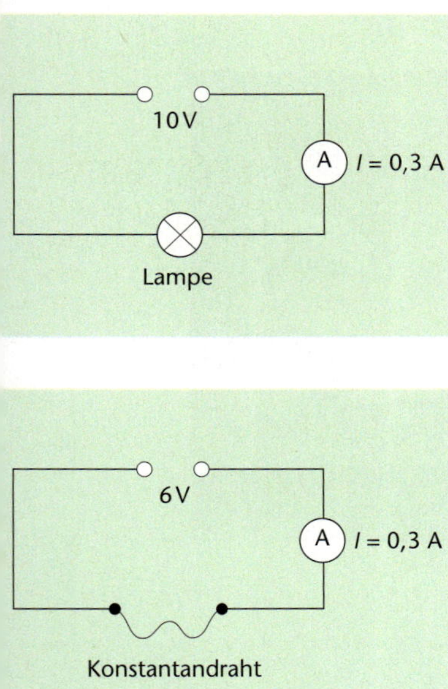

4 Schaltskizzen zu den Aufgaben 19 und 20

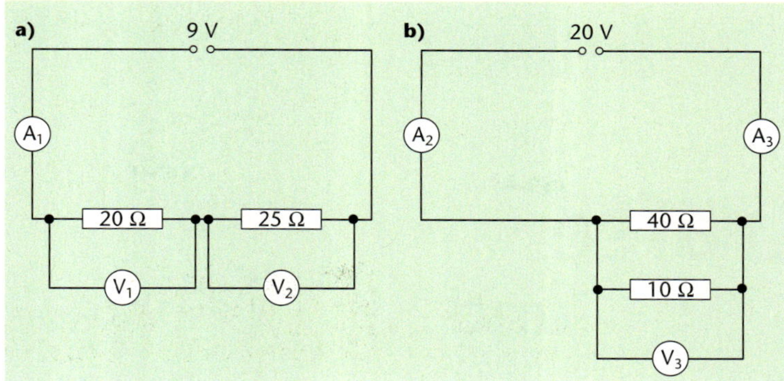

5 Schaltskizzen zu Aufgabe 26

23 Auf einem Glühlämpchen ist nur noch die Spannungsangabe 6 V lesbar. Wie kannst du herausfinden, welchen Widerstandswert das Lämpchen bei dieser Spannung hat?

24 Damit eine rote Leuchtdiode (1,6 V/20 mA) mit einem 2-V-Netzteil betrieben werden kann, muss ein zusätzliches Widerstandsbauteil in Reihe mit ihr geschaltet werden.
a) Fertige eine beschriftete Schaltskizze an und berechne den Widerstandswert des zusätzlichen Bauteils.
b) Muss dieser Widerstand vor oder nach der Leuchtdiode eingebaut werden?

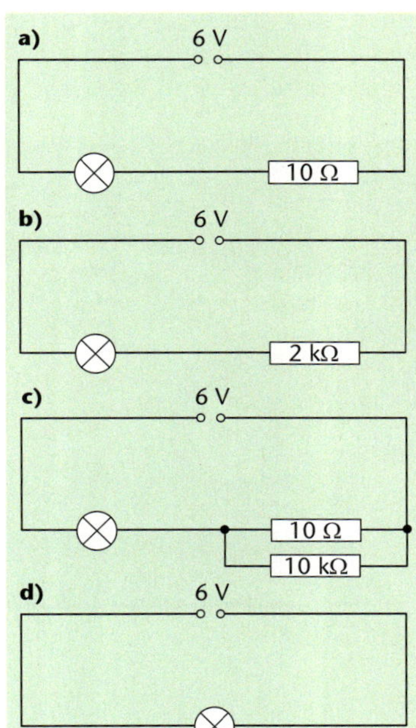

6 Schaltskizzen zu Aufgabe 25

25 In den Schaltungen im Bild 6 wird stets das gleiche Lämpchen verwendet. Sortiere die Bilder a bis d nach der Helligkeit der Glühlampe. Begründe deine Entscheidung.

26 Welche Werte zeigen die Messgeräte im Bild 5 an? Berechne die gesuchten Spannungen bzw. Stromstärken.

27 Weshalb ist die Hauptleitung im Haus mit 16 A abgesichert, obwohl in den einzelnen Elektrogeräten viel geringere Ströme fließen?

28 Ein Festwiderstand wird an eine Spannungsquelle (4 V) angeschlossen. Im Stromkreis wird die Stromstärke 50 mA gemessen.
a) Berechne den Widerstandswert.
b) Welche Stromstärke wird man messen, wenn man die dreifache Spannung anlegt?
c) Was musst du tun, damit die Stromstärke nur noch halb so groß ist?
d) Kannst du vorhersagen, bei welcher Spannung die Stromstärke 500 mA betragen würde?
e) Zeichne für diesen Festwiderstand ein U-I-Diagramm.

Kräfte und Maschinen

Sprechen wir von Kraft, denken wir häufig an kräftige, muskulöse Sportlerinnen und Sportler.

Doch Kräfte wirken überall – nicht nur im Sport, sondern auch in der Natur und in der Technik. In den letzten Jahrzehnten wurden die unterschiedlichsten Maschinen entwickelt, die uns die tägliche Arbeit in Fabriken, auf Baustellen und auch im Haushalt erleichtern. Für den Betrieb dieser Maschinen ist Energie nötig. Woher nehmen wir diese Energie?

Im folgenden Kapitel wird erklärt, welche Kräfte es gibt und wie sie wirken. Durch welche Erfindungen wird schwere körperliche Arbeit leichter, und wo werden solche Maschinen gebraucht? Du erfährst, was wir in der Physik unter Arbeit und Energie verstehen und wer ISAAC NEWTON war.

Online-Link
068790-0400

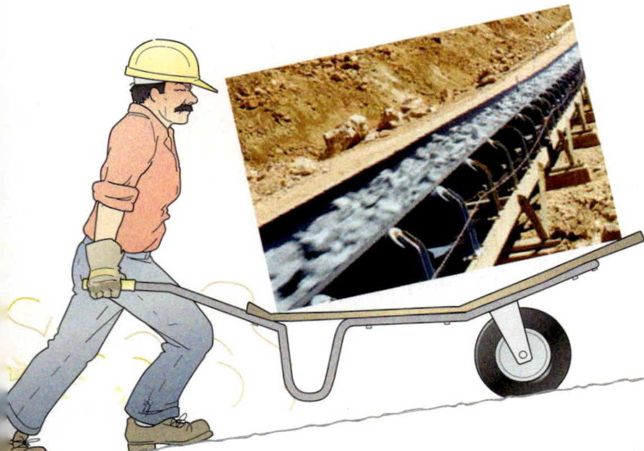

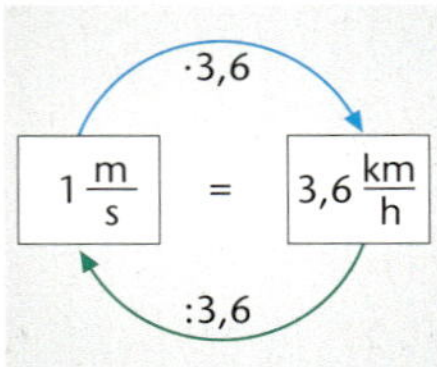

1 Umrechnung

Geschwindigkeit
Laufen zwei Sportler dieselbe Strecke, lässt sich der schnellere Läufer einfach bestimmen: Derjenige, der weniger Zeit benötigt, läuft schneller.
Schwieriger wird es, wenn man einen 75-Meter-Läufer mit einem 100-Meter-Läufer vergleichen möchte, wenn die Strecken also unterschiedlich lang sind.In diesem Fall kann man die Strecken betrachten, die die Sportler jeweils in einer festgelegten Zeit, z. B. in fünf Sekunden, zurücklegen. Wer in dieser Zeit die längere Strecke läuft, ist der Schnellere.

Die Geschwindigkeit gibt an, welchen Weg ein Körper in einer bestimmten Zeit zurücklegt.

Dieses Vorgehen lässt sich verallgemeinern. Um die Geschwindigkeit von Körpern bei einer gleichförmigen Bewegung zu bestimmen, betrachtet man den Weg, den ein Körper in einer Sekunde zurückgelegt hat.

Berechnung der Geschwindigkeit
Will man die Geschwindigkeit v berechnen, muss man den zurückgelegten Weg s durch die dafür benötigte Zeit t dividieren:

$$\text{Geschwindigkeit} = \frac{\text{Weg}}{\text{Zeit}}$$

$$v = \frac{s}{t}$$

Die Einheit der Geschwindigkeit
Du weißt nun, dass die Geschwindigkeit der Quotient aus Weg und Zeit ist. Jetzt fehlt nur noch eine Einheit für diese physikalische Größe.

Aus der Formel zur Berechnung der Geschwindigkeit lässt sich die zugehörige Einheit ableiten. Sie ist der Quotient aus den Einheiten von Weg und Zeit: 1 m/s (lies: ein Meter pro Sekunde). Häufig verwendet wird auch folgende Einheit:

1 km/h (lies: ein Kilometer pro Stunde)

Du kannst die beiden Einheiten leicht ineinander umrechnen (▷ B 1):

$$1\,\frac{m}{s} = \frac{3600\,m}{3600\,s} = \frac{3{,}6\,km}{1\,h} = 3{,}6\,\frac{km}{h}$$

$$1\,\frac{km}{h} = \frac{1000\,m}{3600\,s} = \frac{1\,m}{3{,}6\,s}$$

2 Zu Aufgabe 1

Geschwindigkeitsmessung
Um zu wissen, wie schnell man mit dem Auto oder Fahrrad ist, gibt es ein Messgerät für die Geschwindigkeit. Man nennt es Tachometer. Ein Tachometer gibt die Geschwindigkeit meist in Kilometer pro Stunde an.
Die Geschwindigkeit, die ein Fahrzeug in einem bestimmten Moment hat, nennt man Momentangeschwindigkeit. Sie kann sich ständig ändern.

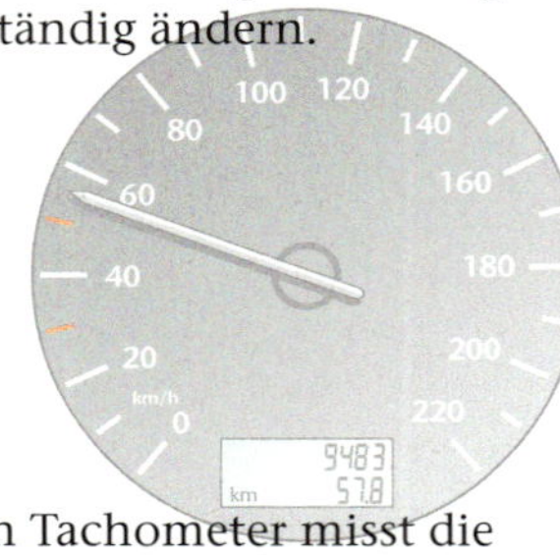

Ein Tachometer misst die Momentangeschwindigkeit.

Durchschnittsgeschwindigkeit
Kaum eine Bewegung ist gleichförmig. Ein Fahrzeug im Straßenverkehr muss an einer Ampel anhalten und beschleunigt dann wieder. Setzt sich eine Bewegung aus verschiedenen Bewegungsarten zusammen, kann man die durchschnittliche Geschwindigkeit berechnen. Dazu bildet man den Quotienten aus dem gesamten zurückgelegten Weg und der insgesamt dafür benötigten Zeit. Man erhält die **Durchschnittsgeschwindigkeit**.

Die Durchschnittsgeschwindigkeit ist der Quotient aus dem gesamten zurückgelegten Weg und der dafür benötigten Zeit.

Aufgaben

1 Beim Straßenradrennen „Rund um Köln" siegte 2010 der Argentinier JUAN JOSÉ HAEDO (▷ B 2). Er fuhr die Strecke von 200 km in einer Zeit von 4 Stunden und 56 Minuten.
a) Schätze seine Geschwindigkeit.
b) Berechne seine Geschwindigkeit in m/s und rechne dann in km/h um.

2 Kira möchte die Fließgeschwindigkeit eines Bachs bestimmen. Dazu setzt sie ein Papierschiff ins Wasser. Nach Kiras Messung braucht das Schiff für eine nahezu gerade Strecke von 150 Metern 1 Minute und 23 Sekunden.
Mit welcher Geschwindigkeit fließt das Wasser?

Eine Modelleisenbahn im Experiment
In einem Experiment soll die gleichförmige Bewegung untersucht werden. In Bild 4 siehst du den Versuchsaufbau. Auf einer langen geraden Strecke fährt eine Modelleisenbahn mit gleichbleibender Geschwindigkeit. Das Experiment wird mit 2 verschiedenen Loks durchgeführt. Nach einer Weglänge von jeweils einem Meter wird die Zeit gemessen, die die Bahn bis dahin brauchte (Tabelle 1).

s in m	Lok A *t* in s	Lok B *t* in s
0	0	0
1	2,5	1,5
2	5,0	3,0
3	8,0	4,5
4	10,1	6,3
5	12,5	8,0

1 Zwischenzeiten

Den Zusammenhang zwischen dem zurückgelegten Weg und der dafür benötigten Zeit kann man in einem Zeit-Weg-Diagramm (t-s-Diagramm) darstellen.

Das Zeit-Weg-Diagramm
Ein Diagramm besteht aus zwei Achsen. Auf der senkrechten Achse wird der Weg s in Metern abgetragen und auf der waagerechten Achse wird die Zeit t in Sekunden abgetragen. Die Messwertpaare aus der Tabelle werden nun in das Koordinatensystem eingetragen.
Die Punkte ergeben eine ansteigende Gerade. Daran kann man erkennen, dass es sich um eine gleichförmige Bewegung handelt.

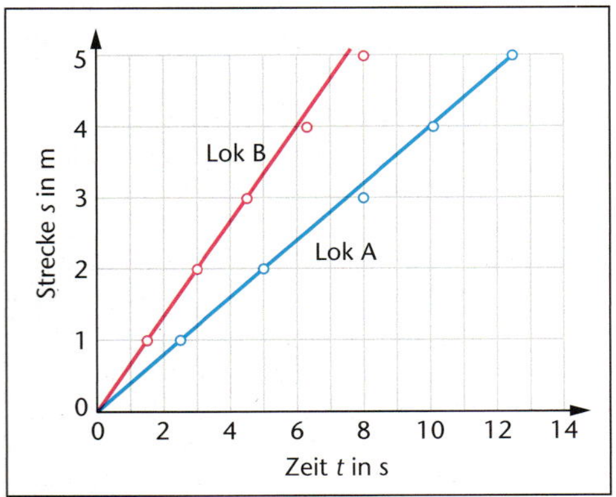

2 *t-s*-Diagramm

Bei einer gleichförmigen Bewegung entsteht im Zeit-Weg-Diagramm eine ansteigende Gerade.

Warum liegen nicht alle Punkte im Diagramm genau auf der Geraden?
Mithilfe der Messwerte lässt sich die Geschwindigkeit der beiden Loks berechnen, v = s/t.

Lok A *v* in m/s	Lok B *v* in m/s
0	0
0,40	0,66
0,40	0,66
0,38	0,66
0,40	0,63
0,40	0,63

3 Berechnete Geschwindigkeiten

Die Geschwindigkeit eines Zuges ist nicht immer gleich. Auch im Diagramm liegen einige Punkte neben der Geraden.
Woran liegt das?
Kleine Fehler bei den Messungen sind nicht immer zu vermeiden. Das könnten zum Beispiel Ungenauigkeiten beim Abstecken der Streckenlängen sein oder Abweichungen bei der Zeitmessung.
Es ist also nicht falsch, wenn im Diagramm die sogenannte „Ausgleichsgerade" gezeichnet wird. Auch wenn dann einzelne Punkte nicht auf der Geraden liegen.

Aufgabe

1 Ein batteriebetriebenes Spielzeugauto fährt auf einer geraden Strecke. Auf dieser Strecke wurde der Weg festgelegt und die Zeit gemessen.

Messpunkt	*s* in m	*t* in s
1	10	48,3
2	20	95,7
3	30	145,0
4	40	192,5
5	50	241,5

a) Berechne die Geschwindigkeit des Autos nach 10 m, 20 m, 30 m, 40 m und 50 m.
b) Zeichne ein Zeit-Weg-Diagramm mithilfe dieser Messwerte.

4 „Modelleisenbahn"

Werkstatt

Kräfte und ihre Wirkungen

1 Verformung von Körpern

Material
Draht, Bleistift, Luftballon, Knete, Nähgarn, Walnuss, verschiedene Massestücke

Versuchsanleitung
Du sollst in diesem Versuch verschiedene Körper verformen. Beobachte, ob die Verformung des Körpers bleibend ist oder ob der Körper nach der Krafteinwirkung wieder seine vorherige Form annimmt.
a) Wickle einen Draht spiralförmig um einen Bleistift.
b) Puste einen Luftballon auf und knote ihn zu. Beschwere den Luftballon jetzt mit verschiedenen Gegenständen, z. B. mit einem Buch oder mit einem 1-kg-Massestück.
c) Forme aus Knete eine Kugel.

1 Knetkugeln mit verschiedenen Aufprallflächen.

d) Lasse die Kugel aus Knete aus verschiedenen Höhen auf den Boden fallen.
e) Baue aus Stoff einen Fallschirm an die Knetkugel und lasse nun wieder die Kugel auf den Boden fallen.
f) Binde einen Faden des Nähgarns am Stuhl fest, halte das andere Ende des Fadens so fest, dass der Faden straff gespannt ist. Beschwere nun den Faden mit unterschiedlich schweren Massestücken. Welche Last hält er, wann reißt der Faden?
g) Versuche eine Walnuss mit deinen Händen zu zerdrücken.

2 Gewusst wie!

2 Ablenkungsmanöver

Material
Stahlkugel, Stabmagnet

Versuchsanleitung
Lass eine Kugel gerade und langsam über den Tisch rollen. Versuche nun mithilfe des Stabmagneten die Bewegung der Kugel zu beeinflussen.
a) Die Kugel soll ihre Bewegungsrichtung ändern.
b) Die Kugel soll schneller rollen.
c) Die Kugel soll abgebremst werden.
Skizziere deine Beobachtungen.

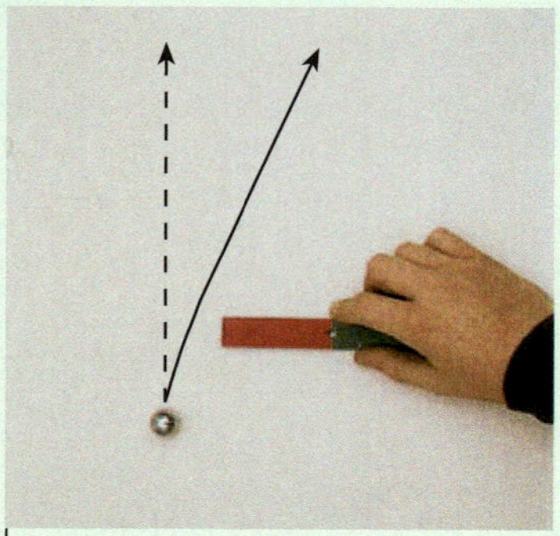

3 Ablenkungsmanöver

3 Crashtest an einer Mauer

Material
Knete, Kugel oder Spielzeugauto, Rollbahn

4 Crashtest

Versuchsanleitung
Lagere die Rollbahn an einem Ende erhöht, sodass die Kugel ungehindert darauf nach unten rollen kann. Baue aus Knete eine Mauer und stelle sie in etwa 15 cm Entfernung vor der Rollbahn auf. Nun soll die Kugel die Bahn herunterrollen und auf die Mauer auftreffen. Welche Verformungen sind zu beobachten? Du kannst bei deinen Versuchen die Neigung der Bahn ändern oder auch die Kugel nur in halber Höhe losrollen lassen.

4 Tauziehen

Material
Seil, Inlineskates oder Skateboards

Versuchsanleitung
a) Zwei Personen sollen hier ihre Kraft beweisen. Jeder zieht an einem Ende des Seiles, der Stärkere gewinnt.
b) Beim zweiten Versuch sollen die beiden Personen auf Inlineskates oder Skateboards stehen. Wieder ziehen sie jeder an einem Ende des Seiles. Wer gewinnt nun?

5 Tauziehen

1 Wirkungen von Kräften

Woran erkennt man Kräfte?
Kräfte kannst du nicht sehen, du kannst sie nur an ihren Wirkungen erkennen. Diese Wirkungen nutzen wir ständig bei alltäglichen Vorgängen. Einige Beispiele dafür siehst du in den Bildern.
[Wechselwirkung, S. 188]

Kräfte verändern Bewegungen
Wirkt eine Kraft auf einen bewegten Körper, so kann er schneller oder langsamer werden. Auch beim Radfahren musst du Kraft aufbringen, um deine Geschwindigkeit zu erhöhen: du trittst kräftig in die Pedale. Möchtest du rasch zum Stillstand kommen, dann betätigst du die Bremsen. Auch dazu ist deine Muskelkraft nötig.

Kräfte ändern die Bewegungsrichtung
Beobachte einmal ein geschicktes Zuspiel beim Fußball aus physikalischer Sicht. Durch die Kraft, die beim Zuspiel auf den Ball einwirkt, wird seine Bewegungsrichtung geändert.
Manchmal wird durch den Krafteinsatz des Fußballers die Bewegungsrichtung des Balles sogar ganz umgekehrt (▷ B 3).

Kräfte können Körper verformen
Mit der Kraft deiner Hände kannst du einen Gummiball und eine Kugel aus Knetmasse verformen (▷ B 2). Sobald die Kraft nicht mehr wirkt, nimmt der Gummiball wieder seine ursprüngliche Form an. Er wurde elastisch verformt. Die Knetkugel behält dagegen ihre neue Form. Sie wurde plastisch verformt.

▶ Kräfte erkennt man an ihren Wirkungen. Sie können Körper beschleunigen, abbremsen, ihre Bewegungsrichtung ändern oder die Körper verformen.

Aufgaben

1 Erkläre für folgende Beispiele, welche Wirkung die Kraft jeweils hat.
a) Ausrollen von Kuchenteig auf dem Blech;
b) Sprung beim Bungee-Jumping;
c) ein Schwamm wird zusammengedrückt;
d) ein Handballer fängt den Ball;
e) eine Eisenkugel rollt über den Tisch, direkt an einem Magneten vorbei;
f) eine Schneekugel rollt einen Berg hinab und prallt gegen einen Baum;
g) Opa setzt sich in den Sessel;
h) ein Flugzeug landet.

2 Finde Sportarten, bei denen Kräfte wirken, die eine Änderung der Bewegungsrichtung hervorrufen.

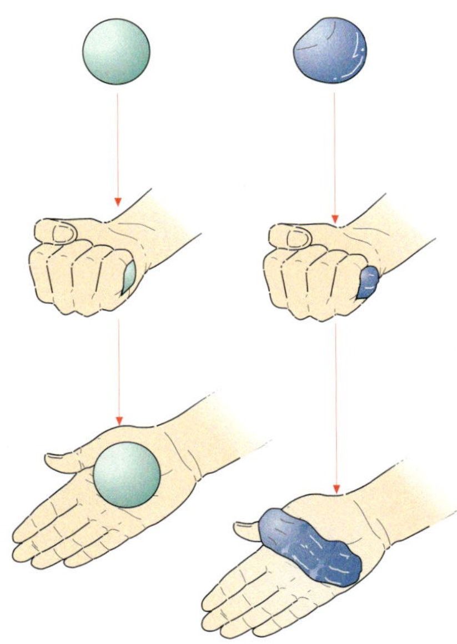

2 Elastische und plastische Verformung

3 Änderung der Bewegungsrichtung

1 Aufbau eines Federkraftmessers

Der Kraftmesser
Kräfte werden mit einem Federkraftmesser gemessen. Ein Federkraftmesser besteht im Wesentlichen aus einer Schraubenfeder, einer Skala und einem Nullpunktzeiger. Die Feder dehnt sich aus, wenn an ihr eine Kraft wirkt. Das wird zur Messung von Kräften genutzt.

Wenn man den Federkraftmesser senkrecht nach unten hält, dann wirkt eine Kraft an der Aufhängung. Die so zu messende Kraft nennt man Gewichtskraft.

Der Umgang mit dem Federkraftmesser
Für unterschiedlich große Kräfte gibt es Kraftmesser mit unterschiedlichen Federn und entsprechenden Skalen. Wähle entsprechend den zu messenden Kräften den Federkraftmesser mit dem geeigneten Messbereich aus.

Überprüfe die Nullpunkteinstellung, bevor du beginnst. Achte darauf, dass sich die Skala beim Ablesen genau auf Augenhöhe befindet.

Formelzeichen und Einheit der Kraft
Das Formelzeichen für die physikalische Größe Kraft ist F. Ihre Einheit ist das Newton (N), benannt nach dem englischen Physiker ISAAC NEWTON (1643–1727).

Die physikalische Größe Kraft hat das Formelzeichen F und die Einheit 1 Newton (1 N). Die Kraft kann mit einem Federkraftmesser gemessen werden.

Werkstatt

Federkraftmesser im Einsatz

1 Die Gewichtskraft wird gemessen

Material
Federkraftmesser mit verschiedenen Messbereichen, verschiedene Körper aus deiner Schultasche, Faden

Versuchsanleitung
Halte den Federkraftmesser senkrecht. Überprüfe, ob der Zeiger genau auf Null steht.
Hänge nun die verschiedenen Massestücke an den Haken, um die Gewichtskraft der Körper zu bestimmen.
Notiere in einer Tabelle die gemessene Gewichtskraft.

Miss nun die Gewichtskraft von fünf verschiedenen Körpern.
Wie könntest du die wirkenden Gewichtskräfte in einer Zeichnung darstellen? Fertige eine Skizze an.

2 Die Zugkraft wird gemessen

Material
Federkraftmesser mit verschiedenen Messbereichen, verschiedene Körper, Geschirrtuch

Versuchsanleitung
Nun sollst du den Federkraftmesser waagerecht halten, an den Haken Körper anhängen und über die Tischplatte ziehen. So bestimmst du die Zugkraft.

Breite ein Tuch auf dem Tisch aus und befestige es am Haken des Federkraftmessers. Nun kannst du verschiedene Körper, z. B. Stifte, die Federtasche oder dein Lehrbuch, auf das Tuch legen und die Zugkraft messen. Achte dabei auf den Messbereich des Federkraftmessers. Notiere deine Messergebnisse und versuche auch für diese Experimente die wirkenden Kräfte darzustellen.

3 Die Schubkraft soll gemessen werden

Material
Federkraftmesser mit verschiedenen Messbereichen, verschiedene Körper

Versuchsanleitung
Versuche nun, verschiedene Körper über den Tisch zu schieben und dabei mit dem Federkraftmesser die Schubkraft zu messen. Gelingt dir das? Wie müsste ein Federkraftmesser aussehen und funktionieren, mit dem man die Schubkraft messen kann? Zeichne und beschreibe!

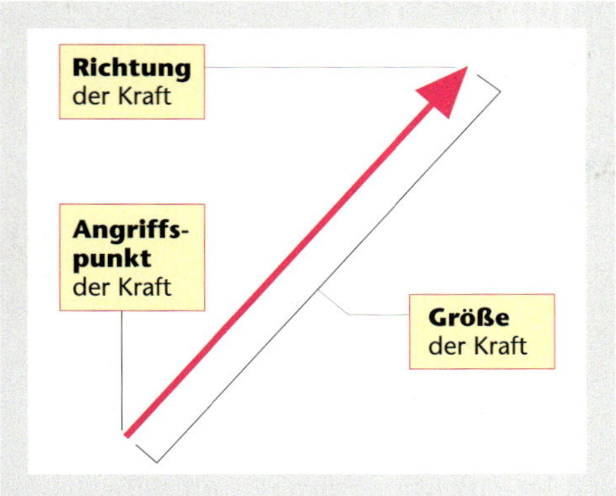

1 Kräfte werden mit einem Kraftpfeil dargestellt.

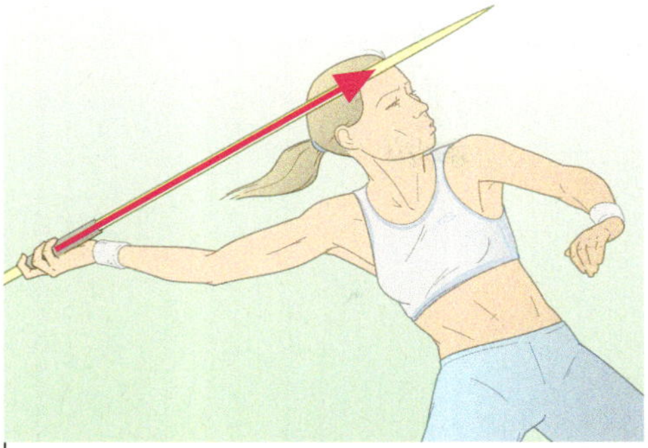
3 Die Speerwerferin übt auf den Speer eine Kraft aus. Der Pfeil zeigt Angriffspunkt, Richtung und Größe an.

Darstellung von Kräften
Bei einer Kraft kommt es nicht nur auf die Größe an. Wie du vom Fußballspielen weißt, ist auch die Richtung der Kraft wichtig. Kräfte werden mithilfe von Pfeilen dargestellt (▷ B 1). Der Pfeil beginnt im Angriffspunkt der Kraft. Seine Richtung gibt die Wirkrichtung der Kraft an, seine Länge ist ein Maß für ihre Größe. Um die genaue Größe der Kraft angeben zu können, muss man einen Maßstab angeben. So könnte man z. B. festlegen, dass eine Pfeillänge von 2 cm einer Kraft von 10 N entsprechen soll.

Ein Kraftpfeil gibt Angriffspunkt, Größe und Richtung einer Kraft an.

Deutung von Kraftpfeilen
Bild 3 zeigt an einem Beispiel aus dem Sport, wie ein Kraftpfeil eingezeichnet wird. Die Kraft, die die Speerwerferin auf den Speer ausübt, ist durch einen roten Kraftpfeil dargestellt. Der Pfeil beginnt am Angriffspunkt der Kraft, nämlich an der Hand der Werferin. Der Pfeil zeigt in die Richtung, in die der Speer fliegen soll. Die Größe der Kraft lässt sich im Foto nicht ablesen, denn es wurde kein Maßstab festgelegt.

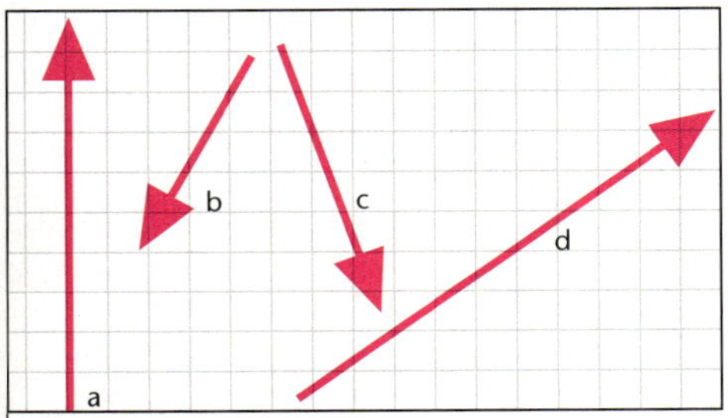

2 Kraftpfeile

Aufgaben

1 Beschreibe bei verschiedenen Sportarten die Wirkung der dort auftretenden Kräfte.

2 Du möchtest einen Schrank verschieben. Überlege, welchen Einfluss der Angriffspunkt deiner Kraft auf dein Vorhaben hat.

3 Du siehst im Bild 2 verschiedene Kraftpfeile. Als Maßstab wird festgelegt, dass eine Pfeillänge von 1 cm einer Kraft von 5 N entsprechen soll.
Ermittle die Größe der dargestellten Kräfte und gib die Richtung der Kraftwirkung an.

4 Bei welchen Aussagen wird der Begriff Kraft nicht im physikalischen Sinne verwendet? Begründe.
a) „Cleany" hat eine besonders hohe Waschkraft.
b) Er schiebt das Auto mit seiner Muskelkraft.
c) Dieses Shampoo bringt Spannkraft ins Haar.
d) Durch die Brille erhöhte sich ihre Sehkraft.
e) Eine Hubkraft wirkt beim Hochheben eines Körpers.

5 Zwei Mannschaften mit treten gegeneinander beim Tauziehen an. Pauls Mannschaft zieht mit 650 N am Seil und Petras Mannschaft mit 800 N.
a) Fertige eine Skizze des Wettkampfes an. Zeichne die Kraftpfeile ein. Überlege dir dafür einen sinnvollen Maßstab.
b) Begründe, welche Mannschaft gewinnen wird.
c) Versuche die Gesamtkraft zeichnerisch zu bestimmen.

1 An der Reckstange

Masse und Gewichtskraft

In den Versuchen 1 und 2 wird der Zusammenhang zwischen Masse und Gewichtskraft deutlich. Die Gewichtskraft eines Körpers mit einer Masse von 100 g beträgt auf der Erde etwa 1 N. Ist die Masse des Körpers nur halb so groß, also 50 g, so ist auch die Gewichtskraft nur halb so groß, also 0,5 N. Gewichtskraft und Masse sind proportional zueinander. Je größer die Gewichtskraft eines Körpers ist, desto größer ist die Masse des Körpers.

Ein Körper mit einer Masse von 100 g hat auf der Erde eine Gewichtskraft von etwa 1 N.

2 Die Gewichtskraft ist zum Erdmittelpunkt gerichtet.

Die Gewichtskraft

Im Sportunterricht wird am Reck geturnt (▷ B 1). Wenn Kevin an der Reckstange hängt, biegt sich der Holm, denn es wirkt eine Kraft, die Gewichtskraft.
Nun lässt er los und fällt nach unten. Seine Gewichtskraft wirkt senkrecht nach unten, auf den Erdboden. Warum ist das so? Alle Massen ziehen sich gegenseitig an. Da die Erde eine große Masse hat, wirkt auch eine große Anziehungskraft.
Die Gewichtskraft eines Körpers wirkt an jedem Ort der Erde senkrecht nach unten, denn sie ist immer zum Erdmittelpunkt gerichtet (▷ B 2).
[Wechselwirkung, S. 188]

Das ist in Australien, auf der Südhalbkugel der Erde, genauso wie hier in Europa auf der Nordhalbkugel der Erde.

Die Gewichtskraft gibt an, wie stark ein Körper an einer Aufhängung zieht oder auf eine Unterlage drückt. Auf der Erde ist die Gewichtskraft immer zum Erdmittelpunkt gerichtet.

3 Gewichtheber

Eine Reise ins Weltall

Stell dir vor ein Astronaut ist auf dem Mond und will die Gewichtskraft einer Tüte Zucker bestimmen. Die Gewichtskraft hätte nur etwa 1/6 des Betrages, den man auf der Erde misst.
Das liegt daran, dass die Masse des Mondes auch nur etwa 1/6 der Masse der Erde beträgt.

Würde man von der Tüte Zucker die Gewichtskraft auf unterschiedlichen Himmelskörpern messen, so würde man unterschiedlich große Gewichtskräfte messen.

Das liegt daran, dass die Himmelskörper verschiedene Massen besitzen und dass der Abstand zu ihrem Mittelpunkt un-

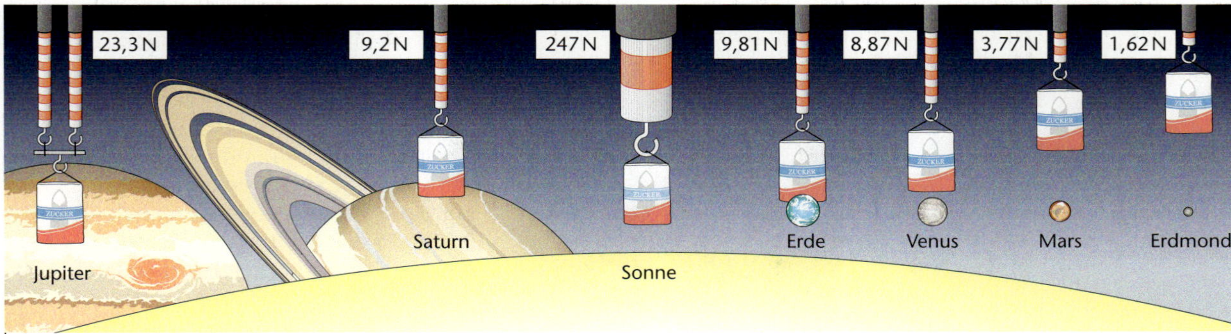

4 Gewichtskraft einer Tüte Zucker auf verschiedenen Himmelskörpern

terschiedlich groß sein kann. Je größer die Masse des Himmelskörpers ist, desto größer ist die Gewichtskraft des Körpers (▷ B 4).

▶ Die Gewichtskraft ist abhängig:
- von der Masse des Körpers,
- von der Masse des Himmelskörpers, auf dem gemessen wird,
- je näher sich der Körper am Mittelpunkt des Himmelskörpers befindet.

Etwas bleibt überall gleich
Angenommen, der Astronaut nimmt anstelle des Kraftmessers eine Waage mit zum Mond. Was würde er jetzt feststellen? In diesem Fall würde der Astronaut beim Abwiegen keinen Unterschied zum Ergebnis auf der Erde feststellen. Die Tüte Zucker hat überall die gleiche Masse, denn die Masse ist ortsunabhängig.

▶ Die Masse ist ortsunabhängig, die Gewichtskraft ist ortsabhängig.

Versuche

1 ▶ Bestimme die Masse und die Gewichtskraft von fünf verschieden großen Steinen. Nummeriere die Steine und notiere in einer Tabelle die Masse und die zugehörige gemessene Gewichtskraft. Formuliere in einem Satz den Zusammenhang zwischen Masse und Gewichtskraft.

2 ▶ Einen Zusammenhang zwischen Masse und Gewichtskraft erhältst du auch, wenn du von verschiedenen Massestücken aus dem Wägesatz einer Waage die Masse und die Gewichtskraft bestimmst. Stelle deine Messergebnisse wieder in einer Tabelle gegenüber und formuliere ein Ergebnis.

5 Waage

Aufgaben

1 Ein Lot (oder auch Senkblei genannt), wurde schon vor 5 000 Jahren von ägyptischen Baumeistern verwendet, um senkrechte Mauern auszurichten. Erkläre die Funktionsweise mit Hilfe deiner Kenntnisse über die Gewichtskraft.

2 Auf der Erde wurden von verschiedenen Körpern folgende Messwerte ermittelt: 820 g; 9 kg; 4600 mg; 23 N; 7700 N; 0,1 N.
Übertrage die Tabelle in deinen Hefter. Trage die Werte jeweils in der richtigen Spalte ein und ergänze dann alle fehlenden Werte.

3 Warum ist es notwendig, zwischen Masse und Gewichtskraft zu unterscheiden?

	Masse	**Gewichtskraft**
Merkmal	ortsunabhängig	ortsabhängig
Formelzeichen	m	F_G
Einheit	1 kg	1 N
Messgerät	Waage	Federkraftmesser

6 Masse und Gewichtskraft

1 Rollender Fussball

Beobachtungen beim Fußball

Du hast gelernt, dass man Kräfte an ihren Wirkungen erkennen kann. Beim Fussball kannst du diese Wirkungen gut beobachten.

Die Fussballer spielen sich den Ball gegenseitig zu. Dabei wird die Bewegungsrichtung des Balles durch die wirkenden Kräfte geändert. Auch die Geschwindigkeit, mit der sich der Ball übers Spielfeld bewegt, kann sich durch die Kraft verändern. Wenn bei einem Zuspiel keine Kraft auf den Ball wirkt, dann rollt der Ball weiter. Er ändert seinen Bewegungszustand nicht (▷B 1). [Wechselwirkung, S. 188]

Wirkt eine Kraft auf einen Körper, so ändert sich sein Bewegungszustand. Der Körper kann sowohl seine Bewegungsrichtung als auch seine Geschwindigkeit ändern.
Wirkt keine Kraft auf einen Körper, so ändert sich sein Bewegungszustand nicht.

Körper sind träge

Nur wenn eine Kraft auf einen Körper einwirkt, ändert sich seine Bewegung. Denn Körper „wollen" von Natur aus ihren Bewegungszustand nicht ändern. Diese Eigenschaft jedes Körpers, sich einer Bewegungsänderung zu widersetzen, nennt man Trägheit.

Das hast du sicher schon oft erlebt. Denke einmal an deine letzte Busfahrt. Wenn der Bus losfährt, dann bleibt dein Körper für einen kurzen Moment „stehen". Du spürst einen Ruck nach hinten. Da aber eine Kraft auf dich wirkt, ändert sich nun dein Bewegungszustand. Während der Fahrt bewegst du dich mit dem Fahrzeug mit. Wenn der Bus bremst, dann wirkt wieder eine Kraft auf dich. Dein Körper bewegt sich für einen Moment in der Fahrtrichtung weiter, spürbar an dem Ruck nach vorn. Um in solchen Momenten einen Sturz im Bus zu vermeiden solltest du dich gut festhalten (▷B 2). Beim Autofahren merkst du auch einen solchen Ruck nach vorn, wenn das Auto bremst. Damit du dich nicht so leicht verletzen kannst, musst du im Auto während der Fahrt immmer angeschnallt sein.
Nur wenn eine Kraft auf einen Körper wirkt, ändert sich sein Bewegungszustand.

Die Eigenschaft jedes Körpers, sich einer Bewegungsänderung zu widersetzen, nennt man Trägheit.

Versuch

1 Fülle einen wiederverschließbaren Tetrapack (1 Liter) mit Wasser und stelle die Packung aufrecht auf eine Pappe. Nun ziehe die Pappe langsam über den Tisch, dann ruckartig in eine Richtung und dann halte die gleitende Pappe ruckartig an. Notiere und skizziere deine Versuchsergebnisse. Begründe deine Beobachtungen.

2 Fahrgäste müssen sich festhalten

Aufgaben

1 Die Trägheit wirkt natürlich auch während der Fahrt mit einem PkW. Welche Sicherheitseinrichtungen sollen Personenschäden in diesen Fällen verhindern?

2 Beschreibe die Wirkung der Trägheit bei einer Fahrt mit dem Fahrrad und mit dem Motorrad? Welche Sicherheitsvorkehrungen gibt es hierfür?

1 Läuferinnen im Startblock

Kräfte wirken im Doppelpack
Beim Sprint kommt es auf einen schnellen Start an (▷ B 1). Daher stößt sich die Läuferin kräftig von den Startblöcken ab. Sie übt auf die Startblöcke eine Kraft nach hinten aus. Gleichzeitig üben die Startblöcke auf die Läuferin eine gleich große Gegenkraft aus. Sie ist nach vorn gerichtet und beschleunigt die Läuferin. Diese Gegenkraft, die bei jeder Kraftwirkung entsteht, wird auch **Rückstoßkraft** genannt.

ISAAC NEWTON erkannte dieses Gesetz und nannte das **Wechselwirkungsprinzip** als eines der drei Grundgesetze der Mechanik in seinem Werk „Principia". Er formulierte es kurz mit den lateinischen Worten:

actio = reactio

▶ Wirken zwei Körper aufeinander ein, treten immer zwei Kräfte auf – Kraft und Gegenkraft. Die Kräfte greifen an verschiedenen Körpern an, sind genau gleich groß und einander entgegen gerichtet.

Das Prinzip der Wechselwirkung zwischen zwei Körpern findest du z. B. auch beim Raketenantrieb. Das mit hoher Geschwindigkeit ausströmende Gas erzeugt einen Rückstoß, der die Rakete beschleunigt.

Aufgabe

1 Stell dir vor, zwei Schüler sitzen sich auf Bürostühlen mit Rollenfüßen gegenüber. Beide ziehen an den Enden des selben Seils. Erkläre, was passiert.

Werkstatt

Kräfte im Doppelpack

1 Wer stößt wen ab?

Material
Inline-Skates mit Sicherheitsausrüstung, Tennisball, Fußball, Medizinball

Versuchsanleitung
Lege die Inline-Skates und die Sicherheitsausrüstung an. Wirf aus dem Stand verschiedene Bälle mit unterschiedlicher Kraft von dir weg (▷ B 1). Was beobachtest du? Erkläre deine Beobachtung.

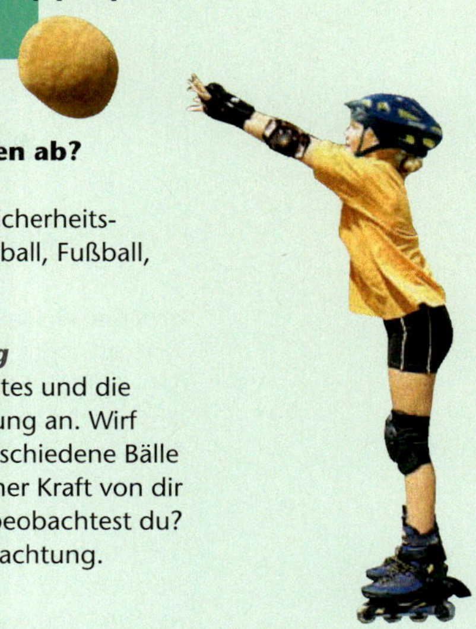

1 Zu Versuch 1

2 Die Luftballonrakete

Material
Luftballon, Trinkhalm, dünner Draht, Klebefilm

Versuchsanleitung
Fädele einen dünnen Draht durch einen Trinkhalm und spanne den Draht zwischen zwei Tischen oder Stühlen. Blase einen Luftballon auf, halte die Öffnung zu und klebe ihn mit dem Klebefilm an den Trinkhalm (▷ B 2). Lasse nun die Luft aus dem Ballon ausströmen. Was passiert? Erkläre.

2 Luftballonrakete

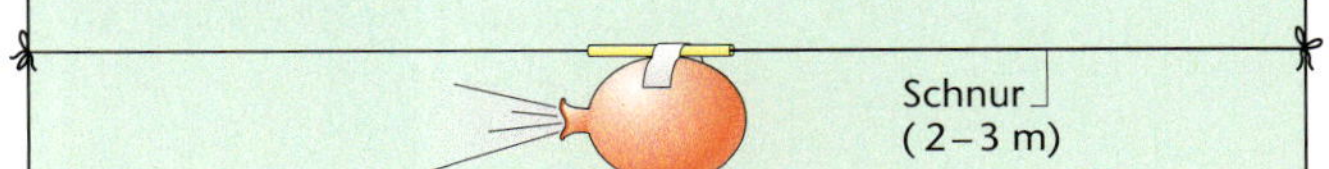

3 Eine Wasserrakete

Material
Spritzflasche, Blitzventil für den Fahrradreifen, Luftpumpe, Wasser

Tipp: Führe den folgenden Versuch nur im Freien durch!

Versuchsanleitung
Schneide die Spitze einer Spritzflasche so weit ab, dass das Blitzventil hineinpasst und fest sitzt. Fülle etwas Wasser in die Flasche und pumpe dann so lange Luft hinein (▷ B 3), bis sich die Flasche vom Ventil löst. Wiederhole den Versuch mit verschiedenen Wassermengen.
Erkläre deine Beobachtungen.

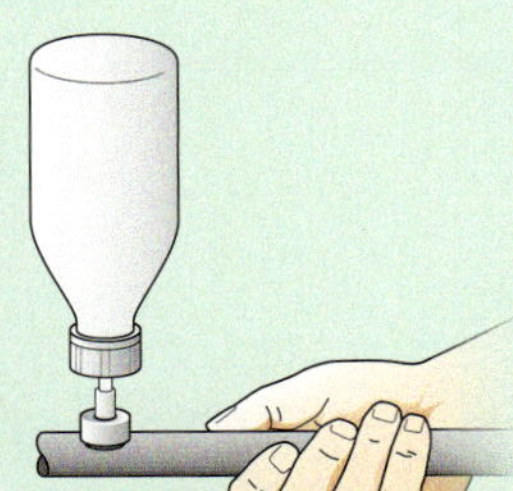

3 Aufbau der Wasserrakete

Versuch

1 Untersuche die Größe der verschiedenen Reibungskräfte. Nimm dazu einen Holzklotz und einen Federkraftmesser und führe den Versuch wie in Bild 1 gezeigt durch. Was stellst du fest?

Umräumen leicht gemacht
Eine schwere Kiste soll verschoben werden (▷ B 2). Das ist sehr anstrengend und zwar nicht nur wegen der Masse der Kiste. Zwischen der Kiste und dem Fußboden treten **Reibungskräfte** auf. Diese wirken entgegen der Bewegungsrichtung. Sie hemmen oder verhindern die Bewegung. Diese Reibungskräfte müssen überwunden werden, damit sich die Kiste bewegen lässt.

Bei der Bewegung von Körpern entstehen Reibungskräfte. Sie wirken entgegengesetzt zur Bewegungsrichtung und hemmen die Bewegung des Körpers.

Es gibt verschiedene Reibungskräfte
In der Physik unterscheiden wir drei Arten von Reibungskräften. Die **Haftreibungskraft** tritt auf, wenn ein ruhender Körper in Bewegung versetzt werden soll (▷ B 2a).
Gleitet ein Körper über eine Oberfläche, so spricht man von Gleitreibung (▷ B 2b).
Die **Gleitreibungskraft** ist kleiner als die Haftreibungskraft. Noch kleiner ist die **Rollreibungskraft.** Sie tritt auf, wenn ein Körper auf Rädern oder Rollen bewegt wird (▷ B 2c).

Wir unterscheiden die Haftreibungskraft, die Gleitreibungskraft und die Rollreibungskraft.

Reibung – mal mehr und mal weniger
Dort, wo Reibungskräfte erwünscht sind, kann man sie vergrößern. Deshalb wird im Winter Splitt auf vereiste Flächen gestreut. Hallenturnschuhe haben immer Gummisohlen. Die Reibungskräfte zwischen Gummi und Bodenbelag sind sehr groß, sodass die Sportler nicht rutschen.

Ist die Reibung unerwünscht, muss sie möglichst gering gehalten werden. Darum werden rotierende Maschinenteile mit Ölen oder Fetten geschmiert. Auch beim Skilaufen ist der Sportler bestrebt, Reibung zwischen Ski und Schnee zu verringern.

Reibungskräfte kann man vergrößern, z. B. durch die Wahl geeigneter Materialien an den Reibungsflächen oder durch das Aufrauen von Oberflächen. Reibungskräfte kann man verringern durch Glätten oder Polieren der Oberflächen und durch Ölen und Fetten der Reibungsflächen.

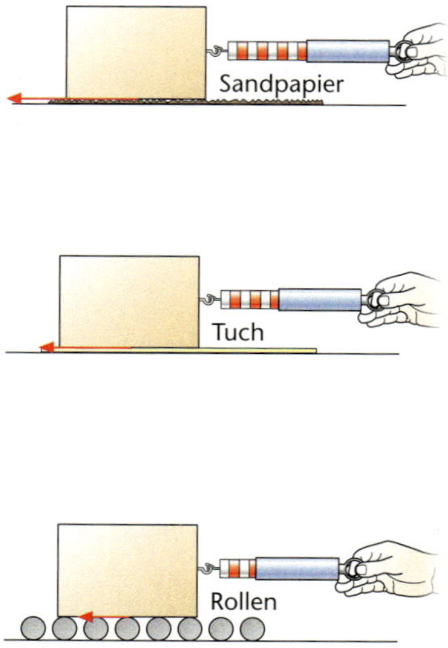

1 Zu Versuch 1

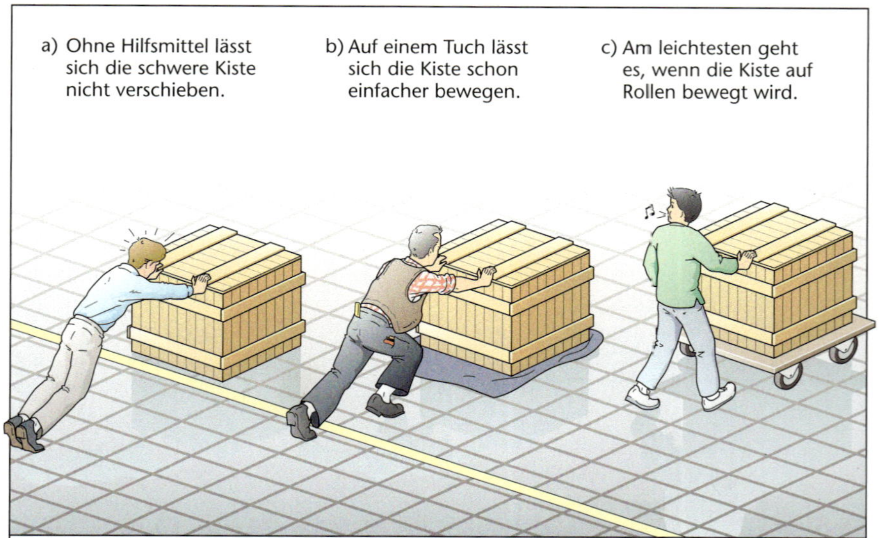

2 Kistenwettschieben – Hilfsmittel sind ausdrücklich erlaubt

Umwelt: Kräfte in der Natur

Kräfte im Inneren der Erde
Im Inneren der Erde wirken gewaltige Kräfte, die seit Milliarden von Jahren ganz langsame und meist unmerkliche Veränderungen des Erdaufbaus bewirken. Diese Veränderungen äußern sich z. B. durch Erdbeben: Sie entstehen, wenn die Platten der Erdkruste aneinander reiben.
An manchen Stellen gelangt zwischen den Platten flüssiges Gestein aus dem Erdinneren an die Oberfläche. Ein solcher Vulkanausbruch (▷ B 4) kann große Verwüstungen anrichten.

4 Vulkanausbruch

1 Flussbett

Kräfte des Wassers
Fließendes Wasser besitzt ausreichend große Kräfte, um ganz langsam auch hartes Gestein abzutragen. Täglich werden viele Kubikmeter Erde und Gestein in Bächen und Flüsse abtransportiert. Auf diese Weise hat das Wasser im Laufe von tausenden oder gar Millionen von Jahren tiefe Flusstäler in die Landschaft gegraben (▷ B 1).
Auch die Küstenregionen sind der Kraft des Wassers ständig ausgesetzt. Die Wellen des Meeres bearbeiten das Ufer, sie tragen aber auch Sand heran.

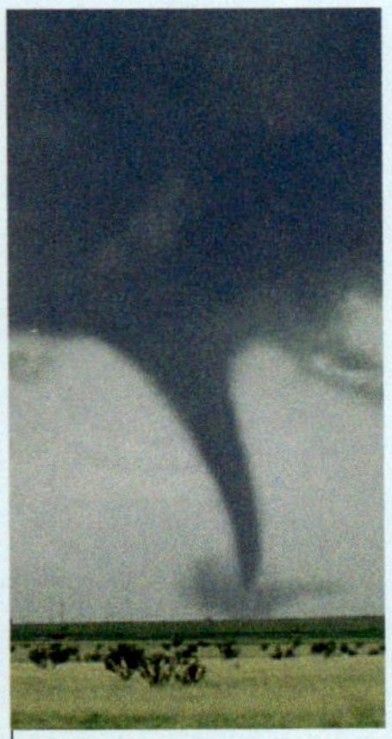
2 Tornado

Kräfte des Windes
In vielen Gegenden der Erde, vor allem in äquatornahen Bereichen, richten Taifune, Tornados und Hurrikans regelmäßig große Schäden an (▷ B 5). Aber auch bei uns entstehen gelegentlich Orkane, die Schornsteine zerstören, Häuser abdecken und Bäume entwurzeln.

Starke Tiere
Manche Tiere entwickeln verhältnismäßig große Kräfte. So kann der Hirschkäfer (▷ B 3) mehr als das 100-fache seines Körpergewichtes tragen. Wäre ein Mensch genau so kräftig, dann könnte er einen 7,5 t schweren LKW anheben.

5 Zerstörungen durch einen Tornado

3 Hirschkäfer

Aufgaben

1 Erkundige dich, wann zuletzt in deiner Umgebung ein Orkan große Schäden angerichtet hat.

2 Sammle weitere Beispiele von Tieren und Pflanzen, die über bemerkenswerte Kräfte verfügen.

Isaac Newton – ein Forscherleben

Isaac bastelte gern

Es ist bekannt, dass Isaac Newton ein geschickter Modellbauer war. Schon als Junge baute er z. B. für sein Zimmer eine Wasseruhr oder auch das Modell einer Windmühle.

- Baue eine Wasseruhr. Beschreibe, wie sie funktioniert und beurteile ihre Genauigkeit.
- Es gibt verschiedene Materialien, die sich für den Bau einer Uhr eignen. Skizziere ein Modell für eine weitere Uhr.
- Bastele ein Modell von einem Wasserrad. Wenn es funktionstüchtig ist, führe es deinen Mitschülern vor.

Newton – eine Leseratte

Der Student Isaac Newton hat sehr viel gelesen und war deshalb ein Dauergast in der Universitätsbibliothek. Ihn interessierten z. B. die Arbeiten des deutschen Astronomen Johannes Kepler über Fernrohre und Planeten. Er begeisterte sich auch für die Werke des italienischen Naturforschers Galileo Galilei.

- Bist du in einer Bibliothek angemeldet? Dann suche doch einmal nach Büchern von oder über Isaac Newton.
- Wer waren diese berühmten Naturforscher, von denen er so viel gelesen hat? Recherchiere im Internet oder in Lexika, wer sie waren und was sie erforscht haben. Präsentiere deine Ergebnisse.
- Fertige ein Poster über Kepler oder Galilei an.

Isaac Newton und der Apfel

Es wird erzählt, dass Isaac Newton als Zwanzigjähriger im Garten seiner Eltern beobachtet hat, wie ein Apfel vom Baum fiel. Er hatte noch nie darüber nachgedacht, warum das so ist.

- Zeichne ein Bild zu dieser Begebenheit.
- Versetze dich in seine Situation. Welche physikalischen oder mathematischen Fragen könnten ihm dazu eingefallen sein?
- Schreibe diese Geschichte aus der Sicht des Apfels.
- Wie kann man Newtons Beobachtung erklären?

Experimente mit dem Licht

Vor seinem Fenster hatte er, wie damals üblich, Fensterläden. In einem Experiment ließ er durch ein kleines Loch im Fensterladen einen dünnen Sonnenstrahl auf ein Glasprisma fallen. Das Licht wurde gebrochen und er entdeckte an der Wand gegenüber Erstaunliches!

- Baue so einfach wie möglich sein Experiment nach. Zeichne deinen Versuchsaufbau und deine Beobachtung auf.

- Lass einen Lichtstrahl auf eine gefüllte Wasserflasche fallen. Was beobachtest du? Protokolliere dein Experiment.

- NEWTON erfand später das „Spiegelteleskop". Ein von ihm gebautes Modell befindet sich heute noch im Londoner Wissenschaftlichen Museum. Informiere dich über den Aufbau und die Funktionsweise dieses optischen Gerätes.

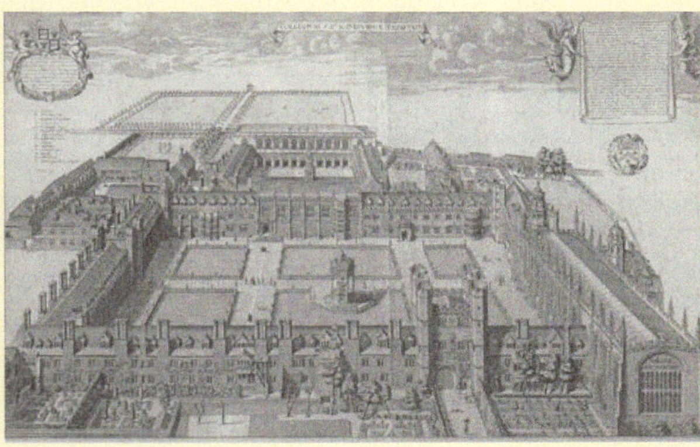

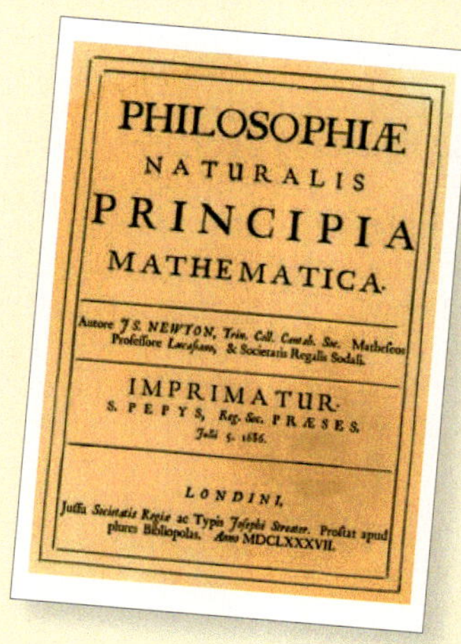

PHILOSOPHIÆ
NATURALIS
PRINCIPIA
MATHEMATICA.

Autore *JS. NEWTON, Trin. Coll. Cantab. Soc.* Matheseos Professore *Lucasiano*, & Societatis Regalis Sodali.

IMPRIMATUR.
S. PEPYS, *Reg. Soc.* PRÆSES.
Julii 5. 1686.

LONDINI,
Jussu Societatis Regiæ ac Typis Josephi Streater. Prostat apud plures Bibliopolas. *Anno* MDCLXXXVII.

SIR ISAAC

ISAAC NEWTON wurde schon mit 27 Jahren Professor an der Universität in Cambridge. 1705 erhob die Königin NEWTON als ersten Wissenschaftler in den Adelsstand. Jetzt durfte er sich „SIR ISAAC" nennen.

- Informiere dich über das Leben und Wirken von ISAAC NEWTON. Stelle deine Ergebnisse in einer Präsentation dar.

- Welche Wissenschaftler haben außerdem zu seiner Zeit gelebt? Stelle ihre Lebensdaten auf einem Zeitstrahl dar.

- Welche geschichtlichen Ereignisse hat er miterlebt? Welche Erfindungen gab es noch zu seiner Zeit? Überlege dir eine geeignete Präsentationsmöglichkeit deiner Recherchen.

- Welche Bedeutung hatte es zur damaligen Zeit, von der Königin in den Adelsstand erhoben zu werden? Gibt es diese Ehrung heute in England auch noch?

- In seinem wichtigsten Werk „Principia" beschreibt er ein Gesetz mit den Worten „actio = reactio". Informiere dich über den Inhalt dieses Buches und dieses Gesetz.

1 Ganz schön anstrengend!

Jetzt wird gearbeitet!
In den oben stehenden Bildern sind unterschiedliche Situationen dargestellt: Der Rasen wird gemäht, Hausaufgaben werden bearbeitet und mehrere Getränkeflaschen werden gehalten.
Mit all diesen Beispielen verbinden wir im Alltag das Wort Arbeit. Aus physikalischer Sicht ist das anders. Nur das Rasenmähen ist Arbeit, denn in der Physik hat der Arbeitsbegriff eine ganz eigene Festlegung:

▶ Wird auf einen Körper eine Kraft ausgeübt und bewegt sich der Körper in Kraftrichtung, dann wird physikalische Arbeit verrichtet (▷ B 2).

Die Berechnung der Arbeit
Die physikalische Arbeit hat das Formelzeichen W. Um sie zu berechnen braucht man zwei physikalische Größen: die Kraft, die längs des Weges aufgewendet wird, und die zurückgelegte Strecke.

▶ Die verrichtete Arbeit ist das Produkt aus der Kraft in Wegrichtung und dem zurückgelegten Weg.
Arbeit = Kraft · Weg
$W = F \cdot s$

Die Einheit der Arbeit
Die Einheit der Kraft ist das Newton und die Einheit des Wegs ist das Meter. Die Einheit der Arbeit ist daher das Produkt aus diesen beiden Einheiten, das Newtonmeter (Nm). Für das Newtonmeter wird auch die Einheit Joule (J) verwendet, benannt nach dem englischen Physiker James Prescott Joule (1818–1889):
1 Nm = 1 J, 1000 J = 1 kJ.

Wann wird keine physikalische Arbeit verrichtet?
1. Es wird kein Weg zurückgelegt: $s = 0$ m. Der Junge mit den Waren im Arm (▷ B 1) steht schon einige Zeit in der Kassenschlange. Die Anstrengung kann er schon in den Muskeln spüren. Dennoch hat er beim bloßen Halten der Waren keine physikalische Arbeit verrichtet. Wie kann das sein?
Das Halten der Waren erfordert zwar eine Kraft, aber es wird kein Weg zurückgelegt. Folglich gilt: $W = 0$.

2. Es wird keine Kraft ausgeübt: $F = 0$ N. Ein Gegenstand bewegt sich z. B. ohne Kraftaufwand durch das Weltall. Die verrichtete Arbeit an dem Gegenstand ist null, denn es wirkt keine Kraft.

2 Hier wird physikalische Arbeit verrichtet.

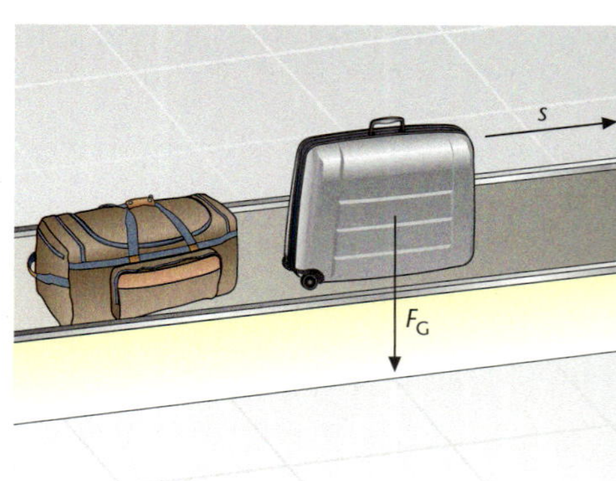

3 Die Gewichtskraft trägt nicht zu der am Koffer verrichteten Arbeit bei.

3. Bei geistiger Arbeit, z. B. am Schreibtisch, sind die Bedingungen für physikalische Arbeit ebenfalls nicht erfüllt. Es wird deshalb keine Arbeit im Sinne der Physik verrichtet.

Die Kraft in Bewegungsrichtung entscheidet

Die Gewichtskraft des Koffers in Bild 3 ist für die Arbeit, die das Förderband verrichtet, nicht entscheidend. Denn diese Kraft wirkt nach unten, während sich das Band senkrecht dazu bewegt. In die Berechnung der Arbeit geht nur die Kraft ein, die in Bewegungsrichtung wirkt.

Hubarbeit

In Bild 4 will der Junge das Zeitungsbündel in den Kofferraum legen. Er muss eine Kraft aufwenden um die Zeitungen hochzuheben. Diese Kraft nennen wir Hubkraft. Die Hubkraft ist genauso groß wie die Gewichtskraft der Zeitungen ($F_H = F_G$). Der Junge hat physikalische Arbeit verrichtet, man nennt sie Hubarbeit. Als Formelzeichen verwendet man W_H.

Wird ein Körper unter Kraftaufwand angehoben, verrichtet man Hubarbeit.

Berechnung der Hubarbeit

Es ist leicht zu verstehen, dass derjenige mehr Hubarbeit verrichtet hat, der die größere Hubkraft aufgebracht und die größere Strecke zurückgelegt hat.
Da die Größe der Hubkraft gleich der Gewichtskraft ($F_H = F_G$) ist, gilt:

Die verrichtete Hubarbeit ist das Produkt aus der Gewichtskraft und der Hubhöhe.
Hubarbeit = Gewichtskraft · Hubhöhe

$$W_H = F_G \cdot h$$

4 Hubarbeit

5 Damit das Flugzeug bewegt werden kann, ist die Reibung zu überwinden.

Reibungsarbeit

Damit der Schlitten (▷ B 6) über die Schneefläche gezogen oder das Flugzeug (▷ B 5) auf dem Rollfeld bewegt werden kann, ist eine Kraft erforderlich. Zwischen den Kufen und der Schneefläche bzw. den Reifen und der Rollbahn entsteht beim Bewegen des Körpers Reibung. Damit diese überwunden werden kann, ist die Zugkraft F_z erforderlich. Da der Körper sich vorwärts bewegt, wird Arbeit verrichtet. Die Arbeit wird als Reibungsarbeit bezeichnet.

Versuch

1 Hebe deine Schulmappe vom Boden auf den Experimentiertisch.
Miss mit einem Federkraftmesser die notwendige Hubkraft und mit einem Metermaß den Höhenunterschied zwischen Boden und Experimentiertisch.
Berechne die verrichtete Hubarbeit.

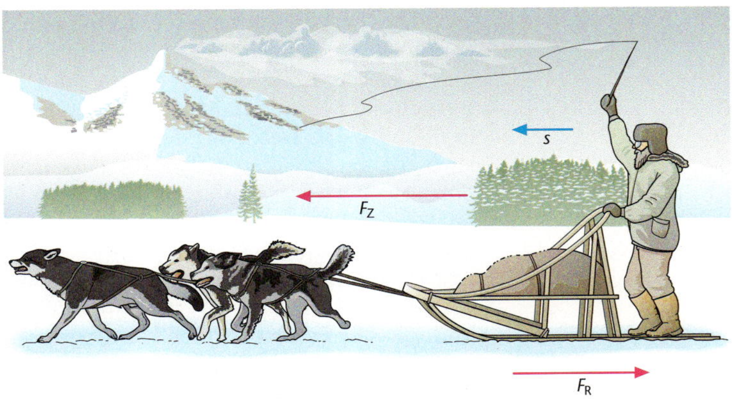

6 Ein Beispiel für Reibungsarbeit

1 Großbaustelle

Maschinen erleichtern das Leben
Die Erfindung des Rades vor mehr als 5 000 Jahren in Mesopotamien war wohl die wichtigste mechanische Erfindung. Damit war es möglich, schwere Gegenstände oder Materialien auf Wagen zu transportieren.

Mithilfe von Rollen, Seilen und Hebeln konnte man auch große Lasten heben, Kräfte übertragen und verändern. Heute nutzen wir ganz selbstverständlich zahlreiche Erfindungen und setzen moderne Technik ein, um beispielsweise schneller, einfacher und sicherer bauen zu können. Stell dir vor, ein Wohnhaus soll gebaut werden. Bagger heben eine Baugrube aus, ein Betonmischer transportiert das Material für das Fundament an. Weitere Fahrzeuge liefern die Steine, das Holz und die Ziegel für das Dach. Mit einem Kran werden die Baumaterialien hochgehoben. Kleinere Lasten werden mit einer Schubkarre über eine Rampe in das Haus transportiert.

Traktor, Mähdrescher und Co.
Ohne die Energie aus der Nahrung können wir nicht leben. (siehe Kommentar) In der Landwirtschaft sollen die Erträge gesteigert werden. Mit modernen Maschinen kann ein Landwirt eine viel größere Fläche bewirtschaften als früher. Der Pflug wurde früher von Pferden gezogen, heute sind Traktoren im Einsatz. Das Getreide wird nicht mehr mit der Hand gemäht, sondern mit Hilfe von Mähdreschern., die inzwischen oft schon mit Computertechnik ausgestattet sind.Die Nahrungsmittelproduktion ist ohne den Einsatz moderner Technik nicht mehr denkbar.

Aufgaben

1 Sieh dir das Bild von der Baustelle genau an. Welche Geräte und Maschinen siehst du, die mit Hilfe von Rädern, Rollen, Seilen und Stangen funktionieren?

2 Wie sah die Arbeit der Handwerker und Bauarbeiter früher aus, ohne diese Geräte? Stelle die Gegensätze übersichtlich dar.

3 Welche Maschinen und Fahrzeuge kennst du, die in der Landwirtschaft eingesetzt werden? Suche Bilder, ordne sie und klebe sie auf eine lange Bildleiste. Erkläre deinen Mitschülern, wofür diese Maschinen eingesetzt werden.

4 Überlegt, welche Fahrzeuge auf Rädern fahren. Bildet mehrere Gruppen und sucht möglichst viele Beispiele. Welche Gruppe findet die meisten Räderfahrzeuge?

Seil und Rolle
An alten Lagerhäusern sieht man vielfach noch unter dem überstehenden Dach angebrachte Rollen. Schwere Lasten befestigte der Arbeiter unten am Seil, das über die Rolle gelegt wurde, und beförderte sie durch Ziehen in die oberen Stockwerke des Speichers.

Die feste Rolle
Damit du den Körper in Versuch 1 anheben kannst, musst du am Seil ziehen. Die dazu notwendige Zugkraft misst du mit einem Federkraftmesser. Sie ist genauso groß wie die Gewichtskraft des Körpers, sie beträgt 10 N. Misst du nun den Hubweg und den Zugweg, stellst du fest, dass beide Wege gleich groß sind. Um den Körper 10 cm hoch zu heben, musst du das andere Seilende 10 cm nach unten ziehen.

Das Seil verlagert den Angriffspunkt der Kraft. Die feste Rolle ändert die Richtung der Kraft. Ein Seilende zieht man nach unten, der Körper wird nach oben befördert.

Bei einer festen Rolle sind Hubkraft und Zugkraft gleich groß. Hubweg und Zugweg sind gleich groß.

Die lose Rolle
Bild 2 zeigt eine lose Rolle. Das eine Seilende wird am Stativstab befestigt. Das Seil wird um die Rolle gelegt. Die Rolle hängt also lose im Seil und wird mit der Last zusammen nach oben gezogen. Durch die Verwendung eines Seiles wird wieder der Angriffspunkt der Kraft verändert, aber nun wirken beide Kräfte in die gleiche Richtung.

Kann man Kraft sparen?
In Versuch 2 werden die Zugkraft und der Zugweg bei einer losen Rolle gemessen.

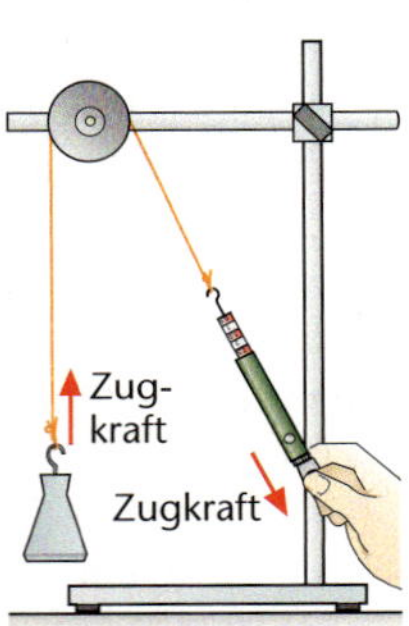

1 Die feste Rolle ändert die Richtung der Kraft.

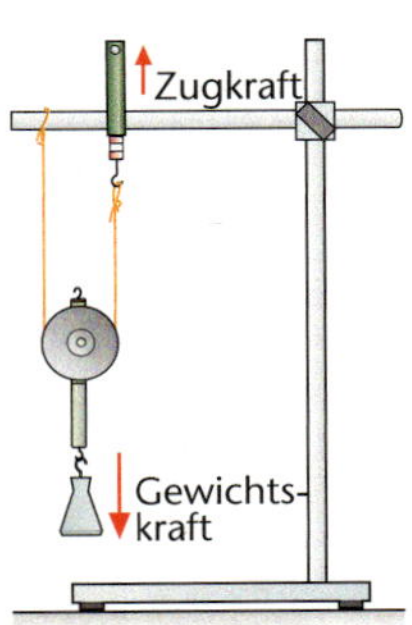

2 Die lose Rolle verringert die benötigte Zugkraft.

Die Gewichtskraft des Körpers beträgt 10 N. Die aufzuwendende Zugkraft ist nur halb so groß wie die Hubkraft, also nur 5 N. Man kann also Kraft sparen.

Nun soll der Körper 10 cm gehoben werden. Wie weit muss das Seil nach oben gezogen werden? Hier verdoppelt sich der Zugweg! Du musst das Seil 20 cm nach oben ziehen.

Mit einer losen Rolle wird Kraft eingespart. Die Zugkraft ist nur halb so groß wie die Hubkraft. Der Zugweg ist doppelt so groß wie der Hubweg.

3 Altes Lagerhaus mit Seil und Rolle

Versuche

1 Befestige eine Rolle an einem Stativstab und lege ein Seil über die Rolle. An einem Seilende wird ein Körper mit einer Gewichtskraft von 10 N befestigt. Am anderen Ende wird ein Federkraftmesser angebracht.
a) Bestimme mit dem Federkraftmesser, wie groß die Zugkraft ist.
b) Ziehe den Körper 10 cm nach oben. Wie weit muss das Seil nach unten gezogen werden?

2 Befestige ein Seilende an einem Stativstab und halte das andere Ende mit einem Federkraftmesser senkrecht nach oben. In die Schlaufe des Seils wird eine Rolle gelegt, an der ein Körper mit einer Gewichtskraft von 10 N angehängt wird.
a) Miss mit dem Federkraftmesser, wie groß die Zugkraft ist.
b) Ziehe den Körper 10 cm nach oben. Wie weit musst du das Seil nach oben ziehen?

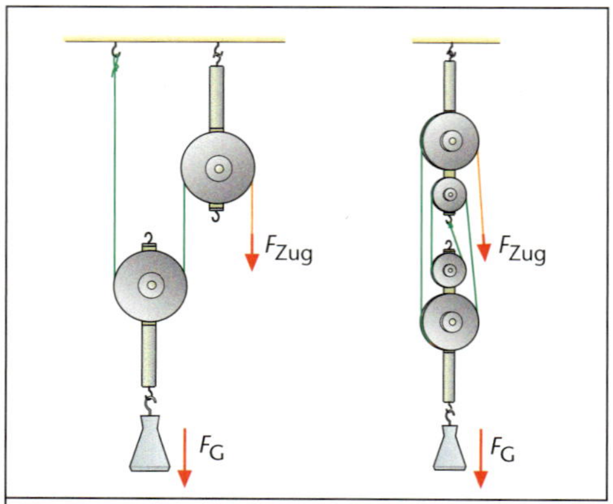

1 Lose und feste Rollen

Noch mehr Rollen

Auf Segelschiffen werden bei Wind die Segel gesetzt, bei Windstille werden sie wieder eingeholt. Segeltücher sind sehr großflächig und deswegen sehr schwer. Um den Matrosen diese anstrengende Arbeit zu erleichtern, wurden Rollen am Segel befestigt und Seile darüber gelegt. Man setzte immer mehrere Rollen in je einem Holzblock zusammen. Diese Halterungen mit den Rollen wurden „Flaschen" genannt. Deshalb nennt man ein solches Gerät einen Flaschenzug. [System, S. 187]

Noch weniger Zugkraft …

Im Bild 1b siehst du einen Flaschenzug mit zwei festen Rollen, zwei losen Rollen und einer Last. Die Last hat eine Gewichtskraft von 10 N. Die erforderliche Zugkraft wird mit einem Federkraftmesser gemessen. Sie beträgt 2,5 N, also nur noch ein Viertel der Gewichtskraft.

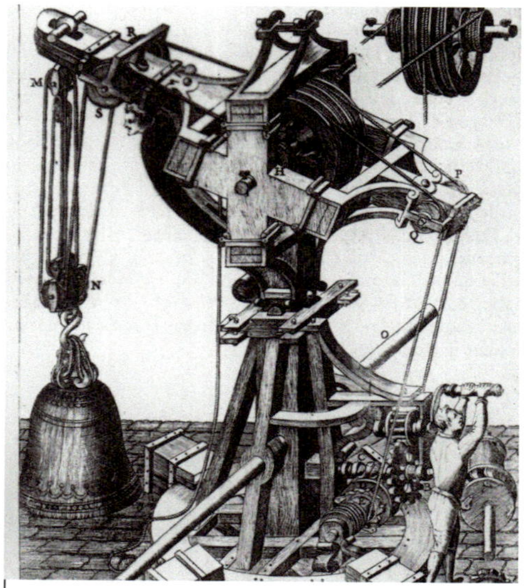

2 Historischer Flaschenzug

Bei einem Flaschenzug kommt es auf die Anzahl der Seilstücke an, die die Last tragen. In diesem Experiment sind es vier tragende Seilstücke (im Bild 1b grün eingezeichnet). Das letzte Seilstück trägt keine Last. Denn mit der letzten Rolle wurde nur die Kraftrichtung geändert.

… aber mehr Zugweg

Nun wird gemessen, wie lang Hubweg und Zugweg bei einem Flaschenzug sind. Der Flaschenzug hat wieder vier tragende Seilstücke. Soll der Körper 10 cm hochgehoben werden, braucht man für den Zugweg ein viel längeres Seil. Bei diesem Flaschenzug ist der Zugweg viermal so lang, er beträgt hier 40 cm.

Mit einem Flaschenzug spart man Kraft. Bei einem Flaschenzug mit vier tragenden Seilstücken beträgt die Zugkraft nur noch ein Viertel von der Gewichtskraft des Körpers. Aber der Zugweg ist viermal so lang wie der Hubweg.

Das „Kraftwunder" im Einsatz

Ein Kran kann mithilfe eines Flaschenzuges große Lasten heben.
Aus alten Zeichnungen weiß man, dass schon im 13. Jahrhundert Kräne beim Bau der Kirchen eingesetzt wurden.

Auch heute werden Flaschenzüge überall dort gebraucht, wo es darum geht, große Gewichtskräfte zu bewältigen. Das ist z. B. beim Be- und Entladen von Hochseeschiffen der Fall.

Aufgaben

1 Wo werden in der Technik auch noch Flaschenzüge eingesetzt?

2 Ist es möglich, so viele Rollen im Flaschenzug einzubauen, dass man gar keine Kraft mehr braucht, um eine schwere Last zu heben? Begründe deine Entscheidung.

3 Formuliere die Zusammenhänge zwischen Hub- und Zugweg und zwischen Hub- und Zugkraft beim Flaschenzug in Form von zwei Gleichungen.

4 Plane ein Experiment, in dem man eine möglichst große Last mit einer Zugkraft von 5 N heben kann. Führe dann dein Experiment durch und protokolliere.

1 Gewusst wie!

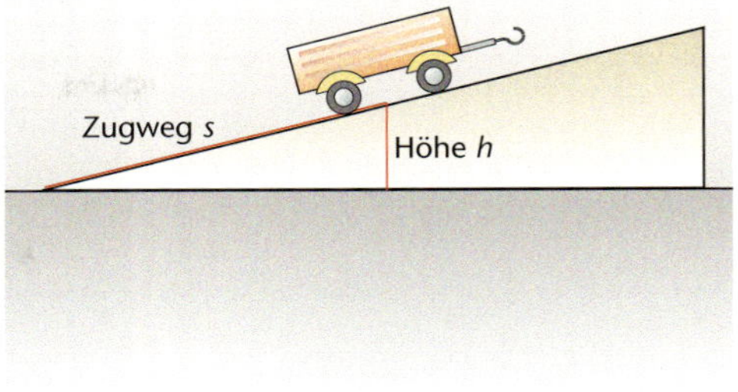

2 Bei einer schiefen Ebene braucht man einen längeren Weg.

Eine schräge „Fahrbahn"
Zwei Sportler wollen mit dem Fahrrad den Gipfel eines Berges erreichen (▷ B 1). Mit dem Mountain Bike ist es möglich, den steilen Berg auf kürzestem Wege hochzufahren. Der Radrennfahrer benutzt die Serpentinen. Damit muss er zwar einen längeren Weg bis zum Ziel fahren, aber es geht nicht ganz so steil nach oben. Der Rennfahrer nutzt die Vorteile der schiefen Ebene.

Im Experiment kannst du eine schiefe Ebene wie im Bild 3 aufbauen. Bei der Messung der Zugkraft stellst du fest, dass mit einer schiefen Ebene Kraft eingespart wird. Die Zugkraft ist kleiner als die Gewichtskraft des Körpers. Wie groß die Krafteinsparung ist, hängt hier von der Höhe der schiefen Ebene ab.
Aber denke noch einmal an die beiden Radfahrer. Sie müssen beide die gleiche Höhe erreichen, allerdings sind die Fahrwege unterschiedlich lang. Bei dem Radrennfahrer ist der Weg nicht so steil, aber dafür erheblich länger (▷ B 2).

Bei einer schiefen Ebene spart man Kraft. Dafür wird aber ein längerer Weg zurückgelegt.

Anwendungen in der Technik
Schiefe Ebenen findet man überall dort, wo es darauf ankommt, Höhen zu überwinden. Das nutzten vermutlich sogar schon die Ägypter beim Bau ihrer Pyramiden.
Straßen und Wanderwege, die auf einen Berg hinauf führen, sind meistens in Serpentinen gebaut (▷ B 1). Dadurch ist der Weg nicht so steil und der Aufstieg wird einfacher. Allerdings wird der Weg dadurch erheblich länger.
Rampen für Kinderwagen und Rollstühle sind auch schiefe Ebenen. Je flacher eine solche Rampe ist, desto einfacher ist es, die Rampe hinaufzufahren.
Auch das Gewinde einer Schraube ist eine kleine schiefe Ebene. Das kannst du erkennen, wenn man ein dreieckiges Stück Papier um einen Bleistift wickelt. Es entsteht die Form eines Schraubengewindes.

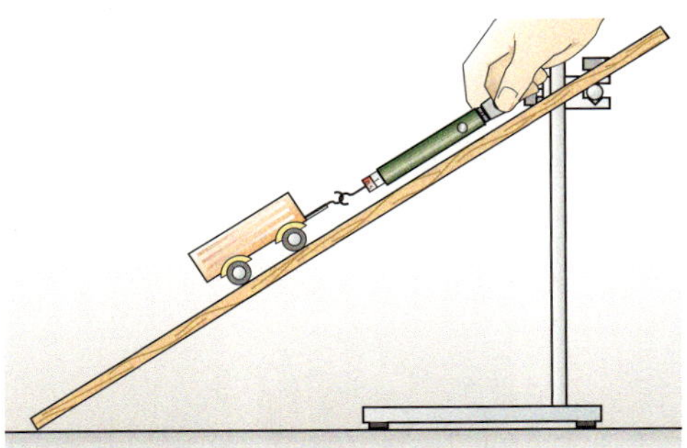

3 Zu Versuch 1

Versuch

1 Untersuche, ob du mit einer „Auffahrrampe" Kraft einsparen kannst.
a) Baue dir eine solche Rampe wie im Bild 3. Miss die Gewichtskraft des Wagens.
b) Stelle nun verschiedene Höhen ein und ändere damit den Anstiegswinkel der Bahn.
Miss die Zugkraft bei verschiedenen Anstiegswinkeln.
c) Was hast du festgestellt? Formuliere dein Ergebnis mit folgendem Satz: „Je größer..., desto...."
d) Nutze ein längeres Brett und wiederhole deine Versuchsreihe. Formuliere dein Ergebnis in einem Satz.

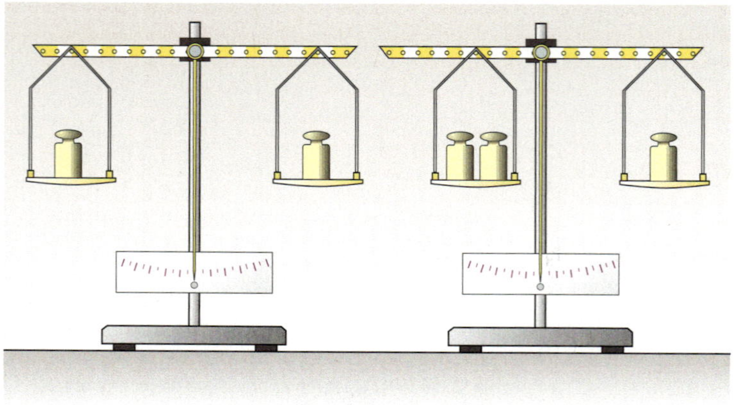

1 Zwei Möglichkeiten, eine Waage ins Gleichgewicht zu bringen

Was ist ein Hebel?
Jede Stange, die sich um einen festen Punkt drehen kann, bezeichnet man als **Hebel**. Hebel haben zwei Hebelarme und einen Drehpunkt. Je nach Anordnung der Hebelarme und des Drehpunktes werden ein- und zweiseitige Hebel unterschieden.

Der zweiseitige Hebel
Bei diesem Hebel befindet sich der Drehpunkt zwischen den zwei Hebelarmen. Das ist z. B. bei einer Balkenwaage der Fall (▷ B 1). Die Waage ist im Gleichgewicht, wenn auf beide Waagschalen die gleiche Gewichtskraft wirkt und die Waagschalen gleich weit vom Drehpunkt entfernt sind.

2 Gewusst wie!

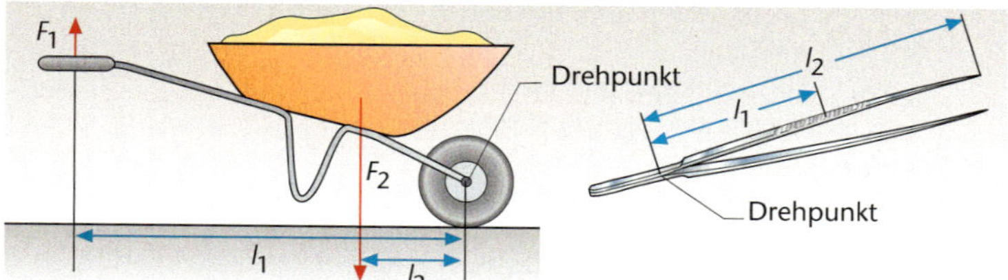

3 Einseitige Hebel

Die Balkenwaage ist aber auch dann im Gleichgewicht, wenn eine Waagschale den halben Abstand zum Drehpunkt hat und auf dieser Waagschale zwei Wägestücke stehen. Am kürzeren Hebelarm wirkt dann die größere Kraft.

▶ Bei einem zweiseitigen Hebel befindet sich der Drehpunkt zwischen den beiden Hebelarmen.

Eine harte Nuss ist zu knacken
Willst du eine Haselnuss zerdrücken (▷ B 2), reicht deine Muskelkraft alleine nicht aus. Du brauchst Hilfsmittel, am besten benutzt du einen Nussknacker (▷ B 4).
Beim Nussknacker befindet sich der Drehpunkt vorne an der Spitze. Es gibt einen langen und einen kurzen Hebelarm, die beide auf derselben Seite des Drehpunktes liegen. Damit du mit möglichst wenig Kraft die Nuss zerdrücken kannst, fasst du den Nussknacker möglichst weit hinten an. So nutzt du den langen Hebelarm. Nahe am Drehpunkt, wo sich die Nuss befindet, wirkt eine viel größere Kraft: Die Schale zerbricht.

Der einseitige Hebel
Befinden sich die beiden Hebelarme auf derselben Seite des Drehpunkts, spricht man vom einseitigen Hebel. Das ist z. B. bei einer Schubkarre oder einer Pinzette der Fall (▷ B 3). Das besondere an der Pinzette ist, dass man hier die Kraft verkleinern will. Du fasst deshalb die Pinzette am kurzen Hebelarm an.

▶ Bei einem einseitigen Hebel befinden sich beide Hebelarme auf derselben Seite des Drehpunktes.

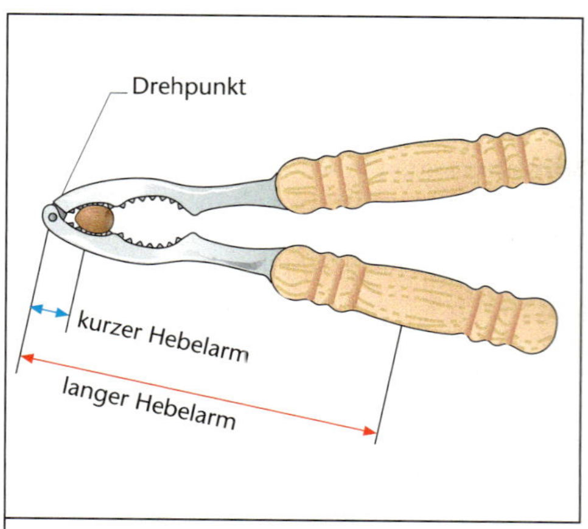

4 Der Nussknacker ist ein einseitiger Hebel.

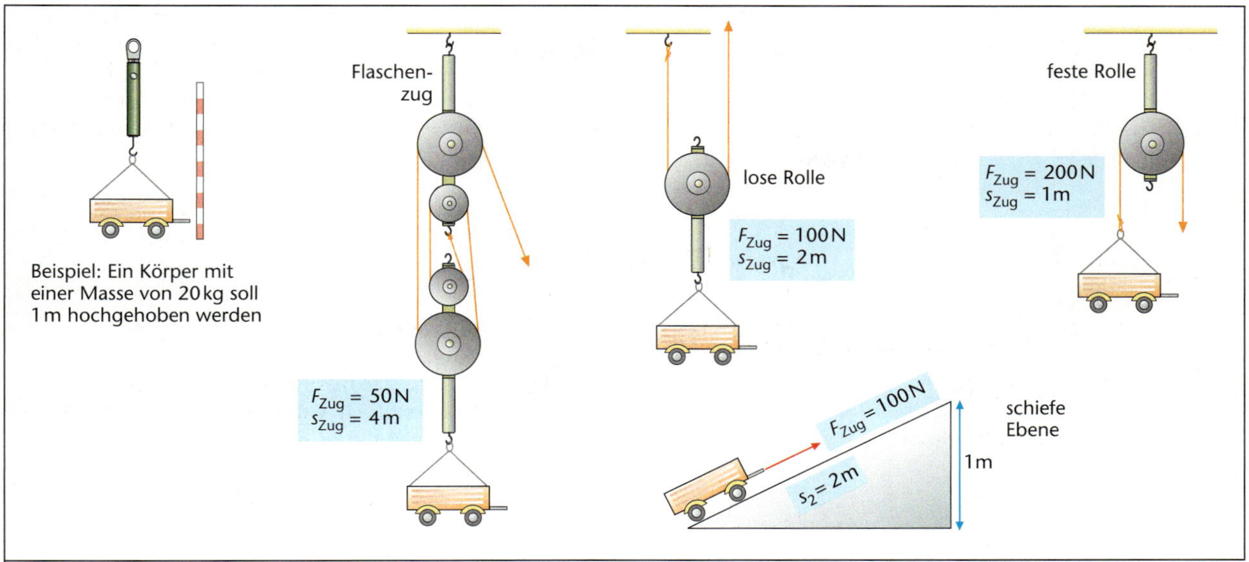

1 Vergleich der Wirkungsweisen verschiedener einfacher Maschinen

Einfache Maschinen
Einfache Maschinen werden häufig auch als Kraftwandler bezeichnet. Eine Veränderung der benötigten Kraft ist immer mit einer Veränderung des Weges verbunden.

Mit der festen Rolle kann man die Richtung und den Angriffspunkt der Kraft ändern.

Bei der losen Rolle braucht man nur noch die Hälfte der Kraft aufwenden, aber der Zugweg ist doppelt so lang wie der Hubweg. Beim Flaschenzug mit vier tragenden Seilen braucht man nur noch ein Viertel der Kraft, aber der Weg muss viermal so-lang sein.

Mit der schiefen Ebene muss man ebenfalls weniger Kraft aufwenden, der benötigte Weg wird dann allerdings länger. Auch beim Hebel benötigt man am längeren Hebelarm eine kleinere Kraft.

Können Maschinen Arbeit sparen?
Du hast gelernt, dass immer dann mechanische Arbeit verrichtet wird, wenn auf den Körper eine Kraft wirkt und der Körper sich in Kraftrichtung bewegt.

Bei den einfachen Maschinen kennst du nun den Zusammenhang zwischen Kraft und Weg. Wenn man die Kraft verkleinern will, muss man einen längeren Weg zurücklegen. Wird die Kraft verstärkt, so verringert sich der Weg.

Bei einfachen Maschinen bleibt das Produkt aus Kraft und Weg gleich groß. Deshalb kann man mit einfachen Maschinen keine Arbeit sparen.

Die Goldene Regel der Mechanik
Vergleicht man bei den einfachen Maschinen die Wege und die aufzuwendenden Kräfte miteinander, so stellt man fest: Wenn man weniger Kraft aufwendet, muss man entsprechend mehr Weg zurücklegen.

Das haben alle einfachen Maschinen gemeinsam. Für sie gilt die Goldene Regel der Mechanik. Die Goldene Regel der Mechanik folgt aus dem Energieerhaltungssatz, den du bald kennen lernen wirst.

Wenn man Kraft einspart, dann muss man mehr Weg zurücklegen. Mechanische Arbeit kann nicht gespart werden. Bei einfachen Maschinen bleibt das Produkt aus Kraft und Weg gleich groß.

Aufgabe

1 In Bild 1 wird mit verschiedenen einfachen Maschinen ein Körper 1 m hoch gehoben.
Berechne jeweils die benötigte mechanische Arbeit.
Gilt die Goldene Regel der Mechanik bei allen gezeigten Beispielen?

1 So ist die Wippe nicht im Gleichgewicht.

2 So aber auch nicht!

Das Gleichgewicht auf der Wippe – eine schwierige Sache?

Mischa und Andrea sitzen auf einer Wippe. Mischa ist schwerer als Andrea. Wenn beide den gleichen Abstand zum Drehpunkt der Wippe haben, herrscht kein Gleichgewicht und Mischa wird nicht vom Boden abheben (▷ B 1).
Also setzt sich Mischa näher zum Drehpunkt hin und Andrea weiter vom Drehpunkt weg. Das Ergebnis: Jetzt senkt sich die Wippe auf Andreas Seite und Mischa wird angehoben (▷ B 2).
Wie lässt sich herausfinden, bei welchen Positionen der beiden die Wippe ins Gleichgewicht kommt (▷ B 5)? Ein Versuch kann weiterhelfen (▷ V 1).

Berechnung des Gleichgewichts am Hebel

Anhand der Bilder 6 bis 8 zu Versuch 1 kannst du die Zusammenhänge zwischen der Kraft, der Last, dem Kraftarm und dem Lastarm erkennen.

1. Bleiben Last und Lastarm gleich (▷ V 1b), so gilt:
Je länger der Kraftarm ist, desto kleiner ist die aufzuwendende Kraft (▷ B 8).
2. Bleiben Last und Kraftarm gleich (▷ V 1c), so gilt:
Je länger der Lastarm ist, desto größer ist die aufzuwendende Kraft (▷ B 9).

Die Tabelle (▷ B 4) liefert noch einen genaueren Zusammenhang. Bilde einmal die Produkte aus Last und Lastarm sowie Kraft und Kraftarm für den Versuch 1b. Beispiel:
$F_1 \cdot l_1 = 1\,\text{N} \cdot 0{,}1\,\text{m} = 1\,\text{Nm}$
$F_2 \cdot l_2 = 0{,}5\,\text{N} \cdot 0{,}2\,\text{m} = 1\,\text{Nm}$
Beide Produkte sind gleich.

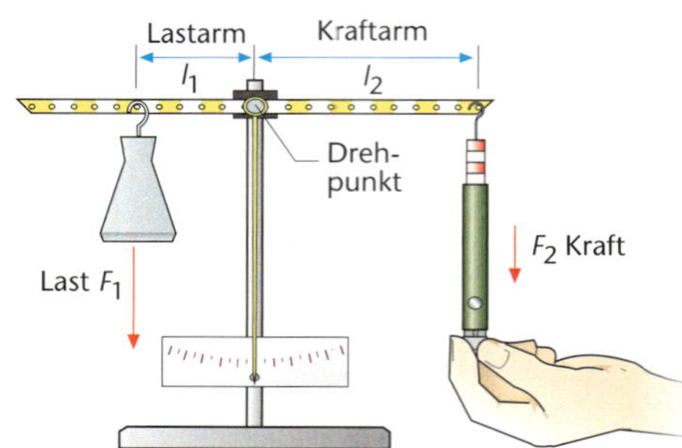

3 Versuch zum Hebelgesetz

Damit kannst du jetzt das **Hebelgesetz** formulieren:

> Ein Hebel ist im Gleichgewicht, wenn das Produkt aus Last und Lastarm gleich dem Produkt aus Kraft und Kraftarm ist.
> Last · Lastarm = Kraft · Kraftarm
> $F_1 \cdot l_1 = F_2 \cdot l_2$

Die beiden Kräfte an den zwei Hebelarmen besitzen jeweils eine Drehwirkung. Betrachte Bild 3: Die Last am Lastarm dreht den Hebel gegen den Uhrzeigersinn. Die Kraft am Kraftarm dreht den Hebel im Uhrzeigersinn. Die Drehwirkung einer Kraft nennt man in der Physik **Drehmoment** (lat. momentum: Anlass). Bei allen Versuchen hast du den Kraftmesser senk-

l_1 in cm	F_1 in N	l_2 in m	F_2 in N
10	1	0,05	
10	1	0,1	
10	1	0,2	0,5

4 Tabelle zu Versuch 1b

5 Endlich – die Wippe ist (fast) im Gleichgewicht.

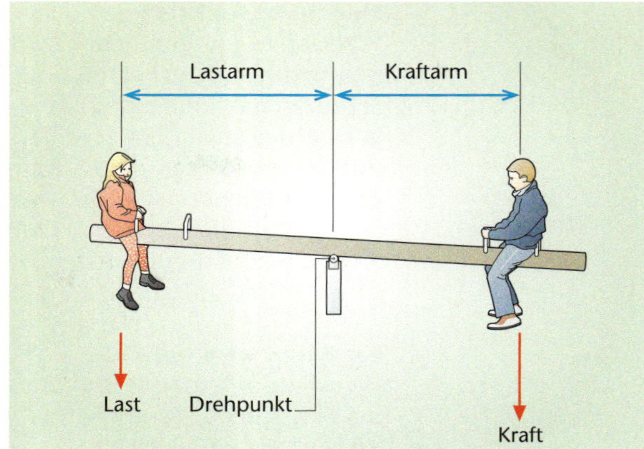

6 Die Wippe ist ein zweiseitiger Hebel.

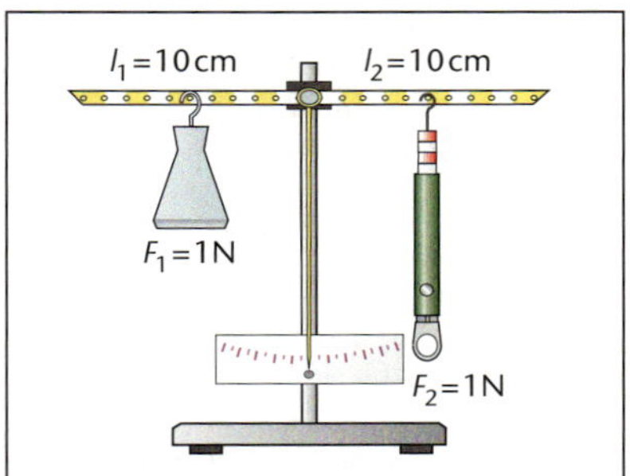

7 Eine größere Last erfordert eine größere Kraft (V1a).

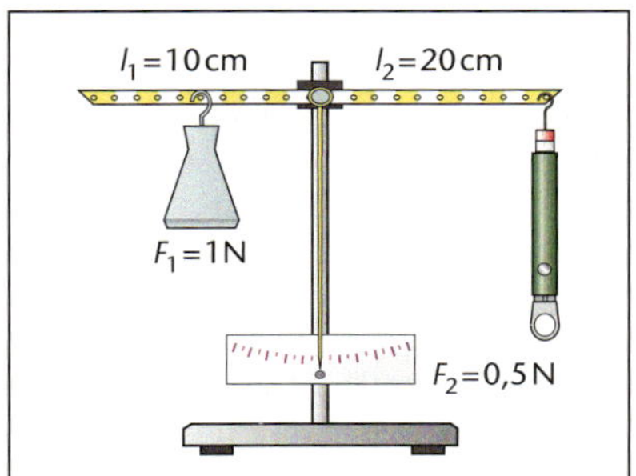

8 Ein längerer Kraftarm erfordert eine kleinere Kraft (V1b).

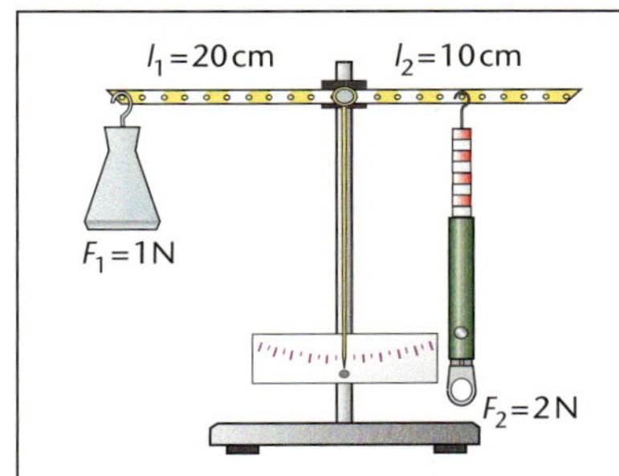

9 Ein längerer Lastarm erfordert eine größere Kraft (V1c).

recht nach unten gezogen. Das Hebelgesetz gilt nämlich nur, wenn die Kräfte und die Hebelarme senkrecht zueinander sind.

Mithilfe dieses Gesetzes kannst du berechnen, wohin sich die Kinder setzen müssen, damit die Wippe ins Gleichgewicht kommt (▷ B 10). Mischa hat eine Masse von 60 kg und Andrea eine von 40 kg. Mischa sitzt 1,5 m vom Drehpunkt entfernt.

Wohin muss sich Andrea setzen, wenn die Wippe ins Gleichgewicht kommen soll?

Gegeben: $F_1 = 400\,N$, $F_2 = 600\,N$, $l_2 = 1{,}5\,m$

Gesucht: l_1 Formel: $F_1 \cdot l_1 = F_2 \cdot l_2$

Rechnung: $400\,N \cdot l_1 = 600\,N \cdot 1{,}5\,m$

$400\,N \cdot l_1 = 900\,N \cdot m$

$l_1 = \frac{900\,N \cdot m}{400\,N}$

$l_1 = 2{,}25\,m$

Andrea muss sich 2,25 m vom Drehpunkt entfernt auf die Wippe setzen.

10 Rechenbeispiel

Versuch

1 a) Hänge ein Massestück (eine Last) von 100 g ($F_1 = 1\,N$) an den linken Hebelarm. Der Abstand zum Drehpunkt soll 10 cm betragen. Dieser Hebelarm wird Lastarm (l_1) genannt. Befestige den Federkraftmesser im Abstand von 20 cm am anderen Hebelarm. Dieser Hebelarm heißt Kraftarm (l_2). Miss die Kraft, die nötig ist, um den Hebel ins Gleichgewicht zu bringen (▷ B 3). Verändere nun die Last F_1. Wechsle das Massestück gegen ein 50-g-Stück und danach gegen ein 200-g-Stück aus.
b) Hänge das 100-g-Massestück wieder im Abstand von 10 cm an den Hebel. Verändere jetzt die Länge des Kraftarms l_2. Bestimme jeweils wieder die Kraft. Übertrage die Tabelle (▷ B 3) in dein Heft und trage alle Werte ein.
c) Jetzt bleiben die Last (1 N) und der Kraftarm (10 cm) gleich. Verändere den Lastarm l_1, indem du das Massestück in verschiedenen Abständen anbringst. Bestimme wieder die Kraft.

So geht es leichter!
Werkzeuge sind einfache Geräte, mit denen wir uns die Arbeit erleichtern können. Schon in der Steinzeit wurden die ersten Werkzeuge erfunden. Man versuchte, mithilfe von Ästen große Kräfte aufzubringen. Ein solcher Ast wirkt wie ein Hebel. So konnten die Menschen damals große Steine, Baumstämme oder auch andere große Lasten anheben.

Ein Baum wird gefällt
Weißt du, wie man früher Bäume gefällt hat? Entsprechend der Fallrichtung wurde mit der Axt eine Kerbe in den Baum geschlagen. Dann wurde der Stamm von der gegenüberliegenden Seite aus angesägt bis er kippte. Nun wurden mit einer Axt die Äste vom Stamm geschlagen. Anschließend wurde der Baumstamm mithilfe „einer Pferdestärke“ aus dem Wald transportiert. Im Gebirge nutzte man die steilen Abhänge als schiefe Ebenen und ließ die Stämme nach unten ins Tal rutschen.

Heute werden immer mehr Maschinen in der Forstwirtschaft eingesetzt. Zum Fällen der Bäume benutzt man Motorsägen, moderne Maschinen entfernen automatisch die Äste an den Baumstämmen, Traktoren und Schlepper mit Seilwinden transportieren die Bäume aus dem Wald bis zum Sägewerk.

Eine runde Sache
Rollen sind aus Rädern entstanden Aber wer hat das Rad erfunden?
Es ist bekannt, dass schon vor über 5000 Jahren Baumstämme als Walzen benutzt wurden. Später verwendete man Baumstammscheiben. Die ersten Wagenräder waren aus Brettern zusammengefügte Scheiben. Die Räder waren vor allem für den Transport wichtig. Das Rad brauchte man aber auch für die Töpferscheibe oder das Spinnrad. Dafür schnitt man Holzteile heraus und es entstand das Speichenrad. Räder und Rollen werden auch zur Kraftübertragung in Windmühlen, Wasserrädern, Dampfmaschinen und Getrieben eingesetzt. Uhrwerke, Motoren und Steuerräder funktionieren mithilfe dieser Erfindung. Selbst im Sport und in der Freizeit findet man viele Beispiele für die Nutzung von Rädern und Rollen: Skatebord fahren, Radrennen, Segeln und das Riesenrad auf dem Rummel.

1 Riesenrad

2 Skateboarder

Aufgaben

1 Auch in der Küche kannst du einfache Geräte und Werkzeuge entdecken. Nenne Geräte, die es elektrisch und handbetrieben gibt.

2 Informiere dich über die Arbeit der Forstarbeiter in einem Forstbetrieb in deiner Nähe. Recherchiere im Internet oder in einer Bibliothek zu diesem Thema. Erstelle eine Fotodokumentation über diese Arbeit.

3 Welche Arten von Rädern gibt es? Suche zehn Begriffe, die das Wort „...rad" enthalten.

4 Sieh dir das Bild 3 an und erkläre die Funktionsweise dieses Getriebes. In welche Richtung dreht sich das letzte Zahnrad?

3 Zu Aufgabe 4

Mechanik im Fitnessstudio

Physik im Fitnessstudio
Viele Menschen üben in ihrer Freizeit eine Sportart aus. Eine Möglichkeit ist der Besuch eines Fitnessstudios (▷B 2). Dort kann man seine Kondition verbessern, insbesondere die Muskulatur systematisch stärken und aufbauen. Dazu gibt es besondere „Kraftmaschinen", an denen einzelne Muskeln gezielt trainiert werden. Wenn du die Mechanik dieser Geräte genauer betrachtest, wirst du die Prinzipien der einfachen Maschinen wieder erkennen.

Das Prinzip der festen und losen Rolle
Die Maschine im Bild 1 dient zum Trainieren des Armstreckermuskels (musculus triceps). Dazu werden – je nach deiner Leistungsfähigkeit – unterschiedlich viele Gewichtsplatten angehoben. Diese sind direkt an einer Rolle befestigt, die nur von zwei Seilabschnitten gehalten wird. Beim Einziehen des Seiles bewegt sich die Rolle mit nach oben. Die Gewichtskraft der aufgelegten Platten verteilt sich dabei auf die beiden Abschnitte des Seiles. Dieses Prinzip kennst du bereits von der losen Rolle. Da du nur an einem Seilabschnitt ziehst, benötigst du zum Anheben der Gewichte nur die Hälfte der Gewichtskraft der Platten.

2 Ein modernes Fitnessstudio

Das Hebelprinzip
Die Muskeln der Waden werden an einer Maschine trainiert, die nach dem Hebelprinzip funktioniert (▷B 3). Der Drehpunkt befindet sich am Ende der Hebelstange, Kraftarm und Lastarm liegen auf der gleichen Seite, das Gerät besitzt also einen einseitigen Hebel.
Der Kraftarm reicht vom Drehpunkt bis zu den Schultern, mit denen man den Hebel nach oben drückt. Der Lastarm reicht vom Drehpunkt bis zum Befestigungspunkt der Gewichte. Bei dieser Maschine ist der Kraftarm länger als der Lastarm, deshalb müssen die Wadenmuskeln weniger Kraft aufbringen als beim direkten Heben der Gewichtsplatten.

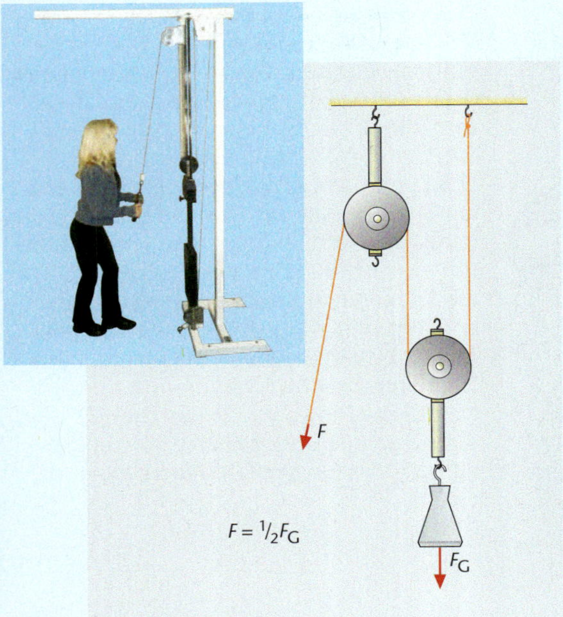

1 Die Trizepsmaschine

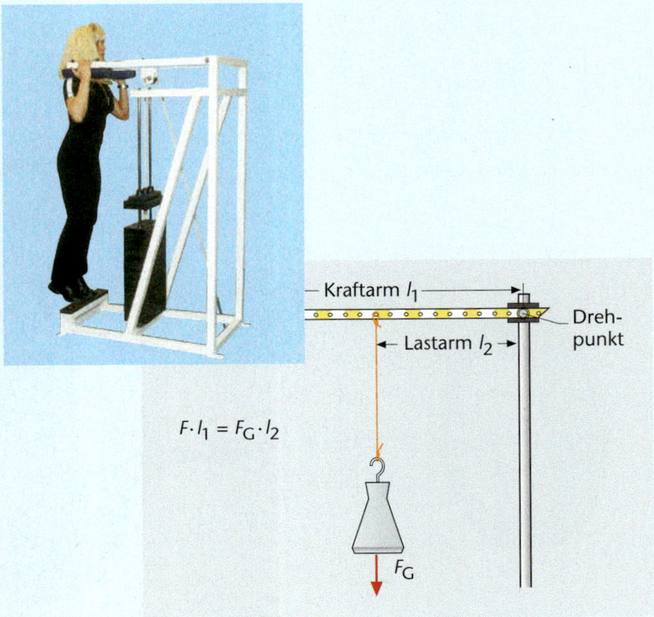

3 Die Wadenmaschine

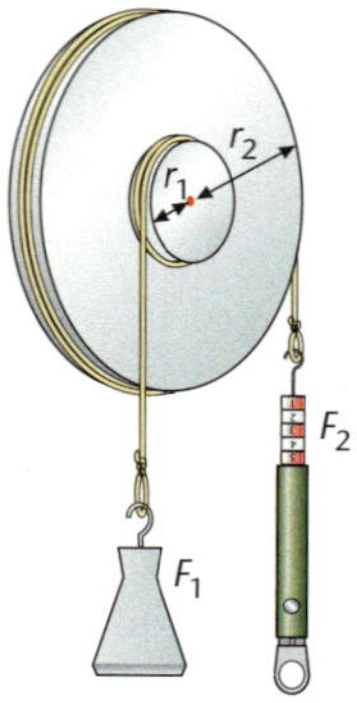

1 Zu Versuch 1

Versuch

1 a) Zwei Scheiben sind fest miteinander verbunden. In ihrer Mitte sind sie drehbar gelagert (▷ B 1).
Schlinge jeweils ein Seil um jede Scheibe. Hänge an das Seil der kleineren Scheibe ein Massestück von 500 g. Es erzeugt eine Kraft F_1 von 5 N. Miss die Kraft F_2 am anderen Seil und bestimme die Radien r_1 und r_2 der beiden Scheiben. Übertrage die Tabelle in dein Heft und trage alle Werte ein.

F_1	r_1	F_2	r_2
5 N			
2 N			
		5 N	
		2 N	

b) Tausche das 500-g-Massetück gegen ein 200-g-Stück aus und miss wieder.
c) Hänge die Massestücke an das Seil der größeren Scheibe und bestimme die Kraft am Seil der kleineren Scheibe.
d) Bilde jeweils folgende Produkte: Kraft 1 · Radius 1 und Kraft 2 · Radius 2.

3 Eine historische Zugvorrichtung

Ein runder Hebel?
Mit einer Zugvorrichtung, wie sie früher häufig bei Brunnen benutzt wurde (▷ B 3), ist es einfach, auch schwere Wassereimer mit geringem Kraftaufwand zu heben.

Eine kleine Kraft am großen Rad bewirkt eine große Zugkraft am Wassereimer. Diese Vorrichtung kannst du mit einem Hebel vergleichen. Statt der Hebelarme besitzt sie aber zwei Räder mit unterschiedlichem Radius (▷ B 1). Eine solche „einfache Maschine" nennt man **Wellrad**. Die Versuche 1a bis 1d zeigen, dass das Produkt aus der Kraft 1 und dem Radius 1 genau so groß ist wie das Produkt aus der Kraft 2 und dem Radius 2.

Kraft 1 · Radius 1 = Kraft 2 · Radius 2

$$F_1 \cdot r_1 = F_2 \cdot r_2$$

Dieses Gesetz kennst du bereits in ähnlicher Form vom Hebel, allerdings musst du an Stelle der Länge der Hebelarme die Radien der beiden Räder einsetzen.

Das Lenkrad am Auto – Teil eines Wellrades
Ohne Hilfsmittel würde das Lenken eines Autos sehr anstrengend sein. Deshalb hat man die Lenkung vieler Autos wie ein Wellrad aufgebaut (▷ B 3).
Das Lenkrad besitzt einen viel größeren Durchmesser als das Zahnrad am Ende der Lenkung. Deshalb muss man am Lenkrad nur eine kleine Kraft aufwenden, damit am kleineren Zahnrad eine größere Kraft entsteht. Mit dieser Kraft kann nun die ganze Lenkmechanik bewegt werden.
Heute besitzen Autos hydraulische oder elektrische Motoren, die das Drehen der Lenksäule unterstützen. Solche Lenkungen werden **Servolenkung** genannt.

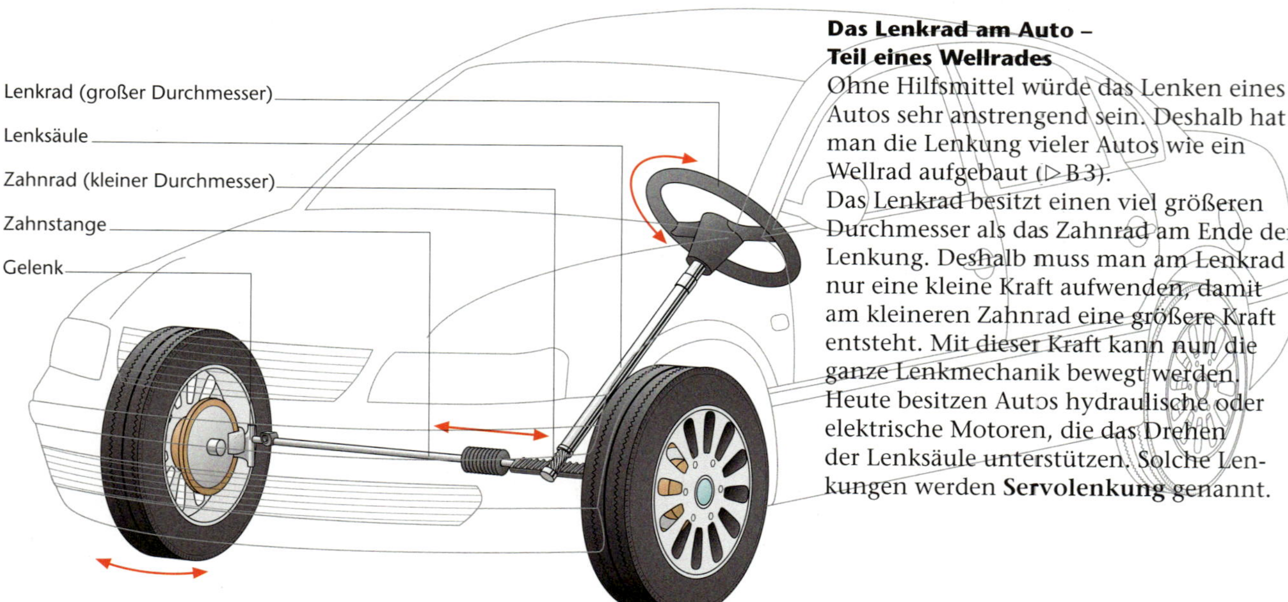

2 Die Zahnstangenlenkung am Auto (vereinfacht dargestellt)

Schnittpunkt

Die Kräfte am Fahrrad

Die Gangschaltung
Fahrradfahren kann ziemlich anstrengend sein. Es kann sogar passieren, dass deine Kraft nicht ausreicht, um einen steilen Berg hochzufahren. Die meisten Fahrräder besitzen jedoch eine Gangschaltung, die dir bei richtiger Einstellung das Bergfahren erleichtert. Wie verändert die Gangschaltung deine Kraft, die du an den Pedalen erzeugst? [System, S. 187]

Deine Antriebskraft wird am Fahrrad zweimal übertragen. Einmal an den Pedalen mit dem vorderen Zahnrad (▷ B 2). und ein zweites Mal am Ritzel mit dem Hinterrad (▷ B 3).

Beide Vorrichtungen wirken jeweils wie ein Hebel, denn sie haben die Hebelarme verschiedene Abstände vom Drehpunkt. Deine Antriebskraft wird also zweimal verändert.

Die Kraft am Kettenrad
Der Pedalarm und das vordere Zahnrad verändern die Kraft zum ersten Mal. Der Radius des Zahnrades ist viel kleiner als der Pedalarm. Nach dem Hebelgesetz wirkt am kürzeren Arm die größere Kraft, deine Kraft wird also verstärkt zur Kette übertragen.

Mit der Gangschaltung kannst du verschiedene Zahnräder auswählen. Bei Mountainbikes stehen dir bis zu drei verschiedene Zahnräder zur Verfügung. Eine hohe Kraftverstärkung erreichst du, wenn der Radius des Zahnrades möglichst klein ist.

1 Welche Kraft kommt am Hinterrad an?

2 Pedale und Zahnrad

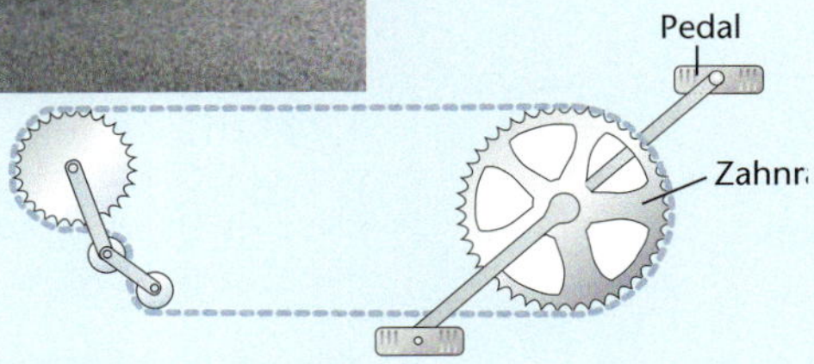

3 Hinterrad und Ritzel

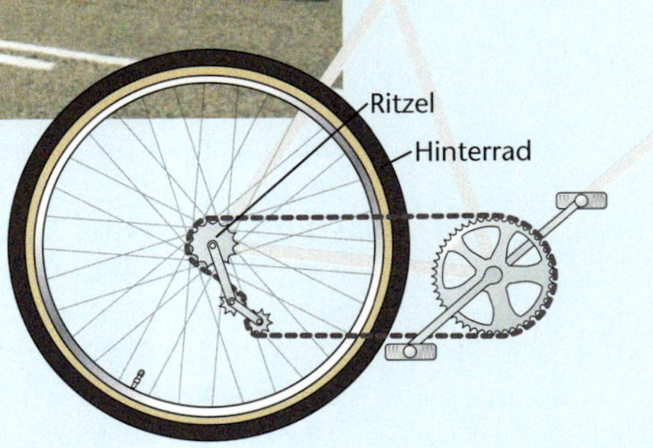

Die Kraft am Hinterrad
Die Kette überträgt diese Kraft unverändert auf das hintere Ritzel. Zusammen mit dem Hinterrad wird hier die kraft ein zweites Mal verändert.
Das Hinterrad hat einen viel größeren Radius als das Ritzel. Am größeren Hebelarm wirkt aber die kleinere Kraft, d. h. hier wird die Kraft vermindert.
Mit der Gangschaltung kannst du verschiedene Ritzel auswählen. Wenn du ein großes Ritzel einstellst, ist die Kraft am Hinterrad größer als bei einem kleinen Ritzel. Das große Ritzel erleichtert dir das Fahrradfahren, allerdings erreichst du damit nur kleinere Geschwindigkeiten.

Berufsvorbereitung: Berufe zum Thema Mechanik

Fit wie ein Turnschuh?
Jasmin hat sich als Dachdeckerin beworben und wird zum Bewerbungsgespräch gebeten. Der Meister ist begeistert. Sie sieht sportlich aus, tritt sehr freundlich und bestimmt auf und hat sich gut über seine Dachdeckerfirma informiert. Jasmin muss nun noch einen Gesundheitstest bestehen.
Gerade bei Berufen mit handwerklichen Tätigkeiten wird ein Mindestmaß an körperlicher Leistungsfähigkeit verlangt. Deshalb ist es gerade für Handwerker wichtig, gesund zu leben und fit zu sein.

1 Dachdeckerin

Hoch hinaus aufs Dach
Jasmin hat es geschafft. Sie wird in den kommenden drei Jahren zur Dachdeckerin ausgebildet. Sie weiß, dass es Dächer in vielen Varianten gibt: Turm-, Sattel- oder Flachdach, ob aus Ziegeln, Schiefer, Holz oder Reet (Schilf) – überall braucht man hier Fachkenntnisse. Sie muss sich mit Dachkonstruktionen auskennen, in der Dachentwässerung, im Schonsteinbau, im Denkmalschutz oder auch in der Architektur. Als Dachdeckerin muss sie im Team arbeiten können, pünktlich und zuverlässig sein. Erleichtert wird ihre Arbeit durch moderne Hebetechnik.
Dieser Beruf verlangt Kraft, Beweglichkeit und Ausdauer, aber auch theoretische Kenntnisse, z. B. über die physikalischen Eigenschaften der verschiedenen Werkstoffe oder über historische und moderne Bauweisen.

Handwerker in schicker Kleidung
Paul arbeitet gern mit Holz und möchte deshalb Zimmerer werden.

2 Zimmermann

Das ist ein traditioneller Beruf mit vielfältigen Einsatzmöglichkeiten. Er ist dann z. B. für den Dachstuhl eines Hauses verantwortlich oder für die fachgerechte Sanierung von Fachwerkbauten. Von ihm wird neben technischem Verständnis und handwerklichem Geschick auch ein gutes räumliches Vorstellungsvermögen erwartet. Deshalb war es für seine Bewerbung sehr wichtig, dass er in Mathematik und Physik gute Leistungen hatte. Paul lernt, mit Hammer, Säge und Zollstock ebenso geschickt umzugehen wie mit modernen Computerprogrammen. Und als Geselle darf Paul dann auch so einen schicken Anzug tragen (▷ B 2).

Stein auf Stein
Jens wird auf einer Baustelle arbeiten, er erlernt den Beruf eines Maurers. Ihm gefällt besonders die Vielseitigkeit der Aufgaben. Er lernt, wie man Bauwerke errichtet, vom Fundament, Wänden, Decken und Treppen bis zum Schornstein. Ziegelsteine oder Natursteine werden mit verschie-

3 Maurer

denen Mörtelmischungen verbaut. Auch eine gerade Treppe zu bauen, ist nicht einfach. Dafür muss Jens geschickt arbeiten und mit genauen Messwerkzeugen umgehen können. Neue Baustoffe, moderne Maschinen und Arbeitstechniken haben die beruflichen Anforderungen auf der Baustelle verändert. Deshalb muss er als Maurer immer über den neuesten Stand der Technik informiert sein, Zeichnungen und Pläne lesen und auf Kundenwünsche flexibel reagieren können.

4 Klempner

Das Abflussrohr ist verstopft!
... der Klempner muss her!" Jörg möchte Anlagenmechaniker für Sanitär-, Heizungs- und Klimatechnik werden. Deshalb ist er später der Fachmann für solche Notfälle. Von ihm wird viel handwerkliches Geschick erwartet, aber oft auch pfiffige Ideen, um das Problem zu lösen. Jörg lernt in seiner Ausbildung, wie die Versorgungstechnik in Gebäuden installiert wird. Dazu gehören z. B. Rohre, Leitungen, Regenrinnen, Heizungsanlagen oder Kaminhauben. Ein Klempner muss aber auch moderne computergesteuerte Biege- und Schneidemaschinen bedienen können.

Mechanik und Elektronik
Jenny interessiert sich sehr für Technik, bastelt gern selbst an ihrem Fahrrad, kann aber auch gut mit dem Computer umgehen. Deshalb möchte sie Mechatronikerin werden. Als Mechatronikerin baut sie mechanische, elektrische und elektronische Komponenten zu komplexen Systremen zusammen, installiert Steuerungssoftware und ist für die Instandhaltung von Maschinen und Anlagen verantwortlich.
Als sie sich im BIZ (Berufsinformationszentrum) über diesen Beruf genauer informierte stellte sie fest, dass es ganz verschiedene Spezialisierungen gibt.
Ein Kunde, der sein Auto mit einem Defekt in eine Werkstatt bringt, erwartet von ihr als Kfz-Mechatronikerin, dass sie das Problem schnellstmöglich lösen kann.
Dazu muss sie die Herstellerangaben für dieses Modell recherchieren, Diagnosegeräte per Computer bedienen, Software Updates vornehmen und dann das Auto reparieren. Als Kfz-Mechatronikerin muss sie viel mit dem Computer arbeiten, aber auch Autoteile geschickt montieren können. Außerdem sollte sie dem Kunden gegenüber freundlich, geduldig und präzise erklären können, was defekt war und wie sie den Schaden behoben hat.
Das würde Jenny gefallen.

5 KfZ-Mechatroniker

Jenny könnte aber auch Mechatronikerin für Kältetechnik werden. Dieses Arbeitsgebiet umfasst z. B. die Beratung, die Montage und die Wartung von Wärmepumpen, Kälte- und Klimaanlagen. Sie wäre häufig unterwegs, um bei verschiedenen Kunden zu arbeiten. Das sind beispielsweise Supermärkte, Fleischereien, Hotels oder Krankenhäuser.
In diesem Beruf spielt auch immer der sinnvolle und sparsame Einsatz von Energie eine Rolle.

6 Klimaanlage wird gewartet

1 Auch ein Sportler braucht Energie.

2 Hier wird viel Energie benötigt.

Nichts geht ohne Energie

Ein Auto mit Verbrennungsmotor braucht Treibstoff im Tank, damit es fahren kann. Beim Elektroauto müssen die Batterien aufgeladen sein. Ohne elektrischen Strom funktioniert kein der Computer und die Glühlampe strahlt kein Licht ab. Im Zusammenhang mit diesen und anderen Beispielen wird oft das Wort Energie benutzt. Energie wird benötigt, damit eine Lampe leuchtet, eine Maschine arbeitet usw. [Energie, S. 182]

▶ Zum Heizen, Leuchten, Arbeiten usw. ist Energie notwendig.

Energie und Arbeit

Ein Hochspringer geht an den Start. Er nimmt Anlauf, springt in die Höhe, bewegt sich über die Latte und fällt auf die Matte (▷ B 1). Woher bekommt der Sportler die Energie dafür? Über die Nahrung hat der Sportler Energie aufgenommen. Mithilfe dieser Energie verrichten die Muskeln des Sportlers die Arbeit, die notwendig ist, um seinen Körper anzuheben.
Die im Treibstoff gespeicherte Energie kann dazu genutzt werden, ein Auto zu beschleunigen. Dabei wird Beschleunigungsarbeit verrichtet.
Die beiden Beispiele zeigen, dass mit Energie physikalische Arbeit verrichtet werden kann. Deshalb haben Energie und Arbeit die gleiche Einheit, das Joule (J).
Wie du an den Beispielen erkennen kannst, ist Energie kein „Stoff“ sondern eine Eigenschaft von Körpern.

▶ Hat ein Körper Energie, dann kann er physikalische Arbeit verrichten. Die physikalische Größe Energie hat das Formelzeichen E.

Massenstücke können arbeiten

Ein Experimentierwagen ist über ein Seil und drei Umlenkrollen mit Massestücke verbunden (▷ B 4). Befinden sich die Massenstücke auf dem Boden passiert nichts. Der Wagen steht still.
Werden die Massestücke angehoben und der Wagen nach rechts bewegt, kannst du dir denken was passiert. Wenn die Massestücke losgelassen werden, dann fallen sie nach unten und beschleunigen den Wagen. Beim Hochheben der Massestücke wurde an diesen Hubarbeit verrichtet. Sie besitzen jetzt Energie und können den Wagen beschleunigen. Da die Massestücke zu Beginn des Versuchs höher waren als am Ende, nennt man diese Energie Höhenenergie.

▶ Ein hochgehobener Körper hat Höhenenergie.

Wind ist nichts anderes als bewegte Luft. Er kann ein Windrad antreiben. Er hat Bewegungsenergie. Das Windrad (▷ B 3) kann eine Wasserpumpe antreiben.

3 Windrad

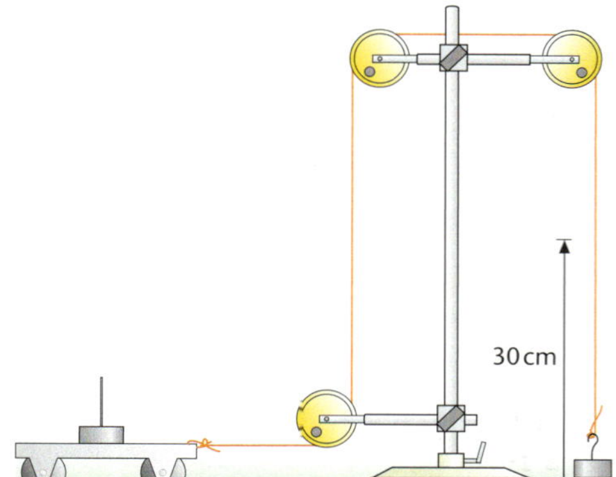

4 Ein Experiment zur Höhenenergie

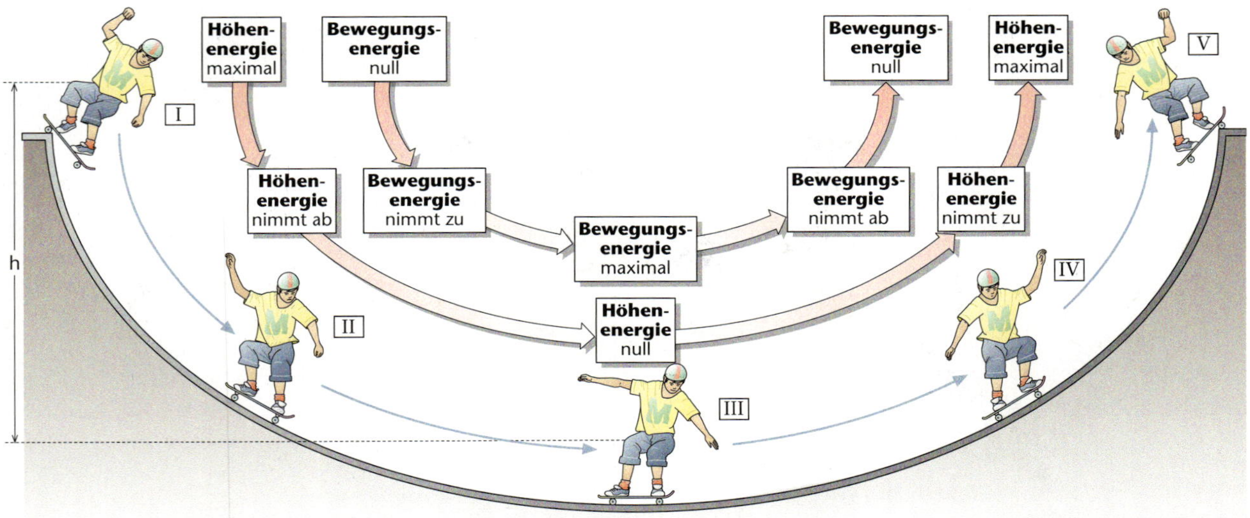

1 Energieumwandlung beim Skaten

Mit Schwung nach oben

Inlineskaten und Skateboardfahren auf der Half-Pipe ist bei Jugendlichen sehr beliebt (▷ B 1). Immer wieder wird auf der Bahn hin und her geskatet und die unterschiedlichsten Figuren werden ausprobiert.

Was hat das mit Energie zu tun?

Betrachte einen Skater auf seiner Bahn von links nach rechts. Er kommt beim ersten Lauf fast auf dieselbe Höhe.
An dem Vorgang sind zwei Energieformen beteiligt: Höhenenergie und Bewegungsenergie. [Energie, S. 182]
In Punkt I hat der Skater Höhenenergie. Rollt er in Richtung Punkt II, bewegt er sich nach unten. Somit nimmt auch seine Höhenenergie ab. Dafür nimmt aber seine Bewegungsenergie zu. Am tiefsten Punkt der Half-Pipe (III) hat der Skater keine Höhenenergie mehr. Die gesamte Höhenenergie hat sich in Bewegungsenergie umgewandelt. Die Bewegungsenergie ist daher an diesem Punkt am größten. Rollt er weiter nach rechts, wandelt sich seine Bewegungsenergie wieder in Höhenenergie um. Insgesamt hat sich also Höhenenergie in Bewegungsenergie (von I nach III) und Bewegungsenergie wieder in Höhenenergie (von III nach V) umgewandelt.

Reibung – ein Spielverderber

Beim Skater auf der Half-Pipe ist Reibung vorhanden. Bei der Umwandlung der Höhenenergie in Bewegungsenergie und umgekehrt wird ein Teil der Energie in Wärme umgewandelt. Diese Wärme wird an das Skateboard, an die Half-Pipe und an die Luft abgegeben und steht für weitere Energieumwandlungen nicht mehr zur Verfügung. Würde der Skater sich am oberen Rand nicht leicht abstoßen würde er den oberen Punkt auf der anderen Seite nicht erreichen.

Energieerhaltung

Verschiedene Energieformen können sich ineinander umwandeln. Bei diesen Umwandlungsprozessen wird ein Teil der Energie in Wärme umgewandelt. Es wird also keine Energie „verbraucht“. Obwohl nur ein Teil der Energie bei der Energieumwandlung genutzt werden kann, ist doch stets die gesamte Energie noch vorhanden. Die restliche ungenutzte Energie wurde lediglich in Formen (z. B. Wärme) umgewandelt, die wir nicht nutzen wollen oder können.

▶ Bei Energieumwandlungsprozessen werden Energieformen ineinander umgewandelt. Dabei geht keine Energie verloren. Bei Energieumwandlungen wird immer ein Teil der Energie in Wärme umgewandelt.

Versuche

1 Lasse an deinem Finger mithilfe eines Fadens ein Massestück pendeln.
a) Lenke das Fadenpendel aus und beschreibe die Energieumwandlungen.
b) Nach wie viel Schwingungen kommt das Pendel zur Ruhe?
c) Was ist aus der ursprünglichen Energie geworden, wenn das Massestück zur Ruhe gekommen ist?

1 Einsatz von elektrischer Energie

3 Wärme treibt eine Dampfturbine an.

Elektrische Energie

Ein Lämpchen, das an eine Batterie angeschlossen ist, gibt Licht und Wärme ab. Ein elektrisch betriebener Motor zieht eine Last nach oben. Es wird Hubarbeit verrichtet. In beiden Fällen kommt die benötigte Energie von der Spannungsquelle. Der elektrische Strom transportiert die Energie von der Quelle zur Lampe bzw. zum Motor. In der Lampe und im Motor, den Energieempfängern, gibt der elektrische Strom die elektrische Energie ab. Dort wird sie zum Arbeiten, Leuchten oder Heizen verwendet.

Chemische Energie

Verbrennt man Öl, Benzin, Gas (▷ B 2), Kohle, Holz usw., dann finden chemische Reaktionen statt. Dabei entstehen neue Stoffe. Bei diesen chemischen Reaktionen wird aber auch Wärme und Licht abgegeben, weshalb die neuen Stoffe weniger Energie haben als die Ausgangsstoffe. Die Energie, die bei der Verbrennung umgewandelt wird, nennt man chemische Energie. Sie ist in den Ausgangsstoffen gespeichert. [Energie, S. 182]

2 Chemische Energie wird in Licht und Wärme umgewandelt.

Wärme

Bei den Beschreibungen zu elektrischer und chemischer Energie kam häufig das Wort Wärme vor. Wärme ist eine weitere Energieform. Man nennt sie auch thermische Energie (griech. thermos: warm).

Bei einer Dampfturbine (▷ B 3) z. B. wird Wärme dazu benutzt, elektrische Energie bereitzustellen. Wasserdampf wird erwärmt und dadurch unter hohen Druck gebracht. Der Dampf strömt gegen die Schaufeln der Dampfturbine und setzt sie in Bewegung. Die Turbine treibt einen Generator an, der vergleichbar einem Fahrraddynamo arbeitet und eine elektrische Spannung erzeugt.

Spannenergie

Du hältst in beiden Händen Taschen und plötzlich fängt es an zu regnen. Jetzt noch einen Schirm aufspannen, das kann schwierig werden. Ein Automatikschirm leistet jetzt gute Hilfe. Ein Knopfdruck und er öffnet sich von selbst. Woher kommt die Energie für das Entfalten des Schirmes?

Beim Zusammenklappen des Schirms wird eine Feder zusammen gedrückt und speichert Energie.
Die Energie einer zusammengedrückten oder gespannten Fe-der nennt man Spannenergie. Sie ist eine weitere Energieform, die z. B. bei der Feder eines Kugelschreibers zur Anwendung Die Energie einer gespannten Feder, z. B. bei einem Kugelschreiber (▷ B 4), nennt man Spannenergie. Sie ist eine weitere mechanische Energieform, die z. B. bei der Feder eines Kugelschreibers zur Anwendung kommt. [Energie, S. 183]

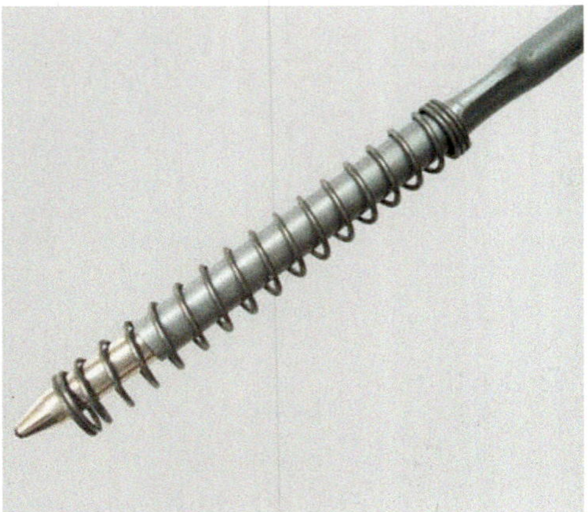

4 Kugelschreibermine mit Feder

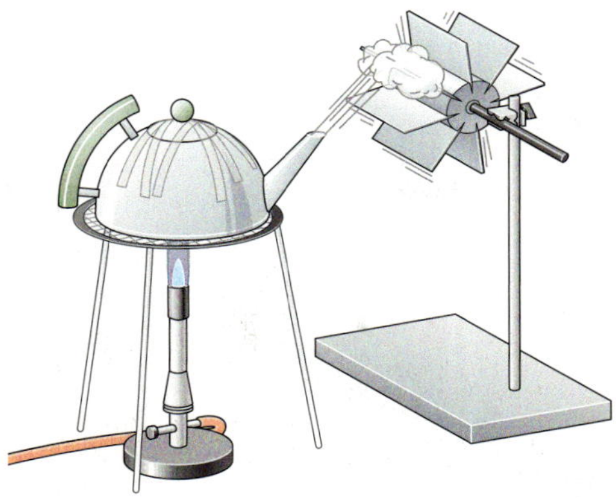

5 Modell eines einfachen Wärmekraftmessers

Energieumwandlungskette beim Auto
Die chemische Energie des Benzins wird dazu genutzt, den Wagen zu bewegen und zu beschleunigen. Es wird Reibungsarbeit und Beschleunigungsarbeit verrichtet. Der Wagen hat Bewegungsenergie.
Bremst der Wagen ab, wird Reibungsarbeit an den Bremsscheiben verrichtet. Sie werden heiß. Die gespeicherte Wärme wird an die Umgebung abgeführt. Sie steht für weitere Energieumwandlungen nicht mehr zur Verfügung. Dieser Vorgang kann in einer Umwandlungskette dargestellt werden (▷ B 6).

Heizung „gratis"
Das Benzin wird im Motor verbrannt um den Wagen zu beschleunigen. Bei diesem Prozess entsteht Wärme und heizt den Motor auf. Damit der Motor nicht überhitzt, muss er über einen Kühler gekühlt werden. Im Winter können wir jedoch diese Wärme für die Beheizung des Innenraumes sozusagen „gratis" bekommen.
Bei einem Elektroauto geht die Beheizung des Innen-raumes über eine elektrische Heizung. Diese wird jedoch mithilfe der Energie der Batterien betrieben. Dadurch verringert sich die Reichweite im Winter von Elektroautos.

Energierückgewinnung beim Auto
Damit beim Auto auch bei abgeschaltetem Motor elektrische Geräte benutzt werden können und um den Motor zu starten, befindet sich im Auto eine Batterie. Diese Batterie erhält die elektrische Energie von einem Generator der ständig vom eingeschalteten Motor angetrieben wird. Das verbraucht zusätzlich Benzin. Bei modernen Autos wird der Generator in der Regel nur beim Bremsen oder wenn der Fahrer nicht mehr Gas gibt, angetrieben. Die ungenutzte Bewegungsenergie des Wagens wird so genutzt um die Batterien mit elektrischer Energie aufzuladen. Das senkt den Benzinverbrauch beim Autofahren.

Energieumwandlungskette bei einem Wärmekraftwerk
Aus der Luft betrachtet sieht ein Wärmekraftwerk sehr unübersichtlich aus. Kühltürme stehen neben Gebäuden an denen unzählige Rohrleitungen vorbei gelegt wurden. Riesige Kohlemengen türmen sich zu kleinen Bergen auf.
Bild 5 zeigt dir einen sehr vereinfachten Aufbau eines Wärmekraftwerks. Das Wasser im Kessel wird über eine Flamme erhitzt. Die Wärme entsteht bei der Verbrennung von Gas, Öl oder Kohle.
Die chemische Energie des Brennstoffes wird benutzt um das Wasser zu erhitzen. Das Wasser im Kessel verdampft und treibt unter hohem Druck eine Dampfturbine an. Die Wärme wurde in Bewegungsenergie umgewandelt. Ein mit der Dampfturbine verbundener Generator erzeugt die elektrische Energie.

Aufgabe

1 Die Bilder zeigen dir Beispiele für Energieumwandlungen.
Erstelle für jedes Beispiel eine Energieumwandlungskette.

6 Energieumwandlung beim Auto

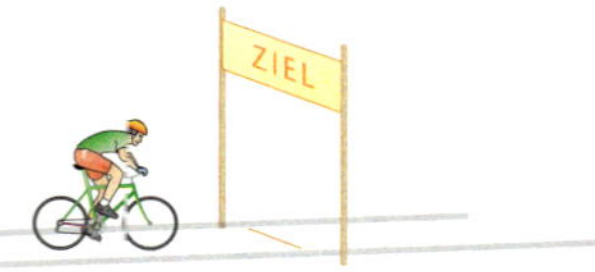

Auf die Plätze, fertig, los!
Vural und Oliver fahren bei einem Fahrradwettrennen einen Berg hoch (▷ B 2). Der Höhenunterschied vom Start bis zum Ziel beträgt 100 m. Oliver fährt zuerst über die Ziellinie und erklärt sich zum Sieger. Vural protestiert energisch. Kannst du dir denken warum? Vural entgegnet Oliver: „Ich bin doch schwerer, also habe ich auch die größere Hubarbeit verrichtet!“
Oliver: „Das mag schon sein, ich habe aber trotzdem die größere Leistung vollbracht!“ Was könnte Oliver damit meinen?

Höhenunterschied
100 m

benötigte Zeit
Vural: 625 s
Oliver: 520 s

Gewicht
Vural: 70 kg
Oliver: 65 kg

Wer von beiden leistet mehr?
Um eine Aussage über die Leistung zu machen, ist es notwendig, die Arbeit zu berechnen, die pro Sekunde verrichtet wird. (Sieh dir dazu die Rechnung in Bild 1 an.)

Die Leistung ist der Quotient aus Arbeit und der dafür benötigten Zeit.

$$\text{Leistung} = \frac{\text{Arbeit}}{\text{Zeit}}$$

$$P = \frac{W}{t}$$

Die Einheit der Leistung ist das Watt (W).

$$1\,\text{W} = 1\,\frac{\text{J}}{\text{s}}$$

Vural

Hubarbeit:

$W_H = F_H \cdot h$

$W_H = 700\,\text{N} \cdot 100\,\text{m}$

$W_H = 70\,\text{kJ}$

Leistung:

$\frac{70\,\text{kJ}}{625\,\text{s}} = 112\,\frac{\text{J}}{\text{s}}$

Vural leistet $112\,\frac{\text{J}}{\text{s}}$.

Oliver

Hubarbeit:

$W_H = F_H \cdot h$

$W_H = 650\,\text{N} \cdot 100\,\text{m}$

$W_H = 65\,\text{kJ}$

Leistung:

$\frac{65\,\text{kJ}}{520\,\text{s}} = 125\,\frac{\text{J}}{\text{s}}$

Oliver leistet $125\,\frac{\text{J}}{\text{s}}$.

2 Fahrradrennen am Berg

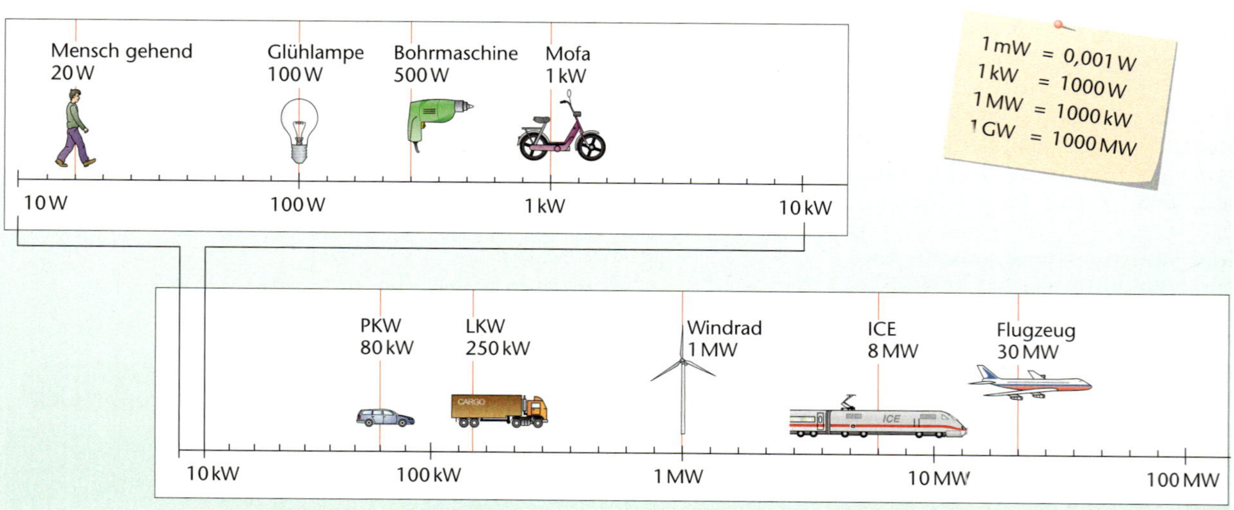

1 mW = 0,001 W
1 kW = 1000 W
1 MW = 1000 kW
1 GW = 1000 MW

1 Leistungen im Vergleich

Geschichte: James Watt und die Dampfmaschine

1 Eine Watt'sche Dampfmaschine

Die Entwicklung der Dampfmaschine
Mit der Dampfmaschine wird der Name JAMES WATT (1736–1819) verbunden. Dennoch ist WATT nicht der Erfinder dieser Maschine.
Der Ursprung der Dampfmaschine liegt im Kohlebergbau.
Beim Kohleabbau in Bergwerken drang Wasser in die Stollen ein und musste abgepumpt werden. Zunächst waren es Pferde, die die Pumpen antrieben. Im Jahr 1689 konstruierte THOMAS SAVERY (1650–1715) eine Pumpe mit Dampfantrieb. Sie konnte Wasser 10 Meter hochpumpen. Eine Verbesserung brachte die Dampfmaschine von THOMAS NEWCOMEN (1663–1729) aus dem Jahr 1712. Sie war in der Lage, 600 Liter Wasser in einer Minute aus einer Kohlengrube nach oben zu befördern. Allerdings verbrauchte die Maschine enorm viel Kohle. Für ihren Betrieb war die Fördermenge eines kleinen Bergwerkes notwendig.

JAMES WATT
JAMES WATT (▷ B 3) wurde 1736 in Schottland geboren. Armut der Eltern und häufige Krankheit bestimmten seine Kindheit. In seiner kurzen Schulausbildung zeigte er ein besonderes Interesse für die Mathematik. Die Werkstatt seines Vaters, der Schiffszimmermann war, bot ihm genug Platz für seine Tüfteleien. Hier konnte er einfache Instrumente und Maschinenmodelle bauen. Nach einer Ausbildung zum Feinmechaniker in Glasgow und London kehrte er nach Hause zurück. Er bekam eine Stelle als „mathematical instrument maker" an der Universität Glasgow.

Als WATT 1763 eine newcomensche Dampfmaschine reparieren musste, hatte er sich auch in den Sinn gesetzt, den Kohleverbrauch zu senken. Zwei Jahre später gelang es ihm, eine verbesserte Dampfmaschine zu bauen. Der Verbrauch an Brennmaterial konnte auf ein Viertel gesenkt werden.

Verbesserte Leistung bei gleichzeitiger Brennstoffreduzierung, das zeichnete die Dampfmaschinen von JAMES WATT aus (▷ B 1). Darauf erhielt er 1769 ein Patent. Zusammen mit MATTHEW BOULTON (1728–1809) gründete WATT die erste Dampfmaschinenfabrik der Welt.

Dampfmaschinen verdrängen Pferde
In Kohlegruben wurden die Pferde durch Dampfmaschinen ersetzt. Aber auch in Webereien, Druckereien und anderen Fabriken wurde die Dampfmaschine als Antrieb für Maschinen genutzt.
Auch die erste, für eine Eisenbahn gebaute Lokomotive hatte als Antrieb eine Dampfmaschine.
Mit der Dampfmaschine von WATT hatte das Industriezeitalter begonnen.

Die Leistung von Dampfmaschinen und Pferden
Die Leistung von Dampfmaschinen wurde mit der Leistung von Pferden verglichen. Leistete eine Maschine genauso viel wie ein Pferd, dann hatte die Maschine eine Leistung von 1 PS.

WATT untersuchte die Leistung von Pferden genauer. Insbesondere konzentrierte er sich auf Pferde, die in Mühlen arbeiteten (▷ B 2).
Berechnungen ergaben 736 Watt als Spitzenleistung für ein Pferd. 1 PS entspricht also 736 W.

2 Ein Pferd als Antrieb für eine Mühle

3 JAMES WATT

Technik: Maschinen arbeiten für uns

1 Kartoffelpresse

3 Antike Getreidemühle

Maschinen unsere Helfer

Technische Geräte und Maschinen sind aus unserem täglichen Leben nicht mehr wegzudenken. Maschinen entlasten uns von der Arbeit und erleichtern sie uns, zuhause oder in Betrieben. Dadurch wird die körperliche Arbeit weniger anstrengend. Mit Autos, Flugzeugen oder dem Fahrrad können wir uns fortbewegen. Maschinen verpacken Lebensmittel, transportieren sie auf Lastwagen und bringen sie zu den Verbrauchern.

Einfache Maschinen

Einfache Maschinen wie z. B. Hebel, Rollen, Seile, Räder hast du bereits kennengelernt. Mit ihnen kann eine Kraft übertragen, die Kraftgröße verändert oder die Kraft umgelenkt werden.
Mit einer Kartoffelpresse werden gekochte Kartoffeln durch feine Löcher gepresst: man erhält: Kartoffelpüree. Durch die Hebelwirkung muss weniger Kraft aufgewendet werden (▷ B 1). Bei einfachen Maschinen kommt die menschliche Energie zum Einsatz.

Wassermühlen

Seit über 2000 Jahren sind Wasserräder bekannt. Im Mittelalter breitete sich die Wasserradtechnik schnell aus. Mithilfe einer speziellen Welle konnte die Drehbewegung in eine Auf- und Abbewegung umgewandelt werden. Der Schmied musste seinen Schmiedehammer nicht selbst schwingen, um glühendes Eisen zu bearbeiten, sondern eine Maschine übernahm das für ihn (▷ B 2).

Die Energie des Wassers wurde für den Antrieb genutzt. Zudem konnte der Schmiedehammer vergrößert werden. Dadurch konnten größere Eisenteile bearbeitet werden. Auch in Sägewerken, Schleifereien und Webereien erleichterten Wassermühlen die Arbeit.

2 Schmieden mithilfe des Wassers

4 Automatischer Webstuhl

Windmühlen
Die Energie des Windes versetzt ein Windrad in eine Drehbewegung, das Arbeit verrichtet. Windmühlen wurden zum Mahlen von Getreide wie Weizen, Gerste oder Roggen verwendet. Ohne eine Windmühle war das Mahlen eine sehr anstrengende und mühevolle Arbeit. Noch heute gibt es Völker, die wie unsere Vorfahren, Getreidekörner in Steinschalen oder zwischen Mahlsteinen zerquetschen (▷B3). Windmühlen wurden auch als Antrieb für Sägewerke oder Wasserpumpen verwendet.

Maschinenzeitalter
Mitte des 18. Jahrhunderts wurden zahlreiche Erfindungen gemacht. Dazu gehörten unter anderem die Dampfmaschine, die Dampflokomotive, die Spinnmaschine und der mechanische Webstuhl. Vor der Erfindung der Dampfmaschine konnte nur auf die Arbeitskraft von Tieren, die Energie des Wassers und des Windes sowie die menschliche Energie zurückgegriffen werden. So war das Weben von Stoffen mit handbetriebenen Webstühlen sehr mühsam und zeitaufwendig. Mit der Verwendung von Kohle als Energielieferant konnten Maschinen effektiv eingesetzt werden. Dampfmaschinen trieben jetzt die Webstühle und die Spinnmaschinen viel schneller an, als dies mit Wasserkraft und menschlicher Energie je möglich war.
Zu Beginn des 19. Jahrhunderts konnte ein Arbeiter an einer mit Dampf betriebenen Spinnmaschine gleichviel Garn herstellen wie 200 Arbeiter vor der Erfindung dieser Maschine. Dieser Wandel zum Maschinenzeitalter wird als industrielle Revolution bezeichnet.

Motoren im Auto
Schon lange werden Lokomotiven nicht mehr mit Dampf angetrieben sondern mit Elektro- oder Dieselmotoren. Für diese Motoren sind elektrische Energie oder Dieseltreibstoff notwendig. In Autos kommen auch noch Benzinmotoren zum Einsatz.

Wie viele Motoren hat ein Auto eigentlich?
„Einen" antwortest du vielleicht spontan. Vielleicht sagst du auch: Zwei, wenn du an moderne Autos mit Hybridantrieb denkst.

Es sind jedoch viel mehr: Scheibenwischermotor, Motor für das Gebläse, die Seitenscheiben und das Schiebedach usw. Hinzu kommen noch die vielen kleinen Motoren, die dem Fahrer und den Insassen die Arbeit abnehmen. Dazu gehören unter anderem die Motoren für die Verstellung der Außenspiegel, die Sitzverstellung und Motoren, die die Belüftungsklappen im Auto für ein angenehmes Raumklima verstellen.

Maschinen im Haushalt
Auch im Haushalt gibt es viele Maschinen, die die Arbeit angenehmer machen.

Dazu gehören z. B. die Spülmaschine, der Mixer, die Waschmaschine und die Bohrmaschine. Aber auch in deinem Zimmer findest du genügend Maschinen die dir helfen. Der Computer unterstützt dich mit dem Lernprogramm beim Üben. Der Motor im CD-Gerät fährt das CD-Fach auf Knopfdruck ein und aus.

5 Waschmaschine

Schlusspunkt

Kräfte und Maschinen

Die Geschwindigkeit

Die Geschwindigkeit gibt an, welchen Weg ein Körper in einer bestimmten Zeit zurücklegt.
Formelzeichen: v
Einheit: 1 km/h oder 1 m/s
Messgerät: Tachometer

Die gleichförmige Bewegung

Bei einer gleichförmigen Bewegung ist die Geschwindigkeit des Körpers immer gleich. Die Geschwindigkeit ist der Quotient aus dem zurückgelegten Weg und der dafür benötigten Zeit.
v = s/t
Im Zeit-Weg-Diagramm entsteht eine ansteigende Gerade (▷ B 3).

Die Kraft

Die Kraft gibt an, wie stark zwei Körper aufeinander einwirken.
Formelzeichen: F
Einheit: Newton (N)
Messgerät: Federkraftmesser (▷ B 1)

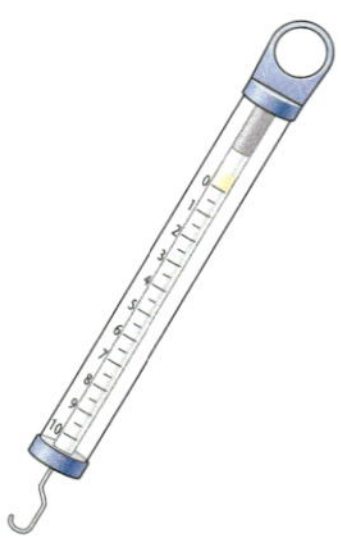

1 Federkraftmesser

Die Wirkungen einer Kraft

Kräfte erkennt man an ihren Wirkungen. Kräfte können Körper beschleunigen, verzögern, deren Bewegungsrichtung ändern und sie können Körper plastisch oder elastisch verformen.

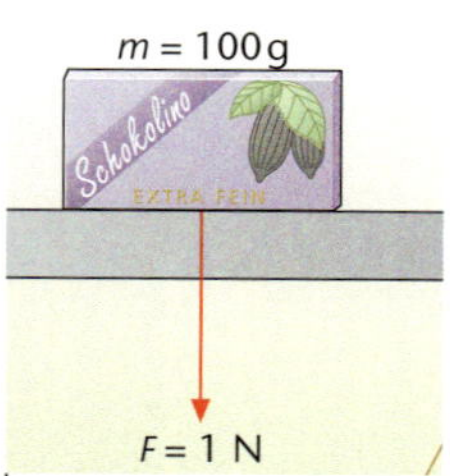

2 Die Gewichtskraft einer Tafel Schokolade

Der Kraftpfeil

Die Kraft stellt man mit einem Kraftpfeil dar (▷ B 4). Die Pfeillänge gibt die Größe der Kraft an. Der Pfeilanfang kennzeichnet den Angriffspunkt der Kraft. Die Pfeilspitze zeigt die Richtung an, in die die Kraft wirkt.

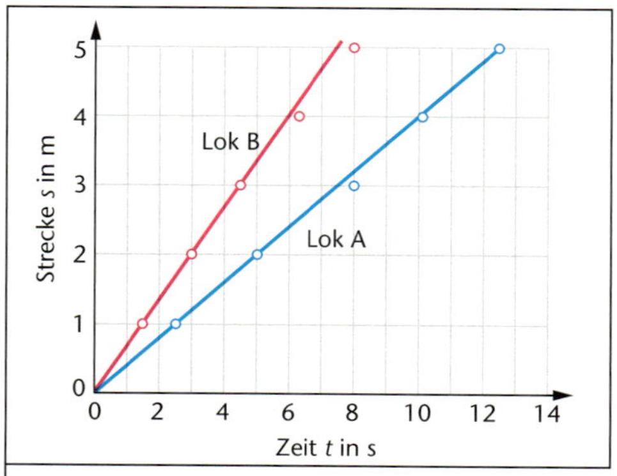

3 t-s-Diagramm

4 Kraftpfeil

Die Gewichtskraft

Die Gewichtskraft gibt an, wie stark ein Körper an einer Aufhängung zieht oder auf eine Unterlage drückt. Sie ist ortsabhängig.
Auf der Erde hat ein Körper mit einer Masse von 100 Gramm eine Gewichtskraft von etwa 1 Newton (▷ B 2).
Auf der Erde ist die Gewichtskraft immer zum Erdmittelpunkt gerichtet.

Die Masse

Die Masse ist eine Eigenschaft aller Körper, denn jeder Körper hat eine Masse. Die Masse ist überall gleich, sie ist ortsunabhängig.
Formelzeichen: m
Einheit: Kilogramm (kg)
Messgerät: Waage

Trägheit

Jeder Körper hat die Eigenschaft, sich einer Bewegungsänderung zu widersetzen. Diese Eigenschaft nennt man Trägheit.

Newtons Gesetze

Wechselwirkungsprinzip: Zu jeder Kraft gibt es eine Gegenkraft. Beide Kräfte sind gleich groß, greifen an verschiedenen Körpern an und sind entgegengesetzt gerichtet.
Trägheitsgesetz: Ein Körper verharrt in Ruhe oder bleibt in geradliniger, gleichförmiger Bewegung, solange keine Kraft auf ihn einwirkt.

Einfache Maschinen

Mit einfachen Maschinen kann man Kräfte übertragen, den Angriffspunkt der Kraft verändern, manchmal die Richtung der Kraft und meistens auch die Größe der Kraft verändern (▷ B 6 – B 10).

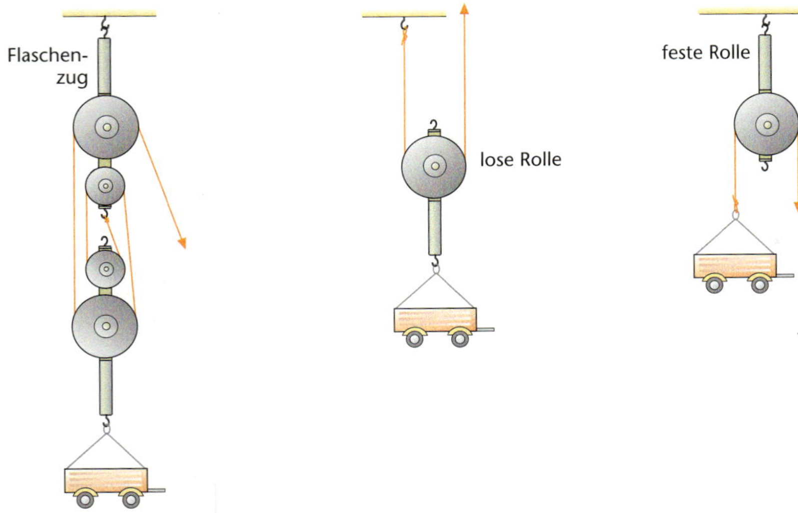

5 Einfache Maschinen: feste Rolle, lose Rolle und Flaschenzug

7 Schubkarre auf schiefer Ebene

8 Zange (Hebel)

9 Flaschenöffner (Hebel)

10 Bei der Ramme kommt Höhenenergie zum Einsatz.

Mit einer festen Rolle kann man die Richtung der Kraft ändern. Mit einer losen Rolle und einem Flaschenzug kann man Kraft sparen. Mit der schiefen Ebene muss man ebenfalls weniger Kraft aufwenden, wenn man einen längeren Weg in Kauf nimmt. Auch mit einem Hebel kann man Kraft sparen.

Die mechanische Arbeit
In der Physik spricht man von Arbeit, wenn ein Körper unter Kraftaufwand entlang eines Weges bewegt wird.
Formelzeichen: W
Einheit: Joule (J)

Energie
Energie ist die Fähigkeit eines Körpers, physikalische Arbeit zu verrichten und Wärme abzugeben.
Für die physikalische Größe Energie wird das Formelzeichen E verwendet.

Energieträger – Energieempfänger
Ein Energieträger kann Energie auf einen anderen Körper, den Energieempfänger, übertragen.

Energieformen
Es gibt verschiedene Energieformen: z. B. Höhenenergie, Bewegungsenergie, elektrische Energie, chemische Energie, Wärme (thermische Energie).

Energieerhaltungssatz
Bei Energieumwandlungsprozessen werden Energieformen ineinander umgewandelt. Dabei geht keine Energie verloren.

Die Goldene Regel der Mechanik
Was man Kraft einspart, dann muss man mehr Weg zurücklegen.
Mechanische Arbeit kann nicht gespart werden

Reibungskräfte
Bei der Bewegung von Körpern entstehen Reibungskräfte. Man unterscheidet die Haftreibungskraft, die Gleitreibungskraft und die Rollreibungskraft.

Die mechanische Leistung
Die mechanische Leistung gibt an, wie viel Arbeit pro Sekunde verrichtet wird.
Formelzeichen: P
Einheit: $1\ W = 1\ J / s$
Berechnung: $P = W : t$

6 Energieumwandlung am Trampolin

Aufgaben

1 Ein Flugzeug fliegt in 3 Stunden von Leipzig nach Alexandria. Die Strecke beträgt 2670 km. Berechne die Durchschnittsgeschwindigkeit.

2 Die Wuppertaler Schwebebahn (▷ B 1) benötigt für 13,3 km eine Fahrzeit von 30 Minuten. Berechne ihre Durchschnittsgeschwindigkeit.

1 Zu Aufgabe 2

3 Ein ICE fährt um 13.32 Uhr in Düsseldorf ab und kommt um 14.20 Uhr in Dortmund an. Die Fahrstrecke beträgt 79 km. Berechne die Durchschnittsgeschwindigkeit des ICE.

4 Ein Auto fährt mit einer Geschwindigkeit von 130 km/h auf der Autobahn. Sind die folgenden Aussagen richtig oder falsch?
a) Das Auto fährt etwa 36 Meter in einer Sekunde.
b) Das Auto fährt 65 Kilometer in 30 Minuten.
c) Das Auto fährt 320 Kilometer in 2 Stunden und 30 Minuten.
d) Das Auto fährt mehr als 2 Kilometer in einer Minute.

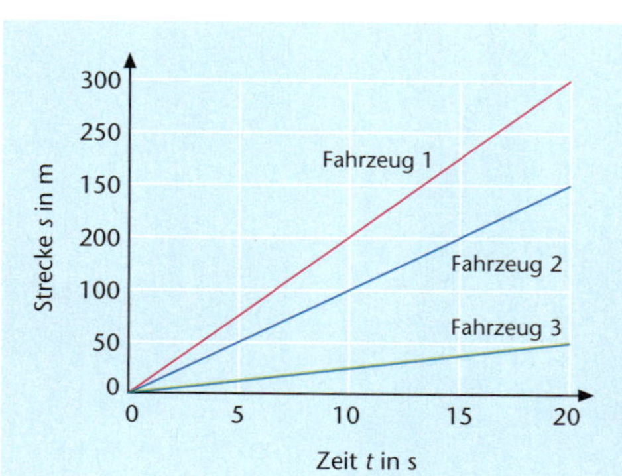

2 Zu Aufgabe 9

5 Die Australierin CATHY FREEMAN (▷ B 3) gewann bei den olympischen Sommerspielen in Sydney den 400-Meter-Lauf mit einer Zeit von 49,11 s. Die vier Läuferinnen von den Bahamas siegten bei der 4 x 100-Meter-Staffel mit einer Zeit von 41,95 s.
a) Berechne für CATHY FREEMAN und für die Staffel die Durchschnittsgeschwindigkeit.
b) Warum sind die Durchschnittsgeschwindigkeiten unterschiedlich groß?

3 Zu Aufgabe 5

6 Die „United States" (▷ B 4) gilt als das schnellste Passagierschiff. Es erreicht eine Geschwindigkeit von 36 Knoten. Mit einem Rennrad kann ein Sportler 19,9 m/s erreichen. Wer ist schneller?

4 Zu Aufgabe 6

7 In den USA darf ein Auto in der Nähe einer Schule nur 15 Meilen pro Stunde fahren (1 Meile = 1609,3 Meter). Wie viele km/h sind das?

8 Bereite zum Thema „Historische Entwicklung der Eisenbahn" ein Referat vor. Informiere dich auch über die Geschwindigkeiten der ersten und der heutigen Eisenbahnen.

9 Das Zeit-Weg-Diagramm in Bild 2 beschreibt die Bewegung von drei verschiedenen Fahrzeugen.
a) Lies im Diagramm ab, wie weit diese Fahrzeuge in 5 s, in 12 s und in 20 s gefahren sind.
b) Berechne die Geschwindigkeit jedes Fahrzeugs.

10 An verschiedenen Punkten einer Seilbahnstrecke wurden die Zeiten gemessen (▷ B 5), die die Kabine der Seilbahn bis dahin brauchte. Zeichne mithilfe dieser Messwerte ein Zeit-Weg-Diagramm und berechne die Geschwindigkeit der Seilbahn in Kilometer pro Stunde.

Weg in m	Zeit in s
75	25
100	33
225	75
450	150
650	217

5 Zu Aufgabe 10

11 Bei welchen Aussagen wird der Begriff Kraft nicht im physikalischen Sinne verwendet? Begründe.
a) „Cleany" hat eine besonders hohe Waschkraft.
b) Er schiebt das Auto mit seiner Muskelkraft.
c) Dieses Shampoo bringt Spannkraft ins Haar.
d) Durch die Brille erhöhte sich ihre Sehkraft.
e) Eine Hubkraft wirkt beim Hochheben eines Körpers.

12 Nenne Beispiele, bei denen Kräfte wirken und
a) der Körper verformt wird,
b) der Körper beschleunigt oder verzögert wird,
c) der Körper seine Bewegung und seine Form ändert.

13 Erkläre den Aufbau und die Wirkungsweise eines Kraftmessers.

14 Bestimme deine Gewichtskraft auf der Erde. Welche Gewichtskraft hättest du auf allen anderen Planeten?

15 Stell dir vor, von einem Stein werden die Masse und die Gewichtskraft auf der Erde und auf dem Mond bestimmt. Was würde man feststellen?

16 Warum fällt ein Fallschirmspringer immer auf die Erde und nie ins All?

17 Eine feste Rolle nennt man auch Umlenkrolle. Warum?

18 Welche Gemeinsamkeiten und welche Unterschiede gibt es bei festen und losen Rollen?

19 Das Bild 7 zeigt eine römische Waage. Sie hat einen sehr kurzen Hebelarm, an dem die Last hängt, und einen langen Hebelarm, an dem das Wägestück verschiebbar angebracht ist.
Wie konnte man auf dem Markt damit die Masse der Ware bestimmen?

20 In welchem Beispiel wird physikalische Arbeit verrichtet? Begründe deine Antwort und nenne die Form der Arbeit.
a) Ein Sportler zieht einen Expander auseinander.
b) Ein Kran hält eine Last.
c) Eine Rakete wird von der Erde aus in den Weltraum geschossen.
d) Eine Raumstation umkreist die Erde.
e) Peter hält Kisten in den Händen (▷ B 6).
f) Ein Motor zieht einen Aufzug in die oberste Etage.
g) Damit sein Bruder nicht herein kann, hält Erkhan die Tür von innen zu.

21 Wie verändert sich die Arbeit, wenn …
a) … die Kraft und der Weg verdoppelt werden?
b) … die Kraft verdoppelt und der Weg halbiert wird?
c) … die Kraft verdreifacht und der Weg halbiert wird?

22 Nenne verschiedene Geräte, die elektrische Energie in eine andere Energieform umwandeln.

23 Du hast gelernt, dass keine Energie verloren gehen kann. Warum ist es trotzdem dringend notwendig, „Energie einzusparen"? Erkläre diese Aussage an einem Beispiel.

6 Zu Aufgabe 20e)

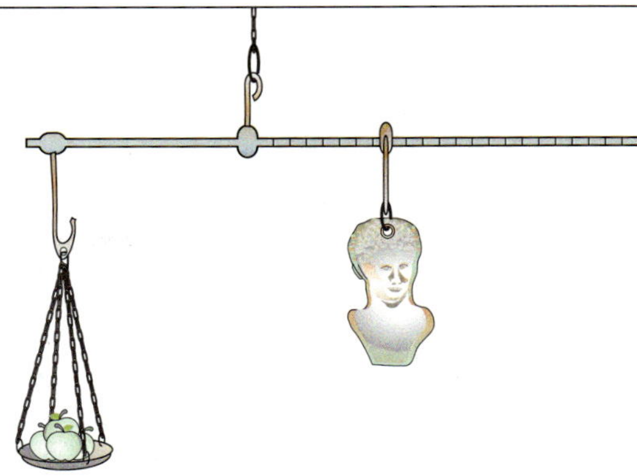

7 Zu Aufgabe 19

24 Ein erdgasbetriebener Bus fährt im Linienverkehr vom Markt zum Bahnhof.
a) Interpretiere das Diagramm im Bild.
b) Berechne die Durchschnittsgeschwindigkeit des Busses für diese 5 km lange Strecke. Gib dein Ergebnis in 2 verschiedenen Einheiten an.
c) Ein PkW fährt diese Strecke mit einer Durchschnittsgeschwindigkeit von 45 km/h. Berechne die Fahrzeit.
d) An einer Kreuzung verursacht ein Motorradfahrer eine Vollbremsung des PKW's. Ein Unfall kann verhindert werden. Erläutere am Beispiel des PkW-Fahrers das Trägheitsgesetz. Welche Sicherheitssysteme könnten den PkW-Fahrer in dieser Situation vor einem Schaden bewahrt haben?
e) Welche Energieumwandlungen finden während der Fahrt beim Bus und beim PkW statt?

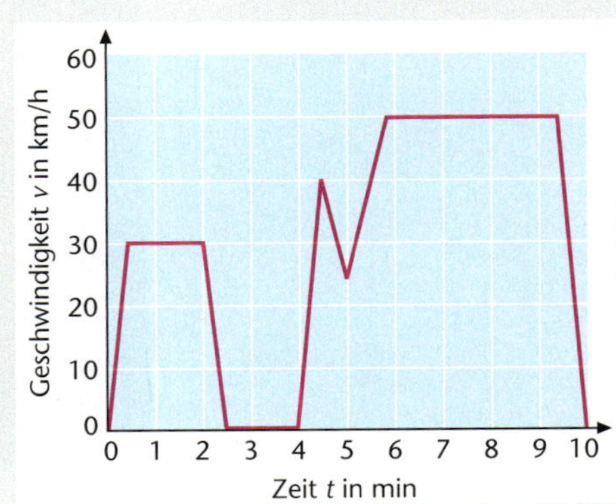

Energie

Energie ist aus unserem täglichen Leben nicht mehr wegzudenken. Ob du z.B. ein Zimmer beleuchten, heizen oder mit dem Mofa dich fortbewegen willst, für all dies brauchst du Energie. Energie kann in ganz unterschiedlichen Formen vorliegen, z. B. als chemische Energie gespeichert in Brennstoffen und Nahrungsmitteln, als Energie des elektrischen Stroms oder als Energie einer Bewegung. Mithilfe von Geräten können die verschiedenen Energieformen ineinander umgewandelt werden.

Sonnenenergie

Sonnenenergie
Die Sonne ist für uns Menschen nicht nur ein Himmelskörper von vielen sondern ein riesiger Energielieferant. Die Sonnenstrahlen transportieren die Energie auf die Erde. Solarzellen auf dem Dach eines Hauses wandeln die Sonnenenergie direkt in elektrische Energie um. Diese Energie wird in das Stromnetz gegeben.

Bewegungsenergie

Bewegungsenergie
Gegenstände, die sich bewegen, besitzen Energie.
In einem Wärmekraftwerk treibt die Bewegung des Wasserdampfes einen Generator an. Der Generator gibt elektrische Energie an das Stromnetz ab.
Ein Luftstrom bringt die Rotorblätter einer Windkraftanlage in Drehung. Die Rotorblätter treiben einen Generator an.
Ein fahrendes Auto gibt beim Abbremsen seine Energie an die Bremsscheiben ab. Diese werden heiß und geben Wärme ab.

Chemische Energie

Chemische Energie
In Treibstoffen wie Benzin oder Diesel ist chemische Energie gespeichert. Werden die Stoffe verbrannt kann ihre gespeicherte Energie genutzt werden. Ein Fahrzeug kann beschleunigen, ein Generator kann angetrieben oder Wasser kann erhitzt werden.

Spannenergie

Spannenergie
Beim Zuklappen eines Automatikschirmes wird eine Feder gespannt. Diese gespeicherte Energie kann auf Knopfdruck den Regenschirm wieder entfalten. Beim Herunterdrücken des Hebels eines Toasters wird Energie in einer Feder gespeichert. Nach dem Bräunungsvorgang befördert diese Energie das Toastbrot nach oben.

Energieerhaltung

Energieerhaltung
Die einzelnen Energieformen wie elektrische Energie, chemische Energie, Spannenergie können ineinander umgewandelt werden. Oft sind bei diesen Umwandlungsprozessen mehrere Energieformen beteiligt. Die Summe der Energien vor und nach dem Umwandlungsprozess ist aber immer gleich groß.

Energie sparen

Energie sparen
Die einfachste Methode um elektrische Energie zu sparen ist, elektrische Geräte möglichst für kurze Zeit einzuschalten. Dies ist häufig nicht möglich oder unbequem. In diesem Fall ist es sinnvoll, möglichst sparsame Geräte und Maschinen einzusetzen. Moderne Autos kommen mit weniger Treibstoff aus als vergleichbare ältere Modelle. Eine LED Lampe benötigt weniger elektrische Energie als eine Glühlampe, obwohl beide gleich hell leuchten.

Aufgaben

1 Recherchiere im Internet oder in der lokalen Presse wo in deiner näheren Umgebung Windkraftanlagen stehen. Vergleiche ihre Leistung mit der von großen Offshore-Windkraftanlagen z. B. in Dänemark.

2 Erstelle ein Plakat über die verschiedenen Arten von Wasserkraftanlagen.

3 Stelle eine Liste mit verschiedenen Beispielen zusammen, wie Energie im Haushalt gespart werden kann.

4 Notiere mehrere Beispiele für eine Energieumwandlungskette. Beginne mit
a) Elektrische Energie
b) Chemische Energie
c) Lageenergie

5 Finde ein Beispiel für die Umwandlungskette:
a) elektrische Energie ⟶ Wärme
b) Chemische Energie ⟶ Wärme ⟶ Bewegungsenergie ⟶ elektrische Energie

6 Erstelle einen Steckbrief vom leistungsstärksten
a) Solarkraftwerk
b) Atomkraftwerk
c) Wasserkraftwerk
d) Kohlekraftwerk
e) Windkraftwerk
f) Gezeitenkraftwerk

7 Nenne verschiedene Möglichkeiten wie im Haushalt Energie gespart werden kann.

Die Struktur der Materie

Vor mehr als 2000 Jahren begannen Philosophen in Griechenland darüber nachzudenken, woraus die Stoffe bestehen könnten. Sie entwickelten eine Vorstellung, nach der alle Materie aus kleinsten Teilchen (Atomen) und leerem Raum bestehen.

Heute gibt es genauere Vorstellungen vom Aufbau der Stoffe. Man kennt viele Arten von kleinsten Teilchen. Dadurch lassen sich physikalische Experimente und Phänomene erklären. Doch ein endgültiges Ergebnis gibt es trotz intensiver Forschung nicht. Die Untersuchung der Struktur der Materie geht weiter.

Materie im Weltraum

Materie im Weltraum

Vor ca. 14 Milliarden Jahren entstand das Universum durch eine gigantische Explosion – den so genannten „Urknall".

Erst 400 000 Jahre später war die Temperatur so weit gesunken, dass sich Wasserstoff- und Heliumatome bilden konnten. Aus dem Wasserstoff- und Heliumgas entstanden die ersten Sterne. In ihnen wurden durch atomare Reaktionen die schwereren Elemente erzeugt. Diese Sterne explodierten, und auch dabei entstanden schwerere Elemente.

Die heutigen Sterne und Planeten bildeten sich aus den Überresten der Explosionen der ersten Sterne. Kannst du dir vorstellen, dass die meisten Atome, aus denen du bestehst, einmal im Inneren einer Sonne waren?

Elektronen in Metallen

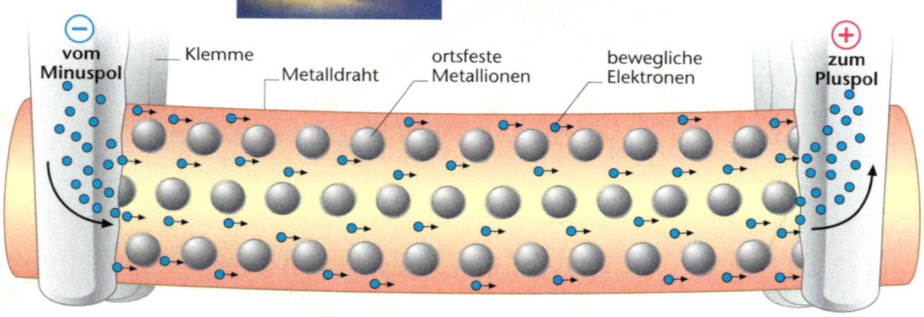

Elektronen in Metallen

Die Metalle bestehen aus Atomen, die Elektronen abgeben können. Diese Elektronen sind im Metall frei beweglich. Wenn man eine Spannung an einen Metalldraht anlegt, bewegen sich die freien Elektronen vom Minuspol zum Pluspol. Es fließt ein elektrischer Strom.

Die Geschwindigkeit eines einzelnen Elektrons ist sehr klein. Trotzdem fließt in einem Stromkreis sofort in an allen stellen der gleiche Strom, wenn du den Schalter betätigst. Das liegt daran, dass sich alle Elektronen nahezu gleichzeitig bewegen, wenn der Stromkreis geschlossen wird.

Eigenschaften von Ladungen

Eigenschaften von Ladungen

Materie besteht aus kleinen Teilchen, die Atome genannt werden. Im Inneren eines Atoms gibt es gleich viele positive und negative elektrische Ladungen. Das Atom ist nach außen hin elektrisch neutral.

Beim Aufladen eines Gegenstandes bewegen sich nur die negativen Ladungen von einem Körper zum anderen. Besitzt ein Körper nach dem Aufladen mehr negative Ladungen, so ist er auch insgesamt negativ geladen.

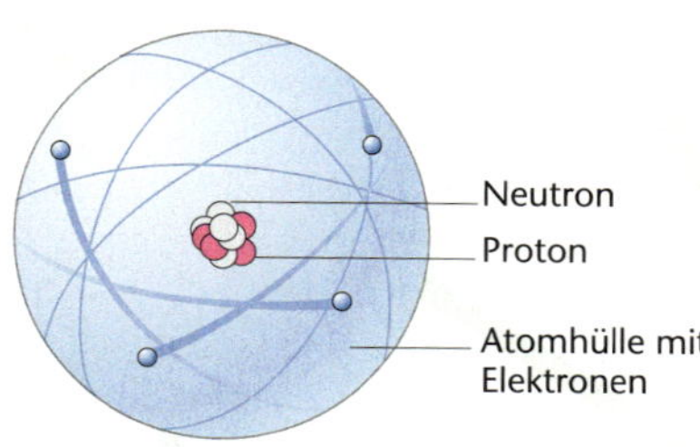

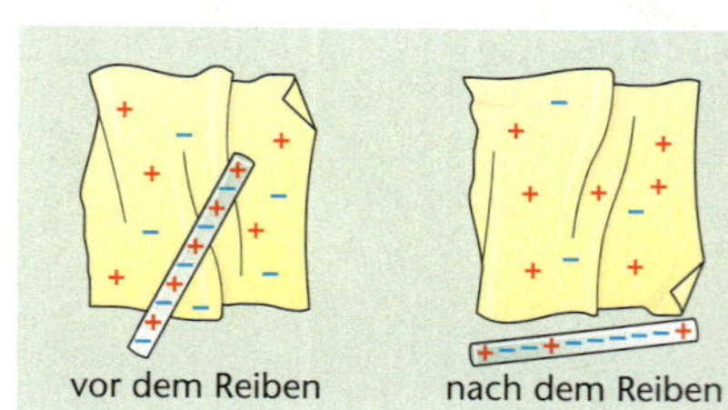

Unterschiedlich geladene Körper üben Kräfte aufeinander aus. Zwei gleichartig geladene Körper stoßen sich ab, zwei ungleichartig geladene Körper ziehen sich an.

Entstehung von Sonnensystemen

Entstehung von Sonnensystemen
Vor etwa 4,7 Milliarden Jahren entstand unser Sonnensystem aus einer riesigen Wolke aus Gas- und Staubteilchen. Durch die Schwerkraft zogen sich diese Teilchen an, die Wolke verdichtete sich. Schließlich war der Druck und die Temperatur im Zentrum so hoch, dass eine atomare Reaktion zwischen den Wasserstoffteilchen einsetzte – unsere Sonne hatte „gezündet".
Um die Sonne herum wirbelten die Staubteilchen der schwereren Elemente. Auch sie verdichteten sich, doch der Druck und die Temperatur reichten nicht aus, um ein „atomares Feuer" zu zünden. Es entstanden die Planeten, die sich nach und nach abkühlten.

Zahl der Atome im Universum

Masse der Sonne: 10^{21} Tonnen

Zahl der Atome in einer durchschnittlichen Sonne: ______ 10^{57}

×

Zahl der Sonnen in einer durchschnittlichen Galaxie: ______ 10^{11}

×

geschätzte Zahl der Galaxien im gesamten Universum: ______ 10^{11}

=

geschätzte Zahl der Atome im gesamten Universum: ______ 10^{79}

Das ist eine 1 mit 79 Nullen:
10 000 000 000 000 000 000 000 000 000 000 000 000 000
000 000 000 000 000 000 000 000 000 000 000 000 000 000

Zahl der Atome im Universum
Astronomen kennen die Masse der Sonne. Außerdem weiß man, aus welchen Elementen sie besteht. Man weiß ungefähr, wie viele durchschnittliche Sonnen es im Universum gibt. Man kann daher die Anzahl der Atome im Universum abschätzen.

Aufgaben

1 Erläutere den Unterschied zwischen der Masse und der Gewichtskraft.

2 a) Beschreibe das Modell der kleinsten Teilchen, das du im Physikunterricht und im Chemieunterricht benutzt.
b) Beschreibe die Eigenschaften (Masse, Ladung) der kleinsten Teilchen in diesem Modell.

3 Erkundige dich im Internet zur aktuellen Entdeckung neuer Planeten und Sonesysteme. Bereite einen kurzen Vortrag für deine Mitschüler vor.

Die Masse
Die Gegenstände sind auf verschiedenen Planeten unterschiedlich schwer. Sie haben unterschiedliche Gewichtskräfte, die du beim Heben überwinden musst.
Die Gegenstände selbst verändern sich nicht, egal wo sie sind. Sie haben immer die gleiche Masse. Unter der Masse versteht man die Stoffmenge, aus der ein Körper besteht. Sie ist nicht vom Ort abhängig, an dem du dich befindest.

Die Masse

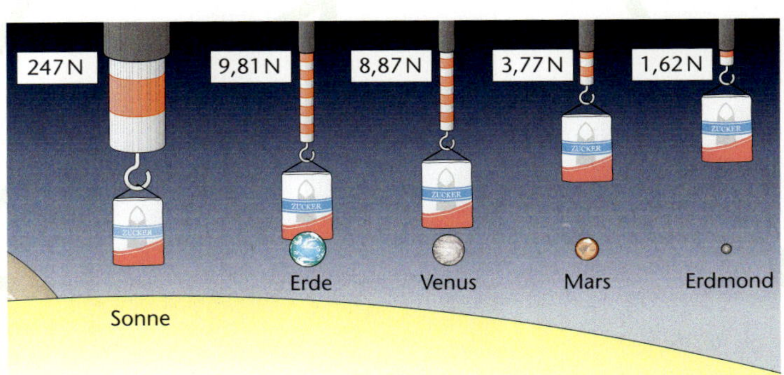

System

In einem System gibt es mehrere Einzelteile, die miteinander in Verbindung stehen. Dabei hat jedes Einzelteil seine spezielle Aufgabe. Erst durch ihr Zusammenwirken funktioniert das gesamte System. Im Alltag ist dir dieses Wort sicher schon oft begegnet. Du kennst das Bildungssystem in deinem Bundesland, aus dem Geschichtsunterricht verschiedene politische Systeme, jedes Tier, jeder Mensch hat ein Verdauungssystem, dein PC hat sein Betriebssystem, Autos haben ein ABS, …

Das Amperemeter

Die wichtigsten Bauteile eines Amperemeters sind Spule und Dauermagnet. An der Spule ist mit einer Rückstellfeder ein Zeiger befestigt. Die Teile eines Amperemeters arbeiten so zusammen, dass du an der Zeigerstellung auf einer Skala den Wert der Stromstärke ablesen kannst. Wenn das Amperemeter in Reihe in den Stromkreis eingebaut ist, fließt Strom durch die Spule. Ein Magnetfeld entsteht. Der Dauermagnet ist so eingebaut, dass zwischen beiden Magnetfeldern Abstoßungskräfte entstehen. Deshalb bewegt sich der Zeiger.

Das Amperemeter

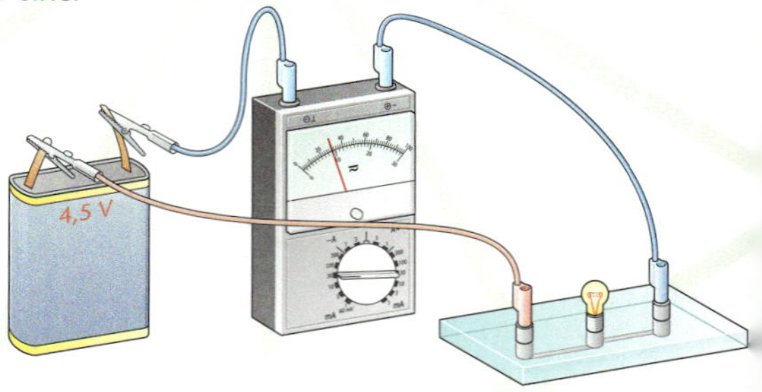

Gewitter

Gewitter

Gewitterwolken entstehen nur unter bestimmten Voraussetzungen. Warme, feuchte Luft steigt bis in eine Höhe von 10 km auf. Dabei kühlt sie stark ab. Aus kleinsten Wassertröpfchen entstehen Eiskristalle und Hagelkörner. Die schweren Hagelkörner fallen nach unten, von dort aber steigen immer neue Wassertröpfchen und Eiskristalle auf. Es kommt zu Zusammenstößen. Dabei laden sich die Hagelkörner elektrisch negativ auf, die nach oben strebenden Teilchen elektrisch positiv.

Das Fernrohr

Bei einfachen Fernrohren entstehen die vergrößerten Bilder mit zwei Sammellinsen. Das Objektiv ist dem Himmel zugewandt. Es empfängt das Licht der Himmelskörper und stellt ein verkleinertes Zwischenbild her. Dieses wird durch die zweite Linse, das Okular betrachtet. Dabei entsteht das vergrößerte Bild, das der Betrachter sieht. Bei leistungsstarken Fernrohren sind Objektiv und Okular Systeme mehrerer Linsen.

Isaak Newton kam auf die Idee, Linsen durch Hohlspiegel zu ersetzen. Heute gibt es in den Sternwarten sehr lichtstarke Spiegelteleskope.

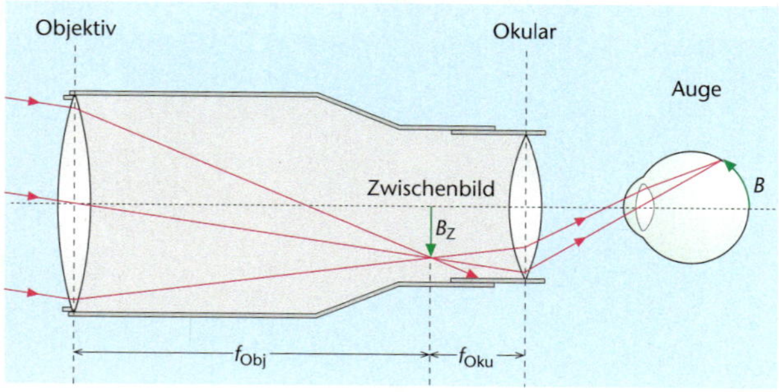

Das Fernrohr

Sonne Erde Mond

Sonne – Erde – Mond
Diese drei Himmelskörper sind Teil unseres Planetensystems. Ihre Stellung zueinander bestimmen Tag und Nacht, die Jahreszeiten, die Uhrzeit in den verschiedenen Zeitzonen, die Mondphasen aber auch Sonnen- und Mondfinsternisse.

Alle Himmelskörper sind in Bewegung. Die Erde dreht sich um Ihre eigene Achse, das dauert ungefähr einen Tag. Mit dieser Rotationsbewegung bewegt sie sich auf einer ellipsenförmigen Bahn um die Sonne. Sie ist also mal etwas näher an der Sonne und mal etwas weiter von dieser entfernt. Für einen Umlauf benötigt sie etwa ein Jahr. Der Mond umkreist die Erde. Für eine Umkreisung braucht er etwa vier Wochen.

Kraftübertragung

Kraftübertragung
Ein Flaschenzug besteht aus mehreren Rollen und Seilen. Mit einem Flaschenzug lässt sich die Richtung und die Größe einer Kraft verändern. Zur Kraftübertragung dient auch die Kettenschaltung mit 21 oder mehr Gängen beim Fahrrad. Mit ihr wird das Fahren im Gelände leichter. Zur Kettenschaltung gehören am Hinterrad und an den Pedalen mehrere Zahnkränze verschiedener Größe. Die Kette dient der Kraftübertragung, die Pedale übertragen als Hebel deine Muskelkraft auf den vorderen Zahnkranz. Durch das Schalten der verschiedenen Zahnkränze kannst du erreichen, dass bei gleicher Kraft auf die Pedale verschieden große Kräfte auf die Straße wirken.

Akkumulatoren
... werden auch Akkus genannt. Das bedeutet „Stromsammler". Es sind wiederaufladbare Batterien. Du findest sie fast überall. Akkus liefern die elektrische Energie, dass Taschenlampen leuchten und MP 3-Player Musik abspielen können. Dabei laufen zwischen Plus- und Minuspol chemische Vorgänge ab. Es werden Elektronen freigesetzt, die elektrische Energie in das angeschlossene Gerät transportieren. Die Elektronen fließen wieder in den Akku zurück. Nach einigem Gebrauch laufen aber die chemischen Vorgänge im Akku nicht mehr so rege ab – man sagt, der Akku entlädt sich. Durch Anschließen an die Steckdose werden die chemischen Prozesse wieder aktiviert, der Akku wird aufgeladen.

Akkumulatoren

Aufgaben

1 Suche zusammengesetzte Hauptworte mit dem Wortanteil „System". Sind das auch Systeme in unserem Sinne? Begründe deine Antworten.

2 Welche Systeme kennst du aus dem Biologieunterricht?

3 Beschreibe die weiteren Vorgänge nach dem Entstehen einer Gewitterwolke.

4 Erkläre das Entstehen der Mondphasen.

5 Unter welchen besonderen Bedingungen kommt es zu Sonnen und Mondfinsternis?

6 Nenne drei Möglichkeiten, wie beim Fahrrad die Kraft des Hinterrades auf die Straße vergrößert werden kann.

7 Erkundige dich in einer Sternwarte in deiner Nähe über die dort verwendeten Teleskope.

Wechselwirkung

„Woher kommt das, was ist die Ursache?“ Dies sind Fragen, die sich Forscher oft stellen. Um physikalische Erscheinungen verstehen und später nutzen zu können, muss man herausfinden, welche Ursachen sie haben. Außerdem ist es wichtig zu wissen, wie Ursache und Wirkung genau zusammenhängen. Dann wird es möglich, Vorhersagen über die Entwicklung von Abläufen zu treffen und diese zu steuern.

Kräfte und ihre Wirkungen

Kräfte und ihre Wirkungen
Kräfte kannst du nicht sehen, du kannst sie nur an ihren verschiedenen Wirkungen erkennen. Diese Wirkungen nutzen wir immer wieder im Alltag. Kräfte können Geschwindigkeiten und die Bewegungsrichtung eines Körpers verändern oder ihn verformen.

Kräfte zwischen Ladungen

Kräfte zwischen Ladungen
Gleichartig geladene Körper stoßen sich ab. Verschiedenartig geladene Körper ziehen sich an.

Das kannst du leicht nachweisen:

- Reibe einen Streifen von einem Plastikbeutel (Müll- oder Tiefkühlbeutel) kräftig an einer Tischkante. Hebe ihn dann vorsichtig in der Mitte an.

- Nimm 2 Folienstreifen und reibe sie kräftig aneinander.
  Trenne die Streifen dann vorsichtig voneinander.

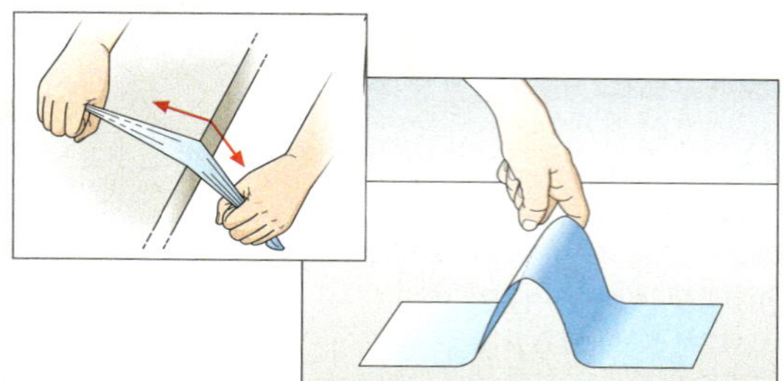

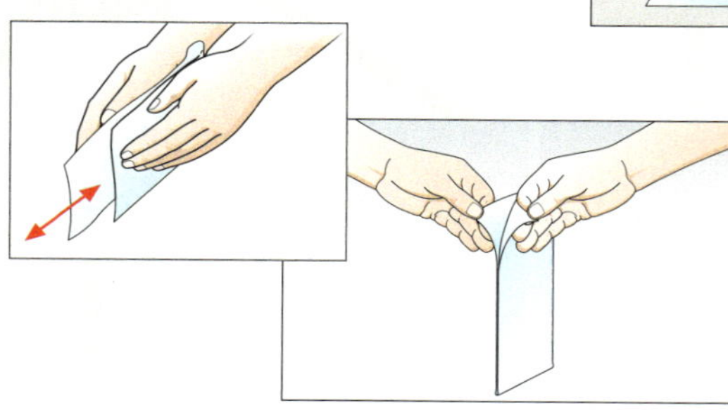

Anziehung zwischen Himmelskörpern

Anziehungskräfte zwischen Himmelskörpern
Der Mond umkreist die Erde. Die Erde ist größer und schwerer als der Mond. Deshalb ist ihre Gravitationskraft größer als die des Mondes. Warum fällt der Mond nicht auf die Erde?
Ganz einfach: der Mond bewegt sich mit großer Geschwindigkeit auf seiner Bahn um die Erde. Die dabei auftretende Fliehkraft wirkt der Gravitation der Erde entgegen. So bleibt der Mond auf seiner Bahn.
Aus dem gleichen Grund bleiben die Erde und die anderen Planeten auf ihren Ellipsenbahnen um die Sonne.

Die Sonne

Die Sonne
Die Sonne wirkt durch den fast leeren Weltraum auf die Erde. Dies geschieht einerseits durch die gegenseitigen Anziehungskräfte.
Aber die Sonne sendet Strahlung aus, die die Erde als Wärmestrahlung und Licht erreicht. Durch das Licht der Sonne, die Bewegung der Erde um sich selbst und um die Sonne entstehen Tag und Nacht und die Jahreszeiten auf der Erde.

Ohne die Energie, die die Sonne liefert, wäre auf der Erde kein Leben möglich. Ohne das Licht der Sonne könnten wir keine Gegenstände sehen, die das Licht der Sonne in unser Auge reflektieren.

Aufgaben

1 Erkläre, wie ein Elektroskop funktioniert.

2 Erkläre, wie es auf der Erde zu Ebbe und Flut kommt.

3 Bestimmte Kraftwerke sind ständig in Betrieb. Andere werden immer nur kurzzeitig eingesetzt und bringen in wenigen Minuten die volle Leistung. Erkläre und begründe das ausführlich.

Elektrische Sicherungen

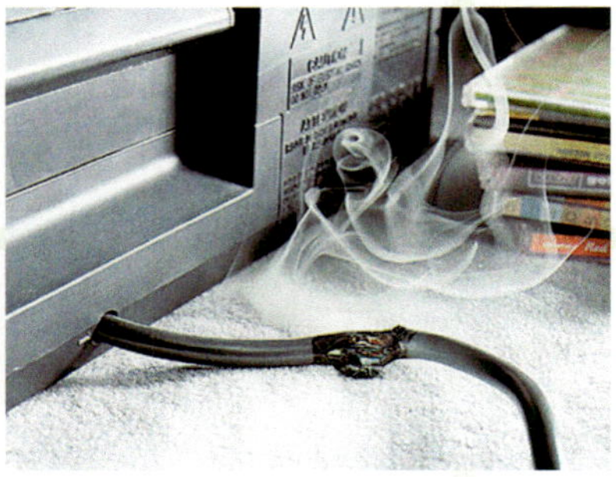

Elektrische Sicherungen
Elektrogeräte nutzen die Wirkungen des elektrischen Stroms: Er kann Wärme, Licht und Magnetfelder erzeugen. Fließt wegen eines Defekts in einem Gerät oder an einem Kabel ein zu großer Strom, kann durch die Wärmeentwicklung ein Brand ausgelöst werden. Um das zu verhindern, werden die Stromkreise durch Sicherungen geschützt. Sie unterbrechen den Stromkreis im Falle einer Überlastung und beseitigen die Gefahr.

Energiebedarf

Energiebedarf – über den Tag und über das Jahr hinweg
Strom kann man nicht auf Vorrat erzeugen und lagern. Deshalb müssen die eingesetzten Kraftwerke in der Lage sein, immer soviel Strom zu liefern, wie durch das Ein- und Ausschalten von elektrischen Verbrauchern angefordert wird.
Der Stromverbrauch ändert sich im Laufe eines Tages, innerhalb einer Woche und während des Jahres.
Durch das Zusammenwirken der verschiedenen Kraftwerkstypen werden die Schwankungen ausgeglichen.

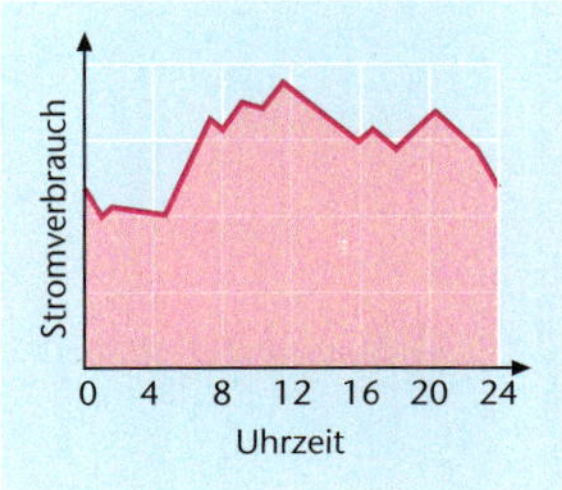

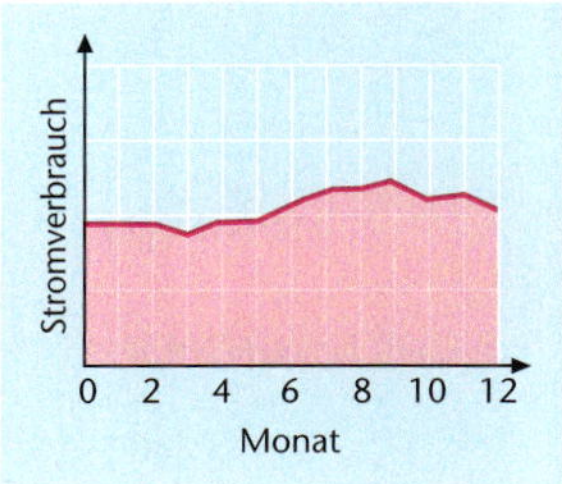

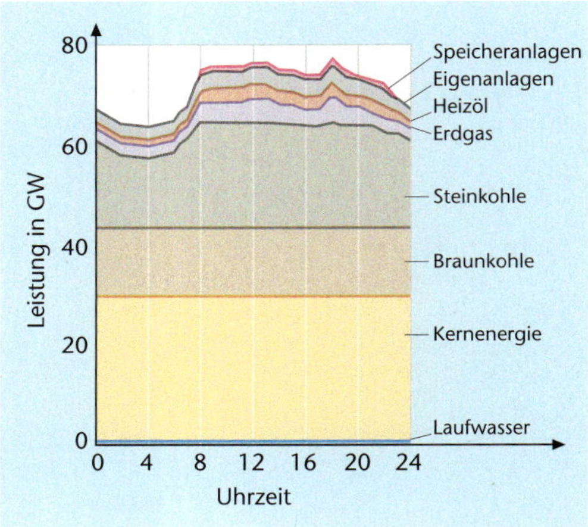

Eigenschaften verschiedener Stoffe

Feste Stoffe	Dichte bei 20 °C in g/cm^3	spezifische Wärmekapazität in kJ/(kg·K)	Ausdehnung eines 1-m-Stabes bei Erwärmung um 10 K in mm	Schmelz-temperatur in °C	Siede-temperatur in °C
Aluminium	2,70	0,896	0,238	660	2400
Beton	2,2–2,5	0,879	0,11		
Blei	11,35	0,129	0,294	327	1750
Kobalt	8,80	0,419	0,126	1493	2880
Eis (–4 °C)	0,92	2,090	0,37	0	100
Eisen	7,86	0,452	0,116	1535	2800
Glas	2,23	0,799	0,032	815	
Gold	19,30	0,129	0,142	1063	2660
Graphit	2,25	0,711	0,19	3800	4400
Kochsalz	2,16	0,854	0,48	808	1461
Kupfer	8,93	0,385	0,168	1083	2582
Platin	21,45	0,134	0,091	1769	4300
Plexiglas®	1,16	1,300	0,75	~110	
Porzellan	2,30	0,846	0,04	1670	
Silber	10,50	0,237	0,193	961	2180
Zinn	7,30	0,226	0,27	232	2680
Flüssigkeiten			Ausdehnung von 10 l bei 20 °C und Erwärmung um 1 K in ml		
Alkohol (Ethanol)	0,789	2,40	11,0	–114	78
Glycerin	1,260	2,39	5,0	18	291
Petroleum	0,847	2,14	9,6		150–280
Quecksilber	13,546	0,138	1,8	–39	357
Wasser	0,998	4,18	2,1	0	100
Gase	**g/l**				
Helium	0,179	5,23		–273	–269
Kohlenstoffdioxid	1,977	0,837		–78	–57
Kohlenstoffmonooxid	1,25	1,05		–204	–191
Luft	1,293	1,005		–213	–193

Größen und Einheiten

Größe	Zeichen	Einheit	Zeichen
Länge	*s*, *l*	Meter	1 m
Fläche	*A*	Quadratmeter	1 m^2
Volumen	*V*	Kubikmeter	1 m^3
Masse	*m*	Kilogramm	1 kg
Dichte	*ρ*		$1\frac{kg}{m^3}$; $1\frac{g}{cm^3}$
Zeit	*t*	Sekunde	1 s
Geschwindigkeit	*v*		$1\frac{m}{s}$; $1\frac{km}{h}$
Frequenz	*f*	Hertz	1 Hz
Kraft	*F*	Newton	1 N

Größe	Zeichen	Einheit	Zeichen
Arbeit	*W*	Joule, Wattsekunde	1 J, 1 Ws
Energie	*E*	Joule, Wattsekunde	1 J, 1 Ws
Leistung	*P*	Watt	1 W
Temperatur	*ϑ*	Grad Celsius	1 °C
Temperatur	*T*	Kelvin	1 K
Ladung	*Q*	Coulomb	1 C
Stromstärke	*I*	Ampere	1 A
Spannung	*U*	Volt	1 V
Widerstand	*R*	Ohm	1 Ω

Umrechnung von Einheiten

Vorsilben für Vielfache und Teile von Einheiten			
Vorsilbe	**Bedeutung**	**Beispiel**	
Atto a	$10^{-18} = 0{,}000\,000\,000\,000\,000\,001$	$1\,aWs = 10^{-18}\,Ws$	Grenze der Lichtempfindlichkeit des Auges
Femto f	$10^{-15} = 0{,}000\,000\,000\,000\,001$	$1\,fm = 10^{-15}\,m$	Größe von Protonen und Neutronen
Pico p	$10^{-12} = 0{,}000\,000\,000\,001$	$1\,pPa = 10^{-12}\,Pa$	Luftdruck im technisch besten Vakuum
Nano n	$10^{-9} = 0{,}000\,000\,001$	$1\,nm = 10^{-9}\,m$	Größe von Molekülen
Mikro µ	$10^{-6} = 0{,}000\,001$	$1\,\mu g = 10^{-6}\,g$	Masse eines größeren Staubkorns
Milli m	$10^{-3} = 0{,}001$	$1\,mV = 10^{-3}\,V$	Spannung in den Nerven zur Reizleitung
Zenti c	$10^{-2} = 0{,}01$	$1\,cl = 10^{-2}\,l$	Volumen von einem Kaffeelöffel Flüssigkeit
Dezi d	$10^{-1} = 0{,}1$	$1\,dm = 10^{-1}\,m$	Handbreite
	$10^{0} = 1$	1 A	Stromstärke beim Fahrraddynamo
Deka da	$10^{1} = 10$	1 dam = 10 m	Breite einer Straße
Hekto h	$10^{2} = 100$	$1\,hl = 10^{2}\,l$	Volumen eines größeren Koffers
Kilo k	$10^{3} = 1000$	$1\,kA = 10^{3}\,A$	Stromstärke bei einer Elektrolokomotive
Mega M	$10^{6} = 1\,000\,000$	$1\,MHz = 10^{6}\,Hz$	Frequenz elektrischer Schwingungen im Radio
Giga G	$10^{9} = 1\,000\,000\,000$	$1\,GW = 10^{9}\,W$	Leistung eines Kernkraftwerkes
Tera T	$10^{12} = 1\,000\,000\,000\,000$	$1\,TW = 10^{12}\,W$	Leistung eines Gewitterblitzes
Peta P	$10^{15} = 1\,000\,000\,000\,000\,000$	$1\,Pm = 10^{15}\,m$	Weg, den das Licht in einem Monat zurücklegt
Exa E	$10^{18} = 1\,000\,000\,000\,000\,000\,000$	$1\,EHz = 10^{18}\,Hz$	Frequenz von Röntgenstrahlen

Umrechnung von Krafteinheiten

	in N	in cN	in kN	in MN
1 N =	1	100	0,001	0,000 001
1 cN =	0,01	1	0,000 01	0,000 000 01
1 kN =	1000	100 000	1	0,001
1 MN =	1 000 000	100 000 000	1 000	1

Umrechnung von Einheiten für Arbeit, Wärme, Energie

	in J, Nm, Ws	in kJ	in kWh
1 J = 1 Nm = 1 Ws	1	0,001	0,000 000 278
1 kJ =	1 000	1	0,000 278
1 kWh =	3 600 000	3 600	1

Umrechnung von Geschwindigkeitseinheiten

	in $\frac{m}{s}$	in $\frac{km}{h}$
$1\,\frac{m}{s} =$	1	3,6
$1\,\frac{km}{h} =$	0,28	1

Umrechnung von Zeiteinheiten

	in s	in h	in d	in a	
1 s =	1	0,0003	–	–	
1 h =	3600	1	0,042	–	lat. hora, Stunde
1 d =	86 400	24	1	0,003	lat. dies, Tag
1 a =	31,5 Mio.	8760	365	1	lat. annus, Jahr

Einheiten für Spezialgebiete

1 Lichtjahr	Astronomie	= 9 460 000 000 000 km
1 Seemeile (sm)	Seefahrt	= 1852 m
1 Knoten (kn)	Luft- und Seefahrt	= 1,852 km/h
1 Registertonne (RT)	Seefahrt	$= 2{,}83\,m^3$
1 Karat	Schmuck	= 0,2 g
1 Steinkohleneinheit (SKE)	Energiewirtschaft	= 8147 kWh
1 mm Quecksilbersäule (mm Hg)	Medizin	= 133 Pa
1 Ar (a)	Grundstücke	$= 100\,m^2$
1 Hektar (ha) = 100 a		$= 10\,000\,m^2$

Englische (amerikanische) Einheiten

1 Zoll	inch	= 2,54 cm
1 Fuß = 12 inches	foot, Mz. feet	= 30,48 cm
1 Yard = 3 feet	yard	= 91,44 cm
1 Meile = 10760 yards	mile	= 1609 m
1 engl. Gallone	gallon	= 4,546 l
1 amerik. Gallone	gallon	= 3,785 l
1 engl. Fass = 35 gallons	barrel	= 159,11 l
1 amerik. Fass = 42 gallons	barrel	= 158,97 l
1 Unze	ounce	= 28,35 g
1 Pfund = 16 ounces	pound	= 453,6 g

Optische Instrumente

10 **Ebene Spiegel:** Taschenspiegel, Garderobenspiegel, Spiegel im Periskop, Umlenkspiegel am Tageslichtprojektor, Spiegel in der Spiegelreflexkamera, Spiegel im Kaleidoskop

Hohlspiegel: Scheinwerfer, Reflektorspiegel unter der Halogenlampe des Tageslichtprojektors, Hohlspiegel des Spiegelteleskops, Hohlspiegel in Sonnenkraftwerken, Rasierspiegel, Kosmetikspiegel

Wölbspiegel: Rückspiegel am Auto, Spiegel in Kaufmärkten, Verkehrsspiegel an unübersichtlichen Straßeneinmündungen, Ein- oder Ausfahrten, glänzende Oberfläche einer Christbaumkugel

21 Ein einfaches Mikroskop enthält zwei Linsen. Die eine Linse befindet sich direkt über dem Gegenstand, der betrachtet werden soll. Man bezeichnet sie als Objektivlinse. Sie erzeugt ein Zwischenbild, das mit der zweiten Sammellinse, dem Okular, wie mit einer Lupe vergrößert betrachtet wird.
Die Gesamtvergrößerung eines Mikroskops ergibt sich durch Multiplikation der Vergrößerungen von Objektiv und Okular.

Astronomie – Blicke in den Kosmos

2 a) Ein Lichtjahr ist die Entfernung, die ein Lichtstrahl (im Vakuum) in einem Jahr zurücklegt.

b) Das Licht legt in
1 Minute: 300 000 km · 60 = 18 000 000 km
1 Stunde: 18 000 000 km · 60 = 1 080 000 000 km = 1,08 · 109 km
1 Tag: 1 080 000 000 km · 24 = 25 920 000 000 km = 2,59 · 1010 km

Nicht in der Aufgabe verlangt, aber interessant:
1 Jahr: 25 920 000 000 km · 365,25 = 9 467 280 000 000 km = 9,47 · 1012 km = 9,47 Billionen km

c) 1 080 000 000 km · 4 = 4 320 000 000 km. Der Neptun ist also rund 4 320 000 000 km von der Sonne entfernt.

12 a) Man spricht von einem astronomischen Fernrohr, wenn zur Bilderzeugung Linsen aus Glas verwendet werden.
Bei Teleskopen werden dagegen gewölbte Spiegel eingesetzt.

b) Der nach innen gewölbte Spiegel sammelt die Lichtstrahlen ebenso wie eine Sammellinse. Auch er besitzt einen Brennpunkt. Spiegel können mit größeren Durchmessern hergestellt werden als Linsen aus Glas. Daher kann man mit großen Spiegelteleskopen auch lichtschwache Sterne beobachten.

Elektrizität

4 Elektrischen Strom erkennt man an seinen Wirkungen. Dies sind:
- magnetische Wirkung (Elektromagnet; Kompassnadel in der Umgebung eines stromführenden Leiters wird abgelenkt),
- chemische Wirkung (Elektrolyse),
- Wärmewirkung (Tauchsieder),
- Licht (Glühfaden in einer Lampe, Leuchtdiode)

7

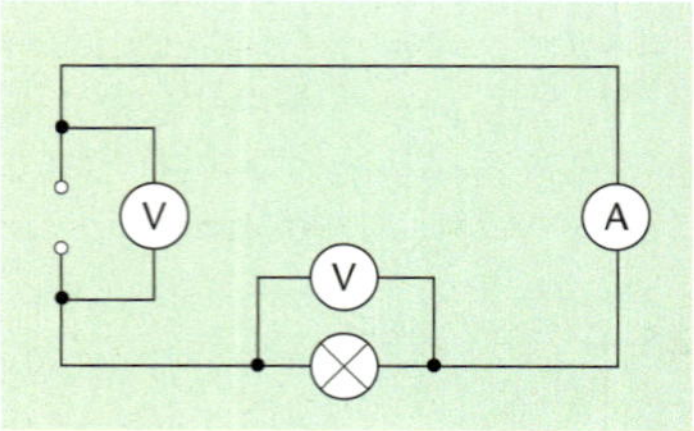

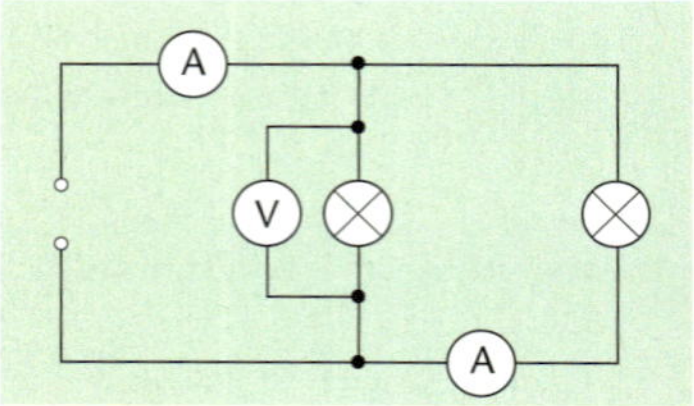

Die Lampen sind parallel geschaltet.

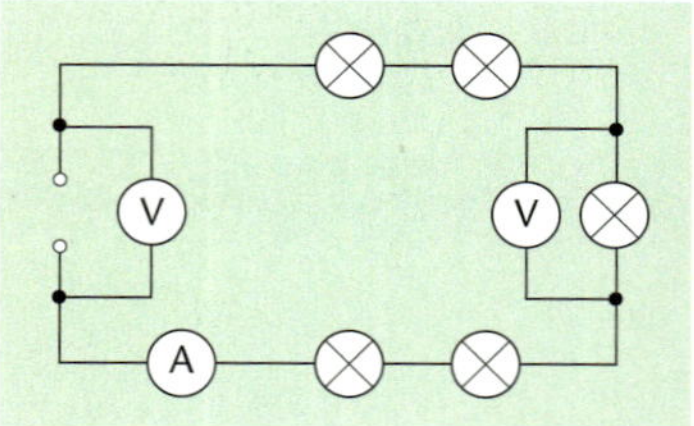

Die Lampen sind in Reihe geschaltet.

17 a) Modell der Elementarmagnete: In einem unmagnetisierten Eisenkern liegen die Elementarmagnete völlig ungeordnet. Das Magnetfeld im Innern der stromdurchflossenen Spule durchsetzt auch den Eisenkern. Dadurch richten sich die Elementarmagnete im Eisen entsprechend dem Magnetfeld der Spule aus. Der Eisenkern wird selbst zum Magneten und verstärkt damit das Magnetfeld der Spule.

b) Hohe Windungszahlen der Spule, Verwendung eines Drahtmaterials mit geringem Widerstandswert, Eisenkern, große Stromstärke.

25 a) Reihenfolge von hell nach dunkel: d) – c) – a) – b)
Mögliche Begründung:
Die Spannungen sind überall gleich, deshalb muss man nur die Bauteile im Stromkreis betrachten. In a) ist der Gesamtwiderstand viel kleiner als bei b), demzufolge leuchtet das Lämpchen in a) heller. In c) ist der gemeinsame Widerstandswert der beiden parallel geschalteten Widerstände kleiner als jeder einzelne von ihnen (Parallelschaltung). Somit ist auch der Gesamtwiderstand in der Schaltung kleiner als in a) und b) – er ist aber größer als in d).
In d) befindet sich nur das Lämpchen, somit ist dort die Stromstärke am größten – das Lämpchen leuchtet am hellsten.

b) (Hinweis: Die Berechnungen sollten auf zwei Nach-kommastellen gerundet werden.)
Skizze d): R = 15 Ω, I = 400 mA
Skizze c): R = 24,99 Ω, I = 240,1 mA
Skizze b): R = 2015 Ω, I = 2,98 mA
Skizze a): R = 25 Ω, I = 240 mA

Die Ergebnisse bestätigen die Reihenfolge in Aufgabe a) Besonderheit: Der Gesamtwiderstandswert in Schaltung c) liegt nur minimal unter dem Gesamtwiderstand in Schaltung a. Dies verdeutlicht, dass der „große" 10-kOhm-Widerstand nur einen sehr kleinen Einfluss auf den Gesamtwiderstand in der Schaltung hat.

Kräfte und Maschinen

3 Gegeben: Abfahrtszeit 13:32 Uhr,
Ankunftszeit 14:20 Uhr

t = 48 min = 2880 s
s = 79 km = 79 000 m
Gesucht: v

Lösung: $v = \frac{s}{t}$

$$v = \frac{79\,000\,\text{m}}{2880\,\text{s}}$$

v = 27,43 m/s
v = 98,75 km/h

Der ICE hat eine Durchschnittsgeschwindigkeit von 98,75 km/h.

9 a)

	nach 5 s	nach 12 s	nach 20 s
Fahrzeug 1	≈75 m	≈180 m	300 m
Fahrzeug 2	50 m	≈120 m	200 m
Fahrzeug 3	≈15 m	≈30 m	50 m

b)

	v = s/t
Fahrzeug 1	15 m/s
Fahrzeug 2	10 m/s
Fahrzeug 3	2,5 m/s

21 a) Die Arbeit vervierfacht sich.

b) Die Arbeit bleibt gleich.

c) Die Arbeit nimmt um das 1,5 fache zu.

T

U

V

W

Z

Bildnachweis

U1.1 plainpicture GmbH & Co. KG (ponton), Hamburg; **U1.2** plainpicture GmbH & Co. KG (Olivia Barr), Hamburg; **U4.1** plainpicture GmbH & Co. KG (Glasshouse), Hamburg; **U4.2** plainpicture GmbH & Co. KG (PhotoAlto), Hamburg; **U4.3** plainpicture GmbH & Co. KG (ponton), Hamburg; **U4.4** plainpicture GmbH & Co. KG (Gorilla), Hamburg; **3.1** PantherMedia GmbH (Horst Zwiefelhofer), München; **3.2** Getty Images RF (PhotoDisc), München; **4.3** Fotolia LLC (canebisca), New York; **5.4** Fotolia LLC (Claus Mikosch), New York; **6.1** Dreamstime LLC (Hans Jacob Solgaard), Brentwood, TN; **6.2** PantherMedia GmbH (Horst Zwiefelhofer), München; **6.3** iStockphoto (RF/Lavrenov), Calgary, Alberta; **7.4** Fotolia LLC (Franz Pfluegl), New York; **7.5** Thinkstock (Digital Vision), München; **8.1** Thinkstock (Hemera), München; **8.2** Fotolia LLC (miklav), New York; **8.3** Thinkstock (iStockphoto), München; **10.1** Ciprina, Heinz-Joachim, Dortmund; **10.3** Ulrich Niehoff Fotoproduktionen und Bildarchiv, Bienenbüttel; **11.1** Thinkstock (iStockphoto), München; **11.2** Thinkstock (Hemera), München; **11.3** Corbis RF (RF), Düsseldorf; **11.4** Avenue Images GmbH (PhotoDisc), Hamburg; **12.2** M.C. Escher's "Hand with Reflecting Sphere" © 2011 The M.C. Escher Company-Holland. All rights reserved. www.mcescher.com; **12.3** Getty Images (Stone/Kent Mathews), München; **13.5** Klett-Archiv (Zuckerfabrik digital), Stuttgart; **13.6** Fotolia LLC (Herbie), New York; **14.1** Klett-Archiv (M. Wagner), Stuttgart; **14.2** Arco Images GmbH (NPL), Lünen; **14.4** Klett-Archiv (Fabian H. Silberzahn), Stuttgart; **15.1** Fotolia LLC (Joachim Schiermeyer), New York; **15.2** Mauritius Images (Haag + Kropp), Mittenwald; **16.1** Klett-Archiv (Zuckerfabrik digital), Stuttgart; **16.2** iStockphoto (Suzannah Skelton), Calgary, Alberta; **16.3** Corbis, Düsseldorf; **16.4** Wikimedia Foundation Inc. (Hans Rüger/public domain), St. Petersburg FL; **16. S01** iStockphoto (manley620), Calgary, Alberta; **17.7** Klett-Archiv, Stuttgart; **18.1** Klett-Archiv (Zuckerfabrik Digital), Stuttgart; **21.1** MEV Verlag GmbH, Augsburg; **23.3** Ulrich Niehoff Fotoproduktionen und Bildarchiv, Bienenbüttel; **23.4** Corbis ( ), Düsseldorf; **24.2** vario images GmbH & Co.KG (Martin Geene), Bonn; **24.3** Thinkstock (Photos.com/NA), München; **24.4** Photothek.net Gbr (Thomas Koehler), Radevormwald; **25.5** Thinkstock (Comstock), München; **25.6** Thinkstock (Photodisc), München; **25.7** Mauritius Images (Phototake), Mittenwald; **25.8** Corbis (Lester V. Bergman), Düsseldorf; **26.1** Thinkstock (Stockbyte), München; **26.1** Thinkstock (iStockphoto), München; **26.1** Thinkstock (Hemera), München; **26.3** Fotolia LLC (EE_Gritsun), New York; **27.1; 27.4** Ullstein Bild GmbH (NMSI/Science Museum), Berlin; **27.2** Wikimedia Foundation Inc. (Joseph Nicéphore Niépce/public domain), St. Petersburg FL; **27.3** PantherMedia GmbH (Walter J. Pilsak), München; **28.1** laif, Köln; **29.1** Mauritius Images, Mittenwald; **30.1** Corel Corporation Deutschland, Unterschleissheim; **30.2** Süddeutsche Zeitung Photo (S. Rumpf), München; **30.3** Getty Images RF (PhotoDisc), München; **30.4** MEV Verlag GmbH, Augsburg; **30.5** Ingram Publishing, Tattenhall Chester; **30.6** Getty Images RF (Photo Disc), München; **30.7** Klett-Archiv (Hartmut Fahrenhorst), Stuttgart; **30.8** Reuen, Sascha, Essen; **31.9** Mauritius Images (Alamy/Julio Embún), Mittenwald; **32.1A** Corbis, Düsseldorf; **32.1B** FOCUS (Sinclair Stammers/spl), Hamburg; **32.1C** Klett-Archiv (Aribert Jung), Stuttgart; **33.3** Klett-Archiv (Rolf Strecker), Stuttgart; **33.5** Corbis (© Tom Stewart), Düsseldorf; **33.6** Klett-Archiv (Hartmut Fahrenhorst), Stuttgart; **34.1; 34.2** Corbis RF (RF), Düsseldorf; **34.3** MEV Verlag GmbH, Augsburg; **34.4** Fotolia LLC (Galaxy), New York; **35.5** Thinkstock (Photodisc/Rayes), München; **35.6** Klett-Archiv (Hartmut Fahrenhorst), Stuttgart; **35.7** iStockphoto (mariusFM77), Calgary, Alberta; **35.8** Maiworm, Michael, Sprockhövel; **35.9** Klett-Archiv (Sascha Reuen), Stuttgart; **36.1A** Dr. Bruno P. Kremer, Wachtberg; **36.1B** Wikimedia Foundation Inc. (Treinisch, CC-by-sa 3.0), St. Petersburg FL; **36.1C** PantherMedia GmbH (Martin Kreutz), München; **36.1D** iStockphoto (VisualField), Calgary, Alberta; **37.4** Getty Images RF (Image Source), München; **38.2** Turespana München, München; **38.3** AKG, Berlin; **38.5** Pyritz, Schloss Holte-Stukenbrock; **40.1** Thinkstock (Goodshoot), München; **40.3** Thinkstock (Hemera), München; **41.7A; 41.7B** Maiworm, Michael, Sprockhövel; **42.1** Fotolia LLC (Marcel Sarközi), New York; **43.1** Okapia (Claude Cortier), Frankfurt; **43.2** shutterstock (S. Rimkuss), New York, NY; **45.4** Klett-Archiv (Fabian H. Silberzahn), Stuttgart; **45.5; 45.6** MEV Verlag GmbH, Augsburg; **46.3** Fotolia LLC (Steve Byland), New York; **47.5** Klett-Archiv (Eycke Fröchtenicht), Stuttgart; **47.7** ITT Water & Wastewater Herford GmbH, Herford; **47.8** MEV Verlag GmbH, Augsburg; **47.6A; 47.6B** FLIR Systems GmbH, Frankfurt/Main; **48.1** Klett-Archiv, Stuttgart; **52.1** iStockphoto (Raycat), Calgary, Alberta; **53.2** iStockphoto (RF/Michael Puerzer), Calgary, Alberta; **53.3** Mauritius Images (Scott), Mittenwald; **53.4** iStockphoto (cscredon), Calgary, Alberta; **53.5** Getty Images RF (PhotoDisc), München; **53.6** Astrofoto (Pei-Kun Chen), Sörth; **53.7** Mauritius Images (Spectrum), Mittenwald; **54.1** MEV Verlag GmbH, Augsburg; **54.3** shutterstock (Sebastian Kaulitzki), New York, NY; **55.4** Astrofoto (Shigemi Numazawa), Sörth; **56.1** Picture-Alliance (dpa/Fotoreport ESA), Frankfurt; **56.2** NASA (PD), Washington, D.C.; **58.1** Klett-Archiv (Dr. Klaus Hell), Stuttgart; **59.1** Astrofoto (EIT/SOHO/NASA), Sörth; **59.2** Fotolia LLC (joshanon), New York; **59.3** Wikimedia Foundation Inc. (public domain/NASA/JAXA), St. Petersburg FL; **61.1** AKG, Berlin; **61.2** Picture-Alliance (akg-images), Frankfurt; **61.3** Picture-Alliance (AKG), Frankfurt; **62.1** Fotolia LLC (Tristan3D), New York; **62.2** Getty Images RF (Photodisc), München; **62.3** Thinkstock (Stockbyte), München; **62.4** MEV Verlag GmbH, Augsburg; **62.5** shutterstock (James E. Knopf), New York, NY; **63.1** Fotolia LLC (lichtkunst), New York; **64.1** European Southern Observatory, Garching; **64.2** Wikimedia Foundation Inc. (NASA/ESA, public domain), St. Petersburg FL; **64.3** creativ collection Verlag GmbH, Freiburg; **64.4** iStockphoto (Hoerold), Calgary, Alberta; **64.5** Getty Images RF, München; **64.6** NASA, Washington, D.C.; **65.1** Okapia (J. Schad), Frankfurt; **65.3** Dieter Sporenberg, Bochum; **66.2** Astrofoto, Sörth; **67.3** European Southern Observatory, Garching; **67.4** Getty Images RF (PhotoDisc), München; **67.5** Mauritius Images, Mittenwald; **68.1** FOCUS (Parker/SPL), Hamburg; **68.2** Picture-Alliance (dpa/Rolf Haid), Frankfurt; **68.3** Alamy Images (Interfoto), Abingdon, Oxon; **69.1** Klett-Archiv (Georg Trendel, Unna), Stuttgart; **70.1** AKG, Berlin; **70.2** Ullstein Bild GmbH (Probst), Berlin; **70.3** Ullstein Bild GmbH, Berlin; **70.4** NASA, Washington, D.C.; **70.5** Corbis (Bettmann), Düsseldorf; **71.6** Mauritius Images (Photri), Mittenwald; **71.7** Thinkstock (Photodisc), München; **71.8** NASA Goddard Space Flight Center, Greenbelt, Maryland; **71.9** Picture-Alliance (ESA), Frankfurt; **71.10** NASA, Washington, D.C.; **72.1** Fotolia LLC (Tristan3D), New York; **72.2** Getty Images RF, München; **73.4** Fotolia LLC (erectus), New York; **73.5** MEV Verlag GmbH, Augsburg; **73.6** Pyritz, Schloss Holte-Stukenbrock; **73.7** Klett-Archiv (Steffen Schönbrunn), Stuttgart; **74.1** Thinkstock (iStockphoto), München; **74.2** Klett-Archiv, Stuttgart; **75.3** Klett-Archiv (Ute Schuhmacher), Stuttgart; **75.4** creativ collection Verlag GmbH, Freiburg; **75.5** PantherMedia GmbH (Irina Drazowa-Fischer), München; **76.1** Klett-Archiv (Zuckerfabrik digital), Stuttgart; **79.1** Thinkstock (Photos.com/Getty Images), München; **79.2** Wikimedia Foundation Inc. (public domain), St. Petersburg FL; **80.1** Ciprina, Heinz-Joachim, Dortmund; **80.2** creativ collection Verlag GmbH, Freiburg; **80.3** Corbis (Bettmann), Düsseldorf; **81.2** Mauritius Images (Cassio), Mittenwald; **81.3** Eltex Elektrostatik GmbH, Weil am Rhein; **81.4** Corel Corporation Deutschland, Unterschleissheim; **82.2** creativ collection Verlag GmbH, Freiburg; **83.3** Fotolia LLC (Alexander Novoselski), New York; **83.5** GEO-Grafik (Rainer Droste GEO 5/1994/ Quelle Siemens), Hamburg; **84.2** FOCUS (Peter Menzel/ menzelphoto), Hamburg; **85.1** Corbis (Museum of the City of New

York), Düsseldorf; **85.2** Wikimedia Foundation Inc. (Library of Congress), St. Petersburg FL; **85.3** FOCUS (Science Photo Library), Hamburg; **85.4** Thinkstock (Photos.com), München; **85.5** Deutsches Museum, München; **88.1** iStockphoto (Tomas Bercic), Calgary, Alberta; **89.5** Klett-Archiv (Joachim Ciprina), Stuttgart; **90.1** PIXTAL, New York NY; **90.3** Getty Images (Dorling Kindersley/Clive Streeter), München; **91.2** Klett-Archiv (Johann Leupold), Stuttgart; **92.1; 92.2; 92.3** Klett-Archiv, Stuttgart; **94.1** Klett-Archiv (Gert Elsner), Stuttgart; **94.2** Maiworm, Michael, Sprockhövel; **94.3** Klett-Archiv, Stuttgart; **98.1A; 98.1B** Klett-Archiv (Ute Schuhmacher), Stuttgart; **99.3** Klett-Archiv, Stuttgart; **100.1** Phywe Systeme GmbH & Co. KG, Göttingen; **100.3** Klett-Archiv (Herr Ciprina), Stuttgart; **100.S01** Klett-Archiv (normal design GbR), Stuttgart; **101.1** Phywe Systeme GmbH & Co. KG, Göttingen; **101.3** Klett-Archiv (Herr Ciprina), Stuttgart; **103.1; 103.2; 103.3; 103.4** Klett-Archiv (Joachim Ciprina), Stuttgart; **104.3; 104.4** Klett-Archiv (Zuckerfabrik digital), Stuttgart; **105.2** Klett-Archiv (Zuckerfabrik digital), Stuttgart; **110.1** Fotolia LLC (broker), New York; **113.6** Klett-Archiv (Zuckerfabrik digital), Stuttgart; **115.1** Deutsches Museum, München; **115.5** Klett-Archiv (Johann Leupold), Stuttgart; **115.links** AKG, Berlin; **117.4** Osram GmbH ZVA-WI, München; **118.1** MEV Verlag GmbH, Augsburg; **119.1A; 119.1B; 119.1C** Klett-Archiv (Zuckerfabrik digital), Stuttgart; **120.1** Klett-Archiv (Zuckerfabrik digital), Stuttgart; **120.2; 120.6** ABN Braun AG, Neuenstadt; **120.3** Ingram Publishing, Tattenhall Chester; **120.4** ESKA Erich Schweizer GmbH, Kassel; **120.5** Klett-Archiv (Manfred Grote), Stuttgart; **121.8** Klett-Archiv, Stuttgart; **121.7A** shutterstock (Andrew Buckin), New York, NY; **121.7B** Thinkstock (Stockbyte/Jeffrey Hamilton), München; **121.7C** Fotolia LLC (Carmen Steiner), New York; **121.7D** iStockphoto (RF/Iryna Kurhan), Calgary, Alberta; **121.7E** Fotolia LLC (Claudia Otte), New York; **121.7F** creativ collection Verlag GmbH, Freiburg; **121.7G** Fotolia LLC (manipulateur), New York; **122.1** Caro Fotoagentur (Oberhaeuser), Berlin; **122.2** Fotolia LLC (Franz Pfluegl), New York; **123.3** Atelier Gielnik, Wiesbaden; **123.4** Picture-Alliance (Wolfgang Thieme), Frankfurt; **123.5** Argus (Reinhard Janke), Hamburg; **123.6A** Klett-Archiv (Matthias Nortmeyer), Stuttgart; **123.6B** Bundesagentur für Arbeit, Nürnberg; **125.5** Klett-Archiv (Gustav Klar), Stuttgart; **126.1** Ciprina, Heinz-Joachim, Dortmund; **126.2** Klett-Archiv (Heinz-Joachim Ciprina), Stuttgart; **127.6** Klett-Archiv (Zuckerfabrik digital), Stuttgart; **127.8; 127.9; 127.10; 127.11** Osram GmbH ZVA-WI, München; **128.1** Fotolia LLC (royo50), New York; **131.1** YOUR PHOTO TODAY (Phanie), Taufkirchen; **131.2** Klett-Archiv (Zuckerfabrik digital), Stuttgart; **131.3** Klett-Archiv (Fabian H. Silberzahn), Stuttgart; **131.4** Deutsche Energie-Agentur GmbH, Berlin; **135.7** ESKA Erich Schweizer GmbH, Kassel; **135.8** Klett-Archiv (Johann Leupold), Stuttgart; **136.2** Harald Lange Naturbild, Bad Lausick; **138.1** Thinkstock (Comstock/Jupiterimages), München; **138.2** Daimler AG Medienarchiv, Stuttgart; **139.3** AKG (Peter Connolly), Berlin; **139.4** Fotolia LLC (Claus Mikosch), New York; **139.5** Corbis (Lester Lefkowitz), Düsseldorf; **139.6** Getty Images (Martin Rose), München; **139.7** Thinkstock (Hemera), München; **140.2** Picture-Alliance (Augenklick/Roth), Frankfurt; **141.4** Klett-Archiv (Joachim Ciprina), Stuttgart; **142.1; 142.4** Klett-Archiv (Toni Wiedemann), Stuttgart; **142.3** Klett-Archiv (Erwin Spehr), Stuttgart; **143.3** Getty Images (Bongarts/Peter Schatz), München; **143.1A** ADAC, München; **143.1B** Mauritius Images (ACE), Mittenwald; **143.1C** iStockphoto (Matej Michelizza), Calgary, Alberta; **143.1D** Fotosearch Stock Photography (Digital Vision), Waukesha, WI; **144.1** Fotolia LLC (Kerbusch), New York; **146.3** Imago, Berlin; **147.5** shutterstock (Jozsef Szasz-Fabian), New York, NY; **148.1** shutterstock (Galina Barskaya), New York, NY; **148.2** Thinkstock (Stockbyte), München; **149.1** iStockphoto (TommL), Calgary, Alberta; **149.W01** Klett-Archiv (Hartmut Fahrenhorst), Stuttgart; **151.1** Corel Corporation Deutschland, Unterschleissheim; **151.2** Corbis RF (RF), Düsseldorf; **151.4** MEV Verlag GmbH, Augsburg; **151.5** Corbis (Wichita Eagle Beacon/Corbis Sygma), Düsseldorf; **152.1** Fotolia LLC (Terry Alexander), New York; **152.2** Deutsches Museum, München; **152.3** Klett-Archiv (Weccard), Stuttgart; **153.4** Avenue Images GmbH (Thinkstock), Hamburg; **153.5** Corbis (Jim Sugar), Düsseldorf; **153.6** Fotolia LLC (Tjefferson), New York; **153.7** Ullstein Bild GmbH (NTPL/John Hammond), Berlin; **153.8** Ullstein Bild GmbH (The Granger Collection New York), Berlin; **154.1A; 154.1B; 154.1C** Ulrich Niehoff Fotoproduktionen und Bildarchiv, Bienenbüttel; **155.5** Picture-Alliance (MartynHayhow), Frankfurt; **157.3** Fotolia LLC (laguna35), New York; **158.1** AKG, Berlin; **162.1; 162.2** Ulrich Niehoff Fotoproduktionen und Bildarchiv, Bienenbüttel; **163.5** Ulrich Niehoff Fotoproduktionen und Bildarchiv, Bienenbüttel; **164.1** shutterstock (Hermann Summer, Hohenpeißenberg), New York, NY; **164.2** iStockphoto (RF/Daniel Brunner), Calgary, Alberta; **165.1** iStockphoto (webphotographeer), Calgary, Alberta; **165.2; 165.3** Klett-Archiv (Michael Maiworm), Stuttgart; **166.2** Fotolia LLC (teerawatyai), New York; **167.1** Getty Images (Michael Kienzler), München; **167.2** Maiworm, Michael, Sprockhövel; **167.2** Imago (Bürhaus), Berlin; **168.1** Fotolia LLC (meailleluc.com), New York; **168.2** Fotolia LLC (contrastwerkstatt), New York; **168.3** Fotolia LLC (Kadmy), New York; **169.4** Fotolia LLC (Dan Race), New York; **169.5** Picture-Alliance (dpa/Wolfgang Thieme), Frankfurt; **169.6** iStockphoto (Lisa F. Young), Calgary, Alberta; **170.1** Thinkstock (Pixland), München; **170.2** Corbis RF (© Royalty-Free/CORBIS), Düsseldorf; **170.3** Avenue Images GmbH (PhotoDisc), Hamburg; **172.1** Mauritius Images (imagebroker), Mittenwald; **172.2** Siemens AG, Energy Sector, Erlangen; **172.3** Klett-Archiv (Zuckerfabrik digital), Stuttgart; **173.5** Klett-Archiv (Markus Hanselmann), Stuttgart; **175.1** Wikimedia Foundation Inc. (public domain/Tamorlan), St. Petersburg FL; **175.2** JupiterImages photos.com, Tucson, AZ; **175.3** Deutsches Museum, München; **176.1** Fotolia LLC (babsi_w), New York; **176.3** Klett-Archiv (Guiskard Eck, Braunschweig), Stuttgart; **177.4** mediacolor's P & F Müller (bew), Zürich; **177.5** Fotolia LLC (Gina Sanders), New York; **179.6** Avenue Images GmbH (Image Source), Hamburg; **179.7** Klett-Archiv (Emmely Grasmeyer), Stuttgart; **179.8** Klett-Archiv, Stuttgart; **179.9** Klett-Archiv (Dorn), Stuttgart; **179.10** Liebherr, Nenzing; **180.1** Medienzentrum Wuppertal; **180.3** Corbis (IUNDT DIMITRI/CORBIS SYGMA), Düsseldorf; **180.4** MEV Verlag GmbH, Augsburg; **181.5** Thinkstock (Digital Vision), München; **182.1** RWE Net AG, Dortmund; **182.2** Thinkstock (iStockphoto), München; **182.3** shutterstock (Leighton Photography & Imaging), New York, NY; **182.4** Avenue Images GmbH (PhotoDisc), Hamburg; **182.5** shutterstock (Inger Anne Hulbækdal), New York, NY; **182.6** iStockphoto (lilly3lilly3), Calgary, Alberta; **182.7** Thinkstock (iStockphoto), München; **183.8** Thinkstock (iStockphoto), München; **183.9** Fotolia LLC (Christopher Corgiat), New York; **183.10** iStockphoto (Vetta Collection/Grafissimo), Calgary, Alberta; **183.11** shutterstock (Paul B. Moore), New York, NY; **183.12** Klett-Archiv (Hartmut Fahrenhorst), Stuttgart; **183.13** Thinkstock (Creatas), München; **184.1** Astrofoto (Shigemi Numazawa), Sörth;

184.2 iStockphoto (Aleksander Kielinski), Calgary, Alberta; **186.1** Fotolia LLC (Valdezrl), New York; **187.2** JupiterImages photos. com (photos.com), Tucson, AZ; **187.3** MEV Verlag GmbH, Augsburg; **187.4; 187.5** Klett-Archiv, Stuttgart; **187.6** iStockphoto (Restyler), Calgary, Alberta; **187.7** iStockphoto (Jaroslaw Wojcik), Calgary, Alberta; **190.1** Fotosearch Stock Photography (RF), Waukesha, WI; **190.2** Mauritius Images (fact), Mittenwald; **190.3** shutterstock (Torsten Schon), New York, NY; **190.4** Getty Images RF (PhotoDisc), München; **191.5** Corel Corporation Deutschland, Unterschleissheim; **191.6** Getty Images RF (Photodisc/StockTrek), München; **191.7** Picture-Alliance (dpa/gms Hekatron Gruber Brandschutz), Frankfurt; **191.8** Klett-Archiv (Johann Leupold), Stuttgart

Sollte es in einem Einzelfall nicht gelungen sein, den korrekten Rechteinhaber ausfindig zu machen, so werden berechtigte Ansprüche selbstverständlich im Rahmen der üblichen Regelungen abgegolten.